普通高等教育"十五"国家级规划教材

水土流失及荒漠化监测与评价

西北农林科技大学　　张广军　　赵晓光　　主编

中国水利水电出版社
www.waterpub.com.cn

内 容 提 要

本书是普通高等教育"十五"国家级规划教材。全书系统地介绍了水土流失及荒漠化监测（包括地面监测、航空监测和航天监测）与评价的原理和方法，并着重介绍了监测与评价中使用的新方法、新技术，力求反映水土流失及荒漠化监测与评价的现实发展水平。

本书可作为高等院校水土保持及荒漠化防治专业本科生和研究生的教材，亦可作为从事水土保持及荒漠化防治专业人员的培训用书，以及相关专业技术人员的参考用书。

图书在版编目（CIP）数据

水土流失及荒漠化监测与评价/张广军，赵晓光主编．
北京：中国水利水电出版社，2005（2015.6 重印）
普通高等教育"十五"国家级规划教材
ISBN 978 - 7 - 5084 - 3283 - 0

Ⅰ．水… Ⅱ．①张…②赵… Ⅲ．①水土保持-高等学校-教材②沙漠化-监测-高等学校-教材
Ⅳ．①S157②P941.73

中国版本图书馆 CIP 数据核字（2005）第 109266 号

书　　名	普通高等教育"十五"国家级规划教材 **水土流失及荒漠化监测与评价**
作　　者	张广军　赵晓光　主编
出版发行	中国水利水电出版社 （北京市海淀区玉渊潭南路 1 号 D 座　100038） 网址：www. waterpub. com. cn E - mail：sales@waterpub. com. cn 电话：（010）68367658（发行部）
经　　售	北京科水图书销售中心（零售） 电话：（010）88383994、63202643、68545874 全国各地新华书店和相关出版物销售网点
排　　版	中国水利水电出版社微机排版中心
印　　刷	北京市北中印刷厂
规　　格	184mm×260mm　16 开本　19 印张　451 千字
版　　次	2005 年 9 月第 1 版　2015 年 6 月第 2 次印刷
印　　数	2501—4500 册
定　　价	38.00 元

编 写 人 员 名 单

主　编　张广军　赵晓光

编　者　（按姓氏笔画排序）

石　辉　全志杰　张广军　李会科

何丙辉　赵晓光　常广瑞　蒋志荣

廖超英　薛智德

前　言

为适应 21 世纪人才培养的需要，教育部于 1998 年 7 月颁布了新的《普通高等学校本科专业目录》。该专业目录中，将原来的水土保持专业与沙漠化治理专业合并，拓宽为水土保持与荒漠化防治专业。根据新的专业规范，第二届高等学校水利水电类专业教学指导委员会将"水土流失及荒漠化监测与评价"纳入"十五"新编教材规划，经教育部批准，被列为普通高等教育"十五"国家级规划教材。

本教材把水土保持监测评价及荒漠化监测评价融为一体，重新整合构建而成的一本教科书。基于教学大纲的要求，考虑现代科学技术发展状况，以及我国水土保持与荒漠化防治行业管理的实际状况，在编写过程中着重考虑了以下三个方面：

（1）教材的通用性。考虑到我国地域广阔，土壤侵蚀存在着明显的地域分异特点，为适应全国高等学校水土保持与荒漠化教学的需要，《水土流失及荒漠化监测与评价》教材的编写首先注意到它的通用性。也就是说，本教材是面向全国水土保持与荒漠化专业的通用教材。

（2）教材内容的完整性和系统性。教材编写中注重内容体系的完整性和系统性，例如，科学理论与技术结合；传统理论、技术与现代科学技术结合等。

（3）教材内容的先进性。在注重教材的通用性、完整性和系统性的同时，更注重教材与现代科学技术发展相适应的水平，尽可能将遥感、信息等方面的高新理论、技术和方法及有关的科技成果尽可能准确地反映到教材中来。使教材内容紧跟科技时代的脚步。

本教材可作为水土保持与荒漠化防治专业本科生的必修课教材，也可作为水利、农学、环境科学、环境生态学及其相关专业的选修课教材，同时还可作为从事水土保持与荒漠化防治、生态环境建设的科学研究者和工程技术人员的参考书。

本教材由张广军、赵晓光主编。各章撰写的具体安排是：第一章由张广军撰写、第二章由廖超英撰写、第三章由赵晓光、薛智德撰写、第四章由薛智德撰写、第五章由全志杰、李会科撰写、第六章由常庆瑞撰写、第七章由李会科撰写、第八章由薛智德撰写、第九章由常庆瑞撰写、第十章由赵晓光、蒋志荣撰写、第十一章由常庆瑞撰写、第十二章由石辉、何丙辉撰写。

李靖教授担任本教材主审，对全书进行了系统的审阅；王幼民教授、崔云鹏教授、许筱阳教授分别审阅了有关章节；徐青副编审、吴娟编辑对本书的出版进行了精心的策划；在此特向各位教授、专家及所有关心和支持本教材出版的同志表示衷心的感谢。

由于编者水平有限，编写时间仓促，书中内容难免存在疏漏和错误之处，恳切希望读者批评指正。

编　者

2005 年 6 月

目　　录

第一章

绪　论

第一节　相　关　概　念

每一个学科都有自己的知识体系，构成学科知识体系的基础是学科所涉及的基本概念。为此，首先阐明以下几个基本概念。

一、水土流失

水土流失是由外营力作用引起的水土资源和土地生产力的破坏和损失。在我国，广义上的水土流失包括土壤侵蚀，在生产上习惯称为水土流失。"土壤侵蚀"一词的含义，按习惯用法，是指地表土壤及母质受外力作用发生的各种破坏，移动和堆积过程以及水的损失。侵蚀的营力有风、水、温度变化和生物活动等，因此又把土壤侵蚀分为水力侵蚀、风力侵蚀、重力侵蚀和冻融侵蚀等；其中风力和水力是最主要的侵蚀营力，水力侵蚀一般又称为水土流失。

本书中所指的水土流失主要是指水力侵蚀，即水蚀。

为区分自然因素和人为因素的影响，土壤侵蚀可分为地质侵蚀和加速侵蚀两类。地质侵蚀又称为正常侵蚀或自然侵蚀，仅指起因于自然作用的过程，自从地球形成以后，自然侵蚀过程总是在发生着。而加速侵蚀是指受人为影响的侵蚀过程，诸如陡坡开荒，不合理利用土地，乱砍滥伐森林，采矿修路和各项建设随意弃土弃渣而造成的水土流失等。

二、荒漠化

荒漠化包括气候变异和人类活动在内的种种因素造成的干旱、半干旱和亚湿润干旱地区的土地退化（《联合国防治荒漠化公约》）。它包含了 3 层意思：①造成荒漠化的原因，包含"气候因素和人类活动在内"的种种因素；②荒漠化范围，是在"干旱，半干旱和亚湿润干旱地区"；③表现形式为"土地退化"。

三、水土保持

关于水土保持概念的几个代表性解释主要有：

（1）水土保持是防治水土流失，保护、改良和合理利用水土资源，维护和提高土地生产力，以利于充分发挥水土资源的经济效益和社会效益，建立良好生态环境的综合性技术科学（《中国大百科全书·农业卷》，1990）。

（2）水土保持就是与自然界水土流失现象做斗争（竺可桢，在全国水土保持工作会议上的讲话，1955）。

（3）水土保持：防止山区、丘陵区、风沙区水土流失的工作。运用农、林、牧、水利等综合措施，如修筑梯田、实行等高耕作、带状种植，进行造林、植草，以及修建谷坊、池塘等工事，借以涵蓄水源，减少地表径流，巩固土壤表层，防止土壤侵蚀。水土保持工作，对于发展山区，丘陵区及风沙区的农业生产，防止水旱灾害，减免下游河床淤垫，削减洪峰流量，保障下游水工建筑物的安全等有极重大意义（SD238—87《水土保持技术规范》1988）。

四、水土流失及荒漠化监测

监测一词的含义可理解为监视、测定、监控等。

水土流失及荒漠化监测就是通过对影响水土环境质量因素的代表值的测定，确定水土环境破坏程度及其变化趋势。

监测的过程一般为：现场调查—监测计划设计—优化布点—样品采集—运送保存—分析测试—数据处理—综合评价等。

从信息技术角度看，监测是信息的捕获、传递、解析、综合的过程。只有在对监测信息进行解析、综合的基础上，才能全面、客观、准确地揭示监测数据的内涵，对水土环境质量及其变化做出正确的评价。

五、水土流失及荒漠化评价

评价就是对人和事物估定价值。

水土流失与荒漠化评价是环境质量评价的一种类型。

环境质量评价是人们认识环境质量，找出环境质量存在的主要问题所必不可少的手段和工具。环境质量评价是对环境品质的优劣给予定量或定性的描述。环境影响评价是指对拟议中的建设项目、区域开发计划和国家政策实施后可能对环境产生的影响（后果）进行的系统性识别、预测和评估。环境影响评价的根本目的是，鼓励在规划和决策中考虑环境因素，最终达到更具环境相容性的人类活动。

水土流失评价，一方面评价因为水土流失原因而造成水土环境自身质量的变化状况，另一方面评价其对其他环境因素和周边地区的影响。

荒漠化评价就是对分布于干旱、半干旱和亚湿润干旱区的退化土地进行类型的划分与程度的分等定级，或者说是从退化的角度对荒漠化土地进行质与量的界定。从根本上说，它属于土地资源评价或土地质量评价的范畴，是为土地利用服务的。

第二节　监测与评价的目的、意义、任务及类型

一、目的和意义

水土流失及荒漠化监测与评价的目的是：根据国家、地方的国民经济发展规划和生态、经济发展状况，定期调查、测量和记录水土流失和荒漠化及其治理的现状及问题，准确、及时、全面地研究其动态和发展趋势，为水土资源管理、水土保持及荒漠化防治与规划等工作提供科学依据。

二、对象与任务

水土流失及荒漠化监测与评价的对象包括：反映环境质量变化的各种自然因素，及对水土环境有影响的各种人为因素。从监测任务看，不同空间尺度上有不同的任务。一般说

来，宏观上的监测对象包括全国三大土壤侵蚀类型区：①新疆、甘肃河西走廊、青海柴达木盆地，以及宁夏、陕西北部、内蒙古、东北西部等地以风力侵蚀为主的类型区；②青藏高原和新疆、甘肃、四川、云南等地分布有现代冰川的高原、高山等以冻融侵蚀为主的类型区；③主要分布在我国大兴安岭—阴山—贺兰山—青藏高原一线东南部，以山地丘陵为主的水力侵蚀类型区，其中水力侵蚀严重的地区主要包括西北黄土高原、东北低山丘陵和漫岗丘陵。中观上则以几条大江、大河流域和荒漠化类型区作为监测对象；微观上是把组成山丘区和沙区生态经济系统的基本单元小流域或荒漠化地段作为监测对象，每一个小流域或荒漠化地段就是一个由很多生态、经济和社会因子组成的复合系统。

水土流失及荒漠化监测与评价的主要任务有：①定期监测评价全国或地方水土流失及荒漠化面积、程度、强度、土地利用状况、植被状况、土地生产力状况和群众经济状况。②定期监测与评价全国或地方水土流失及荒漠化治理状况，如水土流失和荒漠化治理面积、河流含沙量、沙尘暴状况、各类水土保持和荒漠化防治工程、植被覆盖率、优化农林牧（副）业产业结构和土地利用结构、土地生产力的提高，农民经济改善状况等。③根据需要和条件，定期提供全国和地方重点水土流失区和荒漠化地区或治理区的自然、经济和社会发展状况的监测数据和图件等。④定量化分析多种因素与水土流失及荒漠化的关系，建立各地区不同水土流失和荒漠化防治措施与区域经济、社会发展的模型，预测、预报水土流失及人为影响因素的变化趋势，分析优化有关地区的综合治理规划，为水土保持和区域发展服务。

三、监测的原则

水土保持监测的主要目的是定期向有关部门提供信息，因此监测工作应充分考虑服务对象对信息的需求状况及服务的有效性。据此认为水土保持监测工作应遵循以下原则：

（1）必要性。即根据需要确定具体监测对象和监测方法。

（2）规范性。监测方法、监测方式和范围的界定、指标等必须统一，监测的描述和表达等应当全国统一（或采用国际标准）。监测方法在同一水土流失类型区应当具有通用性。

（3）综合性。针对不同的监测对象，应从自然、经济和社会等多方面选择监测指标，从多个角度反映水土流失及其预防和治理状况；在监测方法上，既利用高科技技术，也利用常规调查方法，互相补充，使监测结果更全面、完整。

（4）动态性。水土保持监测应定期或不定期进行，可提供静态和动态水土保持状况。把各次监测结果、各种专题研究和调查成果综合分析，建立各监测指标的数量化模式，实现预测、预报。

（5）层次性。宏观、中观和微观监测均涉及层次性问题。由于必要性及技术条件等的影响，监测可以在全地区、重点地区或典型样点（某一流域或某个地块）进行。

四、监测的类型

1. 监视性监测

监视性监测是对指定的有关对象进行定期的、长时间的监测，又称为例行监测或常规监测。这是监测工作中量最大、面最广的工作。

2. 特定目的监测

特定目的监测又称为特例监测或应急监测。

常见的特定目的监测有下面几种：

（1）仲裁监测。主要针对事故纠纷、水土保持法、防沙治沙法等法规执行过程中所产生的矛盾进行监测。

（2）考核验证监测。包括人员考核、方法验证和项目竣工时的验收监测。

（3）咨询服务监测。例如：建设新企业、新工程应进行水土流失及荒漠化环境影响评价，需按评价要求进行监测。

3. 研究性监测

研究性监测是针对特定目的科学研究而进行的高层次的监测，又称为科研监测。是为监测工作本身服务的科研工作的监测，如统一方法、标准分析方法的研究等。

五、评价的类型

根据不同的依据可以区分出不同的评价类型。主要有下述几种划分方法。

1. 按照时间分类

（1）回顾评价。根据一个地区历年积累的环境资料进行评价，据此可以回顾一个地区环境质量的发展演变过程。

（2）现状评价。根据近期的环境监测资料，对一个地区或一个生产单位的环境质量现状进行评价。

（3）未来评价。根据一个地区的经济发展规划或一个建设项目的规模，预测该地区或建设项目周围将来环境质量变化情况，并做出评价，称为未来评价，也称为环境影响评价或环境预断评价。

2. 按照环境要素分类

（1）单要素评价。例如，水环境评价，土环境评价。

（2）综合评价。例如，水土环境综合评价。

3. 按照区域类型分类

（1）城市环境质量评价。例如，城市水土保持评价。

（2）流域环境质量评价。

第三节　水土流失及荒漠化监测与评价的法律依据

水土流失及荒漠化监测与评价的主要依据是水土保持及荒漠化防治的法规和政策体系。

水土保持及荒漠化防治法规和政策体系，是指国家为保护和改善水土环境、防治水土流失和荒漠化而制定的体现政府行为准则的各种法律、法规、规章及政策性法规文件的有机整体框架系统。这是开展水土流失及荒漠化评价的基本依据。下面简单介绍中国水土保持及荒漠化防治的法规和政策体系的主要构成情况。

一、水土保持及荒漠化防治的法规

1.《中华人民共和国宪法》（1982）

宪法是国家的根本大法，是制定我国水土保持和荒漠化防治法律、法规及政策的根本依据与原则。《中华人民共和国宪法》（1982）（宪法中的部分内容自 1982 年沿用至今）是制定我国水土保持和荒漠化防治法律、法规及政策的根本依据与原则。《中华人民共和国宪法》第九条规定："矿藏、水流、森林、山岭、草原、荒地、滩涂等自然资源，都属于国家所有，即全民所有；由法律规定属于集体所有的森林和山岭、草原、荒地、滩涂除外。国家保障自然资源的合理利用，保护珍贵的动物和植物，禁止任何组织或个人用任何手段侵占或者破坏自然资源。"第十条规定："……一切使用土地的组织和个人必须合理地利用土地"。第二十六条规定："国家保护和改善生活环境和生态环境，……国家组织和鼓励植树造林，保护林木。"这是国家以根本大法的形式，做出保护自然生态环境、合理利用自然资源、防治污染和其他公害的规定。这些规定是我们的最高准则，也是确定水土环境监测与影响评价制度的最根本的法律依据和基础。

2.《中华人民共和国水土保持法》（1991）

1991 年 6 月 29 日经第七届全国人大常委会第二十次会议审议通过了《中华人民共和国水土保持法》，其中第二十九条规定："国务院水行政主管部门建立水土保持监测网络，对全国水土流失动态进行监测预报，并予以公告。"第三十条规定："县级以上地方人民政府水行政主管部门的水土保持监督人员，有权对本辖区的水土流失及其防治情况进行现场检查。被检查单位和个人必须如实报告情况，提供必要的工作条件。"第十九条规定："在山区、丘陵区、风沙区修建铁路、公路、水利工程，开办矿山企业、电力企业和其他大中工业型企业，在建设项目环境影响报告书中，必须有水行政主管部门同意的水土保持方案。水土保持方案应当按照本法第十八条的规定制定。"1993 年 8 月国务院颁布的《中华人民共和国水土保持法实施条例》中明确规定："水土保持监测网络是指全国水土保持监测中心，大江大河的水土保持监测中心站，省、自治区、直辖市水土保持监测站以及省、自治区、直辖市重点防治区水土保持监测分站。"

3.《中华人民共和国防沙治沙法》（2001）

2001 年 8 月 31 日第九届全国人民代表大会常务委员会第二十三次会议通过的《中华人民共和国防沙治沙法》第十四条中规定："国务院林业行政主管部门组织其他有关行政主管部门对全国土地沙化情况进行监测、统计和分析，并定期公布监测结果"，"县级以上地方人民政府林业或者其他有关行政主管部门，应当按照土地沙化监测技术规程，对沙化土地进行监测，并将监测结果向本级人民政府及上级林业或者其他有关行政主管部门报告。"第十五条规定："县级以上地方人民政府林业或者其他有关行政主管部门，在土地沙化监测过程中，发现土地发生沙化或者沙化程度加重的，应当及时报告本级人民政府。收到报告的人民政府应当责成有关行政主管部门制止导致土地沙化的行为，并采取有效措施进行治理"，"各级气象主管机构应当组织对气象干旱和沙尘暴天气进行监测、预报，发现气象干旱或者沙尘暴天气征兆时，应当及时报告当地人民政府。收到报告的人民政府应当采取预防措施，必要时公布灾情预报，并组织林业、农（牧）业等有关部门采取应急措施，避免或者减轻风沙危害。"第二十一条规定："在沙化土地范围内从事开发建设活动的，必须事先就该项目可能对当地及相关地区生态产生的影响进行环境影响评价，依法提交环境影响报告；环境影响报告应当包括有关防沙治沙的内容。"

4. 其他相关的法规

《中华人民共和国宪法》（1982）是确定水土流失与荒漠化监测与评价制度的最根本的法律依据和基础；《中华人民共和国水土保持法》（1991）、《中华人民共和国防沙治沙法》（2001）是水土流失及荒漠化监测与评价制度的最主要的法律依据。除了上述根本性的法律和基本法律之外，还有不少单项的法律对不同行业和部门作出了有关对水土流失和荒漠化问题的规定，它们同样是我们应当遵从的法律依据。现列举一些相关法规如下：

（1）国内的有关法规：《1991—2000年全国治沙工程规划要点》（国函［1991］65号）；《中华人民共和国土地管理法》（主席令［1986］41号）；《中华人民共和国森林保护法》（主席令［1984］17号）；《中华人民共和国草原法》（主席令［1985］26号）；《中华人民共和国水法》（主席令［1988］61号）；《建设项目环境保护管理办法》（1986）；《建设项目环境影响评价证书管理办法》（1989）；《建设项目环境保护管理条例》（国务院令［1998］253号）；五届人大四次会议《关于全民义务植树运动的决议》（1981）。

（2）相关的国际条约与协定。除了国内的有关法规外，我国参加的国际条约和与他国签订的双边或多边协定等也应当是法规体系的组成部分，例如，《联合国关于在发生严重干旱和/或荒漠化的国家特别是在非洲防治荒漠化的公约》；《发展中国家环境与发展部长级会议北京宣言》（1991）；《关于环境与发展的里约宣言》（1992）；《联合国气候变化框架公约》（1992）等。

二、水土保持及荒漠化防治的行政规章制度

上述与水土流失及荒漠化防治有关的法律的实施，往往体现为一定的行政规章制度。这些行政规章制度又与上述的法律、法规共同构成有机的政策法规框架体系。例如，与水土流失及荒漠化防治相关的行政规章制度有：《编制开发建设项目水土保持方案资格证书管理办法》（1995）；《开发建设项目水土保持方案编报审批管理规定》（1995）；《开发建设项目水土保持方案管理办法》（1994）；《1991—2000年全国治沙工程规划要点》（1991）；《建设项目环境保护管理办法》（1986）；《建设项目环境影响评价证书管理办法》（1989）；《建设项目环境保护管理条例》（1998）。

这些规章制度加强了对新建、扩建、改建工程项目的水土环境管理；严格控制了新的水土流失及荒漠化的发生；建立了水土流失及荒漠化环境影响评价制度，对工程建设项目可能对周围环境产生的不良影响进行评定。按照环境影响评价制度，建设阶段必须注意对土壤的占压、开挖、土地利用的改变、植被破坏可能引起的土壤侵蚀；运行阶段注意项目生产过程排放的废气、废水和固体废弃物对土壤的污染及部分水利、交通、矿山使用生产过程引起的土壤退化和破坏。

第四节　国内外研究状况

一、国外水土流失监测与评价的状况

不合理的土地利用和自然资源开发导致的水土流失及荒漠化问题由来已久，人类已经为此遭到了自然界的不少报复。自然界的一次次报复使人们越来越清醒地认识到水土流失和荒漠化问题的严重性。一般认为，20 世纪 30 年代美国发生的黑风暴导致了现代人类的警觉。因此，第二次世界大战以来，各国均十分重视水土资源的合理开发利用，水土保持监测和评价预报研究得到了迅速的发展。

美国农业部（USDA）下设自然资源保护局（Natural Resources Conservation Service，NRCS），1994 年前称为土壤保持局（Soil Conservation Service，SCS），负责全美自然资源保护和管理。水土流失动态是 NRCS 监测内容的重要部分。NRCS 将全美划分为六个工作区，各区派驻有 NRCS 的联络员专门从事该工作。经过多年的建设，他们已经建成了由 80 万个监测点组成的网络系统，对全国的水土流失进行长期定位监测。监测结果每 5 年汇总统计，上报联邦政府，公布全国，为自然资源的合理利用、水土保持规划提供决策依据。NRCS 监测项目十分广泛，除土壤侵蚀与水土保持措施外，还有土地利用、土壤、防护林、作物及其轮作、灌溉、地下水等。监测工作用实地观测和遥感监测相结合的方法进行，对较大区域，还利用了卫星遥感技术。由于数据管理的需要，近年来地理信息系统（Geographical Information System，GIS）技术已经被广泛运用于水土流失的监测和土地利用与水土保持规划。近年来，监测结果大多已经在 Internet 网上公布，或者制成光盘无偿提供给社会各界利用。

美国的土壤侵蚀预报研究开始于 20 世纪 40 年代。1954 年，普渡大学土壤流失数据中心，负责收集整理全美各地的径流和土壤流失数据，于 1959 年提出了通用土壤流失方程式（Universal Soil Loss Equation，USLE），并以 USDA 农业手册 282 号（1965 年）和 537 号（1978 年）的形式由官方颁布执行。自 1985 年起，美国又对 USLE 做了较大的修正，命名为修正土壤流失方程式（Revised Universal Soil Loss Equation，RUSLE），并于 1994 年被 SCS 确定为官方土壤保持预报和规划工具。

USLE 被使用了 30 多年后，人们发现 USLE 有明显的不足和限制。1986 年起开发新一代水蚀预报项目（Water Erosion Production Project，WEPP）。1995 年 8 月发布了第一个官方正式版本 WEPP 95。

由于 WEPP 是过程模型，所以比现有侵蚀预报模型有明显优越性，主要特点包括：①对土壤侵蚀及其相关的多种过程（气候、地表水文、土壤水分平衡、植物生长、残茬管理、细沟和细沟间侵蚀）进行描述和模拟；②估算土壤侵蚀的时空分布及全坡面或坡面任意一点的净土壤流失量及其随时间的变化；③作为过程模型，它可以应用于更广泛的条件。

Morgan 于 1994 年提出的欧洲土壤侵蚀模型（European Soil Erosion Model，EUROSEM）是根据欧洲土壤侵蚀研究成果开发的，用以描述和预报田间和流域的土壤流失，该模型在欧洲取代了 USLE 形式的统计方程。

荷兰 1991 年在荷兰南部黄土区设立了一个土壤侵蚀研究项目，开发了一个基于物理过程和 GIS 的土壤流失和径流定量预报模型——荷兰土壤侵蚀模型（Limburg Soil Erosion Model，LISEM，1996）。模型中考虑了降雨、截留、填洼、渗透、土壤分散、水分运动等主要过程。LISEM 模型在侵蚀过程描述和模拟方面不如 WEPP 深入全面，但被认为是第一个能与 GIS 完全集成并直接利用遥感数据的土壤侵蚀预报模型。LISEM 可更加清楚地反映土壤侵蚀的机理和时空动态，在一定程度上代表了土壤侵蚀模型开发的新思潮，即基于 GIS 开发空间模型的土壤侵蚀模型。

此外，澳大利亚、加拿大、新西兰以及许多发展中国家也在水土流失动态监测和评价方面做了大量研究与试验，在应用方面取得了许多进展。

二、中国水土流失监测与评价状况

1. 水土流失地面监测和试验观测现状

近代中国土壤流失定量监测始于 20 世纪 40 年代。中国先后在天水等地建立了水土保持试验站，对水土流失进行定位观测。大规模的水土流失监测是 1950 年以后，截至 1996 年全国共建有水土保持科研站所 100 多个。

《全国水土保持预防监督纲要（2004～2015 年）》提出的主要任务是：建立全国水土保持监测系统，建成水利部水土保持监测中心、7 个流域监测中心站、31 个省级监测总站、175 个重点分站和典型区监测点的全国水土保持监测网络。每年对重点项目水土流失动态进行公告，每 5 年对重点地区进行一次公告，每 10 年公告一次全国水土流失状况。近一、二年内完成全国、七大流域和省级水土保持监测规划。2006 年完成全国水土保持监测网络和信息系统建设一、二期工程，建立布局合理、覆盖全国的水土保持监测网络，对全国水土流失状况实施及时、准确、持续的监测，形成标准统一、定量准确、技术先进、时效性强的水土保持监测系统，建立水土保持定期公告制度，建立并完善全国水土流失本底数据库和动态数据库，为水土保持预防监督管理提供科学依据。

中国科学院也建立了有关的野外试验观测站。例如，安塞水土保持综合试验站；神木水蚀风蚀交错带生态环境试验站；元谋水土流失综合整治试验站；子午岭林区土壤侵蚀与生态环境观测站；宜川森林水文和水土保持效益监测站等。

2. 水土流失遥感监测现状

由于我国水土流失面积分布广、类型复杂、治理任务艰巨，现代空间技术（遥感、地理信息系统、全球定位系统）在水土流失监测过程中发挥着愈来愈重要的作用。

70 年代以来，中国科学院水土保持研究所、南京土壤研究所、成都山地灾害研究所、北京林业大学，以及工程单位等开展了遥感应用试验和研究，对全国、大江大河、重点水土流失区和小流域进行遥感调查与监测，编制了大量的遥感图件。1985 年，水利部利用最新卫星照片人工目视解译，绘制了全国各省 1：50 万及全国 1：200 万比例的水土流失现状图。1999 年又开展了第二次全国水土流失遥感调查。

借助遥感监测技术，在小流域、区域等中小尺度，利用 GIS 结合遥感制图，进行了土壤侵蚀评价和分布特征的研究，例如：在陕北黄土丘陵区纸坊沟流域，将土壤侵蚀定量评价模型与 GIS 系统 ARC/INFO 集成，完成了小流域土壤侵蚀空间变化定量研究，进行了黄土高原土壤侵蚀评价制图，在对土壤侵蚀危害性和水土保持迫切性评价的基础上编制了中国水土保持图。

3. 水土流失评价与预报研究现状

（1）关于坡面土壤侵蚀预测预报的统计模型。中国坡面土壤侵蚀预测预报模型研究始于 20 世纪 50 年代，系统的模型研究始于 80 年代。多数研究参考了 USLE 的思路，结合中国的实际计算各因子值，然后计算坡面和流域土壤流失量。有的研究还分析了在一个流域范围内土壤流失的空间变异特征。在各侵蚀因子的定量研究中，目前比较成熟的是降雨侵蚀因子、地形因子的研究，植被因子也有一些研究。比较系统、富有中国特色的工作是在黄土高原进行的，已有比较大的进展。但是，现有的研究多是地方性的，不能用于较大的区域；作物与水保因子尚无系统全面的研究与观测资料，影响了模型的实用性；对USLE的应用，还存在一些不尽合理的地方。总之，目前还没有形成像 USLE 那样严密、具有中国特色、实用性较强的模型。

（2）关于坡面土壤侵蚀预测预报物理模型。中国已有的物理模型主要是考虑并计算坡面径流量、径流侵蚀力、溅蚀和沟蚀分散量、输沙能力等。目前的研究中，沟坡模型基本上还是统计模型，沟道模型则属半物理性质的。

（3）区域土壤侵蚀预测预报模型。由于水土保持、江河治理的需要，在一个较大的区域，进行土壤侵蚀与水土保持的综合、宏观定量评价，是十分必要的。中国土壤流失趋势预测将中国划分为东北漫岗丘陵区、黄土高原区、北方山地丘陵区、江南丘陵区、四川盆地区、华南丘陵区、青藏高原区等几个区，选用了年径流量（Q）、一日最大洪水量（M）作为气候指标，选用"水土保持治理面积/水土流失面积"（P）作为反映人为活动的指标，分别对各个区建立模型，预测了水土流失的趋势。服务对象主要是区域性或国家水土保持宏观决策。但是目前对影响区域水土流失的因子和评价单元的划分尚缺乏系统深入的分析研究，缺少系列化观测与统计数据。

4. 水土保持监测标准体系的编制

为使我国水土保持监测工作日益规范，目前，水利部水土保持监测中心正在组织水土保持监测标准体系的编制。体系内容包括 6 大类：

（1）综合技术类 7 件；

（2）土壤侵蚀类 13 件；

（3）生态治理项目监测规范 7 件；

（4）开发建设项目监测规范 5 件；

（5）信息管理类 6 件；

（6）其他 3 件。

根据 2004 年统计，41 件标准中，已经颁布和已经写过的标准只是少数，其中的大部分尚处于在编或拟编阶段。

三、国内外荒漠化监测与评价状况

从世界范围荒漠化监测与评价的整体状况来看，目前尚未形成一个统一规范的技术体系。最早对世界范围的荒漠化做出系统评价的是联合国粮农组织、联合国科教文组织和世界气象组织，他们于 1977 年 8 月 29 日～9 月 9 日联合国沙漠化问题会议上提出 1∶2500万世界沙漠化图及说明。说明中指出，全世界沙漠化危害程度的评价，是主观地根据气候、土地固有的脆弱性和人畜压力等标准做出的。因此，监测荒漠化发展趋势，掌握其动态变化规律，对荒漠化程度进行评估分级，是国际荒漠化研究的重要内容。主要研究状况介绍如下：

1. 荒漠化指征及指标体系的研究

在荒漠化监测与评价研究中，荒漠化指征及指标体系的研究是一项非常重要的内容。

关于如何确定荒漠化指征的研究结果认识较为一致，一般认为，荒漠化指征必须是那些能够灵敏反映微小变化的、容易定量测量的，而且综合了许多物理、生物学、社会学因素的，数量较小的指示量。但是，不同学者建立的荒漠化指标体系却迥然不同。Berry 和 Ford 以气候、土壤、植被、动物和人类的影响为依据，首次提出了由地面反射率、尘暴、降水、土壤侵蚀与沉积、盐渍化、生产率、生物量、生育率等为指标的荒漠化指征系统。Reining 对荒漠化的指征进一步归纳，制定了一个由物理、生物及社会等方面指征组成的荒漠化指标体系。Dregne 根据各种土地利用和类型确定了包括物理及生物的、社会三个方面指征的荒漠化指标体系。FAO 和 UNEP 以荒漠化评价为目的，根据荒漠化的 7 个过程分别制定了评价指标体系。该指征与评价系统，不但提出了具体的不同荒漠化过程的指征，而且还给出了定量评价指标，其中包括现状、速率与危险性三个方面；过去我国学者在评价土地风蚀荒漠化危险度时又提出增加人口压力和牲畜压力，共 5 个方面。

由于概念上的差异，我国学者以前研究大多数是针对风蚀荒漠化。对于广义上的荒漠化评价，过去几乎是一个空白。例如以前有些国内学者通过单要素指征和复合指征两类，以等差、等比和等概划分原则对风蚀荒漠化程度进行分级，确定上下限，最后用评价指征值综合方法进行评价。这种方法计算简单，排除了靠经验规定轻重所造成的误差，最主要的是解决了同一风蚀荒漠化类型各种指征由于程度不同，而无法确定其差异程度的困难。还有些学者从土地荒漠化监测指标体系中选取内在危险性、人口压力、牲畜压力、现状、速率作为荒漠化危险度评价指标，分别就五个评价方面提出各自的评价因子，并给其赋予权重，然后按荒漠化的轻、中、重、极重四种程度利用综合指数评价方程建立荒漠化危险度综合模型。我国在"九五"科研项目中专门进行了沙质荒漠化分类评价指标体系的研究。总之，这些探讨为荒漠化在评价方面的研究领域做出了一些贡献。

2. 荒漠化动态监测及其评价信息系统

随着荒漠化研究的不断深入，遥感、计算机等现代技术在荒漠化动态监测和评价中的应用越来越广泛。遥感技术与地理信息系统相结合进行荒漠化灾害监测特点是：将荒漠化灾害遥感信息获取、处理、分类、专题图像更新与制图进行一体化研究，建立荒漠化灾害信息数据库，利用不同数据接口与地理信息系统相连接，实现与各种专题要素的复合、匹配和更新，进行荒漠化灾害动态监测与评价。

荒漠化评价与监测跨越的时空尺度、荒漠化涉及自然环境和社会经济的方方面面，决定了评价与监测信息处理具有容量大、层次多、内容广、关系复杂、呈现空间分布和动态变化的特点。GIS 的运用为荒漠化评价提供了有力的技术依托。运用 GIS 进行荒漠化的动态监测与评价，国内和国际上都没有成熟的经验可以借鉴。

荒漠化评价可以被看作是一个景观生态学的问题，因为它包括许多过程（物理的、生物的、气候的、人类影响等），它们都能改变景观结构。尽管这些过程非常复杂，但还是能够构造一些简单的模型去描述这些过程，这样和荒漠化相联系的一些现象就能被模拟和评价。GIS 技术和简单的生态系统模型的混合使用有助于荒漠化评价和制图。UNEP 曾与肯尼亚政府合作进行荒漠化评价和制图试点项目，目的是评价 FAO/UNEP 荒漠化评价与制图条例，其中之一就是 GIS 技术在荒漠化评价与制图中的应用调查。他们选取了水蚀、风蚀、植被退化、牧草场利用和人类定居等作为荒漠化指征，对前四种因子分别建模，运用荒漠化等级制评价。等级制由一些在不同的空间时间尺度和水平上起作用的成分组成。荒漠化评价等级的三个水平是：地方水平的评价具备特定的详细的资料，它可以用于指导一些特定的具体的问题；对于更广阔的区域性地理分析，一些详细的资料很少能收集到，此时就需要一个更加一般的决策型的荒漠化评价；对于更大范围，如大陆性和全球性的荒漠化评价，许多数据可能不再适用，这时就只需要进行荒漠化的大体性表述。在前述 UNEP 合作项目中，分析建立在第二种荒漠化评价水平。这种荒漠化评价与地理信息系统的结合，对我国目前荒漠化的研究工作具有一定的指导意义。GIS 简单的模型化过程、数据类型的清晰定义、数据收集的方法，以及对模型进行反复精炼和修正的方法，使其在荒漠化评价中有广阔的前景。

  3. 我国的荒漠化监测及其评价

  我国在荒漠化遥感信息获取、处理、分类、专题图像更新与制图进行一体化研究，建立荒漠化灾害信息数据库，利用不同数据接口与地理信息系统相连接，实现与各种专题要素的复合、匹配和更新，在进行荒漠化灾害动态监测与评价等方面也做了较长期的研究和探索应用。例如，兰州沙漠研究所在"八五"期间就进行了"农牧交错带沙漠化灾害监测评价"的研究，并取得了阶段性成果。特别是我国于 1994 年开始进行国家级荒漠化和沙化定期监测以来，在监测与评价技术体系方面取得了明显的进步。

  我国是目前世界上唯一开展国家级荒漠化和沙化定期监测的国家。我国于 1994 年起先后开展过三次全国荒漠化和沙化监测，已形成每 5 年一次的土地荒漠化和沙化监测制度。国外监测与评价多局限于研究范畴或区域性范围。国家林业局于 2003 年 11 月～2005 年 4 月组织了三次全国荒漠化和沙化监测。2005 年 6 月 14 日，国务院新闻办公厅召开新闻发布会，通报了第三次全国荒漠化和沙化监测结果。监测结果表明，20 世纪 90 年代末我国荒漠化和沙化整体扩展趋势得到初步遏制，"破坏大于治理"的状况已转变为"治理与破坏相持"，重点治理区生态状况明显改善，绝大部分省（区）治理面积大于破坏面积，全国沙化土地由 20 世纪末每年扩展 $3436km^2$ 转为每年减少 $1283km^2$。（《中国绿色时报》）

  为适应我国荒漠化监测工作的需要，1998 年国家林业局制定了《全国荒漠化监测主要技术规定（试行）》，规定共包括 9 章和两个附件。第一章总则；第二章土地分类系统；第三章荒漠化程度评价；第四章自然和社会经济状况调查技术标准；第五章宏观监测；第六章重点地区监测；第七章数据处理；第八章检查验收；第九章附则；附件一荒漠化监测调查与统计表；附件二调查因子代码。在其后的工作过程中，又先后制定了《全国荒漠化土地监测——南方省区沙化土地监测技术操作办法》（1999）；《全国荒漠化典型地区定位监测主要技术规定》（2001）；《环北京地区防沙治沙工程及沙地监测主要技术规定》（2001）等。

  另外，我国在应用气象卫星监测沙尘暴方面，近几年来取得了迅速进展。我国的风云系列气象卫星在沙尘暴监测、沙尘天气监测预警服务中发挥了重要作用。一幅极轨卫星图像可以监测上千万平方公里地域范围；图像可在数分钟内传送到中心，30 分钟内处理为监测图像；分辨率可以达到 250m，定位精度可达 50m；可连续观测沙尘暴的起源、移动和扩散过程。通过卫星遥感监测基本查明，影响北京地区的沙尘路径主要有三条：①从蒙古国南部进入我国；②由内蒙古四王子旗等地经张北进入北京；③由山西东部进入北京的西南部地区。

第五节　学科属性与课程的内容体系

一、学科属性

水土流失及荒漠化监测与评价是一门研究性和综合性很强的应用性学科。它应用常规和遥感的技术与原理，对水土流失及荒漠化状况进行监测与评价，既涉及气候、土壤、植被、水文、地质地貌等环境背景基础知识，又涉及航片、卫片的判读、调绘、转绘和制图，以及图像数据处理的计算机自动识别分类问题，同时应用地理信息系统等相关的软件建立水土流失和荒漠化土地资源信息系统。通过与相关学科的有机结合，才能对水土资源的性质及其流失和荒漠化程度有透彻的了解，并做出合理开发治理的正确评价。

另外本学科具有鲜明的生产实践意义。农林牧业、城市建设、工矿、交通、军事活动等必须合理利用水土资源，并且在利用水土资源时防止出现人为因素造成的水土流失和荒漠化问题。水土流失及荒漠化监测与评价工作正好能满足这一要求。因此，包括我国在内的世界上许多国家，已将该方面的研究工作列为国土整治、区域规划、土地利用规划和管理等的重要基础工作。随着社会的发展，人口、资源、环境的矛盾日益突出，开展水土流失及荒漠化监测与评价的科学研究和实践，将发挥越来越重要的作用。

二、课程的内容体系

通过本课程的学习，要求学生掌握水土流失及荒漠化监测（包括地面监测、航空监测和航天监测）的原理和方法，以及实践动手能力，包括：掌握水土流失和荒漠化地区的航片、卫片的解译、调绘、转绘和制图技术；掌握水土流失和荒漠化评价指标体系确定的原则、建立的方法；掌握遥感数据的计算机处理与模式识别原理；了解水土流失和荒漠化土地资源信息管理体系；了解国内外水土流失和荒漠化监测的发展动态。为达到上述教学目的，本教材共分为十一章，在第一章绪论中主要介绍了相关的基本概念、水土流失及荒漠化监测与评价的目的意义、国内外研究的历史和现状及发展趋势；第二章介绍了水土流失及荒漠化的环境背景；第三、第四、第五章分别介绍了常规监测调查、航空遥感监测、卫星遥感监测的基础知识；第六、第七章分别介绍了遥感图像的水土流失与荒漠化信息提取处理技术和水土保持与荒漠化地区土壤性状室内分析技术；第八、第九、第十章主要介绍了水土流失与荒漠化评价、土地承载力与荒漠化、建设项目的水土环境影响评价等；第十一、第十二章分别介绍了水土流失与荒漠化监测管理信息系统和土地侵蚀预测预报。

主 要 参 考 文 献

1　关君蔚.关于我国水土保持学科体系的展望.见：中国水土保持学会编.水土保持科学理论与实践
　　——第二次全国水土保持学术讨论会论文集.北京：中国林业出版社，1992

2　辛树帜，蒋德麒主编．中国水土保持概论．北京：农业出版社，1982

3　崔云鹏，蒋定生主编．水土保持工程学．西安：陕西人民出版社，1998

4　胡文康，李久进．"坚持不懈地向荒漠化作斗争"——荒漠化动态与防治荒漠化进展综述．干旱区研究．1995.12（3）

5　李锐，杨勤科．水土流失动态监测与评价研究——区域水土流失快速调查与管理信息系统研究．郑州：黄河水利出版社，2000

第二章

水土流失及荒漠化的环境背景

第一节 影响水土流失和荒漠化的因素

一、气候

所有的气候因子都从不同方面，在不同程度上影响水土流失和荒漠化。大体上可分两种情况：一种是直接的，如降水和风对土壤的破坏作用，一般来说，暴风骤雨是造成严重水土流失和风蚀荒漠化的直接动力；另一种是间接的，如降水、温度、日照等的变化对于植物的生长、植被类型、岩石风化、成土过程和土壤性质等的影响，进而间接影响水土流失和荒漠化发生和发展的过程。下面着重介绍降水和风的直接影响。

1. 降水

降水包括降雨和降雪，是气候因子中与水土流失关系最密切的一个因子。因为降水是地表径流和下渗水分的来源，是形成水土流失过程中水的破坏力的物质基础。

(1) 暴雨是造成严重水力侵蚀的主要气候因子。这是因为：①只有当单位时间内的降雨量达到一定大小，并超过土壤的渗透能力时，才会发生径流，而径流是水力侵蚀的动力。②暴雨由于雨滴大，动能也大，雨滴的击溅侵蚀作用也强，因此少数强大的暴雨往往造成巨量的水土流失。一般说来，暴雨强度越大，水土流失量也越大。

(2) 充分的前期降雨是导致暴雨形成径流和严重冲刷的重要条件之一。这是因为充分的前期降雨已使土壤含水量增大，再遇暴雨易于形成径流所致。我国各地降雨量的年内分配都很不均匀。各地连续最大三个月的降雨量一般均超过全年总降雨量的40%，有的甚至达到70%。降雨量的高度集中，形成明显的干、湿季节。雨季土壤经常处于湿润状态，这就为强大暴雨的剧烈侵蚀活动打下了基础，也使得多雨季节水土流失量往往占到全年的2/3以上。

(3) 降雪对水土流失的影响。在北方和高山冬季积雪较多的地方，由融雪水形成的地表径流取决于积雪和融雪的过程和性质。在冬季较长的多雪地区，降雪后常不能全部融解而形成积雪。积雪受到风力的再分配和地形的影响，常在背风的斜坡和凹地堆积较厚。融雪时产生不同的融雪速度和不等量的地表径流，尤其是当表层已融解而底层仍在冻结的情况下，融雪水不能下渗，形成大量地表径流，也常引起严重的水土流失。

(4) 降雨对土壤风蚀的影响。降雨对土壤风蚀有两方面的作用：①降雨不仅使表层土壤湿润而不能被风吹蚀，还通过促进植物生长间接地减少风蚀。特别是在干旱地区，这种作用更加明显。②降雨促进土壤风蚀。雨滴打击破坏地表抗蚀性土块和团聚体，降低地表粗糙度，从而提高土壤的可蚀性。一旦表层土壤变干，会发生更严重的风蚀。

2. 风

风是土壤风蚀和风沙流动的动力。风蚀强弱首先取决于风速。风速受地面摩擦阻力的影响，距地面越近，风速越小，紊流和涡动作用越强；距地面越高，风速越大，气流也较稳定。地面上与人类活动关系密切的一层称为地面空气层，也称为空气下垫面。这层空气受地面及人类活动的干扰较大，风速的脉动性和阵性比较明显。其次是风的持续时间，如果风的持续时间短就不能造成大规模的风沙流。沙粒起动风速可以通过实测取得，各沙区的具体数据并不一致。就一定地区而言，风沙流的性质和规模，除风速和持续时间外，还有起沙风次数、季节和空气湿度、气温等。湿度越小，温度越高，就促使植物蒸腾量的增加和表层土壤的干燥，这都有利于土壤风蚀及风沙流的形成和加强。

一般在沙区，风沙经常是与干旱、霜冻等灾害密切相关的，也必须注意分析这些方面的影响。

3. 冻结和解冻

温度的激烈变化不仅影响融雪水，而且对重力侵蚀作用也有直接影响。尤其当土体和基岩中含有一定水分，温度反复在0℃附近变化时，其影响就更明显。春季回暖后，在冻融交替下，常形成泻溜、滑塌、崩塌等重力侵蚀。高山雪线附近也常是由于温度激烈变化引起重力侵蚀活跃的地段。

二、地形

地形是影响水土流失的重要因素之一。地面坡度的大小、坡长、坡形、分水岭与谷底及河面的相对高差以及沟壑密度等都对水土流失有很大的影响。

1. 坡度

地面坡度是决定径流冲刷能力的基本因素之一。径流所具有的能量是径流的质量与流速的函数，而流速的大小主要决定于径流深度与地面坡度。因此，坡度直接影响径流的冲刷能力。在其他条件相同时，一般地面坡度愈大，径流流速愈大，水土流失量也愈大。

2. 坡长

当其他条件相同时，水力侵蚀的强度是依据坡的长度来决定。坡面越长，汇聚的流量也越大，因而其侵蚀力就越强。

3. 坡形

自然界中山岭丘陵的坡形虽然十分复杂，总的来说，不外以下四种：凸形坡、凹形坡、直线形坡和台阶形坡。坡形对水力侵蚀的影响，实际上就是坡度、坡长两个因素综合作用的结果。一般说来，直线形坡上下坡度一致，下部集中径流最多，流速最大，所以土壤冲刷较上部强烈。凸形坡上部缓，下部陡而长，土壤冲刷较直线形坡下部更强烈。凹形坡上部陡，下部缓，中部土壤侵蚀强烈，下部侵蚀减小，常有堆积发生。台阶形坡在台阶部分水土流失轻微，但在台阶边缘上，就容易发生沟蚀。

此外，坡形对风蚀也有一定的影响。在土壤裸露的情况下，坡度愈小，地表愈光滑，则地面风速愈大，风蚀愈严重。迎风坡的坡度愈大，土壤吹蚀愈剧烈。背风坡上，因坡度大小不同，风速减缓程度亦不同，有时形成无风带，出现沙土堆积。

三、地质

地质因素中岩性和构造运动对水土流失影响较大。

1. 岩性

岩性就是岩石的基本特性，对风化过程、风化产物、土壤类型及其抗蚀能力都有重要影响，对于沟蚀的发生和发展，以及崩塌、滑坡、泻溜、泥石流等侵蚀活动也有密切关系。所以一个地区的侵蚀状况常受到岩性的很大制约。

岩性对于风蚀的影响也十分明显。块状坚硬致密的岩体，不易风化，抗风蚀性也强；松散的砂层，最易遭受风力的搬运；质地不匀的岩体，物理风化较强，容易遭受风蚀。

2. 新构造运动

新构造运动是引起侵蚀基准变化的根本原因。水土流失地区如果地面上升运动比较显著，就会引起这个地区冲刷的复活，促使冲沟和斜坡上一些古老侵蚀沟再度活跃，加剧坡面侵蚀。

四、土壤

土壤是侵蚀作用的主要对象，因此它的特性，尤其是透水性、抗蚀性、抗冲性对水土流失有很大的影响。

1. 土壤的透水性

地表径流是水力侵蚀的动力之一。在其他条件相同时，径流对土壤的破坏能力，除流速外主要取决于径流量。而径流量的大小，与土壤的透水性能关系密切。所以土壤对于水分的渗透能力是影响水土流失的主要性状之一。土壤的透水性能主要决定于土壤的机械组成、结构性、孔隙率及其特性以及土壤剖面的构造、土壤湿度等因素。

质地疏松并有良好结构的土壤，透水性强，不容易产生径流或产生的径流较小，而构造坚实的土壤，则透水性低，就容易产生较大径流及冲刷。因此，在水土保持工作中必须采取改良土壤质地、结构的措施，以提高土壤的透水性及持水量。

2. 土壤的抗蚀性

抗蚀性是指土壤抵抗径流对它们的分散和悬浮的能力。其大小主要取决于土粒和水的亲和力。亲和力越大，土壤越易分散悬浮，团粒结构也越易受到破坏而解体，同时还引起土壤的透水性变小和土壤表层的泥泞。在这样的情况下，即使径流速度很小，机械破坏力不大，也会由于悬移作用而发生侵蚀。

土壤中比较稳固的团聚体的形成，既要求有一定数量的胶结物质，又要求这种物质一经胶结以后在水中就不再分散，或分散性很小、抗蚀性较大。腐殖质能够胶结土粒，形成较好的团聚体和土壤结构。由于腐殖质中吸收性复合体为不同阳离子所饱和，使土壤具有不同的分散性。很多研究表明，土壤吸收性复合体若被钠离子饱和，则易于被水分散；若被钙离子所饱和，则土壤抵抗被水分散的能力就显著提高，因为钙能促使形成较大和较稳定的土壤团聚体。

3. 土壤的抗冲性

土壤的抗冲性是土壤对抗流水和风等侵蚀力的机械破坏作用的能力。土体在静水中的崩解情况可以作为土壤抗冲性的指标之一。因为当土体吸水，水分进入土壤空隙后，倘若很快崩散破碎成细小的土块，那么就容易被地表径流推动下移，产生流失现象。对西北黄土区一些土壤的研究表明，土壤膨胀系数愈大，崩解愈快，抗冲性愈弱；土壤抗冲性随土壤中根量和土壤硬度的减小而减弱；土壤的利用情况不同，抗冲性也有显著差别，其中以林地最强，草地次之，农地最弱。

土壤侵蚀量的大小和土壤抗冲性的强弱密切相关，因此提高土壤抗冲性能，对于防治水土流失具有重要的意义。

五、植被

植物被覆是自然因素中对防止水土流失和风蚀荒漠化起积极作用的因素，几乎在任何条件下都有阻缓水蚀和风蚀的作用。植被一旦遭到破坏，水土流失就会加剧。植被在水土保持上的功效主要有以下几方面：

（1）拦截雨滴。植物的地上部分，能够拦截降水，使雨滴不直接打击地面，速度减小，因而能有效地削弱雨滴对土壤的破坏作用。植被覆盖度越大，拦截的效果越好，尤其以茂密的森林最为显著。

（2）调节地面径流。森林、草地中往往有厚厚的一层枯枝落叶，像海绵一样，接纳通过树冠、树干或草类茎叶而来的雨水，使之慢慢地渗入林地变为地下水，不致产生地表径流，即使产生也很轻微。这样枯枝落叶层就起到保护土壤、增加地面糙率、分散径流、减缓流速以及促进挂淤等作用。

（3）固结土体。植物根系对土体有良好的穿插、缠绕、网络、固结作用。特别是自然形成的森林和营造的混交林中，各种植物根系分布深度不同，有的垂直根系可伸入土中达10m以上，能促成表土、心土、母质和基岩连成一体，增强固持土体的能力，减少土壤冲刷。

（4）改良土壤性状。林地和草地的枯枝落叶腐烂后可给土壤表层增加大量腐殖质，有利于形成团粒结构。同时植物根系能给土壤增加根孔，提高土壤的透水性和持水量，增强土壤的抗蚀、抗冲性能，从而起到减小地面径流和土壤冲刷的作用。

（5）减小风速，防止风蚀。植被能削弱地表风力，保护土壤，减轻风力侵蚀的危害。增加地面植被覆盖，是降低风的侵蚀性的最有效途径。植被的保护作用与植物种类（决定覆盖度和覆盖季节）、植物个体形状和群体结构、行的走向等有关。高而密的作物残茬，其保护作用常与生长的作物相同。当地面全部为生长的植物覆盖时，地面所受的保护作用最大。单独的植物个体或与风向垂直的作物也能显著地降低风速，减少风蚀。防风林带降低风速的作用与其高度及疏透度有关。

此外，森林还有提高空气湿度，增加降雨量，调节气温，防止干旱及冻害，净化空气，保护和改善环境等多种效益。

六、人类活动

自然因素是水土流失和荒漠化发生、发展的潜在条件，人类活动是水土流失和荒漠化发生、发展以及得到防治的主导因素。人类活动可以通过改变某些自然因素来改变侵蚀力与抗蚀力的大小对比关系，产生使水土流失和荒漠化加剧或者使水土得到保持、荒漠化过程逆转的截然不同的结果。

1. 人类加剧水土流失和荒漠化的活动

概略地说人类加剧水土流失和荒漠化的活动有以下几方面：

（1）破坏森林。乱砍滥伐、放火烧山，使森林遭到破坏，失去蓄水保土的作用，并使地面裸露，直接受到雨滴的击溅和流水、风力的侵蚀。

（2）陡坡开荒。陡坡开荒不仅破坏了地面植被，且因坡陡，又翻松了土壤，造成了土壤的严重侵蚀，使水土大量流失。

（3）过度放牧。过度放牧会使山坡和草原植被遭到破坏，不能得到恢复，受到水、风等作用，就会造成水土流失和风沙危害。

（4）不合理的耕作方式。顺坡耕作使坡面径流也顺坡集中在犁沟里下泄，造成沟蚀；缺乏合理的轮作和施肥会破坏土壤的团粒结构和抗蚀、抗冲性能；在坡地上广种薄收、撩荒轮垦，会使土壤性状恶化，作物覆盖率降低。这些，均能加剧水土流失。

（5）工业交通及基本工程建设的影响。开矿、建厂、筑路、伐木、挖渠、建库中都有大量矿渣、弃土、尾沙，如不作妥善处理，往往会冲进河道，这也是加剧水土流失的一个人为因素。

综上所述，人类加剧水土流失和荒漠化的活动主要是对植被的破坏，集中表现在对土地资源的不合理利用上。因此，垦荒、过度放牧、乱砍滥伐森林等活动所造成的后果十分严重，应该严格加以禁止。

2. 人类保持水土、防治荒漠化的积极作用

（1）改变地形条件。地形条件人们是可以通过多种工程技术措施加以局部改变的。坡度在地形条件中对土壤侵蚀量的影响最大。如在山坡上修水平梯田、挖水平阶、开水平沟、培地埂以及采取水土保持耕作法，均可减缓坡度、截短坡长、改变小地形，从而防止或减轻土壤侵蚀。在沟道及溪流上，可通过修谷坊、建水库、打坝淤地、闸沟垫地等措施，提高侵蚀基准面，改造小地形，控制沟底下切和沟坡侵蚀。在侵蚀沟两岸可采取削坡等工程措施，使坡角改小，达到安息角度，以稳定沟坡，防止泻溜、崩塌、滑坡等水土流失现象的发生。

在风沙地区，根据坡地或沙丘上不同部位的风蚀情况和平坦地上糙率与风蚀的关系，结合有关条件，采取建立护田林网，设置沙障等措施可改变地形条件，减小风速，防止风蚀。

（2）改良土壤性状。抵抗侵蚀能力较强的土壤一般具有良好的渗透性、强大的抗蚀和抗冲性，这和土壤的质地、结构等特性有关。这些条件是可以通过人的积极改造来满足的。

（3）改善植被状况。如前面所说的植被可以拦截雨滴，调节地面径流，固结土体，改良土壤，减低风速，都能起到保持水土的作用。而植被状况是可以通过造林种草、封山育林以及农作物的合理密植、草田轮作、间作套种等人为措施予以改善的。所以，改善植被状况是人们对水土保持的最重要的一个作用。

第二节　地　质　地　貌

一、基本地貌特征

1. 地势西高东低，呈阶梯状下降

我国地势西高东低，高差悬殊，形成一个以青藏高原最高、向东逐级下降的阶梯状斜面。我国地貌主要由 3 个阶梯构成：昆仑山、祁连山以南，岷山、邛崃山、横断山脉以西

的青藏高原属第一级阶梯，平均海拔 4500m，高原上横亘着一系列巨大的山脉，山岭间镶嵌着辽阔的高原和盆地。青藏高原的外缘至大兴安岭、太行山、巫山和雪峰山之间，是第二级阶梯，主要由广阔的高原和盆地组成，其间也分布有一系列高大山地。内蒙古高原、黄土高原、云贵高原以及塔里木盆地，海拔大都在 1000～2000m 之间。准噶尔盆地、四川盆地的大部分地区，海拔则下降到 500m 以下。高原盆地之间的阿尔泰山、天山的海拔都超过 4000m，阴山、秦岭也在 2000m 以上。第二级阶梯以东，地势降到 500m 以下，主要由宽广的平原与丘陵组成，为第三级阶梯。主要平原有东北平原、华北平原和长江中下游平原，其海拔大多在 200m 以下。这里地势低平，沃野千里，是我国最重要的农耕区。长江中下游平原以南为低山丘陵。第三级阶梯范围内还散布着一些山地，除台湾山地、长白山、武夷山的一些高峰以外，大多低于 1500m。

阶梯状分布的地势加强了东部地区季风的强度，抑制了西部地区南北冷暖气流的交换，从而加剧了我国气候的地域差异。

2. 地貌复杂多样，类型齐全

我国地质条件复杂，地面组成物质的地区差异非常显著。漫长的地质历史演化过程中，在内外营力相互作用下塑造的地貌类型多种多样。不仅有纵横交错、千姿百态的山脉，面积辽阔、形态各异的高原，也有广阔坦荡的平原，高度不一的盆地，坡度和缓的丘陵。其中，山地约占全国土地总面积的 33%，高原约占 26%，盆地约占 19%，平原约占 12%，丘陵约占 10%。高原、盆地和平原，一般都具有顺直的边界，鲜明的轮廓，与巨大的山脉相间排列。

众多的地貌类型，是形成我国自然环境复杂多样的基础，是我国自然资源特别是土地资源丰富多彩的主要原因。

3. 山地面积广，地势高差大

我国是一个多山的国家。从帕米尔高原到东海海岸，从黑龙江畔到南海之滨，纵横交错的山脉，构成了我国地貌的骨架。如果把切割的高原和起伏的丘陵包括在内，广义的山地占全国总面积的 65%。以海拔高度计算，超过 1000m 的土地占全国总面积的 65%，海拔超过 500m 的面积，占全国总面积的 84%。在兰州至昆明一线以西的山地，多为海拔超过 3500m 的高山和 5000m 以上的极高山。青藏高原及其周围的山脉，很多山峰的高度都超过 6000m，特别是喜马拉雅山、喀喇昆仑山的高峰，有些高达 8000m 以上。这些耸立在雪线以上的山地，现代冰川发育，冰川覆盖总面积达 57000 多 km²，冰雪储水量约为 29640 亿 m³，年消融总水量为 490 亿 m³，成为我国干旱地区宝贵的水资源。兰州至昆明一线以东的山地，多为 2000m 以下的中山、低山，但神农架、太白山、五台山、玉山等都超过 3000m，其中玉山主峰达 3950m，成为我国东部的最高峰。

我国的地形复杂，高差显著，不仅有高达 8848m 的珠穆朗玛峰，也有低于海平面以下 154m 的艾丁湖。地势高差之大，为世界其他国家所罕见。横断山脉由一系列平行的高山深谷组成，一些山峰海拔超过 5000m，与邻近的河谷相对高差达 2000m 以上，地面起伏之急剧甲于全国。

二、主要地貌类型

按地貌形态分类，我国陆地可分为山地、高原、盆地、丘陵和平原。

1. 山地

我国山地分布广泛，众多的山脉纵横交错，不仅构成地貌格局的骨架，而且形成地理上的重要分界。

我国的山脉按走向可以分为下列几种类型：

（1）东西走向的山脉。主要有三列。最北的一列是天山—阴山。天山向东延续，与河西走廊北侧的北山（合黎山、龙首山）相连，再向东延即为阴山山脉。中间的一列包括昆仑山—秦岭，它横亘于我国中部，西起帕米尔高原，东到淮阳山，在地势上十分醒目。最南的一列东西向山地是南岭，它由一系列北东走向的山地组成，走向变化较大，但总的趋向仍为东西方向。这些山脉都是我国地理上的重要界线。例如，阴山构成了内蒙古高原的边缘，阴山以北基本上为内陆流域；秦岭是黄河与淮河、长江的分水岭，暖温带和亚热带的分界；南岭是长江流域和珠江流域的分界。

（2）北东走向的山脉。主要分布在东部，由西向东大致分为三列。第一列包括大兴安岭、太行山、武陵山、雪峰山等；第二列北起长白山，经辽东的千山、山东丘陵到东南的武夷山；第三列为台湾山脉。这三列北东走向的山脉之间都有一系列北东方向的相对沉降带相隔，在我国的东部形成"三凹三隆"的构造形态。

（3）北西走向的山脉。主要分布在我国的西部，如阿尔泰山、祁连山等。昆仑山以南的高大山地，喀喇昆仑山、冈底斯山、喜马拉雅山等，在西段表现为北西走向，向东逐渐转为东西走向，呈现出向南突出的弧形。

（4）南北走向的山脉。位于我国的中部，自北而南有贺兰山、六盘山、横断山脉等。横断山脉由许多岭谷相间的高山深谷所组成，包括邛崃山、大雪山、沙鲁里山、宁静山、怒山、高黎贡山等山脉以及大渡河、雅砻江、金沙江、澜沧江、怒江等谷地。这一列南北走向的山脉，把全国分为东、西两大部分，西部山地以北西、北西西走向为主，山势高峻，多为3500m以上的高山和大于5000m的极高山；东部以北东走向为主，多为海拔2000m以下的中山、低山。

这几种走向的山脉相互交织，把全国分隔成许多网格。高原盆地和平原都分布在这些网格之中。

2. 高原

我国有四大高原。青藏高原位于昆仑山、阿尔金山、祁连山与喜马拉雅山之间及岷山—邛崃山—锦屏山以西的大网格中，相当于第一级阶梯地形面，是我国面积最大的高原，也是全球地势最高的高原。其上又被纵横交错的山脉分隔成许多大小不等的盆地，盆地中湖泊星罗棋布，牧草遍野。

在第二级阶梯地形面上，自北向南分布着内蒙古高原、黄土高原和云贵高原。由于地面组成物质和外营力因素的不同，高原地貌的差异非常明显。

北部的内蒙古高原位于长城以北、大兴安岭以西、马鬃山以东的网格中，地形坦荡开阔，低缓丘陵与宽浅盆地相间分布，地面起伏和缓。呈现"远看是山，近看是原"的景象。由于偏处内陆，气候干燥少雨，流水侵蚀作用微弱，风蚀、风积地貌显著，是我国高原面保存比较完整、高原形态表现比较明显的高原。

黄土高原位于秦岭与古长城、太行山与乌鞘岭之间的广大地域。在第四纪冰期干旱气候条件下，黄土沉积旺盛，形成举世闻名的黄土高原，是世界上黄土发育很好且分布面积最广的区域。随着间冰期气候转向暖温，质地疏松的黄土经流水强烈侵蚀，使黄土高原除局部地区外，呈现出千沟万壑、梁峁遍布、地表十分破碎的景象。

云贵高原位于我国西南部，包括哀牢山以东、雪峰山以西、大娄山以南、广西北部山地以北的地区。其特点有二：①地面崎岖破碎，除滇中、滇东和黔西北尚保存着起伏较为和缓的高原面以外，大部地区为长江、珠江及元江等支流分割成崎岖破碎、坎坷不平的地表；②层厚质纯的石灰岩分布广泛，经构造运动抬升到较高的位置，并发生许多断层、裂隙和节理，在低纬温暖湿润的气候条件下，雨水、地表水和地下水沿着石灰岩的裂隙不断地进行溶蚀，形成山奇水秀、妩媚多姿的喀斯特地貌。凡是碳酸盐类岩石出露的地区，到处可以看到秀丽多姿的峰林，深邃曲折的溶洞，时隐时现的暗河和横跨溪沟的天生桥。

3. 盆地

我国著名的盆地有塔里木盆地、准噶尔盆地、柴达木盆地和四川盆地，它们都属于构造上的断陷区域。除四川盆地以外，其余均地处西北内陆，气候干燥，有大面积的沙漠和戈壁分布。

柴达木盆地地处青藏高原北部，在构造上属东昆仑褶皱系中的柴达木拗陷。盆地面积20多万 km²，位居全国第三。盆地海拔 2600～3000m，是我国海拔高度最大的巨型内陆高盆地。盆地气候干燥，风蚀和风积作用显著。由盆地边缘到盆地内部，地貌形态呈环带状排列，从戈壁砾石带、斑点状绿洲带向沙漠、盐湖依次过渡。盆地中分布着许多盐湖和盐沼，盐矿资源品种繁多，储量极为丰富。此外，有色金属、黑色金属、稀有金属资源和石油资源等也非常丰富。盆地日照长，光能资源充足，农业单产水平高，河湖沿岸牧草肥美，畜牧业也占重要地位。因此有"聚宝盆"之称。

塔里木盆地位于天山、昆仑山和帕米尔高原之间，构造上属塔里木地台，地形坦荡，四周为高山环抱，盆地形态完整。地势由西向东微微倾斜，面积 53 万 km²，是我国最大的内陆盆地。由于盆地地处内陆深处，地形封闭，气候极端干旱。植被稀疏，干燥剥蚀和风蚀、风积作用特别旺盛，形成全国最大的沙漠——塔克拉玛干沙漠。沙丘高大，形态多样，为盆地的显著特色。盆地边缘受天山、昆仑山冰雪融水滋润，分布着荒漠中的沃野绿洲。绿洲农业发达，盛产瓜果，人口集中，经济繁盛，是古代"丝绸之路"的组成部分。

准噶尔盆地位于天山与阿尔泰山之间，略呈三角形，面积 38 万 km²，是我国第二大盆地。盆地地势与塔里木盆地相反，由东向西微微倾斜，分布着古尔班通古特沙漠。由于盆地西部边缘山地不高，又有很多缺口，属半封闭型盆地。和塔里木盆地比较，降水稍多，植被盖度较大，主要为固定、半固定沙丘，草场辽阔，畜牧业发达。盆地内绿洲主要分布在靠近天山的盆地南缘。

四川盆地位于青藏高原以东，巫山以西，南北介于云贵高原与大巴山之间，四周山地环抱，盆地形态完整。在构造上属扬子准地台上断陷的四川台拗。中生界紫红色砂、页岩广泛分布，因此人们又称它"红色盆地"或"紫色盆地"。四川盆地海拔 300～700m，面积约 18 万 km²，虽是四大盆地中最小的一个，但地处亚热带，气候温暖湿润，水系稠密，流水侵蚀作用显著，形成一个丘陵性盆地。盆地东部分布着一系列东北—西南走向的平行岭谷或低山丘陵，林木葱郁；盆地西部九顶山、邛崃山和龙泉山之间，是平坦的成都平原。平原上河渠纵横，土壤肥沃，人口稠密，经济发达。盆地中部丘陵陂陀起伏，大都辟为梯田和水田。四川盆地自然条件优越，物产丰富，是我国最富庶的地区之一，向有"天府之国"之称。

4. 丘陵

绝对高度低，相对起伏小的大片丘陵主要分布在东部第三级阶梯地形面上。尤以云贵高原以东、长江以南的东南地区分布最广泛、最集中，统称东南丘陵。其中，位于南岭以北、长江以南的称为江南丘陵；南岭以南、两广境内的称为两广丘陵；武夷山以东、浙闽两省境内的称为浙闽丘陵。位于长江以北的丘陵主要有辽东丘陵和山东丘陵。

东南丘陵有一系列北东走向的中、低山地分布，其间错落排列着大大小小的红岩盆地。盆地中的厚层砂岩和砾岩，经流水强烈切割，常构成千姿百态的挺拔奇峰和方山。其中以江南丘陵表现最为典型。浙闽丘陵花岗岩和流纹岩分布较广，多奇峰峭壁。两广丘陵的东部，多系花岗岩丘陵，外形浑圆，沟谷纵横，地表分割得十分破碎；西部主要是石灰岩丘陵，峰林广布，地形崎岖，风景异常优美。东南丘陵地处热带和亚热带，雨量充沛，热量丰富，是我国林、农、矿产资源利用潜力很大的山区。

山东丘陵和辽东丘陵坐落在山东半岛和辽东半岛上，由变质岩和花岗岩组成，久经流水切割侵蚀，地形低缓破碎，并构成曲折的海岸和港湾，是温带水果的著名产区。

5. 平原

地势低平坦荡、面积辽阔广大的平原集中分布在我国东部，构成第三级阶梯地形面。在东西向和东北—西南向山脉的控制下，平原被分隔成东北平原、华北平原和长江中下游平原。此外，东南沿海还有许多面积较小的滨海平原，以珠江三角洲最为著名。

东北平原位于大、小兴安岭与长白山和燕山之间，南北长约 1000km，东西宽约 400km，面积 35 万 km^2，是我国最大的平原。整个平原又可分为三江平原、松嫩平原和辽河平原 3 部分，以松嫩平原为最大。东北平原显著的特色是：海拔较高，黑土面积广大，沼泽分布广泛。

华北平原包括燕山以南，大别山以北，西起太行山和伏牛山，东到黄海、渤海和山东丘陵之间的地区，主要由黄河、淮河和海河冲积而成，面积 31 万 km^2，是我国第二大平原。以黄河河道和山东丘陵为界又可分为南北两部分，北部称为海河平原，南部称为黄淮平原。华北平原地势低平，地面坡降很小。不少地段河床高于两岸平原，形成地上河与河间洼地相间分布的景象。因为地势低平并多洼地，夏季一遇暴雨，常造成洪涝灾害。在黄河冲积扇古河道和近代黄河决口泛滥处，有沙丘和沙地分布；海河平原地势低洼地带，盐渍土分布甚广，给农业生产造成了危害。

长江中下游平原分布在三峡以东的长江中下游沿岸，主要包括桐柏山、大别山和江南丘陵、浙闽丘陵之间的两湖平原、鄱阳湖平原、苏皖沿江平原和长江三角洲，呈串珠状东西向分布，面积约 20 万 km^2，是我国第三大平原。长江中下游平原最大的特色是地势低平，湖泊密布，河渠密如蛛网，水田连片，是我国著名的"鱼米之乡"。

三、地质构造

地貌与大地构造单元是紧密联系的，地貌轮廓结构和特征主要受地质构造基础的控制。

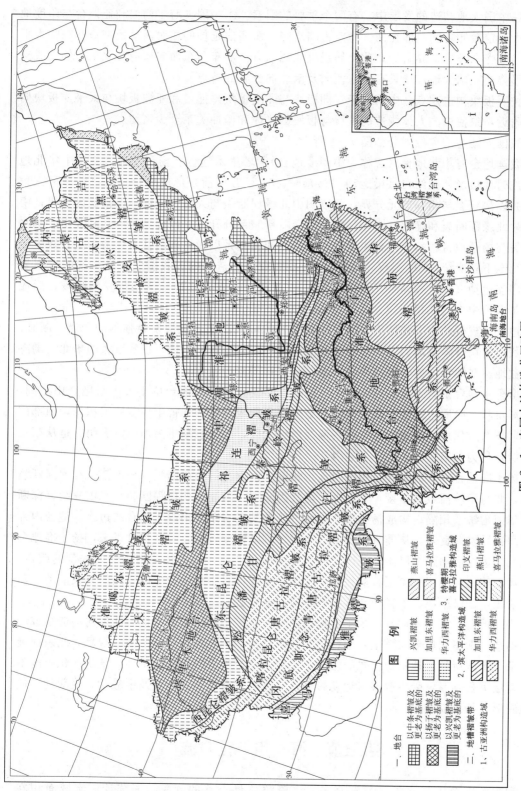

图 2-1　中国大地构造分区略图

（引用《中国自然地理·中国自然地理·高等教育出版社，1984》）

在中国大地构造的发展中，有两个重要的因素：①中国夹峙于西伯利亚地台与印度地台两大稳定单元之间，即在两大稳定古陆之间、东西向延伸的相对活动地带；②东临太平洋，即陆壳和洋壳交界附近，此交界线呈北北东方向展布。东西向构造与北东向构造成交叉的形势使我国大地构造具有近东西向及南北向分异的特点。

按照板块构造观点，中国位于亚洲板块与印度板块碰撞带和亚洲板块与太平洋板块俯冲带附近，致使中国大地构造的发展与板块的碰撞和俯冲关系至为密切。

我国大地构造单位划分如图 2-1 所示。

我国地台有华北地台（或称为中朝准地台）、塔里木地台、扬子准地台。其中华北地台形成时代最老，大约在吕梁运动（2500～1800 百万年前）形成地台基底，总体呈三角形。并以深断裂与相邻单元分界，北以阴山北缘深断裂与天山—兴安地槽褶皱区为界；南以秦岭北缘深断裂和确山—肥东深断裂与秦岭褶皱系分开；东以郯城—庐江和嘉山—响水深断裂与扬子地台相邻。地台盖层中，寒武系和奥陶系以浅海碳酸盐岩建造为主，缺失上奥陶统至下石炭统，中、上石炭统至二迭系为含煤建造，构成我国北方最重要的含煤岩系。印支运动（250～205 百万年前）后，中朝地台进入大陆边缘活动带发展阶段，形成了鄂尔多斯中生代陆相沉积盆地。燕山运动（205～66 百万年前），在燕辽、山东、内蒙古等地有大规模的中、酸性火山喷发和花岗岩的侵入，地台盖层发生强烈的褶皱、断裂。新生代以断块升降运动为主，形成著名的汾渭、河套等断陷盆地，以及巨大的华北—渤海陆缘盆地。在地形上的表现以块状山地、盆地和平原为主。

塔里木地台由晋宁运动（800 百万年前）形成。塔里木地台位于天山与昆仑山之间，呈菱形块状。除周边地区出露有前震旦纪变质岩构成的基底和古生代盖层沉积外，内部广大地区被新生代地层覆盖。下第三系遍及地台全区，上第三系更为加厚，表明它是从第三纪开始转化为拗陷区的。

扬子准地台形成的时代与塔里木地台相同。西以龙门山深断裂、金沙江—红河深断裂为界，北与秦岭褶皱系相接，东南以南盘江深断裂、溆浦—四堡深断裂、江山—绍兴深断裂与华南褶皱系相隔。构成扬子准地台元古代的基底岩系多出露于地台的边缘。地台内部的沉积盖层发育良好，从震旦纪到中三迭世，沉降幅度较大。晚三迭世以来，扬子准地台进入大陆边缘活动带发展阶段。印支运动使得扬子准地台的古构造格局受到深刻的改造。燕山运动使地台的沉积盖层普遍褶皱，且地台东部伴有中酸性为主的强烈的岩浆活动。新生代阶段，江汉平原、下扬子地区小型断陷盆地发展。

华北地台、塔里木地台、扬子准地台的分布受控于前述东西构造与北东向构造组成的交叉构造，即华北地台与塔里木地台为东西向延伸；华北地台与扬子准地台呈北北东向展布。由于中国所处大地构造位置的影响，使中国地台具有较大的活动性，基底硬化程度不高，盖层沉积巨厚，受多次构造运动影响，广泛发育有褶皱、断裂及中酸性岩浆活动，使得地貌形态甚为复杂。

第三节　河　川　径　流

我国是一个山高水长、河湖众多、水资源总量丰富的国家。据统计，流域面积在

100km² 以上的河流约有 50000 多条，集水面积超过 1000km² 的有 1600 多条。面积在 1km² 以上的天然湖泊有 2800 多个，水面面积约 8 万 km²。沼泽面积 11 万 km²。以固体形式贮存于西部高山的冰川和永久雪盖，总面积为 5.7 万 km²，储水量为 29640 亿 m³，年消融总水量为 490 亿 m³。

一、河川径流资源

就径流总量而言，我国河川径流资源丰富。全国多年平均径流总量达 26000 多亿 m³，相当于全世界径流总量的 6.6%，居世界第五位。但平均径流深度仅 271mm，低于世界平均数。按人口平均则更低，每人每年拥有水量约相当于世界平均数的 1/4。

我国各流域径流资源见表 2-1。长江流域的径流资源最丰富，约占全国径流总量的 37.7%。其次是珠江及广东、广西沿海各河流域，约占全国径流总量的 17.2%。藏南、西南地区和浙闽沿海各河流域的径流总量，各占全国总量的 8% 左右。其余各地区径流量很少，其中黄河流域面积约占全国总面积的 7.8%，但径流总量仅占全国总量的 2.21%。

表 2-1　　　　　　　　　　　　中国各流域径流资源

流　　域		流域面积		径流总量		平均径流深度（mm）
		km²	占全国百分比（%）	亿 m³	占全国百分比（%）	
外流流域	东北各河流域	1166028	12.15	1731.15	6.66	148
	华北各河流域	319029	3.32	283.45	1.09	89
	黄河流域	752443	7.84	574.46	2.21	76
	淮、汶、运、沂、沭各河流域	326258	3.40	597.89	2.30	183
	长江流域	1807199	18.83	9793.53	37.66	542
	浙、闽沿海各河流域	212694	2.22	2001.33	7.70	941
	珠江及广东、广西沿海各河流域	553437	5.76	4466.27	17.18	807
	台湾、海南岛各河流域	68160	0.71	887.36	3.41	1302
	西南各河流域	408374	4.25	2160.84	8.31	529
	藏南各河流域	455548	4.75	2267.81	8.72	498
	北冰洋流域	50860	0.53	107.85	0.41	212
	合　　计	6120030	63.76	24871.94	95.65	406
内流流域	甘、新内流流域	2090162	21.77	708.62	2.73	34
	内蒙古内流流域	328740	3.42	27.06	0.10	8
	青、藏内流流域	1012848	10.55	382.97	1.47	38
	松嫩内流流域	48220	0.50	12.05	0.05	25
	合　　计	3479970	36.24	1130.70	4.35	33
全　　国		9600000	100	26002.64	100	271

我国的河川径流资源不仅存在明显的地域差异，各河径流量的差别亦相当悬殊（表 2-2）。长江是我国的第一大河，也是世界著名大河之一，全长 6300km，流域面积 180 余万 km²，约占我国总面积的 1/5。长江支流众多，构成庞大的水系。由于长江流域面积广大，而且又处于我国亚热带季风区，降水丰沛，水量充足。长江的流域面积比黄河只大一倍半，而其径流总量（9794 亿 m³）相当于黄河实际径流总量的 17 倍。就径流总量而言，长江仅次于南美洲的亚马孙河和非洲的刚果河（扎伊尔河），居世界第三位。长江的水量

表 2-2　　　　　　　　　　　　　中国主要河流径流量

河　流	注入海湖	流域面积（km²）	长度（km）	平均流量（m³/s）	径流总量（亿 m³）	径流深度（mm）
长江	东海	1807199	6300	31060	9793.53	542
珠江	南海	452616	2197	11070	3492.00	772
黑龙江	鄂霍次克海	1620170	3420	8600	2709.00	167
雅鲁藏布江	孟加拉湾	246000	1940	3700	1167.00	474
澜沧江	南海	164799	1612	2350	742.50	412
怒江	孟加拉湾	142681	1540	2220	700.90	469
闽江	台湾海峡	60992	577	1980	623.70	1023
黄河①	渤海	752443	5464	1820	574.50	76
钱塘江	东海	54349	494	1480	468.00	861
淮河	黄海	185700	1000	1110	351.00	189
鸭绿江	黄海	62630	773	1040	327.60	541
韩江	南海	34314	325	942	297.10	866
海河①	渤海	264617	1090	717	226.00	85
瓯江	东海	17543	338	615	194.00	1106
李仙江	北部湾	19873	395	541	170.70	859
九龙江	台湾海峡	14741	258	446	140.60	954
元江	北部湾	34917	772	410	129.20	370
伊犁河	巴尔喀什湖	56700	375	374	117.90	208
额尔齐斯河	喀拉海	50860	442	342	107.90	212
龙川江	孟加拉湾	11962	303	314	98.90	827
辽河②	渤海	164104	1430	302	95.27	58
鉴江	南海	9433	211	272	85.84	910
漠阳江	南海	6174	108	267	84.30	1365
南流江	北部湾	9392	198	246	77.64	822
飞云江	东海	6153	—	232	73.20	—
下淡水溪	台湾海峡	3257	159	228	71.79	2204

① 黄河、海河水量为天然径流量。

② 辽河包括浑河、太子河。

主要来自上游和中游，占总径流量的 90% 以上（其中上游占 46.4%，中游占 47.3%），下游水量仅占 6.3%。珠江是我国南方的大河之一，流域面积为 45.2 万多 km²，约为长江的 1/4，但因处于我国降水最丰沛地区，径流总量高达 3492 亿 m³，约占全国径流总量的 13%，接近于长江径流总量的 1/3，为黄河的 6 倍，在我国河流中居第二位。黑龙江以与乌苏里江合流处以上河段计算，中俄两国境内的流域面积为 162 万 km²，支流有 200 余条，其中以松花江为最大。黑龙江的径流总量为 2709 亿 m³，居第三位。雅鲁藏布江径流总量为 1167 亿 m³，居全国第四。其余河流，多年平均径流总量都在 750 亿 m³ 以下。黄河全长 5464km，流域面积 75.2 万余 km²，为我国第二大河，也是世界著名的大河之一。但因其大部流经半干旱地区，地表产水量少，径流量相当贫乏，径流总量只有 570 多亿 m³，在我国大河中居第八位。由于大量灌溉用水，黄河实际年径流不足 480 亿 m³。黄河的水量有 90% 来自上中游地区，大约有 50% 的水量来自兰州以上的上游流域。兰州以下，流量不但未随集水面积的增大而增加，反而有向下游减少的现象。如兰州至包头段，流域面积增加将近 20%，而径流量却减少了 60 亿 m³；包头至陕县段，黄河流经黄土高原，接纳了许多支流，流域面积增加 44%，但水量只增加 32%。至于陕县以下的下游段，河床高出平地，不但没有支流注入，反而向两岸渗漏，水量逐渐减少。

二、水量平衡

我国年平均降水量为 61695 亿 m³，折合降水深度为 643mm。全国河川多年平均总径流量为 26003 亿 m³，折合径流深度为 271mm。从而可求得我国陆面总蒸发量（降水量与径流量的差）为 35692 亿 m³，折合平均深度为 372m³，径流系数为 42%，即每年降水量只有 42% 成为径流，其余 58% 通过蒸发又重新回到了大气（表 2-3）。

表 2-3　　　　　中 国 水 量 平 衡

流 域		面积占全国百分比（%）	年平均降水		年平均径流		年平均蒸发		径流系数（%）
			总量（亿 m³）	深度（mm）	总量（亿 m³）	深度（mm）	总量（亿 m³）	深度（mm）	
外流流域	太平洋	56.71	49664.34	912	21525.15	395	28139.19	517	43.3
	印度洋	6.52	4994.80	800	3238.94	519	1755.86	281	64.9
	北冰洋	0.53	183.10	360	107.85	212	75.25	148	58.9
	小 计	63.76	54842.24	896	24871.94	407	29970.30	489	45.4
内流流域		36.24	6852.83	197	1130.70	33	5722.13	164	16.5
全国		100	61695.07	643	26002.64	271	35692.43	372	42.0

我国地域辽阔，各地区的自然条件复杂，因此水量平衡在地区上的变化很大。大致在北纬 30° 左右的长江中下游一带，年径流量与年蒸发量各占一半，即一半左右的降水形成了径流；长江以南，径流量超过蒸发量，山区尤为显著；长江以北，蒸发量超过径流量，且愈往内陆蒸发所占比例愈大。长城以北和贺兰山以西，降水几乎全部消耗于蒸发，地表径流极为贫乏，尤其是塔里木盆地等极端干旱的内陆盆地，地表径流几乎为零。

三、径流分布

地表径流的分布受降水、地形、植被、土壤、地质以及人类活动等多种因素的影响，其中降水的影响是主要的。地表径流的分布基本上和降水量的分布趋势一致，大致表现为东南部大于西北部，沿海大于内陆，山地大于平原。

从平均年径流深度图上可以看到径流深 200mm 等值线大致与 800mm 降水等值线相当，也相当于秦岭—淮河一线。径流深 50mm 等值线自海拉尔起，经哈尔滨、张家口、延安、兰州至西藏南部，与 400mm 降水等值线近似。这条线的东部，气候湿润，地表径流丰富，基本上为农林业区；线以西，气候干旱，地表径流很少，主要为牧业区。径流深 200mm 和 50mm 等值线是我国水文地理上两条重要的分界线。

根据径流量的多少和自然景观特点，可将全国划分为 5 个不同量级的径流地带：

（1）丰水带。年降水量大于 1600mm，径流深大于 900mm。包括广东、福建、台湾的大部，江西、湖南的山地，广西南部，云南西南部和西藏的东南部。大致相当于亚热带常绿阔叶林带和热带季雨林、雨林带。

（2）多水带。年降水量 800～1600mm，径流深 200～900mm。包括广西、云南、贵州、四川以及秦岭—淮河以南的长江中下游地区。相当于落叶阔叶、常绿阔叶混交林带和亚热带常绿阔叶林带。

（3）过渡带。年降水量 400～800mm，径流深 50～200mm。包括黄淮海平原，山西、陕西的大部，东北的大部，四川西北部和西藏东部。相当于暖温带、温带落叶阔叶林带和森林草原地带。

（4）少水带。年降水量 200～400mm，径流深 10～50mm 间。包括东北西部，内蒙古、甘肃、宁夏、新疆西部和北部以及西藏西部。相当于荒漠草原带和草原地带。为我国主要牧区。

（5）缺水带。年降水量小于 200mm，径流深不足 10mm。包括内蒙古西部地区和准噶尔、塔里木、柴达木三大盆地以及甘肃北部的沙漠区，相当于荒漠地带。

从上述地表径流的分布状况可以看出，我国径流资源的地区分布很不平衡，一般是东部多，西部少。东部地区又是南方多，北方少，其中华北又比东北少。东部和西南部的外流流域，面积约占全国总面积的 63.76％，而年径流量占全国年径流总量的 95.65％；西北内陆流域面积占全国的 36.24％，而年径流量却只占全国径流总量的 4.35％。在外流流域中，长江流域及其以南地区的年径流量约占全国径流总量的 82.3％，而耕地面积仅占全国的 36.3％；长江以北，包括华北和西北等广大地区，耕地面积占全国的 50％，而径流量只占全国的 10％，其中黄淮海平原径流量只占全国的 3.8％，而耕地面积约占全国耕地总面积的 23％。由此可见，南方水多而有余，北方除东北东部地区外，其余大部分地区缺水现象相当普遍。

第四节　降　　水

中国境内水汽主要来自太平洋和印度洋，因此夏季风的来向与强弱，对我国降水量的时空变化有着重要影响。北冰洋输入我国的水汽为量不多，但对新疆北部降水有一定的意义。

一、年降水量的地理分布

我国降水量分布的基本趋势是：从东南沿海向西北内陆递减，愈向内陆递减愈迅速（见图 2-2）。400mm 等雨量线，从大兴安岭西坡向西南延伸至雅鲁藏布江河谷。以此线为界，可将我国分为两部分，线以东明显受季风影响，属于湿润部分，为我国的主要农业区；线以西少受或不受季风影响，属于干旱部分，主要为牧业及灌溉农业区。这与我国内、外流区界线大致相符。

在湿润部分，降水量随纬度的增高而递减。800mm 等雨量线大致与秦岭—淮河一线相符，该线以南，水分循环活跃，长江两岸降水量在 1000～1200mm，江南低山丘陵和南

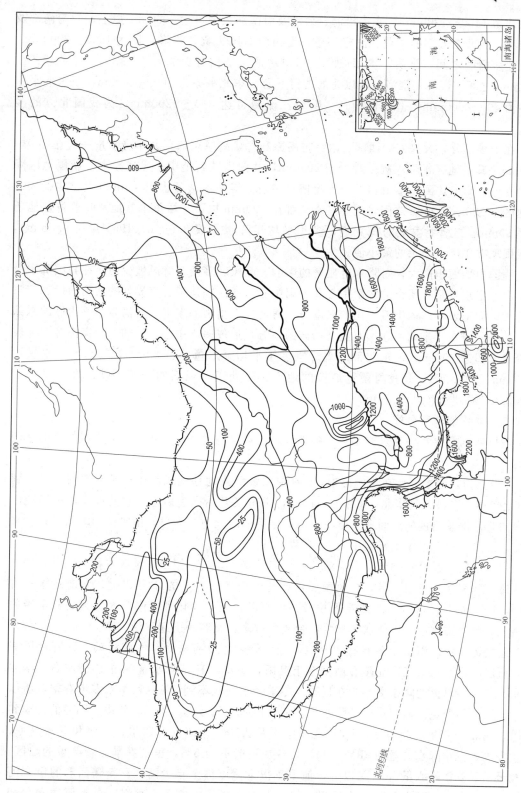

图 2－2　中国年降水量分布图（单位：mm）

岭山地为 1400～1800mm，东南沿海、台湾及海南岛大部可达 2000mm 以上。云南南部及西南部、西藏东南部的察隅、波密一带，受西南季风影响，年降水量达 1500～2000mm。在上述多雨区之间，昆明、贵阳以北及四川盆地，是相对少雨区，年雨量一般在 800～1000mm 之间。秦岭—淮河一线以北的黄河下游、华北平原为 500～750mm，至东北平原减少为 400～600mm，但长白山地、鸭绿江流域可达 800～1200mm，为我国北方的多雨区。

在干旱部分，大兴安岭西部、内蒙古高原和青藏高原东部草原年降水量一般在 200～400mm。其余地区年降水量一般少于 200mm，并向内陆盆地中心迅速减少。新疆地区降水量受地形影响，阿尔泰山和天山北麓相对多雨，年降水量可达 500mm 以上，北疆大部分地区在 100～300mm 之间，南疆基本上都在 100mm 以下，塔里木盆地及吐鲁番盆地还不足 50mm。吐鲁番盆地的托克逊，多年平均年降水量仅 3.9mm（1968 年仅 0.5mm），是我国现有年降水记录的最小值。

我国山地面积广大，对降水有显著的影响。迎风坡多雨，背风坡少雨，在我国降水量分布图上出现若干个闭合的多雨中心和少雨中心。浙江福建两省交界处的武夷山区、广东云开大山的南坡、广西十万大山的东南坡、海南岛五指山的东部、台湾省台湾山脉的东部等，都是面对水汽来向而地形有显著抬升的地方，形成多雨中心。例如，台湾山脉迎风坡年降水量超过 3000mm，东北部的火烧寮多年平均降水量为 6489mm，最高年降水量达 8409mm（1912 年），是我国雨量最多的地方。而处于背风面的台湾海峡，降水量不足 1000mm，澎湖列岛只有 800mm。

二、降水的季节分配

我国降水主要集中在夏季半年。各地雨季的迟早与时间的长短均与夏季风的进退密切相关。

5 月上旬，雨季开始在华南出现，6 月中旬跳跃式地移到长江中下游和淮河流域，到 7 月上旬再一次跳跃到华北，8 月下旬以后，雨带又开始向南后撤。总的说来，东部地区由南向北，雨季出现的时间愈来愈晚，雨季结束的时间愈来愈早，雨季持续时间也就愈来愈短。淮河以北，雨季主要集中在 7、8 两个月。

应当指出，在夏秋季节，台风活动所引起的降水，在东南沿海地区占相当比重，如从浙江海门到海南岛海口一带，台风雨要占该地区全年降水量的 20% 以上。海南岛榆林占 39%，广东汕头占 30%，浙江温州占 22%。所以台风的变化和江南广大地区夏秋旱涝关系很大。台风雨过少，可使伏旱加强，台风雨过多，又容易引起洪涝灾害。

总之，长江以南由于冬春有切变线、低槽影响，夏有极锋、气旋活动，秋有台风登陆，所以雨季较长。江南丘陵春雨稍多于夏雨，冬季与秋季降水量各占 15% 左右。华北与东北，50% 以上的降水量集中在夏季，冬季降水一般不到 5%，秋季略多于春季，所以春旱显得特别严重。西南地区的降水主要依靠西南季风带来的水汽，年内有明显的干季和雨季，一般 5～10 月为雨季，11 月至次年 4 月为干季。因此，四川、云南和青藏高原，夏秋降水要占年降水总量的 80%～90%，冬季一般不到 5%，也是春旱比较严重的地区。西北干旱区夏季降水虽占 70% 以上，但雨量很少，可称全年少雨区。新疆西部的伊犁河谷、准噶尔盆地西部以及阿尔泰地区，终年在西风气流控制下，水汽来自大西洋和北冰洋，虽然远离海洋，降水不多，但四季分配颇为均匀，各季降水量均可占年降水量的20％～30％左右。此外，台湾东北角的基隆附近，年降水以冬季为最多，约占全年总降水量的30％，夏季反而最少，春秋两季相仿，但春季略高于秋季。

三、干燥度及其分布

反映各地区干湿情况的概貌，一般采用干燥度。干燥度指最大可能蒸发量与降水量的比值。比值小于1，表示降水有余，该地区气候湿润；比值大于1，表示降水量不敷需要，该地区可能出现不同程度的干旱。

根据干燥度的分布，大致可以看出我国干湿气候的地区差异：①东北山地、秦岭—淮河以南、青藏高原东南部及其以东地区，干燥度小于1.00，为湿润区，区内主要植被是森林，农田以水田为主；②干燥度为1.00～1.49的区域为半湿润区，大体包括东北平原、华北平原、渭河平原等地，区内植被为森林草原或灌木草原，农田以旱田为主，水田只出现在有灌溉条件的地区；③干燥度为1.50～4的区域为半干旱区，大体包括内蒙古高原、黄土高原、青藏高原、天山山地等的大部分地区，区内植被以草原为主，农田以旱地为主；④西北部的塔里木盆地、准噶尔盆地、柴达木盆地、阿拉善高原等地，干燥度不小于4，为干旱区，区内植被为荒漠草原和荒漠，以畜牧业为主。

第五节　土　　壤

我国土壤的地理分布，主要取决于温度与水分条件，遵循自然地带规律。我国的气温由北向南递增，表现为寒温带—温带—暖温带—亚热带—热带气候，在此条件下形成了相应的地带性土壤，即土壤分布具有一定的纬度地带性。同时，我国受季风气候的强烈影响，降水量一般自东南向西北递减，从沿海的湿润区，经半湿润区到内陆的半干旱、干旱区，土壤分布表现出一定的经度地带性。青藏高原及其他山地，土壤分布具有垂直变化规律。广阔的青藏高原面上，在垂直地带性基础上又出现了水平分布规律。此外，在不同水平地带内还有隐域性土壤的分布。

一、水平地带分布规律

我国受季风气候影响，东南部（大兴安岭—吕梁山—六盘山—青藏高原东缘一线以东）是森林区，西北部是草原与荒漠区。东南部的森林区约占全国总面积的1/2弱，该区雨量丰沛，土壤的变化主要受热量的控制，从北到南具有明显的纬度地带性。土壤分布自北而南依次是漂灰土（棕色针叶林土）、暗棕壤、棕壤、黄棕壤、红壤与黄壤、赤红壤和砖红壤。

在秦岭、淮河以南，由于东南季风影响强烈，亚热带与热带带幅宽广，黄棕壤带、红壤带与黄壤带、赤红壤带和砖红壤带自北而南依次排列，并呈东西向伸展，西侧直抵横断山系。秦岭、淮河以北为广阔的温带，因东南风减弱，沿海型纬度地带谱的带幅变窄。北亚热带黄棕壤以北，在山东半岛、辽东半岛主要为棕壤分布。在长白山地区由棕壤逐渐向暗棕壤过渡，在大兴安岭北部林下，可见漂灰土（棕色针叶林土）的发育。在松辽平原，草甸草原植被下有黑土与白浆土发育。

在昆仑山—秦岭—淮河一线以北的广大温带与暖温带地区，自东向西降水量逐渐减少，植被、土壤随之发生有规律的递变，经度地带性规律比较明显，植被依次为森林、森林草原、草原，半荒漠和荒漠。在温带，土壤的排列顺序是：从东北东部的暗棕壤经东北平原的黑土、黑钙土，向西出现栗钙土、棕钙土，至漠境进入灰漠土、灰棕漠土区；暖温带则由东部的棕壤向西依次为褐土、黑垆土、灰钙土、棕漠土。这两种由湿润向干旱的土壤演化序列到达干旱中心时，在温带干旱中心的准噶尔盆地和阿拉善高原以灰漠土和灰棕漠土为主；而在暖温带干旱中心的南疆塔里木盆地，则以棕漠土为主（见图2-3）。

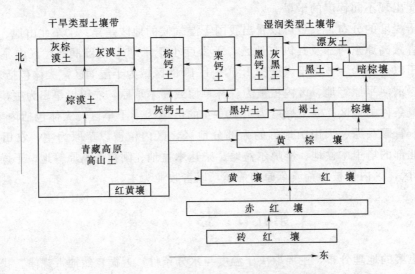

图 2-3　中国土壤水平地带分布模式

二、垂直地带分布规律

我国山地面积广阔，山地土壤类型十分丰富，其分布遵从垂直地带性规律，但它们也深受纬度与经度的影响，与水平地带有密切联系。在一定的水平地带内，随着山体海拔增高，生物气候条件变化而形成一系列土壤类型，构成垂直带谱，这些土壤类型不同于其基带土壤，而类似于比所在基带更高纬度地区的土壤。但由于山地的水热条件、植物群落、地形、母质的特殊性，所形成的山地土壤与相应的水平地带性土壤，在发生特征和利用上，均有不同，特别是高山土壤的差异更为明显。一般说来，山地土壤垂直带谱的结构既随水平地带而有不同，也随山地的高度和坡向而有差异。因此，山地土壤垂直带谱十分复杂，可根据基带的水热情况分成若干类型（表2-4），它们的垂直带谱结构各具特色。一般说来，我国西北干旱内陆的山地，从山麓到山顶，随着高度的增加，气温逐渐降低，湿度逐渐增大，在一定范围内还有较多的降水，因此其土壤垂直带的变化，主要受湿润程度的影响；我国东南部湿润地区的山地，从山麓至山顶，湿润程度虽有一定增加，但其变化不甚显著，热量条件的改变是影响土壤变化的主要因素。

山地土壤垂直带谱有以下特点：

（1）基带土壤不同，即地理位置不同，山地土壤垂直带谱的组成也随之不同。在一定的水热条件范围内，出现相同的建谱土壤类型，其分布高度和带幅则发生有规律的变化。一般说来，在相似的经度上，自南而北，带谱组成趋于简单，同类土壤的分布高度逐渐降低；而在近似的纬度上，自东（沿海）向西（内陆），带谱组成趋于简化，同类土壤的分

表 2 - 4 　　　　　　　　　　我国主要山地土壤垂直带谱

地带	地区	土 壤 垂 直 带 谱
热带	湿润地区	（<400m）砖红壤（400m）—山地砖红壤（800m）—山地黄壤（1200m）—山地黄棕壤（1600m）—山地灌丛草甸土（1879m）（海南岛五指山南坡）
南亚热带	湿润地区	（100m）赤红壤（800m）—山地黄壤（1500m）—山地黄棕壤（2300m）—山地棕壤或山地暗棕壤（2800m）—山地草甸土（3000m）（台湾玉山西坡）
	半湿润地区	（<300m）赤红壤（300m）—山地赤红壤（700m）—山地黄壤（1300m）（广西十万大山南坡）
	半干旱地区	（500m）燥红土（1000m）—赤红壤（1600m）—山地红壤（1900m）—山地黄壤（2600m）—山地黄棕壤（3000m）—山地灌丛草甸土（3054m）（云南哀牢山）
中亚热带	湿润地区	（<700m）红壤（700m）—山地黄壤（1400m）—山地黄棕壤（1800m）—山地灌丛草甸土（2120m）（江西武夷山西北坡）
		（500m）山地红壤（700m）—山地黄壤（1100m）—山地黄棕壤（1700m）—山地暗棕壤（2900m）—山地草甸土（3100m）（四川峨眉山）
北亚热带	湿润地区	（<750m）黄棕壤（750m）—山地棕壤（1350m）—山地暗棕壤（1450m）（安徽大别山）
	半湿润地区	（600m）山地黄褐土（1100m）—山地黄棕壤（2000m）—山地棕壤和山地草甸土（2570m）（川陕边界大巴山北坡）
暖温带	湿润地区	（<50m）棕壤（50m）—山地棕壤（800m）—山地暗棕壤（1100m）（辽宁千山山脉）
	半湿润地区	（600m）山地淋溶褐土（900m）—山地棕壤（1600m）—山地暗棕壤（2000m）—山地草甸土（2050m）（河北雾灵山）
	半干旱地区	（1000m）黑垆土—山地栗钙土—山地褐土（阳坡）—山地草甸草原土（2500m）（甘肃云雾山）
	干旱地区	（2600m）山地棕漠土（3500m）—山地淡棕钙土（3800m）—山地棕钙土（4200m）—高山草原土（4500m）—高山漠土（5200m）（昆仑山中段）
温带	湿润地区	（<800m）白浆土（800m）—山地暗棕壤（1200m）—山地漂灰土（1900m）—山地寒漠土（2170m）—山地苔原土（2600m）（长白山北坡）
	半湿润地区	（<1300m）黑钙土（1300m）—山地暗棕壤（1900m）—山地草甸土（2000m）（大兴安岭黄岗山）
	半干旱地区	（<1200m）栗钙土（1200m）—山地栗钙土（阳坡）和山地褐土（阴坡）（1700m）—山地淋溶褐土（阴坡）和山地黑钙土（阳坡）（2200m）（阴山乌拉山北坡）
	干旱地区	（800m）山地栗钙土（1200m）—山地黑钙土（1800m）—山地灰黑土（阳坡）和山地漂灰土（阴坡）（2400m）—山地寒漠土（3300m）（阿尔泰山布尔津山区）
		（1100m）山地栗钙土（1500m）—山地黑钙土（1800m）—山地灰褐土（2700m）—高山黑毡土（2800m）—高山草毡土（>2800m）（西部天山伊犁山区）
寒温带	湿润地区	（<500m）漂灰土（500m）—山地漂灰土（1200m）—山地寒漠土（>1400m）（大兴安岭北段）

布高度逐渐增高。例如，在热带与南亚热带湿润和半湿润地区，山地黄壤分布下限约为800m，而至中亚热带湿润地区，其下限略有下降，约在600～700m，但由湿润到半干旱地区则分布下限明显抬升，可由东部湿润地区的600～800m上升到1900m左右（云南哀牢山）。再如，山地栗钙土由南而北下限从1100m（西部天山）下降到800m（阿尔泰山西

北部）。即使在同一土壤地带内，因所在纬度（或经度）的位置不同，垂直地带中同一土壤类型出现的高度也不一致。

（2）山体愈高，相对高差愈大，土壤垂直带谱愈完整，其中包含的土壤类型愈多。如我国珠穆朗玛峰为世界最高山峰，形成最完整的土壤垂直地带谱，由基带的红黄壤起，依次经山地黄棕壤、山地酸性棕壤、山地灰化土、亚高山草甸土与高山草甸土，直达高山寒漠土与雪线。相反，中、低山土壤垂直带谱比较简单，如南亚热带半湿润地区的十万大山和北亚热带湿润地区的大别山。

（3）山地坡向对土壤垂直地带谱的组成有明显影响，特别是作为水平土壤地带分界线的山地两侧尤为明显，其总的特点是，山地下部建谱土壤类型各异，向上逐渐趋于一致，但带幅高度仍然有别。例如，作为我国气候重要分界线的秦岭，其南北坡土壤垂直带谱有明显的差异：南坡基带土壤为黄褐土，向上依次为山地黄棕壤、山地棕壤、山地暗棕壤和亚高山草甸土，而其北坡则由基带的褐土开始，经山地淋溶褐土、山地棕壤、山地暗棕壤到亚高山草甸土。南北坡不仅基带土壤不同，相同建谱土壤的下限也明显有别。

（4）山体形态对土壤垂直带谱结构也有影响。在高原边缘山地或平行山脉边缘山地，形成镶边式的一面垂直带谱，即所谓单面山式垂直地带谱，如太行山。而在同一水平地带内的山体，两面具有类同的土壤垂直带谱则为猪背式垂直带谱，如贺兰山与六盘山等。有的山体是孤山或独峰，山地周围的垂直谱类同可称之为圆锥式垂直带谱，如泰山。而有的山体为平顶山，如甘肃马鬃山，则出现方山式垂直带谱等。

三、垂直—水平复合分布规律

土壤的垂直—水平复合分布规律是指在垂直地带基础上表现的水平分布规律，再在水平地带基础上出现的垂直分布规律。这是高原土壤地理分布的重要特点。我国青藏高原号称世界屋脊，地势高耸，地域辽阔，土壤的垂直—水平复合分布规律表现得最为明显。高原周围山地的土壤由一系列垂直（正向）地带谱组成；在高原面上，由南而北依次出现高山草甸土、高山草原土和高山荒漠土3个水平地带；崛起在高原面上的山地则又出现了垂直带的分异，形成简单的垂直结构的型式，即基带土壤—寒漠土—冰川雪被；在高原的谷地中又随谷地的位置、深度而有不同类型的土壤下垂谱（见图2-4）。

四、隐域性土壤及其分布

我国分布面积最广的隐域性土壤，主要有草甸土、盐渍土、石灰土、风沙土等，其分

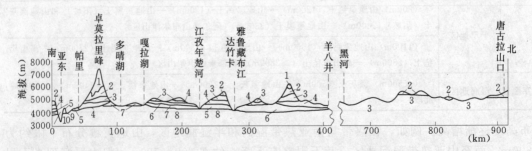

图2-4 西藏亚东—唐古拉山口土壤分布图

1—高山冰川；2—高山寒漠土；3—高山草甸土；4—亚高山草甸土；5—亚高山灌丛草甸土；6—草原化亚高山草甸土；7—亚高山草原土；8—山地灌丛草原土；9—山地灰化土；10—山地棕壤

布主要受岩性、地表组成物质以及地下水等非地带性因素的制约。

我国天然草甸分布广泛，多发育于河流三角洲平原、河漫滩或盆地内地势低陷部位。草甸土一般是在草甸植被下发育而成的一种半水成型土壤，现多已开垦并发展为水稻土和潮土等耕作土壤类型。草甸土的形成也反映出地带性的某些特征。东北的草甸土有机质含量高，腐殖质层深厚，无碳酸盐淀积；华北平原的草甸土主要为碳酸盐草甸土，有机质含量较低；长江以南，为无碳酸盐的中性草甸土；珠江三角洲则为酸性草甸土。从东到西，随着干燥度的加大，草甸土的腐殖质含量逐渐减少，而盐渍化程度则逐渐增加，由暗色草甸土，逐渐变为灰色和浅色草甸土，再往西，则为盐化草甸土和盐土所代替。

盐渍土主要分布于西北干旱与半干旱区及滨海地区。盐土是含有大量可溶性盐类的土壤，以氯化钠和硫酸钠为主。表层含盐量，在南方一般为 $0.6～2\%$，而到北方则增至 $2\%～3\%$，个别可达 $7\%～8\%$；分布于内陆区的盐土，含盐量可达 $10\%～20\%$，甚至高达 $60\%～70\%$，其中以新疆为最高，常在表层形成 $5～15cm$ 的盐壳。碱土分布面积较小，且比较分散。其主要特点是：表层含盐量很少超过 0.5%，但土壤溶液中普遍含有苏打。主要分布于东北平原西部、内蒙古高原东部、西北与华北平原等地，通常与盐土呈复域分布。

石灰岩地区有特殊的岩溶地貌发育和水文特征过程，地表比较干旱，发育着石灰性土壤。石灰土分布以桂、黔、滇三省（区）最为集中。成土过程在一定程度上仍受地带性生物气候条件的影响，并反映在石灰土的不同发育阶段上，因而有黑色石灰土、棕色石灰土和红色石灰土之分。紫色土是发育在中生代及第三纪石灰性紫色砂、页岩上的一种岩性土，主要分布于亚热带地区，以四川盆地面积最广。磷质石灰土分布于南海诸岛中，成土母质是珊瑚礁灰岩或由珊瑚、贝壳碎屑物以及富含磷质和有机质的鸟粪层组成。

风沙土是沙性母质上发育的土壤，分为荒漠风沙土、草原风沙土和草甸风沙土。在我国主要分布于北方干旱、半干旱地区的沙漠和沙地，横跨东北、华北及西北的 9 个省（区），面积 74 万多 km^2。

第六节　植　　被

我国植被的地理分布，主要受水热条件控制，表现出明显的地带性规律和区域差异。各种植被带沿着南北方向、东西方向和垂直方向的三维空间分布，呈现出东部湿润区、西北干旱区和青藏高寒区的显著区别。

一、植被水平分布

我国植被分布可分为三大区，各区均有其水平分布规律（见图 2-5）。

（1）东部湿润森林区（Ⅰ）。位于大兴安岭—吕梁山—六盘山—青藏高原东部边缘一线以东的广大季风地区，临近海洋，气候湿润，干燥度小于 1，年降水量 $500～1000mm$ 以上，因受季风的强烈影响，降雨主要集于夏季，有明显的湿润和多雨时期，冬春有较不显著或显著的旱季，但是温度条件由北向南随纬度的降低而递增，因此发育着各类森林，呈现有规律的纬度地带性变化，自北而南依次是：寒温带针叶林带（Ⅰ₁）；温带针叶阔叶混交林带（Ⅰ₂）；暖温带落叶阔叶林带（Ⅰ₃）；北亚热带常绿落叶阔叶混交林带（Ⅰ₄）；

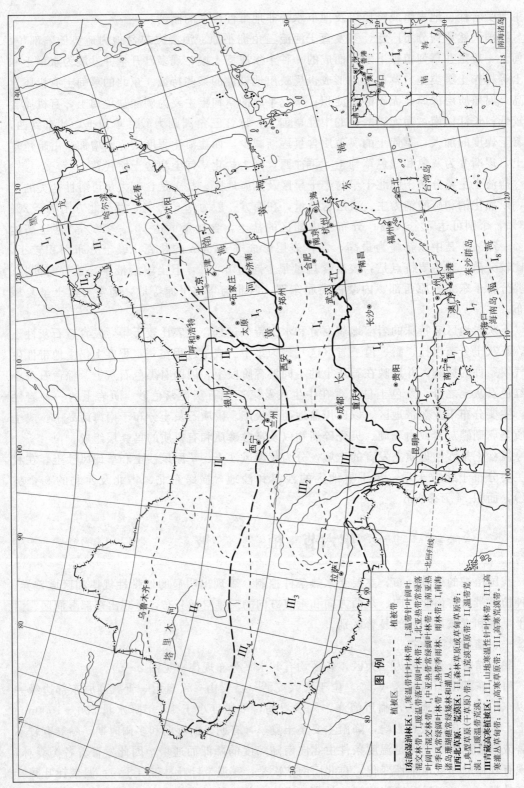

图 2-5 中国植被带的水平分布（引用《中国植被》编辑委员会．中国植被．科学出版社，1980）

图例

—— 植被区

---- 植被带

I丛部湿润林区：I₁寒温带针叶林带；I₂温带针叶阔叶混交林带；I₃暖温带落叶阔叶林带；I₄亚热带常绿阔叶林带；I₅中亚热带常绿阔叶林带；I₆南亚热带季风常绿阔叶林带；I₇热带季雨林、雨林带；I₈南海诸岛珊瑚岛常绿林和灌丛。

II丙北草原、**荒漠区**：II₁森林草原或草甸草原带；II₂典型草原（干草原）带；II₃荒漠草原带；II₄暖温带荒漠带；II₅暖温带荒漠。

III青藏高寒植被区：III₁山地寒温性针叶林带；III₂高寒灌丛草甸草原带；III₃高寒草甸带；III₄高寒草原带；III₅高寒荒漠带。

中亚热带常绿阔叶林带（Ⅰ₅）；南亚热带季风常绿阔叶林带（Ⅰ₆）；热带季雨林、雨林带（Ⅰ₇）；南海诸岛珊瑚礁常绿矮林和灌丛（Ⅰ₈）。

（2）西北草原、荒漠区（Ⅱ）。位于上述从大兴安岭至青藏高原东缘一线以西的广大干旱、半干旱地区，海洋季风的影响较微弱，气候干旱，年降水量多在 500mm 以下，所幸降水多集中于夏季，利于植物的生长。干燥度大于1，并从东向西逐渐增加。随着干燥度的递增，其地带性植被呈现出一定的经度地带性分布规律，从东向西依次是：森林草原或草甸草原带（Ⅱ₁）；典型草原（干草原）带（Ⅱ₂）；荒漠草原带（Ⅱ₃）；温带荒漠带（Ⅱ₄）；暖温带荒漠带（Ⅱ₅）。

Ⅱ₄在荒漠带北部，主要是半乔木和半灌木荒漠植被。Ⅱ₅位于塔里木盆地至河西走廊西部，是全国最干旱地区，年降水量 200～100mm 以下，而大于等于 10℃ 的积温 4000～5500℃，干燥度 8～16 以上，发育极干旱的灌木和半灌木荒漠。

（3）青藏高寒植被区（Ⅲ）。这是在新第三纪至第四纪隆起的高原上新形成的独特植被区，气候寒冷而温度变化剧烈，最暖月平均温度都在 12℃ 以下。东南部受海洋季风的润泽，相对比较湿润；向西北渐趋干旱，植被也从东南向西北呈带状水平分布，依次是：山地寒温性针叶林带（Ⅲ₁）；高寒灌丛草甸带（Ⅲ₂）；高寒草原带（Ⅲ₃）；高寒荒漠带（Ⅲ₄）。

二、植被垂直分布

植被分布的地带性规律还表现在山地的垂直分布，即山地植被随着海拔的增高而呈带状有规律的更替。但在不同地区和植物—气候带，其垂直带谱是不同的，首先可以分为湿润型和干旱型两种结构类型。

湿润型垂直带谱结构类型主要分布于东部湿润森林区诸山地，从北向南各水平带代表山地的植被垂直带谱如图 2-6 所示。从大兴安岭北部向南到海南岛的五指山和台湾的玉山，垂直带谱中各垂直带的分布高度和植物种类虽有所不同，但均以各类森林植被占优势及山顶或高山发育着喜寒湿或温湿的灌丛和草甸为共同特点。自下而上温度递减，植被逐渐从暖热地区的类型过渡到寒冷地区的类型。从北向南随着纬度降低，温度升高，各垂直带的分布高度相应地升高。例如，山地寒温性针叶林在寒温带其分布上限不超过 1000m，在温带山地分布在 1100～1800m 之间，在暖温带山地北部为 2000～2600m，南部为 2600～3500m，亚热带山地为 3000～4200m，热带山地则达 2800～3800（4000）m。垂直带谱的结构也从北向南趋于复杂，层次增多。例如，在寒温带大兴安岭山地只有 2～3 个带，在温带、亚热带山地有 4～5 个带，在热带山地则增至 6～7 个带。各垂直带的植物群落结构和植物区系组成也以同方向而显著复杂化，特别是热带、亚热带山地的常绿阔叶林中，具有最丰富的区系成分和种的饱和度，并包括许多第三纪古热带植物区系的残遗或后裔。干旱型垂直带谱结构类型分布于西北干旱地区及青藏高原内部，各主要山地的植被垂直带谱如图 2-7 所示。与前一类型的显著区别是以山地草原或荒漠植被占优势，森林带强烈退化，以至完全消失，而高山上发育着耐寒旱的高山嵩草草甸、垫状植被或适冰雪稀疏植被。在西北干旱内陆，影响植被分布的主要因素是湿润状况，从山麓至山顶，气温降低，而湿度在一定高度内逐渐增大。从东部湿润地区到西部干旱区，随着干燥度增大，各植被带的分布高度升高，带谱结构趋于简化。例如，阿尔金山北坡面向干旱区的中心，荒漠植

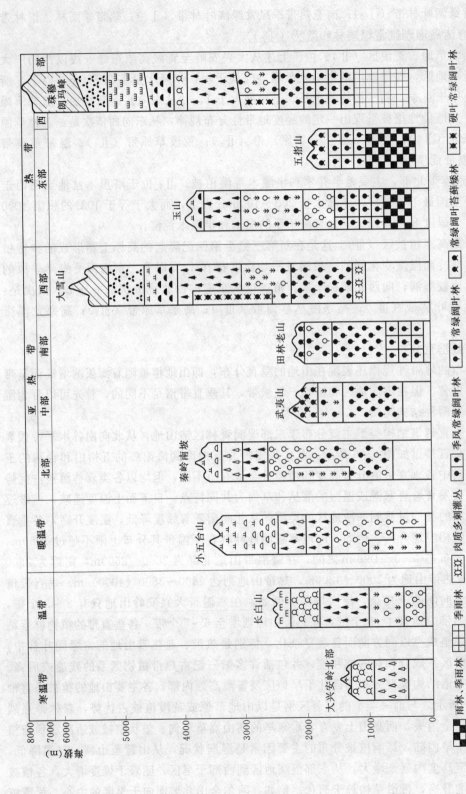

图 2-6 中国湿润地区各纬度地带的山地植被垂直带谱

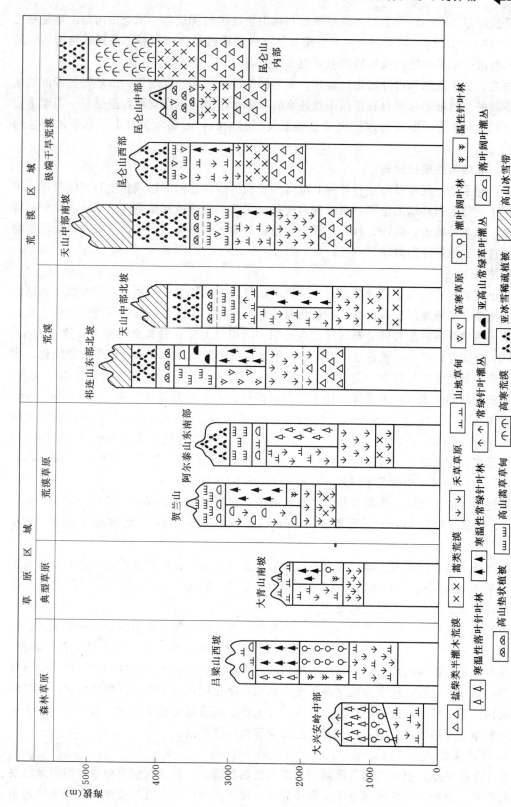

图 2-7　中国干旱地区各地带的山地植被垂直带谱

被上升到海拔3800m，向上即为高寒草原和高山垫状植被所代替；昆仑山内部山地荒漠更达4000多m的高度，其上即为高寒荒漠和适冰雪的稀疏植被所代替，垂直带结构达到最简化的程度。干旱山地植被的坡向差异也十分显著。

总之，由于温度和水分的地区差异，在不同纬度地带和经度地带，山地垂直带谱的结构是不同的。植被的垂直分布虽然干扰甚至破坏了水平地带分布规律，但是每一山地垂直带谱，总是在该山地所处的水平地带基础上发展起来的，因而深深打上了水平地带性的烙印。

三、非地带性植被分布

在不同生物—气候带内还有各种非地带性植物群落，它们的形成和生态分布规律，主要决定于所处生态环境的土壤和微地貌的变化，尤其是土壤或基质条件的水分、盐分和营养状况。如各种盐土、沼泽、沙丘、湖泊等植被都属于这一类。但是，这些非地带性植物群落仍打上了地带性的烙印。

1. 盐土植被

盐土植被普遍分布于荒漠和草原地区地下水位较高的盐渍土低地，在落叶阔叶林地区的盐化低地和滨海地区也有分布。新疆焉耆盆地开都河三角洲植被分布系列可以代表荒漠地区盐土植物群落的发展和分布规律。在冲积—洪积扇上发育着典型的膜果麻黄（*Ephedra przewalskii*）荒漠，随着地势下降，地下水位逐渐升高，土壤不同程度的盐渍化，相继出现非地带性的榆树疏林以及各种盐生群落——盐生草甸、盐生灌丛和多汁盐生荒漠，至常年积水的湖滨则为芦苇沼泽。盐土植被建群植物主要是芨芨草（*Achnatherum splendens*）、胀果甘草（*Glycyrrhiza inflata*）、苦豆子（*Sophora alopecuroides*）、刚毛柽柳（*Tamarix hispida*）、多枝柽柳（*T. ramosissima*）、西伯利亚白刺（*Nitraria sibirica*）等，以及多汁盐柴类——盐穗木（*Halostachys belangeriana*）、盐爪爪（*Kalidium foliatum*，*K. caspicum*）和盐节木（*Haclocnemum strolilaceum*）。

草原地区盐土低地主要是各种盐生草甸群落，建群植物是星星草（*Puccinellia tenuiflora*）、碱茅（*P. distans*）、野黑麦（*Hordeum brevisubulatum*）和散穗早熟禾（*Poa subfastigiata*）等。

在海滨，由于沙滩或土壤中含有多量可溶性盐类，生长各种耐盐植物，在北方海滨主要是獐茅（*Aeluropus littoralis var. sinensis*）、盐蒿（*Suaeda salsa*）等。它们的分布因微地形，排水状况和土壤质地而变化。

海滨盐土植物的分布和演替不仅与土壤盐分，而且与土壤有机质含量有密切关系。在海滩薄层积水裸地，最先是糙叶苔草群落，以后芦苇侵入，发展为芦苇、糙叶苔草群落。在不受海水直接影响的地段，则发展为茂密的芦苇群落。在盐水池塘内最先出现的是川蔓藻群落，盐水淡化后，演变为狐尾藻群落，水域沼泽化后，也为芦苇群落所代替。在海滩或海堤内的原生裸地，最先出现盐蒿群落，在土壤湿润或者比较干燥的地段，分别为大穗结缕草群落或獐茅群落所演替。二者都进而演替为白茅群落。

2. 沼泽植被

分布于低平原、积水洼地及河湖滨的湿生植物群落，一般在气候温湿或冷湿的地区发育比较广泛。例如，三江平原是我国沼泽分布较集中的地区。在低河漫滩和老河床洼地中心，地面积水较深，发育腐泥沼泽土或泥炭沼泽土，为密集而浮动的漂筏苔草（*Carex pseudocuraica*）沼泽；洼地中心周围积水较少，为毛果苔草（*C. lasiocarpa*）或乌拉苔草（*C. meyeriana*）、塔头苔草（*C. taro*）沼泽；季节性积水的低平地和一级阶地的潜育化草甸白浆土上，为沼泽化草甸。只有在一些低山、残丘分布有以蒙古栎（*Quercus mongolica*）为主的落叶阔叶林，兴凯湖滨的沙坝上则生长稀散的乌苏里赤松（*Pinus densiflora var. ussuriensis*）。

3. 水生植被

生长在水域环境中，由各种水生植物组成的植被类型。它们的分布与水的深度、透明度和水底基质状况有密切关系。在较大的深水池塘或湖泊，多呈环带状分布，由沿岸向湖塘中心，随着水深度的增加，依次为挺水植物带、浮水植物带和沉水植物带。由于各地水域环境比较稳定均一，植物种类很简单，在沿岸浅水带的挺水植物常为芦苇（*Phragmites communis*）、香蒲（*Typha*）、黑三棱（*Sparganium stoloniferum*）、藨草（*Scirpus*）、莲（*Nelumbo nucifera*）和茭笋（*Zizania caduciflora*）等。浮水植物主要是荇菜（*Nymphoides pelatum*）、睡莲（*Nymphaea tetragona*）、浮萍（*Lemna minor*）、槐叶苹（*Salvinia natans*）、满江红（*Azolla imbricata*）等。深水底的沉水植物则主要为金鱼藻（*Ceratophyllum demersum*）、狐尾藻（*Myriophyllum spicatum*）、眼子菜（*Potamogeton malainus*）、苦草（*Vallisneria gigantea*）等。大多数是世界广布种植的水生植物。

以上盐土、沼泽和水生植被都是水成的，彼此在形成、分布和演替上有密切联系，并都出现在各植被地带内基质稳定的低洼地段。

4. 沙丘植被

沙丘或沙地植被发生在流动或不甚稳定的沙质基质上，具有适应沙生的各种特征，其分布和演替主要决定于沙地的水分状况及活动程度。例如，准噶尔盆地的古尔班通古特沙漠，是全国沙漠植被分布面积最大的地区，年降水量 70～150mm，冬季积雪可厚达 20cm 以上，沙漠植被生长良好，植物种类较多，主要是梭梭（*Haloxylon ammodendron*）、白梭梭（*H. persicum*）、沙拐枣（*Calligonum spp.*）和蒿属（*Artemisia spp.*）等荒漠植物群落，短生、类短生植物或一年生盐柴类也比较发达。在固定和半固定沙丘上，植被覆盖度分别为大于 40％和 15％～40％。

塔里木盆地中心的塔克拉玛干沙漠，由于气候极端干旱，年降雨量在 50mm 以下，干燥度在 24～60 以上，绝大部分是光裸的沙丘，只在沙漠边缘及河流沿岸等可以受到地下水补给的地方，分布着以多种柽柳（*T. spp.*）为主的盐化固定、半固定沙丘灌丛。在流动沙丘上，时有沙旋复花（*Inula ammophyla*）、刺砂蓬（*Salsola ruthenica*）和叉枝鸦葱（*Scorzonera divaricata*）等先锋植物。

在内蒙古东部和东北西部的干草原和森林草原地区，年降水量 200～400mm，干燥度为 1.2～2.0，地带性植被是典型草原或草甸草原，沙丘植被发育良好，绝大部分是固定、半固定沙丘，植被覆盖度为 20％～50％。在呼伦贝尔沙地上主要是榆（*Ulmus primula*）、樟子松（*P. sylvestris var. mongolica*）、黄柳（*Salix flavida*）、蒿类及丛生禾草。在科尔沁沙地，半固定沙丘上主要是小叶锦鸡儿（*Caragana microphylla*）、差巴嘎蒿（*Arte-*

misia halodendron）、黄柳、岩黄芪（*Hedysarum fruticosum*）等灌木、半灌木群落，固定沙丘上常见榆、蒙古栎和山杏（*Armeniaca sibirica*）等乔木。

第七节 社会经济基础

我国六大经济区的基本经济特征分述如下。

一、东北区

东北经济区包括黑龙江、吉林、辽宁。位于我国东北部，北部及东部与俄罗斯交界，东南与朝鲜为邻，南临渤海、黄海，西部和西南部与华北区相接。全区面积近 80 万 km²，占全国总面积的 8.4%，东西宽 800km，南北相距 1440km。少数民族主要有满、蒙、回、朝鲜、锡伯、达斡尔、鄂伦春、赫哲、柯尔克孜、鄂温克等。区域经济特征如下：

（1）全国最大的重工业基地。东北区是我国解放后建成的第一个重工业基地，其中钢铁、机械、能源、化学等工业，在全国都占有重要地位。

钢铁工业是东北工业的基础。鞍山、本溪、抚顺、大连、齐齐哈尔五大钢铁厂的产量约占全国钢铁总产量的 1/4。鞍山钢铁厂是本区最大的钢铁工业中心。

机械制造工业是东北重工业的核心。沈阳、长春、哈尔滨、大连、齐齐哈尔等，是本区最大的机械制造中心。主要的产品包括矿山、冶金、运输、动力、机床、工具、轻工、建材、化工、农机等机械设备。

东北的有色金属工业以矿石和能源工业为基础，并与钢铁、机器制造工业紧密联系。因此，有色金属冶炼具有重要地位。

本区石油工业发展迅速，继大庆油田之后，20 世纪 70 年代末，又开发了辽河油田、吉林油田，石油加工业也随之发展。目前，已形成具有一定规模的石油开采和加工生产体系。本区煤炭生产在全国也占有重要地位。电力工业以火电为主，燃料以煤为主。

东北区的化学工业建立在区内丰富的煤炭、石油、海水、硫化物、石灰石、石膏、天然碱等资源基础上，产量大，种类多。

（2）轻纺工业比较薄弱。相对于重工业，本区轻工业较薄弱。重要的轻工业有造纸、柞蚕丝织、甜菜制糖等。

造纸工业是本区最重要的轻工业部门，纸浆和纸张的产量，均居全国之首。辽宁、吉林纸产量多年来居全国第一二位。

东北是我国主要的亚麻产区，亚麻纺织工业规模较大，哈尔滨是本区最大的亚麻纺织中心。柞蚕丝织品是本区特产之一，产量占全国的 2/3，是重要出口产品。毛纺工业主要在哈尔滨、沈阳，原料大部来自邻近的内蒙古。

甜菜制糖产量居全国首位，主要分布于阿城、哈尔滨、佳木斯、拉哈、齐齐哈尔、吉林等地。

这里是我国重要的大豆产区，有发达的大豆榨油业。

（3）全国最重要的商品粮基地。东北区农林牧副渔五业齐全，农产品丰富多样，包括粮、棉、油、麻、丝、糖、烟、果、药、菜十大类。农业以粮食生产为主。主要的粮食作物有小麦、高粱、水稻、玉米、谷子等。尽管粮食单产在 125～150kg 之间，但由于人少地多，粮食商品率较高，是我国发展潜力最大的商品粮基地。主要集中于三江平原、松嫩平原、吉林中部平原和辽宁中部平原。

（4）全国最大的木材生产基地。本区森林资源丰富，大小兴安岭和长白山区，是我国最大的林区，森林面积占全区 1/3 以上，木材蓄积量和产量均占全国的一半以上，是我国最大的林业基地。东北林区的主要特点是：森林分布集中，单位面积蓄积量大，优势采伐树种比例高，并且木质优良。如红松、兴安落叶松等可广泛应用于建筑、造船、器具制造等方面。但是，局部地区因过度采伐造成的生态环境恶化，必须得到有效控制。

（5）发达的交通网。东北区拥有全国最发达的铁路运输网，对促进东北三省之间工农业产品交换和新老工业中心的联系，以及加速区内经济体系的形成等，都起着十分重要的作用。但随着建设发展，能源需求日增，给东北已饱和的铁路运输造成巨大压力。

本区南临渤海，海岸线长达 2000km，拥有葫芦岛、营口、大连、丹东等良港。

二、华北区

华北经济区包括北京、天津、河北、山西、内蒙古。东濒渤海，东北部与东北区相邻，西、南两面分别与西北区、中南区和华东区接壤，北部与蒙古人民共和国及俄罗斯交界。全区总面积为 148 万 km^2，约占全国总面积的 15.4%，人口密度低于全国平均人口密度。本区主要民族有汉、蒙、回、满、朝鲜族等。区域经济特征如下：

（1）以煤炭、钢铁、石油工业为核心的重工业。华北区自然资源丰富。煤炭工业是华北区工业体系的基础，原煤产量居全国第一位。山西、河北、内蒙古都是我国大煤田区。山西省是我国煤炭资源最丰富的省区，煤的品种齐全，质量高，产量大，煤炭产量居全国第一，是我国最大的煤炭工业基地。

钢铁工业是本区工业体系主导部门之一。已探明的铁矿储量约占全国的 25%。拥有首钢、包钢、太钢、唐钢和天津钢铁厂等大型钢铁工业基地。

石油工业是本区新兴的、发展最快的工业部门之一，辽阔的河北平原和渤海海域蕴藏有丰富的油气资源。石油加工工业主要分布在北京、天津、沧州、大港、保定等地。华北已成为全国重要的石油工业基地之一。

（2）以食品和纺织工业为主的轻工业。纺织工业是本区最大的轻工业部门，以棉纺、毛纺及化学纤维纺织为主。棉纺中心有天津、北京、石家庄、邯郸。毛纺工业仅次于华东区，居全国第二位，主要分布于北京、天津、呼和浩特、太原、保定、包头、海拉尔等地。本区化纤纺织工业发展迅速，北京是全国最大的有机合成纤维中心之一，其次有天津、石家庄、太原、榆次等地。

食品工业仅次于纺织业，有榨油、面粉加工、制糖、制盐、卷烟、酿造、乳肉加工等部门。

（3）我国重要的畜牧业基地。本区草场占全国草场总面积的 1/4 左右，内蒙古草原是我国著名的天然牧场和最大的畜牧业基地之一。每年生产大量役畜及乳、肉、皮、毛等畜产品，有力地促进了本区毛纺和食品工业的发展。但是，草原退化、沙化严重，荒漠化防治迫在眉睫。

（4）以北京为中心的交通运输网。华北区发达的交通运输业以铁路运输为主，海运、公路和航空次之，形成了以北京为中心的交通运输网。本区铁路密度仅次于东北区。

北京不仅是华北交通运输网的中心，也是全国铁路网和航空网的中心，是全国运输网的中枢。

三、华东区

华东经济区包括山东、江苏、安徽、浙江、江西、福建、上海。东临大海，西、北、南三面分别与华北区、中南区接壤，面积 79 万多 km²，约占全国总面积的 8.2%，是我国人口最多、人口密度最高的一个区。居民以汉族为主。区域经济特征如下：

（1）我国最大的纺织工业基地。本区纺织工业历史悠久，技术雄厚，产品种类齐全，质优量多，居全国各区之首。其中棉纺工业最重要，以上海为中心的长江三角洲地区是全国最大的棉纺中心。无锡、苏州、常州、南通、南京、青岛、济南、合肥、芜湖、南昌、九江、三明等地也是重要的棉纺基地。本区还是我国最大的丝织工业中心。

华东区轻工部门齐全，不仅拥有碾米、面粉、榨油、制糖、制茶、制盐、卷烟、水产加工及多种食品工业，而且还有造纸、文具和其他日用工业品的生产。

（2）发达的机器制造业和石油化学工业。机器制造业和石油化学工业都是华东区具有全国意义的重工业部门。上海是华东区乃至全国最大的机器制造工业中心，发达的冶金工业，为机器制造业提供了充足的原料。此外，南京的电讯器材、济南的精密机床、青岛的机车车辆等均有一定规模。

华东区是我国重要的综合性化学工业基地，主要生产酸碱、合成纤维、橡胶、油漆、塑料、化肥、农药、染料、医药等化工产品。近年以合成纤维为主的石油化工发展迅速。

（3）农产品丰富多样，但以自给为主。本区农业生产水平较高，主要有粮、棉、油菜籽、花生、黄红麻、茶叶、桑蚕茧、大豆、苎麻、烤烟及水产品等。按每个农业劳动力平均产粮水平居全国第二位，棉花居第一位，油料和糖料居第三位。由于区内人口众多，对商品粮和工业原料需求量大，因此，本区粮食以自给为主。

（4）方便的水陆交通运输。本区水陆运输发达。本区东部临海，长江横贯中部，区内湖泊星罗，水网密布，使本区水上运输特别发达。此外，还有以上海为中心联络各省主要城市的铁路网。

沿海土地盐化，荒山荒地水土流失严重是本区亟待解决的问题。

四、中南区

中南经济区包括河南、湖北、湖南、广东、广西、海南。位于我国中南部，南滨南海，东、北、西三面分别与华东、华北、西北、西南四区为界。本区面积 106 万 km²，约占全国总面积的 11%。是我国人口比较稠密的地区之一。少数民族主要有回、蒙、满、土家、苗、侗、瑶、维吾尔、壮、黎、畲、仫佬、毛南、京、彝、水、仡佬族等。区域经济特征如下：

（1）以钢铁、有色金属、电力、机械为主体的重工业。中南区铁矿资源丰富，以湖北省最多，具有储量大、品位高、分布广、矿体集中等特点。

本区是我国著名的有色金属产区。湖南省的有色金属品种多、储量大，如锑的储量占全国 35%，居世界首位，钨储量亦居全国第一，铅储量居全国第三。

本区拥有丰富的水力资源，已建成的大型水电站有葛洲坝、小浪底、三门峡、丹江口、黄龙滩、新丰江、西津、大化等。

实力雄厚的机械制造业，以武汉、郑州、洛阳、湘潭、株洲、广州、柳州等地为中心，以生产运输机械、动力机械、农业机械、矿山冶金设备、工作母机及轻工设备等为主。

（2）以制糖和棉纺为主的轻工业。两广地区是我国大陆最大的蔗糖产区，糖厂主要分布于广东的顺德、东莞、紫坭、汕头、中山、南海、惠阳、江门、广州、阳江及广西的梧州、桂平、贵县、南宁等地。纺织工业棉、毛、丝、麻俱全，以棉纺为主，分布于郑州、洛阳、新乡、安阳、开封、武汉、沙市、宜昌、黄石、襄樊、湘潭等地。

（3）重要的粮、棉、油、糖、热带作物和水产业基地。本区农业发达，自古有"湖广熟、天下足"的谚语，是我国粮、棉、油、糖、水产和热带作物的重要基地。

粮食作物以水稻为主，产量占粮食总产的 60% 以上，小麦次之。两广南部和海南岛是我国重要的热带作物基地，主要作物有橡胶、椰子、油棕、腰果、剑麻、香茅、咖啡、可可、胡椒、槟榔等。本区湖泊星罗，河网密布，两湖平原及珠江三角洲等地是我国重要的淡水养殖基地之一。南部滨海，利于发展海洋渔业，主要渔场有北部湾、万山、汕尾、南沙、西沙、中沙、东沙群岛等地。

（4）发达的水陆交通。本区位于我国水陆交通的中心地带，郑州成为我国最大的铁路枢纽。黄河、淮河、长江、珠江贯畅本区，组成规模巨大的水路运输网。

五、西南区

西南经济区包括四川、云南、贵州、西藏、重庆。位于我国西南边陲，北接西北区，东连中南区。全区面积 233 万 km^2，约占全国总面积的 1/4。本区除四川盆地外，其余地区人口密度都较低，西藏人口密度最小，每平方公里不足两人。西南区是我国少数民族最多的地区，主要有彝、藏、苗、回、普米、羌、布依、侗、水、仡佬、壮、瑶、白、哈尼、傣、傈僳、拉祜、佤、纳西、景颇、布朗、怒、阿昌、崩龙、独龙、基诺、门巴、珞巴等民族。区域经济特征如下：

（1）发展中的重工业基地。西南区工业发展较晚，但速度很快，已形成以重工业为主体的多部门的综合性工业体系。主要有钢铁、机械、有色冶金、能源工业等。

钢铁工业发展迅速，不仅扩建新建了一批大中型钢铁厂，而且建成西南最大的钢铁基地——攀枝花钢铁联合企业。

重庆、成都是本区最大的机械制造中心。主要制造发电设备、电工器材、冶炼与矿山机械、锻压设备、各种机床、刀具、量具、精密仪表、运输机械、工程机械、动力机械、农业机械及化工设备等。

西南区有色金属在全国占有重要地位，有色金属资源十分丰富，锡、铜、铅、锌、汞、铝、锑的储量大、品位高。贵阳、重庆、昆明是本区的有色冶金中心。

西南区煤炭储量仅次于华北区，居全国第二位。其中以贵州省煤炭资源最丰，约占全区的 65%，在全国仅次于山西、内蒙古，居第三位。四川盆地石油、天然气资源丰富。所产天然气通过管道送至成都、重庆、自贡等城市，作为燃料和化工原料。本区还拥有占全国 71% 的水力资源。

化学工业是西南区发展最快的部门之一，已拥有化肥、农药、酸碱、塑料、有机化学原料、油漆、染料、医药、橡胶、化学试剂等部门，其中化肥产量居全国前列。

轻工业以食品、纺织、造纸、制革、日用轻工为主。纺织业是轻工业中最重要的部门，其中以棉纺为主。四川蜀锦自古闻名，丝织业分布于南充、绵阳、重庆、成都、乐山等地。

（2）农产品丰富多样。本区精耕细作的四川盆地农业、云贵高原的"坝子农业"及西双版纳的热带农业等，形成了从热带作物到寒带作物丰富多样的农产品。其中水稻、小麦、玉米、油菜籽、花生、甘蔗、麻类、烤烟、蚕丝、茶叶、桐油、生漆、皮张、木材、中药材、水果、热带作物等，在全国占有重要地位。四川粮食产量居全国第一位；滇南是重要的热带作物基地，盛产橡胶、椰子、紫胶、咖啡、剑麻、香茅、依兰香等；云南、贵州是我国四大烤烟区之一；云南普洱茶，下关沱茶，四川蒙顶茶、峨嵋茶、滇红、川红更是工夫红茶的珍品，闻名全国，载誉中外。

（3）以铁路和川江为骨干的水陆运输网。西南区地势高，地形复杂，给交通建设带来巨大困难，长时期处于交通落后的状态。解放后，本区交通建设一直列为本区经济发展的首要任务。成都、重庆、昆明、贵阳是构成本区环形铁路的四大枢纽。内河运输发展较快，通航里程 10000km 以上。

公路运输在本区有特殊地位。航空以重庆、成都、昆明、贵阳、拉萨为中心。

本区自然资源丰富，但因地形崎岖，交通困难，严重影响了经济发展。因此发展本区交通运输，对加速区内生产和民族地区经济的发展及巩固西南边防均具有重要意义。此外，应重视保护生态环境，减少水土流失。

六、西北区

西北经济区包括陕西、甘肃、宁夏、青海、新疆。位于我国西北部，东部、南部与华北、中南、西南三区交界，西部、北部是国界。全区面积 303 万 km²，约占全国总面积的 32%。是我国面积最大、人口最少的经济区。本区民族构成复杂，除汉族外，还有维吾尔、回、藏、蒙、哈萨克、柯尔克孜、东乡、塔吉克、塔塔尔、乌孜别克、满、锡伯、达斡尔、撒拉、土、裕固、保安、俄罗斯等少数民族。区域经济特征如下：

（1）全国最大的畜牧业基地。西北区天然草场广阔，可利用的草场达 16 亿亩，占全国草地总面积的 40%，是我国最大的畜牧业基地。本区的牲畜以绵羊、山羊为主，其次为牛和马等大牲畜。因各地自然条件的差异，牲畜构成区域性显著。

（2）以能源、石油化工、有色金属和机械工业为主的工业体系。西北能源丰富，石油、天然气、煤炭和水力资源储量大。主要油田有克拉玛依、玉门、长庆、冷湖和陕北油田及新发现的塔里木油田等。丰富的石油、天然气资源，促进了本区石油化工的发展，兰州是我国大型石油化工中心。煤炭主要分布于新疆两大盆地边缘的乌鲁木齐、拜城、青海的木里、宁夏的贺兰山及陕西的渭北、陕北等地。西北地区丰富的能源，为电力工业发展提供了有利条件，除了利用丰富的煤炭资源建立了西安、宝鸡、兰州、玉门、乌鲁木齐、西宁、铜川等地的大中型火电厂以外，还对黄河上游丰富的水力资源进行了梯级开发，建有龙羊峡、刘家峡、青铜峡、盐锅峡、八盘峡等水电站。水火并举的电力工业，为本区经济发展提供了有利条件。

本区有色金属矿种类多、品位高、储量大。主要有镍、钼、铜、铅、锌、汞、铝、锑、钨、金等。白银铜矿、金昌铜镍矿、锡铁山铅锌矿、金堆城钼矿等为本区主要的有色金属基地。

　　因本区钢铁较少，以发展低耗钢机械工业为主。其中电器、仪器仪表及精密机器制造，主要布局在西安、天水、临夏、吴忠等地；石油化工设备、矿山机械、运输机械、农牧业机械和各种车床等，布局在西安、宝鸡、兰州、西宁、银川和乌鲁木齐等地。

　　纺织工业是西北重要的轻工业部门，西安、咸阳、宝鸡、兰州、天水、乌鲁木齐等为主要棉纺织中心。毛纺工业主要分布于兰州、天水、西宁、海南、银川、咸阳等地。

　　(3) 以兰州为中心的交通运输网。西北是我国铁路建设的重点地区之一，形成了以兰州为中心的运输网。本区地域辽阔、铁路密度小，公路运输十分重要。航空运输发展迅速，形成以西安、兰州、西宁、银川、乌鲁木齐为中心的航空运输网。

主 要 参 考 文 献

1　辛树帜，蒋德麒．中国水土保持概论．北京：农业出版社，1982

2　任美锷等．中国自然地理纲要．修订版．北京：商务印书馆，1985

3　《中国自然地理》编写组．中国自然地理．第 2 版．北京：高等教育出版社，1984

4　中国科学院《中国自然地理》编辑委员会．中国自然地理·总论．北京：科学出版社，1985

5　中国科学院《中国自然地理》编辑委员会．中国自然地理．土壤地理．北京：科学出版社，1981

6　李天杰等．土壤地理学．第 2 版．北京：高等教育出版社，1983

7　中国科学院《中国自然地理》编辑委员会．中国自然地理·地貌．北京：科学出版社，1980

8　任纪舜等．中国大地构造及其演化．北京：科学出版社，1983

9　中国科学院《中国自然地理》编辑委员会．中国自然地理·地表水．北京：科学出版社，1981

10　中国科学院《中国自然地理》编辑委员会．中国自然地理·气候．北京：科学出版社，1984

11　中国科学院南京土壤研究所．中国土壤．北京：科学出版社，1978

12　马溶之．中国土壤的地理分布规律．土壤学报．1957.5 (1)

13　中国植被编辑委员会．中国植被．北京：科学出版社，1980

14　杨武等．中国经济地理．北京：中央民族学院出版社，1990

15　《中国经济地理学》编写组．中国经济地理学．北京：中国商业出版社，1983

第三章

常 规 调 查 监 测

第一节 击 溅 侵 蚀 监 测

雨滴击溅侵蚀往往是水力侵蚀的开始（降雨作用下），影响着水力侵蚀的过程，是主要的水蚀阶段，Stallings（1957）称雨滴击溅"是一个完全的侵蚀营力"。雨滴击溅使土粒分散，产生击溅跃移，引起地表径流紊动，增加冲刷和搬运土壤颗粒能量。N. W. Hudson 用动能 $E=\frac{1}{2}mv^2$ 的公式计算说明雨滴击溅能量为冲刷能量的 256 倍。在同一种土壤上雨滴击溅的效果取决于雨滴的大小和密度。

一、溅蚀杯监测

1944 年，埃利森（Eillison）首先使用溅蚀杯对击溅侵蚀计量。溅蚀杯构造为一直径 80mm、高 50mm、面积 50cm² 的铜制圆筒，筒底焊接上铜网。测定时网底铺上薄层棉花，将土装满，置于贮水的盘中，使其达到或接近饱和水分状态，然后放在雨滴下使其产生击溅。用击溅出杯的土重计算或称重圆筒击溅前后重量之差来求出土壤的溅蚀量。

经不断改进，现在常用的溅蚀杯为一白铁皮制成的高 12cm、直径 35.68cm（面积 1000cm²）的圆筒，底部中间留有 100cm² 的圆孔底板，上下游分界面上各有两块隔板，微向下游方向倾料，以便收集击溅上游的水流和土粒。在隔板上方与下游正中靠近底板处开有收集孔，可用导管将击溅土粒收集在采样筒中。此外为防止暴雨蓄积，在隔板和下游筒圈一定高程处（与地面坡度有关，约 3～4cm）开有 ϕ5mm 的溢水孔（见图 3-1）。

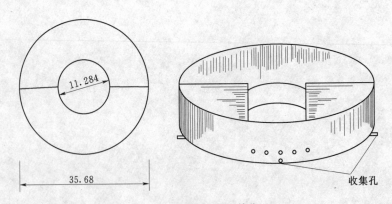

图 3-1 溅蚀杯结构图（单位：cm）

该溅蚀杯不但能够测定向上、下游的溅蚀量及溅蚀总量，同时，根据向下溅蚀量 $G_{下}$

和向上溅蚀量 $G_上$，还可求出溅蚀沿坡面移动量 $\Delta G = G_下 - G_上$。

二、溅蚀板监测

溅蚀板是收集溅蚀泥沙的又一个装置，由 Eillison 收集板改装而成。由一块高 60cm、宽 30cm 的光滑平直的泥沙采集板及埋入土中的泥沙收集箱组成（见图 3-2）。

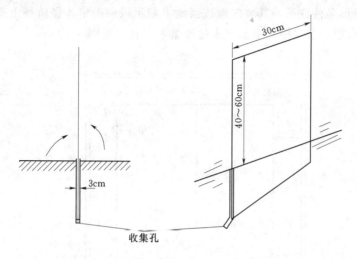

图 3-2　溅蚀板及安装示意图（单位：cm）

单个溅蚀板虽可以测定不同坡面向上和向下坡的溅蚀量，但难以测定这些溅蚀物来自多大面积。因此，可将多块溅蚀板以不同间距组合，或在溅蚀板前圈定固定面积。

一般溅蚀的土粒移动高度和水平距离多在 0.5m 以内（雨滴大时可向下坡移动 2m）。因此，溅蚀板高 0.5m 以上则可能无用，距离超过 0.5m，接收到常量最小，0.1m 可能溅蚀最高。尽管如此，还应考虑到有一部分溅蚀并未测到，因为从地表溅蚀的颗粒不全落入溅蚀板。

一组溅蚀板在田间的平行排列，并与等高线平行，使向上坡和向下坡击溅的土粒均能收到。通过不同距离溅蚀测量即可得到许多溅蚀量数据。最后，将这些溅蚀量和对应距离绘成溅蚀曲线，内插（外推）得到单位面积最大溅蚀量。

第二节　坡面径流侵蚀监测

坡面径流侵蚀监测，常采用在不同的坡地上修建不同类型的径流场，设置降雨、径流、泥沙等观测设施，观测降雨、径流、泥沙等项目。探求坡面流失规律、及自然、人为因素对坡面径流、泥沙的影响。

一、径流场布设

1. 场地的选择

一般在典型小流域内，选择有代表性的坡地设置径流场。选择时要注意保留原有的自然条件，应选择土壤剖面结构相同，土层厚度比较均匀，坡度比较均一，土壤理化特征（机械组成、容重、有机质含量等）比较一致的坡地。如果坡面有小的起伏，可用人工修整。

2. 径流场的布设

标准径流场是一种有多种用途的最基本的径流场，可以与多种因子径流场对比，位置应设置在坡面平整、全年裸露无杂草的常年休闲的坡耕地上。如有草木出土，应立即拔掉。径流场宽5m（与等高线平行），长20m（水平投影），水平投影面积100m²。坡度固定为15°。如地形条件许可，其坡向应按当地汛期主风向确定。径流场上部及两侧设置围埝，下部设集水槽和引水槽，引水槽末端设量水设备（见图3-3）。

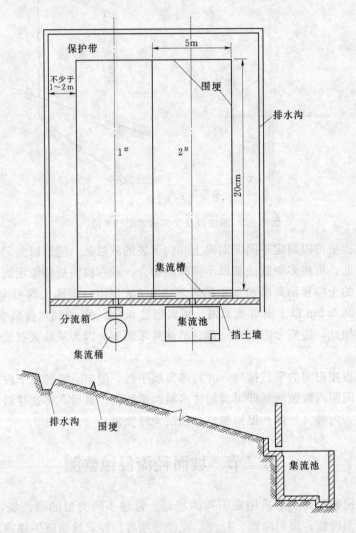

图3-3 径流场布设示意图

（1）为了阻止径流出小区，应设置围埝，其高20~30cm，埋深30~50cm，厚5cm，多用混凝土板或特制砖砌成，内直外斜，防止顶部雨滴溅入区内。围埝外侧，设置保护带，宽2m，处理和径流场相同。

（2）集水槽的作用是收集径流小区径流，并引送到引水槽中。集水槽、引水槽的横断面有矩形、梯形、三角形等数种，比降一般为1%。断面大小按可能发生的最大暴雨洪水流量确定。集水槽和引水槽需加盖子，防止雨水进入。

（3）量水设备有径流池、分水箱、径流桶、量水堰、翻水斗等数种形式，可根据观测要求（测过程或只测总量）分别选用。如果选用污水径流池作为量水设备，池壁、池底要进行防渗处理。池壁要绘制量水尺，池底要设排水孔，并设立自记水位计，测量蓄水容积，排水和排沙。各种量水设备亦按可能发生的最大暴雨洪水量和径流量设计。

3. 因子径流场的布设

因子径流场主要是研究某一因子对径流及产沙的影响。在设置径流场时，除了突出要研究的因子外，其他条件、测试仪器和测验方法等，均应和标准小区保持一致。例如研究坡度对水土流失的影响，应突出坡度因子，面积、宽度、长度、形状、土壤、地面情况等均应与标准小区相同，其他同此。

4. 天然坡面径流场的布设

天然坡面径流场主要是研究各种自然和人为因素对坡面水蚀过程的综合影响，应布设在地形、土壤等有代表性的天然坡地上。其主要特点是：

（1）面积大，从几百平方米到几千平方米，包括从坡顶到坡脚一个坡面上的自然集流区，但场区内不能有陷穴和裂缝；

（2）形状不规则，视地形条件而定；

（3）坡度不均一。

径流、泥沙观测方法一致，通常用量水堰或径流池进行径流过程或总量的观测，有条件的话，也可采用庘斗式流量计或翻斗式计数流量器进行自动观测。场地周围亦应设置围埂，保证集水面积固定。

5. 重复次数

每种径流场，均应设 2～3 次重复。各种重复径流场和同一试验径流场的排列，应集中在一起，减少雨量差异。

6. 雨量观测点设置

在实验区中心设置自记雨量计，观测雨量并记录雨强变化过程。自记雨量计与每个径流场的距离，最大不能超过 100m，超过时，可另行增加自记雨量计。自记雨量计旁边，应同时设置一个标准雨量器和一个直径与标准雨量器相同、口面与坡面平行的特制雨量器，以校核雨量。

二、监测项目及方法

1. 雨量监测

每次降雨前应检查一次自记雨量计。降雨之日，上午 8 时换一次自记纸，如果径流场分散，可按观测次序，相应提前或推后。收集到的记录纸，注明日期，妥善保管，以备雨强计算及降雨特征计算。

2. 径流量监测

（1）量水设备为径流池时，可从水位和容积曲线推求径流总量。

（2）量水设备为分水箱时，可用分水系数和分水量推求径流总量，公式如下：

$$径流总量＝分水量×分水系数＋分水箱容量＋集流桶容量$$

（3）量水设备为量水堰时，根据观测到的堰上水位（头），查经过率定的水位流量关系曲线，推求径流量。

（4）戽斗式流量计算，可通过水斗翻转次数乘以水斗容积，推算径流量。

3. 冲刷量监测

（1）量水设备为径流池时，当径流终止之后，将引水槽淤泥扫入径流池，将水搅拌均匀，在池中采取柱状水样 2～3 个（总量 1000～3000cm³），混合在一起，再从中取出 500～1000cm³ 的水样，作为径流场本次径流的总代表水样。从代表水样的含沙率推求冲刷量。

（2）量水设备为分水箱时，应在所有的接流桶中，分别取样，计算含沙量、冲刷量，各冲刷量相加，即为总冲刷量。取样方法，和径流池同。

（3）量水设备为量水堰时，在观测水位的同时，在堰的下部采取水样，经过处理，求出含沙率。并绘出含沙率、输沙率过程线图。据以计算出冲刷量。

4. 覆盖度的监测

种有作物、牧草的径流场，在植物生长季节每旬观测一次覆盖度，雨后加测。并同时观测植被厚度（植物平均高度）。

5. 郁闭度的监测

郁闭度指林冠垂直投影面积占径流面积的比值。栽植树木的径流场在生长季节，每旬观测一次郁闭度，雨后加测。常用的方法有两种，树冠投影法和线段法。前者系实测立木投影面积与径流面积之比值。后者系在林下不同方向量取 3 条线段，计算立木投影在此 3 条线段上的长度，与 3 条线段总长度之比值。如果径流场上的树木是灌木，而不是乔木，则可用测绳在灌木上方水平拉直，垂直观察株丛在测绳垂直投影上的长度，然后以同样方法计算。乔木应同时观测树冠平均厚度，灌木应同时观测平均高度。

6. 土壤含水量的观测

一般每 10 天观测 1 次，大雨后第 1、2、3、5、7、9、12 天连续施测。观测土壤水消退规律。取土地点，一般在标准小区的保护带内，或另设取土场。测验方法以取土钻法为基本方法。有条件的可采用负压计法、中子法和 γ 射线法。取土深度分为 0～10cm、10～20cm、20～30cm、30～50cm、50～100cm 五层，每层一点。如果土层较薄，可酌情变更。取土后将取土坑填平。

7. 径流现象观察

观察径流填洼起始时间，地表滞水开始和终了时间；坡面径流流动形式、分布及起止时间；观察面蚀开始时间，沟侵蚀开始时间，细沟的分布、形状和变化过程，细沟侵蚀终止时间；观测各时段开始时的坡面水深、坡面流速等。对观察现象应用文字和图像描述，应采用二点位的固定点的立体照相机拍摄整个降雨、径流、侵蚀的全过程。径流现象的观察应在标准径流场进行，有条件时，可在坡长因子径流场和天然坡面径流场同时进行，取得资料后，进行对照，分析异同。

8. 土壤抗冲性测定

应用 C.C. 索波列夫抗冲仪进行。在一定压力下（1 个大气压），以 0.7mm 直径的水柱对土层冲击 1min，使产生水蚀穴，每 10 个水蚀穴的深与宽乘积的平均数的倒数，即为该土层的抗冲指数。抗冲指数大，土壤抗冲性则大，反之则小。

9. 土壤抗蚀性测定

通过测定土壤团聚体在静水中的分散速度，以比较土壤的抗蚀性能大小，并用水稳性指数 K 表示。方法是将风干土进行筛分，选取直径 7～10mm 的土粒 50 颗，均匀放在孔径为 5mm 的金属网格上，然后置于静水中进行观测（见图 3-4）。以 1min 为间隔，分别记录分散土粒的数量，连续观测 10min，其总和即为 10min 内完成分散的土粒总数（包括半分散数）。由于土粒分散的时间不同，需要采用校

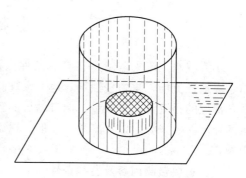

图 3-4　静水中土壤团聚体水稳性测定装置

正系数，每分钟的校正系数如下：第 1min 为 5％；第 2min 为 15％；第 3min 为 25％；第 4min 为 35％；第 5min 为 45％；第 6min 为 55％；第 7min 为 65％；第 8min 为 75％；第 9min 为 85％；第 10min 为 95％。

在第 10 分钟有散开的土粒，其水稳性系数为 100％。按下式计算水稳性指数：

$$K = \frac{\sum P_i K_i + P_j}{A} \qquad i = 1,2,\cdots,10 \tag{3-1}$$

式中：K 为水稳性指数；P_j 为 10min 内没有分散的土粒数；P_i 为第 $i$min 的分散土粒数；K_i 为第 $i$min 的校正系数；A 为试验的土粒总数（50 粒）。

有机质含量较高的土壤，其水稳性指数较高，抗蚀性较强，反之则小。

10. 土壤入渗测验

一般用同心环法测验。主要设备有：无底同心铁环两个，特制量杯一只，固定测针一个及木桶木锤等。外环直径 60cm，内环 30cm，环高 15cm，厚约 5mm，环下沿呈刀口状。量杯直径 15cm，高 16cm，杯内有刻度，测针垂直装在针架上。测验步骤如下：

（1）选好测点：测验场地在所测验土地类型中，土壤、植被、地形和作物等方面应有代表性，测点附近地面应平整，要避开道路、跌坎、积水和各种地物。

（2）用木锤先后将内环、外环按照同一圆心打入土中，入土深度一般为 10cm，环口水平。

（3）将测针架夹在内环迎光处。

（4）在环外 2m 处，从 0～50cm 深分层取土，测量土壤含水量。

（5）对内环定量加水，外环不定量但应同时加水，并注意内外环水面大致相等。定量加水量，可参考以下数值。

1）粘土：第一次 1000cm³；第二次 300～500cm³。

2）沙土：第一次 1500～2000cm³；第二次 500～1000cm³（土壤表面无积水，再第二次加水）。

（6）以测针为固定标志，进行定面加水，每次加水至针尖。用秒表测定入渗时间及时段入渗量。观测时距以测得土壤入渗率变化过程为准。入渗初期 3～5min 测记 1 次，水头变化较小时，每 10～20min 测记 1 次，水头趋于平稳，每 0.5h 或 1h 测记 1 次，直至最后测记 2～3 次为止。

第三节　小流域水土流失监测

小流域水土流失监测是在自然条件和社会经济条件有代表性的小流域内，布设雨量站、坡地径流场、重力侵蚀场、地下水观测井、沟口径流观测站，观测全流域的降雨量以及各部位的径流量、侵蚀量、沟口输出的径流、泥沙量，应用适当的分析方法，探求小流域的径流泥沙来源，以及降雨、地形、地质、土壤、植被等综合因素对小流域水土流失的影响。

一、主要监测内容及监测条件

（1）综合因素对水土流失的影响监测，设置对比小流域，能取得较好的监测效果。选择对比小流域，应考虑以下条件：

1）和试验小流域的地理位置相邻或相近；

2）和试验小流域的自然条件如地形、地质、植被、土壤、流域面积、流域形状等大体相似；

3）两个流域均未进行大规模的治理；

4）如果附近无合适的小流域可作对比，试验小流域内有条件，亦可在试验小流域内选择两条小支沟对比；

5）对比小流域选定以后，应和试验小流域同时进行空白（不治理）观测3～5年，检验两流域的水土流失特征（同一次降雨下的径流系数、侵蚀模数和洪水过程线形状等），确定有无可比性。

（2）流域基本雨量点的布设数量，以能控制流域内平面和垂直方向雨量变化为原则。雨量的分布，除受地形影响外，在坡面上呈波起伏，梯度变化也较大。雨量点的布设，在流域面积小、地形复杂的流域，密度应大一些；流域面积大、地形变化不大的流域，密度可小一些。流域面积在 $5km^2$ 以下时，可按照表3-1布设。

表 3-1　　　　　流域基本雨量点布设数量表

流域面积（km^2）	<0.2	0.2～0.5	0.5～2	2～5
雨量点个数	2～5	3～6	4～7	5～8

1）流域面积在 $5km^2$ 以上，每 $1～2km^2$ 布设一个雨量点；超过 $50km^2$，每 $3～6km^2$ 布设一个雨量点。

2）观测初期，雨量点可布设得多一些。积累一定的资料以后，通过抽样分析，可以精简。精简前后计算的流域平均雨量，误差不能超过5%。精简后的雨量点个数，不受上述规定限制。

3）流域内设一个雨量点，则应设在流域中心或重心附近；设两个雨量点，则一个设在出口断面处，一个设在流域上游；设多个雨量点，则应考虑流域形状，地形等因素进行布设。

4）雨量观测点应设置在四周空旷、平坦、无高大地形地物的地方。如有障碍物时，雨量点距障碍物的距离，应超过雨量计和障碍物高差的 2 倍。

5）每个雨量点应同时设置两套仪器，一个自记雨量计，一个标准雨量器，在高山顶上或无人居住地区的雨量点应设置翻斗式的遥测雨量计。

（3）在监测小流域、对比流域出口附近，应设置径流监测站，以监测输出的径流泥沙。测验河段的长度应大于最大断面平均流速的 30～50 倍；应顺直无急弯，无塌岸，无冲淤变化，水流集中，便于布设测验设施。当不能满足上述要求时，应对河段进行人工整修。

1）流量测验用流速仪法时，测验河段控制断面处应设置水尺，水尺长度应超出最高洪水位 0.5m。当水位变化幅度大，设一根水尺不能满足要求时，可从低到高设置多根。上下水尺读数应有 0.1～0.2m 的重合。条件许可，应安装自记水位计。

2）山区河流，水势涨落迅猛，并常夹带有石块、枯枝、野草等杂物，用流速仪测流，仪器常被损坏，且因测流速度慢，也不易抓住洪峰流量，在此情况下宜采用浮标法测流。用浮标法测流，基本水尺上下游应设置上下浮标断面，间距不得小于最大断面平均流速20 倍。

3）在较小的流域内测验流量最基本的方法是建筑物法。常用的量水建筑物有量水堰和量水槽两种形式。当洪水流量和枯水流量小，泥沙较少时，选用量水堰测流比较适宜；当洪水流量和枯水流量大，泥沙较多时，选用量水槽测流比较适宜。

（4）坡地土壤侵蚀观测场主要用于观测不同类型土地产生的侵蚀量。其布设方式有以下两种：

1）自然坡面径流场。既观测径流量，也观测土壤冲刷量。每个试验小流域在每种类型的坡地上布设 2～3 个。

2）单纯观测土壤侵蚀的简易土壤侵蚀观测场。选择土壤、坡度、坡长、宽度、作物等有代表性的不同类型的坡地若干块，于汛期将直径 0.5～1cm，长 50～100cm，类似钉子形状的钢钎按一定的距离（视坡地面积而定）分上中下，左中右纵横各 3 排（共 9 条）打入地下，钉帽与地面齐平，并在钉帽上涂上红漆，编号登记入册。每次大暴雨之后和汛期终了，观测钉帽距地面高度，计算土壤侵蚀厚度和总的土壤侵蚀量。非坡耕地上的钢钎，可长期固定不动，但应注意保护；坡耕地上的钢钎，汛末收回，来年再用，布设数量可以适当增加。

（5）选择沟道侵蚀有代表性的支沟 2～3 条，从沟口至沟头，按侵蚀轻重情况，划分成 2～3 段（如果侵蚀情况复杂，亦可增加段数），测定固定断面 2～3 个，测引水准高程于固定处，设置永久水准标志。每次洪水之后和汛期终了，测绘断面变化，比较计算沟道冲淤土方。

（6）观测地下水主要在于了解试验小流域实施水土保持治理过程中水位的变化趋势，及其可能对重力侵蚀造成的影响。测井的布设，宜沿着沟道轴线和垂直沟道轴线布设两排。每排数量，按流域面积大小决定，有 2～3 个即可。但应均匀分布。井的深度，应低于地下最低水位 2m。如在布设的测井线上或附近，有群众吃水或灌溉用井，或有泉水露头，则应尽量利用，并相应减少测井个数。径流实验场中心，应布设重点测井，重点观测。

二、观测项目和方法

（一）绘制有关图表

对试验小流域和对比小流域须绘制流域地形图、流域土地利用现状图、流域植被分布图和流域土壤侵蚀图（比例尺 1：10000～1：5000），以及沟底纵比降图、横断面图，以便分析流域水土流失变化时应用。

（二）雨量监测

使用雨量器观测时，采用二段制，每日 8 时、20 时各观测一次，并加测降水起止时间和一次降水总量。使用自记雨量计观测时，每日 8 时观测一次，降水之日在 20 时检查 1 次，雨量大时增加检查次数。自记纸于每日 8 时定时更换，如换纸时适遇大雨，可适当推迟或提前。自记雨量计 1 日时差超过 10min，应进行时差订正；一次虹吸订正值超过 0.1mm 时，应进行虹吸订正。

（三）水位监测

水位资料是推求流量的依据，观测精度要求至厘米，平时每日 8 时、20 时观测两次；洪水时，以能测得完整的水位变化过程为原则。在控制起涨、峰顶、峰腰、落平和其他转折点水位的前提下，大致按水位变化，均匀分布测次。峰顶附近，一般不少于 3 次，落水部分的退水下降缓慢时可 30min 观测 1 次。

（四）流量测验

洪水流量测验的测次和分布以满足建立水位流量关系需要为原则。河床稳定，控制良好，水位流量关系为稳定单一曲线的站，汛期测流 15～30 次，按水位变幅均匀分布。水位流量关系不稳定的站，每次小洪水测 3～5 次，一般洪水 5～7 次，大洪水 7 次以上。峰顶附近一般不应少于 2 次。用量水建筑物测流，水位（水头）测次即流量测次，按上述水位观测要求进行。

各种量水建筑物，原则上每年检定 1 次，如连续两次检定的曲线误差在 ±3％～5％ 以内，以后也可 2～3 年检查一次。流量测验的具体方法，按 SL58—93《水文普通测量规范》规定要求进行。

（五）泥沙测验

1. 悬移质测验

（1）取样次数。随洪峰水位变化而定，一般单峰洪水不少于 10 次。大洪水测次加密。洪峰前后，峰顶均须取样，洪水落平后须再取 1～2 次。应控制沙峰和沙量变化过程，每个水样不少于 1000cm³。

（2）取样位置。一般在主流边半深处取样，洪水较大不能在主流边取样时，可改在尽可能离开岸边的垂线上半深或水面下采取。

（3）取样方法。①横式取样器法：采样一次，不重复，每次采样数量不少于取样器容积的 90％。如沙多，漂浮物多，涨落急剧时，可适当放宽，但不应少于 70％。②普通器皿法：按顺流方向迅速取水面下扰动较小的水样，取样器应固定，并保持清洁。③比重瓶法：用比重瓶在预定位置取样。取样时，瓶口应稍向下游倾斜，待瓶满立即取出，直接称重置换。此法比较粗糙，设备较差时才使用。

（4）水样处理。可用过滤法、焙干法或置换法处理水样，计算含沙量。

2. 推移质测验

(1) 沉沙池法。当推移质输沙率小时，可采用此法。建筑有沉沙前池的量水建筑物，分别测出进口的悬沙输沙量 D_1，通过建筑物悬沙输沙量 D_2，沉沙池的淤积量 D_3，并设推移质和悬移质全沙输沙量为 D，则推移质输沙量 D_4 可用下式算出：

$$D = D_2 + D_3 \qquad (3-2)$$

$$D_4 = D - D_1 \qquad (3-3)$$

当流域出口有适宜的小型水库和淤地坝时，亦可采用此法。

(2) 器测法。用推移质取样器取样，计算推移质输沙率。具体方法可参阅 SL58—93《水文普通测量规范》。此法的缺点是目前还没有性能良好、可以普遍适用的采样器，因而结果欠佳。

(六) 泥沙颗粒分析

泥沙颗粒的组成是衡量泥沙资料使用价值和分析泥沙来源的重要依据。悬移质颗粒分析，一般采用洪水期施测单沙的水样进行，推移质颗粒分析和悬移质同时进行。分析方法按 SL58—93《水文普通测量规范》执行。

(七) 溶解质测定

取经过澄清的河水置于烧杯中烘干，称出沉淀物重量，用下式计算溶解质含量：

$$a = \frac{\Delta W}{V} \qquad (3-4)$$

式中：a 为溶解质含量，g/cm^3；V 为河水容积，cm^3；ΔW 为溶解质重量，g。

(八) 地下水观测

地下水平时每 10 天观测 1 次，暴雨时每日观测 1 次，直至水位稳定为止。观测工具一般用测杆、测绳、电动测水尺等；但重点测点使用自记水位计观测水位。利用群众食水井观测地下水位，应在早晨汲水之前；利用露头泉眼观测地下水位，宜一并观测流量。

(九) 重力侵蚀

查清发生重力侵蚀的处数、地点、类型（崩塌、滑塌、泻溜等）、原因、面积、总的土方量和洪水冲走的土方量等。

(十) 泥石流调查

在每次暴雨后对全流域泥石流发生情况、运动特征及固体物质搬运量进行 1 次普查。

三、资料的整理与分析

1. 资料的整理

监测工作告一段落之后，比如 1 次洪水结束、汛期末和年终，在分析资料之前，应对原始观测的各项资料，进行系统的整理，整理后应提出以下成果

(1) 考证资料包括：试验流域、对比流域、试验场各个径流场和土壤侵蚀观测场的基本情况资料，雨量点、径流测站、地下水观测井、沟道侵蚀观测断面的说明表和平面布设图，有关各种观测项目的观测设施、仪器和方法的说明等资料。

(2) 各种经过校核、复核的原始观测资料成果，以及有关的分析图表和文字说明资料。

（3）各项调查、测量的成果资料。

2. 资料的审查

（1）水土流失规律平时的观测调查工作必须做到"六随"：随测、随记、随算、随校、随点绘曲线、随填制图表，日清月结。

（2）为了保证资料的真实可靠，在资料的整理之前和过程中还必须认真地做好合理性检查，以发现并清除可能遗存的错误。对于降水量应进行邻站相比和绘制流域降水量等值线图进行检查，对于水位流量应绘制瞬时水位、瞬时流量过程线检查。对径流场暴雨径流资料，应绘制暴雨、流量、含沙量综合过程线图进行检查。各项观测资料的检查方法，可参用《水文测验手册》和《径流实验观测整编暂行规定》。在检查中发现不合理的数值，要分析原因，再决定取舍。

（3）资料分析应根据监测的项目，逐项地有针对性地分析资料。通常采用的分析方法有相关分析、多元回归分析等。

第四节 水 蚀 调 查

水蚀调查主要是为了弥补定点监测的局限性而在大范围内开展的，它的特点是成果较监测的结果粗，但范围广，且省时，因此是定点监测的必要补充。

面上流失调查的基本原理是抽样调查的统计学原理，即调查有代表性的典型事件（如典型地段、典型时段等），经过统计分析，找出一般规律。调查样本的多少，视工作任务的性质、要求及实际情况而定，通常不应少于小样本的统计要求。

面上流失调查的方法多种多样，一部分是农、林、水、牧各业的调查方法在水土保持中的应用，如标准地的选设、土壤肥力分析、水文要素的频率统计、被覆度调查等；一部分是土壤侵蚀调查独有的方法，如水文学法、淤积法、测针法、地貌法等。

由于水土流失的发生、发展有其自身固有的规律，任何影响因子的变化，都将得到表现。而这种变化和表现，只有特定的环境下缓慢地或突发地进行。因此，调查无论采用什么方法，往往取得的是特定环境下某一时段的侵蚀数量特征值，而要取得"精确的理论值"，没有长期资料或大量调查是不可能的。此外，为克服调查不足，减少调查误差，还要用多种方法同时调查，要相互印证和校核，提高调查质量。

一、水文法

水文法是以实测的水文资料为依据，分析计算出某流域在某时段土壤侵蚀的平均、最大、最小特征值的方法。

我国各大河系均有多级水文站、网，历史有三四十年以上，气象、径流、泥沙观测资料较齐全，分布于各级水系上中下游，有的属国家水文机构、有的属省或部门管理。这些水文站（网）控制各大江河的主要断面，水文资料已编成水文资料年鉴可供查找。这些站通常控制的流域面积均在数百平方公里以上，为分析较大范围的土壤流失创造了条件。如某年黄河干流的兰州、青铜峡、包头（河口镇）、龙门、陕县（三门峡）几个大站的来水来沙如下表 3-2。

表 3-2　　　　　　　　　某年黄河干流上游来水来沙量

地段名称	流域面积 （km²）	年径流 （×10⁸m³）	径流模数 （m³/km²）	年输沙 （×10⁸t）	输沙模数 [t/（km²·年）]
河源—兰州	216000	309.6	4.52	1.100	510.0
河源—青铜峡	276810	299.8	3.43	2.130	769.0
河源—包头	355940	253.6	2.26	1.470	414
河源—龙门	494470	322.4	2.08	10.500	2120
河源—陕县	684470	423.5	1.96	15.900	2320

由上表不难算出下表 3-3。

表 3-3　　　　　　　　　黄河中上游径流泥沙分配表

区段名称	流域面积 （km²）	年径流量		径流模数 （m³/km²）	年输沙量		输沙模数 [t/(km²·年)]
		×10⁸m³	占陕县 （%）		×10⁸t	占陕县 （%）	
兰州—青铜峡	60810	9.8	2.3		1.030	6.5	1695.0
青铜峡—包头	79130	46.2	10.9		0.660	4.2	
包头—龙门	138530	68.8	16.2	1.58	9.030	56.8	6550
龙门—陕县	190000	101.1	23.9	1.69	5.400	34.0	2840

由表 3-2、表 3-3 可知，黄河中上游从兰州到包头径流量逐渐减小，用于宁夏、内蒙古河套平原的农业灌溉，总量超过 $55 \times 10^8 m^3$。土壤侵蚀在未进入灌区前为 1695t/（km²·年），通过灌区落淤泥沙减少，仅留 1.3%。包头以下到三门峡（陕县站）径流、泥沙急剧增加，其中径流占 40.1%，泥沙占 90.8%（增加 $14.43 \times 10^8 m^3$）尤其是三门峡峡谷段，输沙模数超过 6550t/（km²·年）。

上述计算方法，也适用于较小的渭、洛、泾、清及其支流。但小流域（小于 100km²）往往缺乏水文站观测资料，或观测历时较短，给调查分析带来困难。

二、淤积法

淤积法是重要的容积调查方法。它通过量测大大小小的水库、塘、坝以及谷坊等拦蓄工程的拦淤量和集水区的调查，计算分析土壤侵蚀量的方法。

在水土流失区，尤其干旱半干旱的黄土区和低山丘陵区，已修建多处蓄水工程、拦泥工程和水土保持工程，它们有的分布在沟道中，有的在坡耕地中，有的在村庄路旁，量测这些拦蓄工程的蓄积体积以及区域调查，可以得到有用资料，甚至不同土地利用、不同地貌单元的土壤侵蚀都可得到验证。

利用淤积法调查土壤侵蚀，要特别注意拦蓄年限内的情况调查，如拦蓄时间、集流面积、有无分流、有无溢流损失、蒸发、渗透及利用消耗量等。对于水库淤积调查，若有多次溢流，或底孔排水、排沙，就难以取得可靠资料成果。以下分两种情况介绍。

（一）有库区基本资料

库区基本资料包括：库区大比例地形图、库坝断面设计、库容特征曲线、建库及拦蓄时间、水库（或坝）的运行记录（放水时间、放水量、水库水面蒸发、渗漏及库岸崩塌等），以及设计时水文、泥沙计算等。有了这些基本资料，又有排洪排沙记录，是十分理想的调查对象。

库、坝淤积调查量测，常用的方法有：

1. 水沙量平衡法

即用某一时段内水库、坝的上、下游进库与出库的水、沙量之差等于该时段库（坝）拦蓄量原理，即

$$W = W_{上} - W_{下} \tag{3-5}$$

计算流域土壤侵蚀强度大小。

2. 地形图法

即实测库坝的淤积状况大比例尺地形图，分层量算水体体积（方法是：量算每相邻两等高线所围面积的平均值，乘以等高距得水的容积），再从总蓄积库容中减去，而得淤积库容体积即：

$$W_{总蓄} - W_{蓄水} = W_{淤积} \tag{3-6}$$

3. 横断面法

对库区布设固定的横断面进行多次量测，并绘制各横断面图，利用相邻两断面的平均值，与断面距之积求容积的原理，计算出淤积体积，即

$$V_{淤} = \frac{1}{2}\sum(\omega_i + \omega_{i+1})L \tag{3-7}$$

$$\omega = \bar{h}\,\bar{i} \tag{3-8}$$

式中：w_i、w_{i+1} 分别为断面 i 和断面 $i+1$ 的淤积面积，m^2，由平均淤积厚度（$\bar{h}$）和断面平均长（$\bar{i}$）算出；L 为相邻两断面的水平距，m。

实践表明，上述方法均可得到满意的结果，但水沙平衡法多限于大型工程，一般中、小流域不具备条件，难以应用；地形图法，精度较高，但工作量较大，可作重点库坝调查用；横断面法，方法简便，又能取得各时段的淤积量，被广泛采用。

横断面法测量调查的步骤为：

（1）确定有无调查意义，在有调查可能的情况下，调查集水库坝的基本资料。

（2）布设施测断面。选设的断面应能控制库区，通视良好，并尽可能与河道（水域长轴方向）成正交。断面间距以水深 2～5 倍为宜，在河道弯曲或分枝处，应加设断面。断面选好后，要在库（坝）岸两侧适当位置埋设固定测桩，以作永久标志（见图 3-5）。

（3）断面测量。断面测量用测船、经纬仪、水准仪、回声探深仪或测深绳（杆）、步话机及视距表、记录本等。

断面设置就绪后，需对断面作控制测量，包括平面位置和高程，绘制平面图，作为基础图件。测量方法同一般地形和高程测量。

观测时，将经纬仪架设在任一断面的一端固定桩上，对准另一端桩定出观测方位，然后指挥测船由远及近每隔一定距离（10m 左右）观测一次，测出视距、中丝截距、垂直角（有时要有水平角）；同时，测船上测量人员依次测出相应水深，用步话机通报记录人员（见图 3-6）。

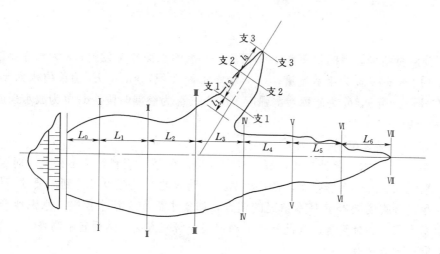

图 3-5　观测面布设图

水面高程为
$$H_B = H_A + K - D - h'$$
$$(3-9)$$

视距表查得的俯角高差值为
$$h' = \sin\alpha \cdot S$$

淤积高程为
$$H_s = H_B - h$$

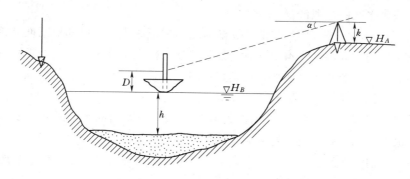

图 3-6　库区淤积测量示意图

（4）淤积计算。

1）利用视距表，查出断面各测点的水平距，依据相应的 H_s 值绘制淤积断面；并利用库区地形图绘制该断面地形剖面图；

2）分别计算各断面的淤积面积；

3）利用相邻两淤积面积的平均值，乘以断面间距得各部分淤积量（体积）；

4）对各部分淤积量求和，得总淤积；

5）根据建库蓄水期到施测期的时限（年）和流域面积，可计算年平均淤积量和单位面积年平均淤积量，即流域平均年侵蚀量和平均侵蚀模数。

倘若连续观测，可以得土壤侵蚀的年变化；若再配以流域降水观测和流域调查，则资料意义更大。径流测验方法同淤积测量，计算时需加以修正，如下式：

$$W = V + E + \lambda + \upsilon + \omega$$
$$(3-10)$$

其中
$$E = s_f E_0$$

$$\lambda = \sum \theta_\lambda t_\lambda$$

$$\upsilon = \sum \theta t_\theta$$

式中：V 为测量结果算得的年蓄积水体积；E 为水库水面年蒸发量；λ 为水库年渗漏量；υ 为放水（用水量）；ω 为年基流量；s_f 为水库水面面积，km^2；E_0 为单位水面年蒸发强度，$m^3 /$（$km^2 \cdot$ 年）；θ_λ 为水库渗漏强度，m^3/d；t_λ 为渗漏时段，d；θ 为放水强度，$m^3/$d；t_θ 为放水时段，d。

（二）无库区基本资料

小型库（坝）、水土保持拦蓄工程没有库（坝）区基本资料，或不完全，而这些工程分布广、数量大、形式多样，水、沙蓄积明显，调查此类工程也可得到需要的侵蚀资料。对此类工程的调查需要补充基本情况的调查，如集水面积、蓄水年限、原来地形或地形图、工程基本尺寸、标高等。在此基础上确定调查研究方法，然后着手调查。

通常调查的方法有：

（1）断面法。方法同有库区资料的调查，不同的是常把第一次施测的各断面作为调查研究前的基础，尔后再施测，就可得到时段的流失量。

（2）测钎法或挖坑法。原理同断面法，不过把测深的方法改成用测钎量测（或挖坑量测）。一般适用于无水蓄积的坝，少水的窖、池，或淤积较浅的坝等。通过量测淤积厚度，计算出某时段集水区的总泥沙量。

（3）地形类比法。是利用沟谷地形逐渐演变的相似原理，由已知形态推求淤积形态的方法。在黄土区的大切沟、中沟中常有诸如过路坝、拦泥坝等工程，这类工程发挥重要的水土保持作用，拦蓄效益十分明显，调查它们的拦蓄量可以补充重要的侵蚀资料。

地形类比法调查研究的步骤是：

1）量测坝后淤积的上游及坝下游的沟谷横断面、两断面的水平距及其底部高程，尤其注意断面转折点的测量，它会影响调查的精度；

2）任取一定比例绘制上、下游断面图，计算出纵比降（见图 3 - 7），并连接对应的地形转折点成一线段；

3）确定测淤断面（如图 3 - 7 中 Ⅰ、Ⅱ、Ⅲ、…），量测各断面的水平距（如 l_1、l_2、…）；

4）按各断面的水平距长度比，分别在横断面图的地形特征连线上定出各断面点（如 A_1、B_1、C_1、D_1；A_2、B_2、C_2、D_2、…）；

5）连接确定点构成测淤断面，并计算和标注淤积高程，量算各测淤断面的淤积面积（S_1、S_2、S_3、…）；

6）用下式计算淤积总量：

$$W_淤 = \frac{1}{2} \sum (S_i + S_{i+1}) l_i \tag{3-11}$$

由上述过程可以看出，地形类比法是要在地形呈均匀相似变化的情况下进行的，且能获得较高精度；若沟谷地形变化无常，或产生滑塌等影响断面，需要慎重对待。

有关地表径流量的调查，也可以利用此类方法进行。通常调查是在暴雨产流后的一段时期进行，利用蓄水洪痕（草屑、侵蚀痕迹等）量算得到。

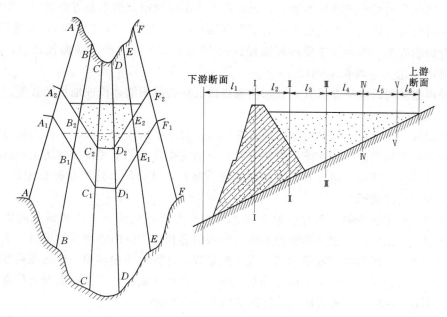

图 3-7　地形类比法调查断面选取

三、测针法

测针法是利用细长光滑的金属杆件（测针或测钎），插入坡面或沟谷底部（细、浅、切沟），观测测针出露或埋淤的高（深）度，推出坡面，沟床冲、淤侵蚀状况。

测针法通常用于难以进行定量观测的陡坡或冲淤交替的地区（沟床等），如泻溜面剥蚀观测、切冲沟床变化地区观测。在不受人为干扰地区可大范围布设，如沙漠、林区、草原、沟坡等，长时期观测能够得出非常有价值的资料。

测针要求及设置：流水或风在遇障后会改变流态及性质，所以测针尽可能细小光滑，以减少阻力和避免挂淤污物，且有一定强度，不被弯曲或折损。测针长度视剥蚀（淤积）强度决定，一般为十几厘米到几十厘米不等，有的长 1m 以上。利用测针测量时，有的还附带一个如垫圈的金属片，金属片中心有一小孔，其孔径略大于测针直径，与测针串在一起，可以上下移动，有了金属片，测量精度更加准确可靠。测针的布设多采用方格网状排列，当在沟谷中布设时，沿纵横断面成排排列，间距视地表变化和量测要求定，一般不超过 5~10m 为好。

测针布设后，依次编号并记录布设出露的长度，经过一次侵蚀后，重新量测出露的长度（或金属片埋淤深度），就可得到该次侵蚀量。

利用测针法原理，现在土壤侵蚀调查还出现色环法、埋桩法以及利用古文化遗迹、树根出露的考古法等多种方法调查侵蚀状况。南京土壤研究所就曾研究南方马尾松林地根部出露的高度，并解析树干得到树龄，从而计算出马尾松林地多年平均剥蚀厚度。

四、地貌学方法

土壤侵蚀本是地质作用表现形式之一，它必将改变地表形态。自从人类活动参与之后，侵蚀过程大大加快，因此，诸如地表起伏、裂点迁移、沟谷密度、沟谷面积等地貌因素发生相应变化，反过来研究这些地貌因素的变化，分布规律，也能预测土壤侵蚀的分布和状况，这就是地貌方法的基本原理，也是目前土壤侵蚀研究的重要方面之一。中国科学院水土保持研究所研究了黄土丘陵区的细沟侵蚀量达 2×10^4 t/（km^2·年），并发现 25° 为细沟发育的临界角，细沟侵蚀要占坡面侵蚀的 50%～75%，当产生浅沟侵蚀后，坡面土壤侵蚀将增大 38%（坡长 40m）。

野外调查常用的地貌方法有：侵蚀沟调查法、相关沉积法、侵蚀地形调查等。

（一）侵蚀沟测量法

众所周知，土壤侵蚀的发生和发展，在坡面上留下了从纹沟、细沟、浅沟到切沟、冲沟、干沟和河沟的侵蚀沟谷系统，这些沟谷形态的变化反映了土壤侵蚀的历史和强弱。黄土区沟谷的切深与拓宽，因具有大体相同的地质基础，就可量算这些指标确定侵蚀大小，如常用的沟谷密度指标。

土壤侵蚀的定量观测，单纯的形态描述与相对大小不能满足生产和研究的要求，为此，前苏联地学工作者提出量测侵蚀纹沟、细沟的容积法。该两级沟谷均可由一次暴雨形成，通过对代表地段沟谷密度平均宽、深度的量算，计算出冲刷容积，该法在前苏联及东欧普遍推广。但由于它忽略了坡面面蚀量，所以结果往往偏小，根据捷克斯洛伐克学者扎契亚（Zachar）研究，观测值比实际侵蚀量偏小 10%～30%。

其具体方法是：选择有代表性的地段，划定包括全部集水面积的沟谷出露范围，用皮尺或测绳在全坡面的上中下游分设量测断面（亦可等距离设量测断面），量测每一断面全部纹沟、细沟的深度，算出断面沟谷平均冲刷深和宽，再量测沟谷曲线长，计算调查区侵蚀总体积，即得该区土壤侵蚀量。

若等距离布设断面，计算式为：

$$V_沟 = \frac{\sum S_1 + \sum S_2 + \cdots + \sum S_n}{N} L \tag{3-12}$$

$$M = V_沟 \gamma / BL$$

式中：$\sum S_1$、$\sum S_2$、$\cdots$、$\sum S_n$ 分别为第 1、2、$\cdots$、n 断面量测沟谷面积；B 为调查范围；L 为调查范围长；N 为量测断面数；γ 为泥沙容重。

由于地表微地形变化大，常受人为活动影响，且调查多在暴雨后进行，因此常作为小范围的调查方法，或作为其他方法的补充调查，以区分不同情况下的土壤侵蚀量。

该法也可用以整个沟谷系统，这需要对沟谷形成、发展有深入的研究，才具有意义。

（二）相关沉积法

相关沉积法是利用侵蚀和搬运的堆积物的数量来作为侵蚀区域的侵蚀数量。从广义上来看，上述水文法、淤积法均属此法，这里指对堆积物的量算。如考察华北平原的堆积体，估算黄河中上游的多年土壤侵蚀状况；量测山前洪积扇的堆积数量，确定山地该流域的剥蚀速率等。

小范围的土壤侵蚀调查，相关法主要用于沟坡重力侵蚀和沙化风蚀方面。

1. 沟坡重力侵蚀

滑坡（滑塌）、崩塌（错落）、泻溜、土溜、泥石流等重力侵蚀发生常带有突发性或持续性，从开始产生裂缝起，直到发生位移止，作为它的发育期，接着发生位移，堆积在坡脚。量测滑坡体、崩塌体……就知沟谷该地段的侵蚀总量。

由于重力侵蚀发生规律目前研究还不够，上述调查数量还不能直接用来计算沟谷侵蚀模数（泻溜除外），因此该方法仍在改进。美国采用在沟谷中设立若干控制横断面，并对其进行高精度的监测，从而确定沟谷发展速率和侵蚀强度。我国近十几年利用不同时期的航片判读，定量研究沟蚀；"七五"期间，原西北林学院用沟床水准测量结合测针法断面观测研究切沟、冲沟的侵蚀数量变化，取得了较好的结果，为该项研究辟出新径。

用相关方法研究泥石流的堆积物，在黄土区需要注意所搬运的松散物质，多由滑坡崩塌、泻溜形成，尽管泥石流在下泄搬运途中存在有切蚀和侧蚀，一般来说数量有限，量算时要多方验证，以免夸大侵蚀调查结果。

2. 沙化风蚀调查

调查沙化面积扩展速度及沙厚度变化，能够反映风沙活动和风蚀程度。在调查同时，设置测针能够查清沙源（当然还有其他方法），从而确定区域的风蚀强度。（详见第五节）。

（三）侵蚀地形调查

侵蚀地形调查法是普遍采用的方法之一。早在1962年朱显谟先生就曾根据土壤发育层次厚度、地形坡度、植被覆盖度、沟壑面积百分比等来确定土壤侵蚀强度。随后，经过大量的试验研究与验证，侵蚀地形调查指标才逐步完善。

表3-4是水利部总结上述成果，颁布的我国黄土区水力侵蚀强度分级标准及各级指标。

表3-4　　　　　　　我国水力侵蚀强度分级主要指标

分　级	平均侵蚀模数 [t/（km²·年）]	面　蚀				重力侵蚀（滑坡、崩塌、泻溜面积占沟坡面积）（%）
		坡度（耕地）	植被覆盖度（%）	沟谷密度（km/km²）	沟壑面积占总面积（%）	
Ⅰ微度侵蚀（无明显侵蚀）	<200，500，1000	<3°	>90			
Ⅱ轻度侵蚀	～2500	3°～5°	70～90	<1	<10	<10
Ⅲ中度侵蚀	2500～5000	5°～8°	50～70	1～2	10～15	10～25
Ⅳ强度侵蚀	5000～8000	8°～15°	30～50	2～3	15～20	25～35
Ⅴ极强度侵蚀	8000～15000	15°～25°	10～30	3～5	20～30	35～50
Ⅵ剧烈侵蚀	15000以上	>25°	<10	>5	>30	>50

五、摄影测量及其他方法

自从1858年法国兰达（LenDa）用一只气球拍摄巴黎鸟瞰图以来，经过100多年，遥感技术用途逐渐扩大，出现低空遥感、航空遥感和航天遥感。遥感资料已用于资源调查、灾害预报方面。

航片判断是最常用的一个方面。日本农林省水土保持规划专家属三正之曾利用彩红外航片和黑白全色航片，作过土壤侵蚀调查。德国斯坦诺（Stubnor）用航片研究侵蚀作用的类型及强度，为水土保持措施的布局提出依据。中国科学院南京土壤研究所、水土保持研究所等用航片调查兴国、安塞杏子河流域的土壤侵蚀等，都取得了较好的效果，节约了人力、物力和财力，在时间上大大缩短，工作效率成倍提高。

为了对重点流失区的动态监测，中国科学院遥感应用研究所和水土保持研究所在陕北实施低空遥感和陆地侧面遥感。低空遥感是用一个充有氢气的尼龙绸球（或飞艇），一般体积为 50m³ 以上，下部画有吊架工作台，设置可自控的摄像机一架，用绳牵引升高到 300m 左右。地面布有觇标、控制和监测设施。定期或不定期的拍摄大比例尺图片，然后通过计算机制图和判断，测算侵蚀变化，陆地侧面遥感是用有定向装置的测量照相机（或称为摄影经纬仪），对测区地形摄取立体相片；再用立体测图仪，建立光学模型、绘制大比例地形图；用数字面积仪（Placom），计算机等量测地面高程变化的体积，计算出侵蚀数量。侧面遥感的地面须建立测区导线控制网和图根控制网点，也要用觇标建立标志。

利用卫星遥感资料研究土壤侵蚀，也是可行的。我国石油科学研究院遥感室配合南京土壤研究所应用美国 LANDSAT—2 卫星遥感获得的 MSS 磁带图像，使用 S101 图像处理计算机系统，对江西兴国县土壤侵蚀作了制图研究，精度与实测相比为90％以上。

此外，利用示踪元素研究土壤侵蚀，也有开展。J. R. · McHenry 和 J. G. Richen 用无污染的放射元素 ^{137}Cs（铯）在美国密西西比河流域的北部研究侵蚀过程。其他人还用 ^{90}Sr（锶）、^{85}Sr、^{131}I（碘）等元素研究侵蚀搬运速度变化及机理。还有利用染色的沙砾——示踪沙，研究土粒分散、迁移和堆积。

第五节　风蚀调查与监测

一、风蚀调查

外业调查是风蚀研究的重要方法，风蚀调查能获得第一手风蚀资料。风蚀调查的基本原理和方法是相关沉积法。

（一）外业调查

风蚀外业调查是根据植被特征、地表形态变化及物质组成为依据，调查风蚀程度。

我国第二次土壤普查，对风蚀的沙化分别定出调查指标，以确定其程度。具体指标如下。

1. 风蚀分级

Ⅰ轻度风蚀：地表已明显看到粗砂，表土较细的地区出现明显的剥离现象；

Ⅱ中度风蚀：植物根的上部暴露地表，表土侵蚀深不大于 5cm；

Ⅲ强度风蚀：植物根明显的暴露出来，表土侵蚀深在 5～15cm；

Ⅳ强烈风蚀：表土已不存在，除木本植物外，已无草本植物，变成裸地或风蚀洼地。

2. 沙化分级

Ⅰ轻度沙化：浮沙覆盖地表，厚度小于 3cm，对牧草生长无影响；

Ⅱ中度沙化：浮沙覆盖地表，厚度 3～10cm，已影响下层低牧草生长；

Ⅲ严重沙化：浮沙覆盖地表，厚度大于 10cm，已影响草群中层牧草生长；

Ⅳ极严重砂化：已完全覆盖明沙，除木本外，草本被埋没，局部出现小沙丘。

当外业调查要估算风蚀程度的数量特征时，可以作风蚀（或风积）地貌形态的描述和量测。要选择有代表性的地段，详细描述其形态特征、空间分布、方位及组成物质的性质；量测其长度、宽度、相对高度（或深度）、斜坡的倾向和倾角及其他要素，以估算风蚀正（风蚀残丘、风蚀土墩等）、负（风蚀凹地、风蚀沟槽等）形态的面积和体积，便可确定风蚀强度。

当要确定风沙来源时，除了掌握当地气象台（站）的有关气象资料外，还要对沙粒进行鉴别和分析。要有集沙丘沙的基底沙样，还要采集主风向上游较大范围的基岩，在野外用瓦西列夫斯基（Василъĕвский，1937）制的特用图表，借助放大镜，可做沙粒粒径初步判别，详细的分析（含矿物成分等）需在室内进行。

风沙移动调查：风沙移动决定于风速、沙粒粒径、地表性质和沙子含水率等多种因素。因此，要调查其移动，先要确定该地起动风速，可用手持风速仪观测，并记录起动的沙粒粒径、起沙高度、快慢、起沙方式等情况，以及沙丘起伏，植被覆盖等。对于长期的移动，多通过访问调查和量测算出。如罗来兴调查了毛乌素沙地的移动（1954 年），他访问了榆林、靖边一带的老农民，确定移动的年代，又量出沙丘移动距离，算得该地沙丘移动速度平均每年约为 2.4～5.6m。

（二）室内航片判读

现代风蚀调查，愈来愈多的采用卫片、航片室内判读与典型外业调查相结合的方法。用卫片和航片判读需要用彩色片，这是因为黑白照片把云层、积雪、盐渍物与沙丘混淆起来，且沙丘（洼地）的地貌界限模糊不清，因它们的反光全为白色所致。彩色片，沙呈现黄色，其他景物为清晰的白色。

首先根据沙丘翼角、沙垄、白龙堆的延伸方向判定主风向与沙丘移动方向，再根据几年的照片，在有地面标志的情况下，可以计算沙丘移动的速度和沙丘密度，若有沙丘相对高度的调查资料，可以得出该地区域沙丘起伏状况等。

二、风蚀监测

（一）风沙运动观测

（1）沙粒运动的观测：即风沙流出现的气候条件。

（2）风沙流的结构特征：靠近地表气流层中沙子随高度的分布性质。

（3）靠近地表气流中沙子移动的方向和数量。

（4）沙丘表面风沙速度线的分布特点。

（二）沙丘移动监测

1. 重复多次的形态测量法

选择不同类型和高度的沙丘，进行重复多次（每季一次或在风季前）的测量，绘出不同时期沙丘形态的平面图或等高线地形图，经比较便可以得到沙丘移动的方向和速度，以及沙丘移动速度和其本身体积（高度）的关系。再和风速、风向的资料对照，就可看出沙丘移动与风况之间的相互关系。

2. 纵剖面测量法

这一方法只能反映出剖面变化的特征，仅适用于一些半定位观测站。其方法为：选定不同沙丘，在垂直沙丘走向的迎风坡脚、丘顶和背风坡脚埋设标志，重复量测并记录其距离变化（表3-5），可得出沙丘移动的方向和速度。

表 3−5   沙丘移动纵剖面测量记录表

观测时间 (年.月.日)	沙丘形态测量特征					不同部位移动数值			起沙风持续时间及风速	
	迎风坡长度 (m)	迎风坡坡度 (°)	背风坡长度 (m)	背风坡坡度 (°)	高度 (m)	迎风坡脚线与标杆水平距离 (cm)	丘顶脊线与标杆水平距离 (cm)	背风坡脚线与标杆水平距离 (cm)	时间 (h)	风速 (m/s)

（三）沙丘形成演变过程监测

观测的主要方法有：

（1）等高线的地形测量。在每次大风后进行沙丘的大比例尺（1∶100～1∶1000）等高线地形测量，借以了解每次刮风后沙丘形态的变化。

（2）测竿测量。利用细长而刻有标记的测竿，插在与主风向平行的沙丘断面上（水平间距为 50cm），以测量掌握每次刮风以后沙丘表面沙子吹蚀深度及堆积厚度的变化；亦可采用等高线地形测量的方法，测定风季期间经每次风的作用后，沙丘表面每个测点（一般都在 100 个测点以上）高程变化的数量，并据此计算沙丘表面的吹蚀量和堆积量。

（3）风速及集沙仪测量。在吹风时利用风速表及集沙仪观测沙丘表面及附近地面各个高程（包括离地面 2m、1m、50cm、30cm、10cm 及 5cm）的气流速度和近地面 10cm 高度内气流中含沙量的变化，观测资料的整理一般采用多次的平均。

（四）风成沙沉积物的内部构造监测

风成沙沉积物的内部构造监测包括水平层理、交错层理、下界面、准同生变形构造等。

（五）沙丘移动速度及风蚀强度监测

自从 1954 年拜格诺（R. A. Bagnold）的《风沙和荒漠沙丘物理学》再版后，不少学者开始了这方面研究，并验证了拜格诺的基本论点。

对于沙丘移动的速度，拜格诺提出如下公式：

$$D = \frac{Q}{Hr} \tag{3-13}$$

式中：D 为沙丘移动速度；H 为沙丘相对高度；r 为沙丘沙的容重；Q 为输沙量。

此后，查尔（Tsoar，1974）、布尔（Bull，1974）及菲克（Finkel，1959）等人先后在墨西哥、秘鲁等地实测了沙丘移动的速度，基本上肯定了拜格诺公式的实用性，他们观测的方法是将测杆（长 2m）或两排正交的测杆，埋入沙丘（埋深 1m）（见图 3−8）。

图 3−8 中（a）是正交的两排测杆，分别记录各测杆到沙丘脊或翼角的距离，即使在风向变化后沙丘的移动也可以准确测定出来。图 3−8（b）是将测杆埋入沙丘背风坡的基部，通过测量沙丘与地面的接角线距离 S 可得移动距离。此种方法再配一固定基点 BM，以及量测沙丘最大高度 H、脊到翼角距 L、翼角宽 W 等参数，还可估算沙丘的体积变化。

劳伦斯（Norris，1966）用此法计算了加利福尼亚沙丘的变化和移动。

还可给沙丘覆盖一些荧光示踪沙，以判定沙丘定期吹蚀强度的变化。

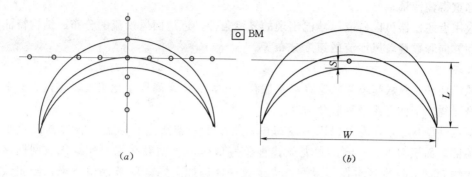

图 3-8　沙丘移动速度测定方法示意图

（六）跃移、悬浮沙的收集与测定

沙粒在气流中的运动规律，一般用集沙仪和风速仪进行观测。

1. 近地面观测

近地面 30cm 是风沙流挟沙的主要高度，为收集这部分沙量，可用集沙仪和手持风速仪进行。集沙仪是拜格诺设计并首先使用的。现常用是兹纳门斯基（A. НЭНАМЕНСКИЙ，1958）设计的集沙仪。

该仪器为一扁平的金属盒，金属盒内部安装着按每 10cm 高度分成 10 格作 45 度倾斜排列的长方形细管，细管口径为 1cm×1cm，各细管的尾部有橡皮管分别连接 10 个小铝盒（布袋也可）。在测定时，将集沙仪置于地表，并使第一个管口（即 0～1cm 细管）面与地面相一致，这样每一个小管离地面的高度依次为 0～1cm、1～2cm、…、9～10cm；管口面向气流方向，在集沙仪离地表 2m 高处置放风速仪测定风速，当风沙发生时，沙粒便进入细管，顺斜坡到小铝盒；而气流则从旁边的小孔逸出。经过一定时间后，取出各小匣内沙粒称重，便得到单位时间，在某风速下，离地面不同高度每 1cm³ 体积气流含沙量、总沙量。

为了能够使观测者不在现场时，对从任一方向吹来的风沙都能收集，德波鲁依（Deploey）在比利时凯姆波兰德沙丘观测站设置了高 60cm、直径为 19cm 的圆柱形烧结层盘式集沙器。从任何方向吹来的沙粒均可收集在深 2.5cm 的盘形槽中，且能够分出不同高度的不同数量。

还有一种能够自记的风沙仪（见图 3-9）。该风沙记录仪是一种能够收集并记录近地面风沙随时间变化的仪器。它的基本构造原理：有一个指示风向并随之转动的圆筒，圆筒上正对风向的方向开有 3mm 宽的垂直缝隙，圆筒内有一个自记钟带动的小圆筒，

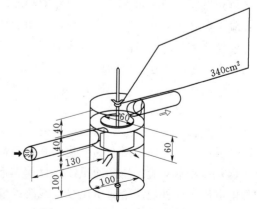

图 3-9　旋转集沙仪（单位：mm）

小圆筒上卷着标志时间的粘性纸。当起风后由风标指示带动大圆筒上的缝隙对准风向，跃移沙穿入粘在纸上，随着时钟走动，粘性纸的转动，可以记录下风沙流的变化过程。同时收集称重得输沙量。

应用上述仪器可以研究风沙流出现的气流条件，近地面风沙流的分布、结构特征，风沙移动方向和数量，风沙流的速度分布等。

2. 高空悬浮物的收集

风暴使细小颗粒呈悬浮状态在高空搬移很远，其搬运高度变化很大，难以收集不同高度的悬浮物。下面介绍几种收集方法。

德兰（Delany）在南美巴巴多斯海岸，使用了一架灰尘收集器。收集器设置在 14m 木架顶部，面积为 1m×1m 的尼龙丝，直径为 0.5mm，由经纬尼龙丝编织成网框，其有效面积约 50%，网框经常保持湿润，尘土粒一经碰撞上网框就被保留下来，经测试，对大于 1μm 的微粒，收集效果约 50%。为了计算总的尘土数量，塔架上同时安装一只校验了的杯形风速表，还在网框背后安装有标准气流压力表，可以计算出通过网框的风的体积，进而推算出悬浮尘土的重量。

马可汉德（Marchand）测定尘土的装置是一个 700cm² 的矩形盘，它用大理石砌成，安装在加利福尼亚尘土的落积地区，矩形盘高出地面 1m，用 10cm×10cm 的支柱悬空。当尘暴结束后，称其收集物重量，分析粒径，就可得到悬浮物总量。

以上介绍的测定风沙移动的实验装置，无论怎样巧妙，都存在一个共同的缺陷，这就是干扰了气流。因此，其干扰气流的校正关系数都需要在风洞实验中加以测定试验。这样风洞试验成为研究风沙运动的基本手段。

三、风洞模拟

风洞实验是流体力学研究的重要手段，自从世界上第一个风洞建成，至今已有一百多年的历史。一百多年来，风洞实验由为航空和军事服务，逐步扩展到许多学科，形成新的实验科学——风工程学。作为风蚀研究的风沙流，也属流体，可在风洞中模拟。

风洞实验的方法、内容很多，从 20 世纪 40 年代拜格诺利用风洞研究风流运动规律以来，许多人用它探索了各地的风沙运动理论。

风洞模拟实验的内容包括：

（1）风沙运动的实验研究。用普通和高速电影摄影机在风洞中对风沙运动进行动态摄影；应用激光多卜勒测速仪，对沙粒运动的速度、加速度和粒数随高度分布进行测量等；研究沙粒受力起动的机制，沙粒运动特征，以及沙粒受气流作用与反作用的物理机制；风沙与沙质下垫面相互作用的性质和沙子吹蚀、托运及堆积的物理过程等。

（2）风蚀作用的实验。研究影响土壤风蚀强度的因素以及防止风蚀的措施；进行风沙对地表物质磨损作用的实验。

（3）风积地貌形态形成的实验研究。在风洞中，可以进行不同风速、不同地表性质下沙波形成的过程；沙丘形态的变化及其移动情况实验研究。

（4）风沙电实验。沙区通讯线路目前大都仍用裸线，每当风天起沙时，往往产生强大的静电电压。这种现象给通讯质量及线路维修带来了不少危害，在风洞中进行风沙电的实验研究，以便摸清其产生电的原因及其影响因素，为防护措施提供依据。

（5）防沙工程模拟实验。防沙工程主要是为了防止风沙埋压公路和铁路，避免中断交通，造成严重危害。工程防治公路、铁路沙害的模拟实验包括：公路不积沙断面型式；下导风栅板工程和侧导羽毛排；草方格沙障和阻沙栅栏以及桥涵、隧道、站场房屋对积沙的影响和探索防沙工程的风洞模拟研究。

中国科学院寒区旱区研究所应用风洞实验研究了风沙运动、风蚀作用及防治措施、风积地貌的形成和演变、风沙电实验（即风沙日，裸线上产生强大的电压，电压测到2700V）、风沙工程模拟、林带林网防风效益研究等。

风洞实验同降雨模拟实验一样，具有重复、可比、精确、省时的优点；但它毕竟是在人工环境下进行的，与自然界的生态环境不同，结果需经野外验证。

主 要 参 考 文 献

1　王礼先．水土保持学．北京：中国林业出版社，1995
2　关君蔚．水土保持原理．北京：中国林业出版社，1996
3　刘秉正，吴发启．土壤侵蚀．西安：陕西人民出版社，1997
4　辛树帜，蒋德麒．中国水土保持概论．北京：农业出版社，1982
5　陈永宗，景可，蔡强国．黄土高原现代侵蚀与治理．北京：科学出版社，1988
6　张洪江．土壤侵蚀原理．北京：中国林业出版社，2000
7　吴普特．动力水蚀实验研究．西安：陕西人民出版社，1997
8　吴发启，赵晓光，刘秉正．缓坡耕地侵蚀环境及动力机制分析．西安：陕西科学技术出版社，2001
9　史德明．应用遥感技术监测土壤侵蚀动态的研究．土壤学报．1996（1）
10　蔡如藩．水土保持学．台湾：中央图书出版社，1981
11　Zacher D.．Soil Conservation. Printed in Czechoslovakia，1982
12　Hudson N. W.．Soil Conservation. Second Edition. cornell Univ. Press，1981
13　［英］M. A. 卡森，M. J. 柯克拜著．坡面形态与形成过程．窦葆璋译．北京：科学出版社，1984
14　［美］R. 拉尔主编．土壤侵蚀研究方法．黄河水利委员会宣传出版中心译．北京：科学出版社，1991
15　景可，陈永宗．我国土壤侵蚀与地理环境的关系．地理研究．1990.9（2）
16　辛树帜，蒋德麒主编．中国水土保持概论．北京：农业出版社，1982
17　黄秉维．编制黄河中游流域土壤侵蚀分区图的经验教训．科学通报，1955（12）
18　朱显谟．有关黄河中游土壤侵蚀区划问题．土壤通报．1958（1）
19　罗来兴．划分晋西、陕北、陇东黄土区沟间地与沟谷地貌类型．地理学报．1965（22）
20　中国科学院黄土高原综合考察队．黄土高原地区土壤侵蚀区域特征及其治理途径．北京：中国科学技术出版社，1990
21　朱震达．中国的沙漠化及其治理．北京：科学出版社，1989
22　朱震达，刘恕．中国北方地区的沙漠化过程及其治理区划．北京：中国林业出版社，1981
23　张广军．沙漠学．北京：中国林业出版社，1996
24　方宗义．中国沙尘暴研究．北京：气象出版社，1997

第四章

航空遥感在水土流失与
荒漠化监测中的应用

第一节 航空摄影基础知识

一、航空摄影的种类

根据用途的不同，航空摄影选用不同的方式和感光材料，从而得到功能不同的航空相片。按相片倾斜角（航空摄影机主光轴与通过镜头中心的铅垂线之间夹角）的大小可分为垂直摄影和倾斜摄影。垂直摄影时，主光轴垂直于地面，感光胶片与地平面平行。但由于各种原因，倾斜角不可能绝对等于零，一般把倾斜角小于 3°的均称为垂直摄影，垂直摄影获得的相片称为水平相片。水平相片上目标的影像与地面物体水平投影的形状基本相似，相片各部分的比例尺大致相同。水平相片能够判断各目标的关系位置和量测距离。倾斜角大于 3°的称为倾斜摄影，所获得的相片称为倾斜相片。

按摄影的实施方式可分为单片摄影、航线摄影和面积摄影。为拍摄特定目标而进行的摄影称为单片摄影，一般只获得一张（或一对）相片；沿一条航线对地面上狭长地区或线状地物（铁路、公路等）进行连续的摄影，称为航线摄影。为了使相邻相片的地物能互相衔接以及满足立体观察的需要，相邻相片间需要有一定的重叠，称为航向重叠。沿数条航线对广大区域进行连续摄影称为面积摄影，面积摄影时要求各航线互相平行。在同一条航线上相邻相片间的航向重叠一般为 $60\% \sim 53\%$，相邻航线间的相片也要有一定（$30\% \sim 15\%$）的重叠，这种重叠称为旁向重叠。实施面积摄影时，通常要求航线布设成东西方向。

按感光胶片可分为普通黑白摄影、黑白红外摄影、彩色红外摄影和多光谱摄影。普通黑白摄影采用全色片，能感受可见光波段内的各种色光。黑白红外摄影能感受可见光和近红外波段，对水体和绿色植物反应灵敏，所摄相片具有较高的反差和空间分辨率。彩色相片虽然也是感受可见光波段内的各种色光，但由于它能将物体的自然色度、明暗度以及深浅表现出来，因此与普通黑白相片相比，信息量丰富得多。彩色红外摄影虽然也是感受可见光和近红外波段，但却使绿光感光之后变为蓝色，红光感光之后变为绿色，近红外光感光之后变为红色，这种彩色红外片与彩色片相比，在色别、明暗度和饱和度上都有很大的不同（例如，在彩色片上绿色植物呈绿色，在彩色红外片上却呈红色）。由于红外线的波长比可见光的波长长，受大气分子的散射影响小，穿透力强，因此，色彩要鲜艳得多。多光谱摄影是利用摄影机镜头与滤光片的组合，同时对一地区进行不同波段的摄影，从而得到与各波段相应的各种相片。例如，通常采用的四波段摄影，可同时得到蓝、绿、红及近红外波段的黑白相片。这些相片可用以单独进行观察分析对比；也可以将蓝、绿、红三个波段的黑白相片合成为天然彩色相片；将绿、红与近红外三个波段的黑白相片，合成为标准假彩色相片。

二、感光材料、滤光片和彩色摄影

（一）感光材料

感光材料包括感光片和相纸。它们主要由片基和乳剂层组成。感光片的片基是透明的，其面涂有感光乳剂，另一面涂有防光晕层。以玻璃为片基的感光片称为硬片，以硝酸纤维或醋酸纤维为片基的是软片。相纸的片基是硬纸。感光乳剂层主要由卤素与银的化合物（如溴化银等）、明胶和增感剂构成。在拍摄很亮的物体时，因剩余光线由片基底面返回片基正面的感光乳剂层而使感光片上的构象不清晰的现象，称为光晕。防光晕层可以吸收反射到片基底面的剩余光线，不让其反射回到感光乳剂层造成光晕。

1. 感光片

感光片俗称胶片或胶卷。它可分为色盲片、正色片、分色片、全色片、黑白红外片、黑白紫外片、天然彩色片、彩色红外片等。它们的感光范围各不相同。遥感中常用的是全色片、黑白红外片、天然彩色片、彩色红外片等。

全色片是最常用的黑白片，可用于彩色图的复照、地面摄影和航空航天摄影，其感光范围几乎包括全部可见光。它对绿光的感光度稍低，故摄影处理时可在暗绿灯下观察显影程度。

黑白红外片可感受可见光和近红外线。因为近红外线对植物和水体的反映较明显，所以在航空摄影中用黑白红外片或彩色红外片可以调查洪水灾情、区分土壤含水量、区别植物种类以及进行军事侦察等。

黑白紫外片可感受近紫外线和一部分光谱段的可见光。紫外摄影要将水晶镜头、紫外滤光片和黑白紫外片配合使用。紫外摄影主要用于水面油污监测，这是因为石油在阳光下反射出含有大量紫外线的黄光。

天然彩色片有 3 个感光层，分别可感受蓝、绿、红光，摄影和冲洗后，分别呈现黄、品红和青色。另外在感蓝层和感绿层之间还有一个黄滤色层，可以吸收穿过感蓝层的剩余蓝光，使蓝光不能到达感绿层和感红层。

彩色红外片有感绿层、感红层、感红外层，摄影处理后分别呈现黄、晶红、青色，它没有黄滤色层，所以在进行彩色红外摄影时摄影机上应加上一个黄色滤光片。

感光片的性能主要有：曝光量、光学密度、感光度、灰雾度、感光特性曲线、反差、反差系数、宽容度、分辨率、清晰度、感色性和保存性等。

（1）曝光量 H，感光片所受到的光照度 E 和曝光时间 t 的乘积叫做曝光量（$H=Et$）。曝光量的常用对数 $\lg H$ 称为曝光量对数。

（2）阻光率 Q，感光片上某点的入射光通量（$\Phi_{入}$）与透射光通量（$\Phi_{透}$）之比称为阻光率。阻光率 Q 的倒数称透明率 τ。

（3）光学密度 D，感光片上某一点的阻光率的常用对数称为光学密度（$D=\lg Q$）。某点的光学密度反映了这点黑白、深浅的程度。某点的光学密度越大，对于胶片则表示这点越黑、越深、越不透明；若光学密度越小，则这点越白、越浅、越透明。

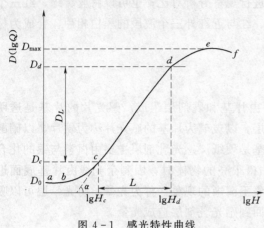

图 4-1　感光特性曲线

（4）感光特性曲线，对于同一种感光材料，在同一种标准光源下，同一距离作不同时间的曝光，经过相同条件的摄影处理，用仪器测定感光片的密度值。感光片的光学密度 D 与其所受到的曝光量对数 $\lg H$ 的函数关系可以表示为一根曲线，这就是感光特性曲线（见图 4-1）。

感光特性曲线左段 b 点以左密度不受曝光量的影响，称为灰雾密度，以 D_0 表示。b 点为初感点。$b-c$ 段为曝光不足部分，密度的增加与曝光量对数的增加不成正比，影像的黑白比例与景物的明暗差别不相一致；$c-d$ 段是一直线段，为曝光正确部分，密度的增加与曝光量对数的增加成正比，影像的黑白比例与景物的明暗差别一致，摄影时应使曝光量对数处于此段方能不失真；$d-e$ 段为曝光过度部分，密度的增加与曝光量对数的增加不成正比，影像成明暗差别极微的浓黑影像；e 点的密度最大，e 点以后 d 段曝光量增加，密度反而降低，称为影像反转。

（5）反差与反差系数。感光材料的乳剂层上使影像表达出所摄物体各部分在光量方面有差别的能力，称为乳剂的反差。它是用感光和摄影处理后的感光片上最大光学密度与最小光学密度之差来表达。反差大，则表示相片上最黑与最白部分的差别大，相片显得黑白分明；反差小，则表示相片最黑处与最白处差别小，相片显得灰蒙蒙的。感光片的特性曲线的直线部分的斜率称为反差系数。当反差系数分别大于、等于、小于 1 时，感光片分别被称为硬性、中性、软性感光片。反差系数越大，感光片越硬，摄影后会夸大景物反差，但表现景物的明暗层次少；反差系数越小，感光片越软，摄影后会缩小景物的反差，但表现景物的明暗层次多。在航空摄影时，因为从地面反射到高空的光线微弱，易曝光不足，反差小，应该用硬性感光材料来夸大反差。

2. 相纸

相纸分为印相纸和放大纸两种。印相纸用于等大接触印相，放大纸用于放大影像。由于相纸是不透明的，因此相纸采用黑度来代替上述的密度。相纸上某点的黑度 D 等于这点上的入射光通量与反射光通量之比的常用对数，即 $D=\lg\dfrac{\Phi_入}{\Phi_反}$。

相纸的性能指标的定义大多数与上述感光片性能指标的定义相似。相纸按其反差系数的大小可分为 0 号、1 号、2 号、3 号、4 号 5 种，它们分别是特软性、软性、中性、硬性、特硬性相纸。从 0 号到 4 号，反差系数逐渐增大。0 号相纸适用反差极强的底片来印相或放大；4 号相纸适于用反差很弱的底片来印相或放大。

（二）滤光片

滤光片是可以改变光的光谱成分、光通量或偏振状态的透明镜片，有滤色镜、偏振镜、灰色镜、变密镜等，摄影时可按需要选一种滤光镜套在镜头上以达到特定的效果。

滤色镜是最常用的滤光片。它是一种带色的透光片，可以改变光的光谱成分。滤色镜只允许通过其本身颜色的光线。可以分为：

（1）原色滤光片。它是由红、绿、蓝三原色之一的媒质制造。摄影时利用任何一种原色滤光片置于物体和感光片之间以吸收其他两种原色。

（2）间色滤光片。它是由黄、品红、青三间色之一的媒质制造。黄色滤光片吸收蓝色而通过红色和绿色，品红色滤光片吸收绿色而通过红色和蓝色，青色滤光片吸收红色而通过绿色和蓝色。

（3）选择滤光片。分为窄带滤光片和宽带滤光片，它可以改变光的光谱成分。窄带滤光片只允许狭窄光谱段内的某色光通过；宽带滤光片允许某一波长以上的所有光通过。

（4）中和灰色滤光片。它不改变光的光谱成分，只起阻碍光线通过的作用。加有滤光片摄影时都会吸收一部分光线，故曝光时间必须比不使用滤光片时加长。

感蓝层（黄成色层）
黄滤光层（吸收蓝、紫光）
感绿层（品红成色层）
感红层（青成色层）
片基
防光晕层

图 4-2 天然彩色感光片

（三）彩色摄影

彩色摄影分为天然彩色摄影和彩色红外摄影两种。

1. 天然彩色摄影

在天然彩色感光片的片基上，从上到下是（见图 4-2）：感蓝层（黄成色层）、黄滤光层、感绿层（品红成色层）、感红层（青成色层）。当外来光线从上面照射到感光片表面时，其中的蓝光成分会使感蓝层感光，摄影处理后将呈现黄色，所以感蓝层又称为黄成色层。剩余的蓝光被黄滤光层所吸收，不会到达下面的感绿层和感红层（这两层也能感受蓝光）；绿光和红光均能通过黄滤光层，分别到绿层和感红层使之感光。感绿层感受绿光后经摄影处理会呈现品红色，所以这层又叫做品红成色层；感红层感受红光并经摄影处理后呈现青色，这层又叫做青成色层。由于每个感光层感光后经摄影处理会呈现出它所感受的光的补色，所以天然彩色负片的颜色是所摄景物的颜色的补色。而彩色相纸的结构除片基不同外，均与天然彩色感光片相同。故用天然彩色底片印放并经摄影处理后，在彩色相纸上得到的是底片的补色，即所摄景物的原来颜色，也就是一种颜色的补色的补色就是原来的那种颜色。实际上，用彩色放大机或彩色扩印机印像时，还须根据感光片和相纸的型号以及摄影时的天气、时间、光圈、速度等因素对机器上的黄、红、青三个滤色镜的参数作一些调整，经过几次试验后，确定一组合适的黄、品红、青的参数，才能得到符合真实情况的色彩。

2. 彩色红外摄影

彩色红外摄影要用彩色红外感光片，还要在摄影机物镜上加一个黄滤色镜以吸收蓝紫光使之不进入摄影机内部。彩色红外感光片的结构如图 4-3所示。彩色红外感光片没有感蓝层滤色层，有感绿层、感红层，另加一个感红外层。这 3 个感光层分别可以感受绿、红、近红外光，感光并冲洗后呈现黄、品红、青色，所以这三层可以称为黄成色层、品红成色层和青成色层。感光层感光及处理后所呈现的颜色都不是它所感受的光的补色，但经印像或放像后呈现的是负片颜色的补色，而不是原来景物的

黄滤光片（吸收蓝、紫光）
感绿层（黄成色层）
感红层（品红成色层）
感红外层（青成色层）
片基
防光晕层

图 4-3 彩色红外感光片

颜色。这样，在相纸片上得到的是假彩色相片，由彩色红外感光底片印出的相纸片称为彩红外相片。

由于植被在近红外段的光谱反射率远远高于它在可见光波段的光谱反射率，它在彩红外相片上表现为不同程度的品红到红色，易于识别。水在近红外段的光谱反射率很低，在彩红外相片上表现为蓝到青色（清水呈蓝色，浊水呈青色），也易识别。城市呈现内部有纵横纹理的青色，公园、绿化带呈品红到红色，湿地呈青色，干旱裸地和沙漠都呈黄色，雪和云都呈白色。

三、航空相片的物理特性

黑白相片上某一部分的黑白深浅的程度称为色调。它能反映物体反射率的大小。它还与其他的一些因素有关。黑白航空相片以各种不同的色调和由各种色调组成的形态特征反映地物反射或发射的辐射信息。

彩色相片上某一部分的颜色称为这一部分的色彩。它能反映物体反射或发射的辐射光谱特性。彩色航空相片以各种不同的色彩和由各种色彩组成的形态特征反映地物反射或发射的辐射信息。灰度是定量地表示黑白相片上某一部分黑白深浅程度的物理量。一般以灰度等于 0 表示全黑，灰度等于 1 表示全白，$0 \leqslant$ 灰度 $\leqslant 1$。为了方便起见，可将灰度分成若干个等级，每一等级称为一级灰阶，灰阶的总数只能取正整数。每级灰阶的序号可取 0、1、2、3、…，不能取小数或负数。一般灰阶总数取 2^n（n 是正整数），灰阶序号取 0、1、2、…、$2^n - 1$。

航空相片的影像，是由地物反射的光线进入航空摄影机镜头，使感光材料产生光化学反应而形成的。因此，地物的反射特性和感光材料的性能是影响相片影像的主要因素。

（一）地物反射特性对相片影像的影响

1. 地物的反射率

航空相片上物体的色调，主要取决于它对入射光线的反射率。地物的反射率可以用亮度系数来表示。亮度系数（P）是指在相同照度条件下，某物体表面的亮度（B）与绝对白体理想表面的亮度（B_0）之比。绝对白体很难找到，通常用硫酸钡纸或氧化镁纸作标准反射面，它的亮度系数是 0.98，而绝对黑体的亮度系数为 0。物体的亮度系数不同，反映在相片上的色调就有差异：亮度系数大，相片上的色调浅；亮度系数小，其色调就深。物体的亮度系数是有方向性的，也就是说从不同的方向去看物体，亮度系数是不一样的。但是，地面绝大多数的物体对入射光都是漫反射的，虽然它们各方向的亮度系数不同，却差别很小。对各种地物亮度系数进行分析，可以归纳出以下几个特点：①物体的亮度系数变化范围很大。不同类物体之间的亮度系数的差别可能相当大，如针叶林为 0.04，白色石灰石为 0.40，新雪为 1.00。②相同的物体，由于干、湿程度不同，亮度系数也不同。干燥物体的亮度系数大，潮湿物体亮度系数小，如干沙土为 0.13、湿沙土为 0.20。③物体的亮度系数与颜色有关。当颜色从白—黄—红、蓝—绿、紫—黑时，亮度系数从 1 逐渐下降到 0。④表面粗糙的物体比表面光滑的物体亮度系数要小。如干燥的混凝土公路路面公路较光滑，亮度系数为 0.32；干燥的砾石路面较粗糙，亮度系数为 0.20。⑤许多性质完全不同的物体具有相同的亮度系数。也就是说，性质不同的物体在相片上可能具有相同的色调。因此在进行相片判读时，不能仅依色调区别物体，还必须考虑其他条件。

摄影时的照度直接影响着地物亮度，也就影响相片上的色调。摄影时照度越大，地物亮度越大，相片的色调就越浅。在一天中，中午照度最大，在一年中，夏季照度最大，所以在一天中的中午和在一年中的夏季，地物亮度最大，相片上的色调最浅。另外，晴天比阴雨天的照度大，晴天比阴雨天的地物亮度大，相片色调浅。为了让不同地物的影像色调深浅分明并有一定的阴影以显现地形特征，航空摄影一般选在晴天的上午 9 时～下午 4 时之间进行。

2. 地物的光谱反射率

不同物体对入射的太阳光的反射能力，在不同波长处是不一样的，物体对于不同波长的反射能力称为光谱反射率。由于各种物体的光谱反射率不同，形成了各种物体的颜色不同。不同颜色的物体，反映在黑白相片上的色调是不同的，通常白色物体为白色，黑色物体为黑色，其他颜色的物体则呈深浅不同的灰色。在彩色相片上则表现为色别、明亮度、饱和度不同的颜色差异。

（二）感光材料性能对相片影像的影响

感光片或印像纸主要是由感光乳剂层和片基组成。感光乳剂层由卤化银、明胶和增感染料组成。普通摄影用的黑白胶片一般是全色片，它能感受全部可见光，但对绿光感受较差。黑白红外胶片的感光层中含有感受红外光的物质，能直接记录人眼看不见的近红外光。彩色胶片是由对蓝、绿、红三种波长分别敏感的三层乳剂组成，能感受全部可见光，经过曝光显影后，形成与地物颜色成互补色的负片，和彩色印像纸接触晒印后，还原成天然彩色相片。彩色红外胶片是由对绿、红和近红外感光的三层乳剂组成。实际上由于三层乳剂对蓝光也都感光，所以在摄影时采用黄色滤光片把它处理掉，经过曝光显影处理后形成彩色红外相片。

不同乳剂的感光片具有不同的感光度和反差。感光度就是感光材料感光快慢程度的数值，它是确定曝光时间的一个主要因素。在摄影条件相同时，感光材料的感光度愈高，曝光时间可以愈短；使用感光度低的负片，若摄影时不能延长曝光时间，则不能得到具有足够黑度的相片。

反差是指黑白差，一张负片、正片（或某一景物）的反差，一般均指其全片（或全景）的最大黑度与最小黑度（最暗与最亮）之差，即其最大的反差。两张性能不同的感光片，摄取同一景物，曝光，显影等情况均相同，但两相应部分的反差不一样，这是由于两张感光片的反差不同所造成。反差为感光片制作上所具有的一个特性。反差大的感光片叫硬性片，影像的明暗差别特别明显，但表现景物的明暗层次少；反差小的感光片叫软性片，影像的明暗差别不太明显，但表现景物的明暗层次较多。

感光乳剂对景物细微部分的表现能力，称为乳剂的分辨率。分辨率的大小通常是用 1mm 的宽度内能够清楚地识别出来最细的平行线对数目来表示。例如，分辨率为 25 线对/mm，表示在 1mm 的宽度内构成 25 对清晰线条。乳剂分辨率的高低，决定于感光乳剂银盐颗粒的粗细，银盐颗粒细的分辨率高。

航空摄影时需要选择感光度高、反差适中、有较高分辨率的感光材料。

（三）相片分辨率

航空相片的分辨率主要取决于航空摄影机镜头分辨率和感光乳剂的分辨率，但还与其他许多因素有关。如景物的反差大，曝光正常和微粒显影可使影像具有较高的分辨率；而大气的光学条件、飞机的震动会使影像的分辨率降低。航空摄影机镜头分辨率和感光乳剂分辨率组合的系统分辨率，其变化范围一般在 25～100 线对/mm 之间。

分辨率高的航空相片，影像清晰而且细致，反映的地物也丰富。分辨率低的相片，在相同比例尺条件下，很多细小地物不能分清，降低了相片质量。在同一张相片上，中心部分比边缘部分的分辨率高，因此中心部分的影像比边缘部分清晰。

第二节　航空相片的几何特性及立体观察

一、中心投影

1. 中心投影的概念

所谓中心投影，就是空间任意直线均通过一固定点（投影中心）投射到一平面（投影平面）上而形成的透视关系。航空相片之所以属于中心投影，是由于航空摄影时地面上每一物点所反射的光线，通过镜头中心后，都会聚在焦平面上面产生该物点的像，而航摄机是把感光胶片固定地安装在焦平面上，同时，每一物点所反射的许多光线中，有一条通过镜头中心面不改变其方向，这条光线称为中心光线，所以每一物点在像面上的像，可以视为中心光线与底片的交点，这样在底片上就构成负像，经过接触晒印所获得的航空相片成为正像。

2. 中心投影成像特征

在中心投影上，点的像还是点，直线的像一般还是直线，但如果直线的延长线通过投影中心时，则该直线的像就是一个点。空间曲线的像一般仍为曲线，但若空间曲线在一个平面上，而该平面又通过投影中心时，它的像则成为直线。掌握这些特征，对认识相片上的地物是有帮助的。

3. 中心投影和垂直投影的区别

航空相片是中心投影，平面图是垂直投影。两者的差别，表现在 3 个方面。

（1）投影距离变化。对于垂直投影，构像比例尺和投影距离无关。对于中心投影，投影距离（航高）的变化导致比例尺不一样。航空相片的比例尺取决于航高和焦距的几何比例关系。航空摄影机选定以后，焦距就固定了，故航空相片比例尺与航高有关。

（2）投影面倾斜。对于垂直投影，投影面总是水平的，图上各部分的比例尺是统一的。对于中心投影，若投影面倾斜时，相片各部分的比例尺就不一样。

（3）地形起伏。地形起伏对垂直投影没有影响。而对中心投影则有影响，地形起伏愈大，中心投影所引起的投影差愈大。

二、像点位移

通常使用的垂直相片，误差主要来源于地形起伏。地形起伏引起的像点位移又称投影差，水平相片的比例尺因地形起伏的影响而有变化，这是因为航空相片是地面的中心投影所造成。在垂直摄影的航空相片上，高出或低于起始面的地面点在相片上的像点位置，和在平面图上的位置比较产生了移动，这就是因地形起伏引起的像点位移。

有关投影差的 3 点规律如下。

（1）投影差大小与像点距离像主点的距离成正比，即距像主点愈远，投影差愈大。相片中心部分投影差小，像主点是唯一不因高差而引起投影差的点。

（2）投影差大小与高差成正比，高差愈大，投影差也愈大。高差为正时，投影差为正，即影像离开中心点向外移动；高差为负时，投影差为负，即影像向着中心点移动。

（3）投影差与航高成反比，即航高愈高，投影差愈小。

三、航空相片的比例尺

航空相片上某一线段的长度与其所代表的地面线段的长度之比称为航空相片的比例尺，用 $1/M$ 表示，$1/M = f/H$，式中：f 是物镜的焦距，H 是飞行器的相对航高。

平原地区，地面平坦而水平，水平相片比例尺是 $1/M = f/H$。测定航空相片比例尺时，可在相片上对称于相片中心点选若干对明显的点 $N_1—N_2$、$N_3—N_4$、$N_5—N_6$、…，连接各对角线段 $N_1—N_2$、$N_3—N_4$、$N_5—N_6$、…，其相片上的长度为 d_1、d_2、d_3、…、d_n，再量出它们在地面上相应的实际长度 D_1、D_2、D_3、…、D_n（可以在地形图上量出），则相片比例尺为

$$1/M = 1/n(d_1/D_1 + d_2/D_2 + d_3/D_3 + \cdots + d_n/D_n) \qquad (4-1)$$

式中：n 为线段数。

丘陵地区，地面起伏不平，对于起伏地面上各点而言，由于航高的不同，它们的比例尺是不相同的，只能求出每一点的比例尺。此时，可选一个高度适中的地平面作为起始面，起始面的相对航高为 H_0，地面上一点与起始面的高差为 h，该点的相片比例尺 $1/M$ 可用下式计算：

$$1/M = f/(H_0 - h) \qquad (4-2)$$

式中：f 为焦距。

计算高于起始面的地面点的比例尺时，h 大于 0；计算低于起始面的地面点的比例尺时，h 小于 0。

丘陵地区因航高的差异，像点位移较大，各部分比例尺相差较大，不能在一张相片上用同一个比例尺，只能求出它的概略比例尺。测量概略比例尺时，可以将一张相片对应的地区按高度分为几个小区。每个小区内的高差较小，可用一个比例尺。在每个小区内，选一测站 i，再在 i 的附近选两个明显点 N_1 和 N_2，使 i 点和 N_1 和 N_2 组成的两条线接近于垂直，量出这两线在相片上的长度 d_1、d_2 以及它们在地面的实际长度 D_1、D_2。那么，测站 i 附近的这个小区内的相片比例尺为：

$$1/M = 1/2(d_1/D_1 + d_2/D_2) \qquad (4-3)$$

四、立体观察

根据立体观察的性质，必须满足下列条件，才能将像对构成光学立体模型。

（1）必须是由不同的摄影站向同一目标区所摄影的两张相片；

（2）两张相片的比例尺相差不得超过 10%；

（3）两眼必须分别看两张相片上的相应影像，即左眼看左像，右眼看右像；

（4）相片所安置的位置，必须能使相应视线成相交，相应点的连线与眼基线平行。

用立体镜进行像对立体观察时，首先将相片定向。相片定向是用针刺出每张相片的像主点 o_1、o_2，并将其转刺于相邻相片上为 o_{11}、o_{22}，在相片上画出相片基线 o_1o_{22} 和 o_2o_{11}，

再在图纸上画一条直线，使两张相片上基线 o_1o_{22} 和 o_2o_{11} 与直线重合，并使基线上的任意一对相应像点间的距离略小于立体镜的观察基线。然后将立体镜放在像对上，使立体镜观察基线与相片基线平行，同时用左眼看左像，右眼看右像。

开始观察时，可能会有三个相同的影像（左、中、右）出现，这时要凝视中间清晰的目标（如道路、田地），如该目标在中间的影像出现双影，可适当转动相片，使影像重合，即可看出立体。

用立体镜观察立体像对时，必须尽可能地适合天然立体观察的情况，如果能达到这一点，则所得到的立体就会清晰，观察时也不容易感到疲劳。在天然立体观察时，两眼视轴经常是与眼基线在一个平面上的，各相应视线也同样与眼基线在一个平面上，当用立体镜观察时，就可能会破坏这种情况。例如，两张相片基线不在一条直线上，就会增加眼睛的疲劳，而且超过一定的限度以后，就会完全破坏立体效应，即所观察的影像在垂直于眼基线的方向出现双影。反光立体镜内所装置的平面镜，如果不与通过眼基线而垂直于像平面的平面垂直时，也会发生这种现象。

进行立体观察时，相片必须按照摄影时相应的位置放置，即重叠部分在中央，此时产生的是正立体。如果左右两张相片对调，则产生反立体．即观察得到的立体感与实际情况相反，高山看起来变成深谷。

在立体镜下看到光学立体模型比实际地形起伏有所夸大，这是因为光学立体模型的垂直比例尺已大于水平比例尺的缘故。光学立体模型的变形量可用变形系数 K 来表示，当眼基线与两张相片像主点的距离大致相等时，K 值的近似公式为：$K=d/f$，式中：d 为立体镜焦距，f 为航摄机焦距。例如，航摄机焦距为 100mm，立体镜焦距为 250mm，则 $K=2.5$。即地形起伏被近似夸大了 2.5 倍。

在相片上量测高差，两点间的高差可用下列公式计算：

$$h = \Delta PH /(b+\Delta P) \tag{4-4}$$

式中：H 为相对点的航高；ΔP 为两点在像对上横视差的差数，称为左右视差较；b 为像对基线长。

第三节　航空相片的土壤侵蚀和荒漠化目视判读

为了利用遥感信息资料，应当对它们进行观察分析，判断、识别这些资料所表示的地物和现象的种类、性质和数量，并掌握其分布、发生和发展的规律。这个过程叫做遥感信息的判读或判释、解译。遥感图像的判读是根据图像上的地物影像识别该地物的性质和数量特征，并研究其分布和发生发展的规律。只有通过判读，识别遥感图像所记录的各种物体的内容，并对它进行分析评价，才能为各有关部门的规划、决策和开发管理提供依据。

遥感图像判读有 3 种主要方法：目视判读、光学图像处理判读、数字图像处理判读。这里只介绍目视判读。用肉眼直接或借助于放大镜、立体镜等简单仪器来观察、分析遥感图像，称为遥感图像目视判读，简称为目视判读。

一、黑白航空遥感图像的判读

能帮助人们识别遥感图像上某些目标的那些影像特征称为影像的判读标志，又称为影像的判读要素。能在影像上直接看到的可供判读的影像特征称为影像的直接判读标志，包括形状、大小、色调、阴影、纹理、图型等要素。如果由甲目标的直接判读标志可以推断出乙目标来，那么甲的直接判读标志就叫做乙的间接判读标志。

（一）直接判读标志

1. 形状

地物都有一定的几何形态，根据影像的几何形态特征可以判断和识别地物。在航空相片上看到的是地物顶部轮廓或鸟瞰平面形状，它们是人们识别地物的最直观的判读标志。例如，居民房屋在相片上是规则的方块状图形，河流呈弯曲的带状。由于航空相片是中心投影，在相片中部的物体（如树、楼房）呈现其顶部形状；而在相片边缘部分，物体呈现其侧面和顶面的斜视影像，树和楼房好似向外倾倒。

2. 大小

指物体的长、宽、高、面积和体积，按比例缩小后在相片上的尺寸。可以借助已知目标在相片上的尺寸来比较、确定其他目标。如果已知相片比例尺，可根据影像大小算出目标的大小。线状地物如与背景的反差较大，其影像大小往往大于按比例尺计算出来的尺寸。航空相片上的影像大小，也与形状要素一样，往往发生某些误差和畸变。由航空相片上某一影像的大小计算该目标实际大小的公式为

$$L = dM$$

式中：L 为地物实际大小；d 为该地物在相片上的影像的大小；M 为相片比例尺分母。

3. 色调

指黑白相片上某点的黑白程度，也可以叫做灰度。色调可以用"深、浅、黑、白、灰"等词来描述。色调是地物反射或发射电磁波的强弱程度在相片上的记录。因此，它是在相片上识别地物的主要标志，有时甚至是唯一标志。一幅图像上如果到处色调相同，那就不能显示各种地物在形状、大小及其他方面的差别。在红外相片上，色调深浅的差异是判读的关键，它比可见光相片上的色调差别具有更突出的意义。在黑白航空相片上，一般将色调划分为 7 级或 10 级灰阶。7 级是：白、灰白、浅灰、灰、暗灰、浅黑、黑。10 级是：白、灰白、淡灰、浅灰、灰、暗灰、深灰、淡黑、浅黑、黑。灰阶就是灰度（色调）的等级。物体真实颜色或色调与全色黑白相片上的影像色调的一般对应关系如表4－1所示。

表4－1中的对应关系不是绝对不变的，随着摄影时的时令、天气条件和人为因素以及冲洗胶片、相片时的情形的变化，影像的色调也会产生一些变化。影像色调还受到地物表面结构、地物反射光的能力、地物湿度和摄影季节的影响，地物表面结构有 3 类：

（1）光滑表面，产生镜面反射。投射到

表4-1　物体颜色或色调与黑白相片影像色调的关系

物体颜色或色调	黑白相片影像色调
白	白
浅黄、灰白	灰白
黄、褐黄、浅黄	淡灰
深黄、橙、浅红、浅蓝、浅灰	浅灰
红、蓝、灰	灰
深红、紫红、浅绿、深蓝、暗灰	暗灰
绿、紫、深灰	深灰
深绿、淡黑	淡黑
墨绿、浅黑	浅黑
黑	黑

光滑表面（如平静水面）上的阳光只沿一个方向反射，反射角等于入射角。在这方向上摄影时，摄影机接收到很亮的光线，所以相片上的色调为白色。如果在其他方向上摄影，摄影机收不到亮光，因此相片上的色调为黑色。

（2）无光泽表面，表面粗糙，投射到它上面的光线被均匀地散射到各个方向。因此，不管阳光来自何方，地表亮度均相同，影像色调均一。例如，耕地、割草地等在航空相片上总是呈均匀色调的。

（3）起伏不平的表面。自然界大多数地物具有起伏不平的表面，它们在相片上的色调受光照方向和摄影方向的影响很大。例如，当摄影方向和阳光照射方向一致时，森林的树冠在相片上呈浅色调，因为这时所摄的是树冠的受光面；当摄影方向与光照方向相反时，所摄的是背光面，相片上的色调深；当摄影方向偏离光照方向一个角度以致所摄的是树冠的受光面和背光面各一半时，相片上的影像色调一半深一半浅，有较强的立体感。地物本身反光能力越强，相片上的色调就越浅；反光能力越弱，色调越深。例如，白雪和干沙反光强，相片上的色调为白色或浅灰色。湿的粘壤土和森林，反光弱、色调暗。湿度对色调也有影响，湿度大则色调深。例如田间土路一般是浅色调；下雨道路有水，影像就呈暗色调。摄影季节不同，相片色调也不同。春季摄影的相片，由于植物刚发芽，色调较浅；夏季摄影的相片，由于植物生长茂盛，色调深一些。判读相片前要了解摄影时间。

4. 阴影

地物背光面在相片上产生的深或黑的色调，称为阴影。阴影分为本身阴影和投落阴暗两部分。本身阴影，简称本影，是地物本身未被阳光直接照射的阴暗部分在相片上的影像；投落阴影，简称落影，是地物投落到地面上的影子在相片上的影像。本影的色调比物体受光面的色调暗，有助于获得地物的立体感；落影显示地物的侧面形状，还可以由落影量测地物高度。若摄影时太阳高度角为 α，相片上落影长度为 d，相片比例尺是 $1/M$，则地物高度为 $h = Md\mathrm{tg}\alpha$。

5. 纹理

纹理是地物细部结构或细小的物体在相片上构成的细纹或细小的图案。纹理可用点状、线状、斑状、条状、格状等术语，并加粗、中、细等形容词来描述。

6. 图型

某些地物，尤其是一些人工目标，往往具有某种特殊图型或图案。例如河流、水库、耕地、居民点和铁路、桥梁等都有一定的整体图型，图型是由形状、大小、色调、阴影、纹理等影像特征组合而成的模型化的判读标志。掌握了地物在相片上的图型特征，就可识别这种地物。

（二）间接判读标志

判读时除了运用直接判读标志外，还应充分利用反映事物之间相互关系的间接判读标志。掌握地物或目标与其周围环境的关系，分析它们所处的背景条件或位置，这是判读自然现象和人为目标的重要因素。例如，不同的植物群落具有不同的生态环境，有时可以通过判读地形来粗略推断植被类型。又如通往偏僻荒野的铁路、公路的终点，往往是重要的军事设施和工矿企业。若一条河流两岸各有一条道路，两路终端互相正对，那么，这里可能有渡口或隧道。

（三）判读标志的可变性和局限性

一些判读标志往往带有地区性和地带性，常随环境的变化而变化。色调、阴影、图型、纹理等标志会随摄影时的自然条件和技术条件的改变而改变。由于判读标志具有可变性和局限性，不能生搬硬套外地的判读标志，也不能只使用一两项判读标志，而必须尽可能运用一切直接、间接的判读标志进行综合分析。

二、天然彩色相片的判读

天然彩色胶片所拍摄的底片及其相纸片统称为天然彩色相片。一般未加说明时，天然彩色相片指的是印在彩色相纸上的天然彩色正片。天然彩色相片和普通黑白相片都是全色片，都反映可见光波段的信息。它们的判读标志大体相同。但彩色相片以色彩作为判读标志，取代色调。天然彩色相片的颜色比较真实地反映了地物原来的颜色，但也不完全相同。由于摄影时间和天气、摄影高度、地物亮度及其表面结构及洗印条件是变化的，相片颜色有时会有些失真。彩色相片的光源——阳光照射到地球表面时的光谱成分，在不同纬度、不同季节、不同时刻和不同天气情况下，会产生变化。在一天内，早、中、晚是不同的。例如，夏季拍的相片一般偏蓝，冬季拍的相片一般偏橙。所以，判读天然彩色相片时，应了解拍摄时间，以便正确理解相片上各种地物的颜色。

航高越大，即摄影高度越大，地物反射光量在漫长的空间中的衰减越大，则颜色饱和度越低。另外，航高越大，摄影机接收到的杂散的信息（主要是大气散射的紫、蓝、青光）所占的比例越大，相片上颜色失真越严重，整张相片越偏向紫、蓝、青色。

地物亮度影响相片上颜色的深浅。地物亮度大，则相片上的颜色浅；亮度小，则颜色深。地物表面结构（粗糙度）影响颜色的饱和度。饱和度指颜色纯粹的程度，或色觉强弱的程度。光滑表面，颜色饱和度较大，看起来鲜艳；粗糙表面，饱和度较小，看起来不够鲜艳。

此外，相片洗印条件对相片的影响也是明显的。药液的浓度和新旧，温度的高低，曝光时间的长短，显影、定影时间的长短，对相片都有一定的影响。

三、黑白近红外相片的判读

全色相片只能反映可见光波段的地物影像，不能反映近红外波段的影像；而近红外相片除了反映可见光波段影像外，还能反映人眼看不见的近红外影像。近红外胶片对 $0.4\sim0.9\mu m$ 的电磁波（包括几乎全部可见光和近红外短波部分）敏感。在这一波长范围内，植物、土壤、水体的反射率差别大，影像色调、色彩差别也大，对判读很有利。

近红外相片分为黑白近红外相片和彩色近红外相片两种。先介绍黑白近红外相片（简称黑白红外片）。

各种地物（尤其是植物和水体）在可见光波段和在近红外波段反射率不同，所以在全色片和黑白红外片上色调不同。

绿色植物在可见光波段的反射率甚低，虽然在绿光谱段比在蓝、红光谱段稍高一些，但全色胶片对绿光不敏感，故在全色黑白相片上绿色植物的色调较深。然而植物对近红外线的反射率较高，因此，在黑白红外片上植物的影像色调较浅，特别是嫩树叶、青草和庄稼，色调更浅。不同树种对近红外的反射率是不同的，例如油松比水曲柳约低一半，故油松在红外片上色调比水曲柳深。此外，发生了病虫害的植物在人眼睛还没有发现时，其叶子细胞色素已受到破坏，因此，在近红外谱段的反射率降低，在红外片上色调变暗，这样，根据近红外相片就能预报农作物病虫害。

水对近红外有强烈的吸收作用，水体在近红外的反射率很低，所以水体在黑白红外片上常呈深灰色甚至黑色。水的深浅、清浊程度与色调有关，水越清、越深，反射率越低，则在黑白红外片上的色调越深。黑白红外片对水资源调查提供了有利条件。

在全色黑白片上，地物阴影是深灰色的。而近红外受到的大气散射比较弱，故阴影区的红外散射光远远少于可见散射光，红外相片上的阴影部分要比全色相片上的阴影部分暗得多。红外片上阴影色调深，增强了影像的反差，有利于按阴影判读地物性质。但山体阴影有时会遮挡地形细节。

四、彩色近红外相片的判读

彩色近红外相片，简称彩红外片，一般指正片。它和黑白红外片一样，既能反映可见光信息，也能反映近红外信息。普通彩红外胶片的感光波长范围是 $0.4\sim0.9\mu m$。摄影时，镜头上要套一个黄滤色镜用来吸收蓝光，这样，彩红外胶片便不接收 $0.5\mu m$ 以下的蓝光，从而消除了大气中蓝光的散射作用，提高了相片的反差。同时，植被、土壤和水等地理要素之间的反射率差异，在近红外波段要比在可见光波段大。而且，在近红外波段，大气散射的影响要比在可见光波段小，近红外对大气的透射率较可见光高，因此与天然彩色相片相比，彩红外相片的色相（即色别）之差较大，清晰度较好，显得更加鲜艳。由于黄滤色镜吸收了蓝光，彩红外片上的阴影比天然彩色片上的阴影更暗。

彩红外片的主要特点是：①综合显示可见光和近红外构成的影像，并能将可见光相片和近红外黑白片不易显示的某些目标，以某种色彩清晰地反映出来；②以象征性的假彩色显示各种物体的属性。

彩红外片上的颜色是与地物颜色不同的假彩色，判读时，必须掌握假彩色判读标志，知道地物的真彩色与彩红外片上的假彩色的一一对应关系。对近红外强烈吸收（或不反射）的地物，其本身的蓝、绿、红色在彩红外片上分别表现为灰—黑、蓝、绿色。近红外线在彩红外片上表现为红色。如果地物对近红外强烈反射，那么，应考虑地物本身的颜色和近红外这两个因素，综合求出这地物在彩红外片上呈现的颜色。地物的颜色和它对近红外的作用情况与它在彩红外片上呈现的假彩色之间的对应关系如表 4-2 所示。各种地物在天然彩色片上和在彩色红外片上的颜色是不同的，如表 4-3 所示。

表 4-2　　　　　　　地物颜色与其在彩红外片上呈现的颜色之间的关系

地物颜色	地物对近红外的作用	在彩红外片（正片）上呈现的颜色	地物颜色	地物对近红外的作用	在彩红外片（正片）上呈现的颜色
红	强吸收/强反射	绿/黄	品红	强吸收/强反射	绿/黄
绿	强吸收/强反射	蓝/品红	黄	强吸收/强反射	青/白或灰
蓝	强吸收/强反射	灰至黑/红	灰	强吸收/强反射	青/灰
青	强吸收/强反射	蓝/品红			

表 4-2、表 4-3 可作为彩红外片判读的一般依据。但各种地物的光谱特性和颜色都较复杂，影响彩红外片的因素也很多，因此，除了掌握以上基本原理外，还须根据实况调

查来建立色彩判读标志。另外，要注意阴影对色彩深浅的影响。如能与天然彩色片对比，效果就更好。

表 4 - 3　　　　　　　　　　　天然彩色片和彩色红外片上地物颜色的对比

地　　物	天然彩色片上的颜色	彩色红外片（正片）上的颜色
阔叶树	绿	红到品红
针叶树	绿	红褐到紫
人觉察前的病害植物	绿	暗红
人可觉察的病害植物	黄绿	青
秋叶	红到黄	青
清水	蓝绿	蓝到黑
含泥沙的水	浅绿	青
湿地	稍暗的色调	暗色调
红色岩石	红	黄
阴影	蓝，影像细节可辨	黑，仅少数细节可辨

在彩红外片上，植物叶子因强烈反射红外线而呈现红到品红色。但各种植物类型或植物种处在不同生长阶段或受不同环境的影响时，其光谱特性不同，因而在彩红外片上还可以对植物进行详细的分类和识别。此外，公路往往呈白色，居民点呈白色或黑色，河、湖、水库呈绿色、鲜蓝色或淡灰色。以上假彩色判读标志是随季节和环境的变化而变化的，所以应根据航空摄影时的地面实况资料建立各种地物的假彩色判读标志。

利用彩红外片上色彩的变化来调查森林和农作物遭受病虫害的情况是很有效的。在受病虫侵害的初期，人眼还看不出病虫害造成的色彩变化，但在彩红外相片上已能看出色彩的变化。因此，彩红外片可以预报病虫害。

水体污染状况在彩红外片上有很好的显示。清洁的深水在相片上呈深蓝到暗黑色，清洁的浅水呈青蓝色，浑水呈青色，褐色的水呈绿色，氧含量少的污水呈乳白色，被藻类覆盖的水呈红色。藻类含量高的严重污染的水体在彩红外片上呈暗红色，中度和轻度污染的水体分别呈棕褐色和棕黄色。因此，彩红外片在水污染监测方面是很有用的。

彩红外片还可以用来识别伪装。在这种相片上，染绿的伪装物呈蓝色，用植物枝叶伪装的目标呈紫红色，而真正绿色植物呈红色，它们之间很容易区别。如将彩红外片与普通彩色透明片对比，更易发现伪装的军事目标。

五、地貌判读

利用航空相片进行地貌判读能取得较好效果，特别是进行立体观察，能获得形象逼真的地貌立体模型，对地貌研究很有帮助。地貌判读标志主要为图形、水系特征以及色调和阴影等。地貌影像的图形包括平面轮廓、图案和地表高低起伏的特征。此外，还应特别注意水系在地貌判读中的重要作用，各种不同的水系特征往往与地质构造、岩石性质、地貌类型有关，可以为地貌判读提供很有利的依据。

（一）地貌形态判读

地貌形态是指山地、丘陵、平原、盆地等大的地表形态。也称为大地构造地貌，是在地球内力为主的作用下形成的。

山地相对高差大，地势起伏明显，在阳光照射下，向阳坡受光强，色调较浅；背阳坡受光弱，色调较深，整个相片上的色调极不均匀。在从阳光入射的相反方向观察相片时，这种色调深浅的差异，可以构成立体感觉。高山相对高度较大，通常还具有尖顶山峰、狭窄的锯齿状山脊常年积雪，色调极不均匀。中山已无常年积雪，但切割程度还很强烈，呈现极不均匀的夹色调。低山一般相对高度较小，山坡较缓，影像色调的差异不太大。根据色调变化可以判读出山顶的形状。如山顶向阳面呈三角形、突出在阴影之中，表示尖顶、三角形的顶点即为山顶。如山顶色调变化不太明显，则表示受光面浑圆，为圆山顶。两斜坡色调深浅交界线就是山脊，山脊阴坡的色调也有深浅之分，浅者表示坡缓，深或有阴影者表示山坡陡峻。两山脊之间的低洼部分为山谷。相片上可清楚地分出狭谷和宽谷，狭谷两侧坡度非常陡峻，其底部常被阴影遮盖，影像色调多为黑色；宽谷底部较平坦，常有农田和居民地分布其间。山谷中常有小溪和河流出现，这是辨认山谷的重要标志。

丘陵相对高度小，地势起伏不大，山顶较为浑圆，阳坡和阴坡的色调对比不太明显，有渐变过程，整个图案的影像色调与山区相比，浅而均匀。

平原地势平坦，一般为均匀浅灰色调。但平原地区多分布有农田、居民地、道路等。特别是相片上农田色调受农作物长势和湿度的影响，从浅灰到深灰变化很大。

这些地貌形态规模大、分布范围广，最好用小比例尺航空相片、相片略图或卫星相片进行判读，这样能更好地观察全貌，研究其分布规律。

（二）流水地貌判读

地表流水是最主要的地貌外力作用之一，由于地表的流水，使地面形成各种各样的侵蚀沟谷和松散物质的堆积。流水地貌分布广，其影响特征随着气候条件、流水性质、地质条件、地势高低、植被类型以及人类活动的特点而不同。因此，在判读时，应结合各种地理环境因素进行综合分析。

在航片上判读流水地貌，可以判别以下要素：

1. 沟谷

沟谷的形态、切割密度、性质、谷坡上的各种堆积物、地滑、山崩在相片上一般均能判读出来。如果用不同时期的相片，还可以计算出沟谷的溯源侵蚀速度。沟谷的形态主要取决于岩性，因而也是岩性的判读标志之一。沟谷的横断面形态，在坚硬的粗粒透水岩石地区往往发育着谷坡陡、谷底窄的 V 形谷；在粘土状岩层地区，则谷坡较缓，谷底宽平多呈 U 形谷。隘谷是深邃而狭窄的河谷，谷坡壁立，在相片上呈暗色的曲折带状，且谷底为河床。峡谷的谷坡陡，但往往不是壁立，并微有切割或具有阶梯状表面，谷底常有水流，因此一般说来它在相片上的色调是谷口较浅、谷底较暗；如有阶梯状表面存在时，往往深浅相间。不对称河谷的两坡，一陡一缓，这种河谷多发育在岩层呈倾斜状的地区。相片上不仅两坡的色调有差别，而且图形也有很大的不同。在黄土区，广泛分布着雨裂和冲沟，由于黄土具有垂直劈开性，因此造成谷壁直立、谷底宽平、谷脑呈圆形，谷的两侧坡度一致且对称，一般称为黄土冲沟。沟谷的平面图形，可分为树枝状、格子状、平行状、放射状等类型。

2. 阶地

河流阶地沿河岸成带状分布，一般分为堆积阶地、侵蚀阶地和基座阶地。堆积阶地中的河漫滩和超河漫滩一级阶地，可以根据色调及利用情况来区别。河漫滩一般是浅灰色调，但有时河漫滩上分布着因河流移动而造成的湖泊和沼泽化低地，这时河漫滩的图案变为灰色基调的斑点（块）状，而超河漫滩一级阶地，色调较浅而且均一，上面分布有耕地、居民地和道路。侵蚀阶地完全由基岩组成，色调一般较暗，而且多位于河流上游的山区。基座阶地则由于其上有较厚的淤积物，阶地陡坎露出基岩，因此阶面上色调一般较浅，且在阶面上表现出不同的花纹图案，可能还有耕地和居民点。陡坎处色调深，阶地之间的界线，可以用陡坎的位置来区别。阶地陡坎向阳时为比阶面浅的条带，背阳时为比阶面暗的条带，这样可以清楚地确定阶地前缘或后缘的位置，划出阶地之间的界线。

3. 河床

河床在相片上较为容易判读。根据河床中有水部分在相片上所表现的条带状图案，可以判读出河谷中水流的分布图形。河流的色调取决于水的深浅和混浊程度，清澈的、较深的河流一般为深黄色，水浅或混浊的河流一般为浅灰色。河床迁移所形成的牛轭湖是河床迁移的典型标志。此外，河床迁移以后的遗迹构成的弯曲条带状影像在相片上也是很清楚的。所以，航空相片是研究古河道的有效工具。

4. 冲积堆和洪积扇

冲积堆和洪积扇一般都分布在山麓的下部和山谷的出口处。二者的区别在于：①冲积堆坡度较大，规模较小；洪积扇坡度较小，规模较大，在相片上的影像均呈扇形。②冲积堆的色调一般较浅，而洪积扇的色调则是顶部较浅，下部较暗。

冲积堆和洪积扇有活动的和静止的两种。活动的上面有暂时性的扇状细流网（岐流），植被较少，色调较浅。静止的一般比较古老，没有继续扩大现象，表面长有木本植物及杂草，色调较暗，洪流也有比较固定的谷道。

（三）冰川地貌判读

我国西部的高山地区，广泛分布着现代冰川和冰川地貌，这在航空相片上可清楚地判读出来。常年积雪地和冰川在相片上为白色。现代冰川在相片上可看出自上而下的流动痕迹。冰川谷的横剖面为 U 形，谷底缓平而宽阔，谷坡陡峭。在支冰川谷汇入主冰川谷时，往往形成悬谷。冰川谷的纵剖面没有河谷那样平缓，且常有上游低于下游的情况。当冰川后退以后，在冰川谷侧面会形成长垄状冰碛，在冰川终端形成终碛。侧碛常截堵支冰川形成堰堤，而在支冰川谷上形成小湖。如果这些堤堰被冲破，在侧碛则形成急流。终碛在相片上容易辨认，它常常形成冰碛堤横截主谷成弧形，弧形凸向下游，在终碛后边常有冰碛湖或是沼泽化的地区。冰斗出现在冰川上游的雪线附近，它是冰雪挖蚀凹地，其特点是三面陡岩峭壁，只有一个开口朝向冰川下游。在冰斗与冰斗之间往往形成锯齿状山脊和角峰。冰川地貌的这些特征，一般在立体镜下观察得很清楚。

（四）风成地貌判读

沙漠在相片上也表现为均一的浅色调。沙漠上多分布着各种类型的沙丘，在判读沙丘时，首先辨认出活动沙丘和固定沙丘。活动沙丘色调浅、峰脊线尖锐、清晰、平面形状比较规则；固定沙丘生长有植物、色调较暗、峰顶圆浑、平面形态较为紊乱。随着所处的自然条件不同，沙丘又可分为新月形沙丘、纵向沙垄和横向沙垄等。新月形沙丘由单向风造成，其形似新月，向风坡长而缓，背风坡短而陡，两面不对称，色调也不一致。有时由于自然条件的变化，新月形沙丘相互接近而形成纵向沙垄和横向沙垄。纵向沙垄平行于风向，横断面常成为等边三角形，一般多分布在障碍物的后边，往往有若干条平行排列。横向沙垄明显地可以看出是由新月沙丘组合而成，其排列方向垂直于主导风向，而且两坡不对称。

（五）黄土地貌判读

黄土性质均一、质地疏松、土粒微细，具有垂直劈开性。所以黄土地区的沟谷系统，一般为树枝状，谷坡较陡，有时几乎壁立。在沟谷的岸边上，往往有漏斗状陷穴分布，使沟谷边缘常呈弧形、锯齿状，这些特征在黄土地区非常突出。

黄土地区在相片上的色调较浅，而且均匀。这是由于黄土高原地势较高、地面干燥、土壤色调较浅造成的，特别是黄土塬或黄土梁上的裸露耕地，色调更浅，一般为灰白色调。

黄土地貌一般可分为塬、梁、峁、川、坪等类型。黄土塬是黄土堆积的高原地形，塬面比较平坦，起伏不大，坡度一般为 $2° \sim 3°$，其上分布有村庄、耕地等，色调比较均匀。现代塬面多为沟谷所切割，尤其沟谷四周多侵蚀为破碎的台地和丘陵地形。黄土梁是两个支沟间的分水岭，为长条形，一般都由塬地沟谷侵蚀而成，顶部有时有残余的塬面，但多数是大致平坦相连的平顶丘陵。黄土峁是黄土梁进一步被切割而成的丘陵地，丘陵顶部一般呈凸起圆形，且高度相差不大。川和坪都是沟谷要素形态，川是沟谷底部的平坦地段，坪是川地两旁的黄土台地。

第四节　航空相片的转绘

航空相片判读以后，一般都要把判读结果转绘到所需要的专题地图的底图上。由于航空相片是中心投影，具有倾斜误差和投影差，而地图是垂直投影，把航空相片上地物转绘到底图上，实质上是把中心投影转换为相应的地图投影。底图应尽量选用最新的地形图，其比例尺最好与航空相片的比例尺接近。

相片转绘通常使用的方法有网格法、光学仪器法和目估法等。具体选用什么方法应视制图精度要求和设备条件而定。

一、网格法

网格法是在相片上和底图上同时选出 3～4 个明显地物地形点，分别组成三角形或四边形，然后等分对应边，把对应边上各相应点连成直线，即构成对应网格。以网格为控制，按转绘内容和网格的相应几何关系，用目估或简单绘图工具把相片上的内容逐格转绘到底图上。关于等分对应边的方法有两种情况：当相片倾斜引起的像点位移很小，可以忽略不计时，可以按比例等分对应边；当相片倾斜度较大，倾斜引起的像点位移较大时，应按航空相片和地面的透视关系分割对应边，按这种方法构成的网格称为透视网格。

透视网格的绘制方法如下：

（1）在相片和底图上，分别选择 4 个相应的明显地物点，连成四边形。在相片上等分四边形的对应边。然后把对应边的等分点连成直线，构成网格图，见图 4-4。

（2）把相片上四边形的两个对应点作为极点（如 B、C 两点），分别向对应边的等分点引方向线，并把各方向线的延长线标记在直尺或纸条上。

（3）用纸条把相片上的方向线转绘
到底图上。转绘时，先使纸条上 a'、c'、
d' 三点分别位于底图上 ba、bc、bd 延长
线上。然后将点与纸条上的 5、6、3、4
等点连成直线，分别与底图四边形的 ac、
cd 边交于 $5'$、$6'$、$3'$ 和 $4'$ 等点，ab、bd
边的分割点的转绘方法与此相同。

（4）把底图上各对应边的分割点 $1'$
与 $3'$、$2'$ 与 $4'$、$5'$ 与 $7'$、$6'$ 与 $8'$，连成直
线，即构成与相片上格数相等，但形状
不同的透视网格。

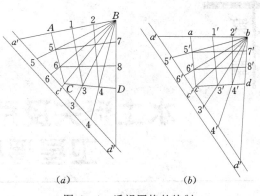

图 4-4　透视网格的绘制
(a) 航片；(b) 地形图

透视网格法能消除相片倾斜误差，但不能消除相片的投影差。所以这种方法一般是在
投影差小于制图精度要求的平原地区使用。

二、光学机械转绘法

光学机械转绘法是借助光学机械转绘仪器消除相片的倾斜误差和限制投影差，使它符
合成图要求。这种转绘不但精度较高，而且转绘速度也比较快。

光学机械转绘仪器，有航空相片纠正仪、辐射纠正仪、变焦转绘仪和航空相片转绘仪
等。航空相片转绘仪适用于平坦地区相片转绘，对于山区则需将山地划分成若干等坡度平
面，一个平面一个平面地转绘。这样工作量很大，效果也不够理想。变焦转绘仪能自动调
焦，使相片影像和底图比例尺一致。这种仪器操作简便，转绘精度也较高。各种仪器的具
体使用方法可查阅相关书籍。

三、目估法

这种方法是直接用眼睛估计或仅用简单仪器的帮助，以地形、地物为控制，把相片上
的内容转绘到底图上。目视转绘法，是以相片和底图上都有的明显地形、地物点为基础，
按照转绘内容与地形、地物点的相关位置，目估转绘到底图上。使用这种方法时，底图越
详细，其转绘精度就越高。

转绘时应首先确定相片的有效使用面积，先转绘像主点附近的地物，后转绘距像主点
远的地物。在转绘山区地物时，可用立体观察确定转绘内容与山顶、山脊的相关位置，这
样有利于提高转绘精度。实验证明，在地形地物控制点较多，容易在底图上找到对应点的
情况下，采用目视转绘方法，既简便易行，精度也能保证，而且能消除投影差。因此，无
论在平原和山区均能使用。

主 要 参 考 文 献

1　胡著智，王惠麟，陈钦峦 . 遥感技术与地学应用 . 南京：南京大学出版社，2000
2　《遥感概论》编写组 . 遥感概论 . 北京：高等教育出版社，1990
3　濮静娟 . 遥感图像目视解译原理与方法 . 北京：中国科学技术出版社，1990
4　陈钦峦，陈丙咸等编 . 遥感与像片判读 . 北京：高等教育出版社，1988

第五章

水土流失及荒漠化监测的卫星遥感技术

第一节 卫星遥感概述

卫星遥感平台的高度在 150km 以上，其中最高的是静止卫星，位于赤道上空 36000km 高度上。其次是高 700～900km 左右的陆地卫星（Landsat）、斯波特卫星（SPOT）等地球观测卫星。航天飞机的高度在 300km 左右。

在遥感平台中，航天遥感平台目前发展最快，应用最广。根据航天遥感平台的服务内容，可以将其分为陆地卫星系列、气象卫星系列和海洋卫星系列等。虽然不同的卫星系列所获得的遥感信息常常对应于不同的应用领域，但在进行监测研究时，常常根据不同卫星资料的特点，选择多种平台资料。

一、陆地卫星系列

陆地卫星即地球资源卫星，从 1958 年起，美国国家宇航局（NASA）发射的"水星"、"双子星"等宇宙飞船以及"阿波罗"（Apollo）载人飞船，拍摄了大量地表照片，提供了从宇宙空间探测、分析、研究地球资源的可能性。继美国成功发射第一颗陆地卫星之后，俄罗斯、法国、印度、中国等都发射了陆地卫星。陆地卫星在重复成像的基础上，产生世界范围的图像，对地球科学的发展具有很大的推动，同时由于提供了数字化的多波段图像数据，促进了数字化图像处理技术的发展，扩大了陆地卫星的应用广度和深度。

（一）各国主要的陆地卫星系列

1. 美国陆地卫星（Landsat）

美国内务部和 NASA 的共同努力下，于 1972 年 7 月 23 日发射了第一颗地球资源卫星（1975 年后改名为"陆地卫星"）。陆地卫星已经成功发射了 6 颗（Landsat - 6 失败），目前 Landsat - 5 和 Landsat - 7 仍在运转工作。其中 Landsat - 5 是 1984 年发射的，Landsat - 7 是 1999 年 4 月发射，设计寿命 6 年。Landsat - 7 卫星是 NASA "地球使命计划"中的一部分，又是美国"国防气象卫星计划"（DMSP）和泰罗斯（TIROS）卫星的继承卫星，同时也是 NASA1972 年开始实施的 Landsat 计划中的最后一颗卫星。这颗卫星的发射，标志着大型的、昂贵的 Landsat 系列地球观测卫星时代即将结束。NASA 下一步将发展较小、较便宜，以及研制周期较短的地球观测卫星。

Landsat 的轨道为太阳同步近极地圆形轨道，保证北半球中纬度地区获得中等太阳高度的上午影像，且卫星通过某一地点的地方时相同。每 16～18 天覆盖地球一次（重复覆盖周期），图像的覆盖范围为 185km×185km（Landsat‐7 为 185km×170km）。Landsat 上携带的传感器所具有的空间分辨率在不断提高，由 80m 提高到 30m，Landsat‐7 又提高到 15m。

2. 斯波特卫星（SPOT）

斯波特意思是地球观察卫星系统，是由瑞典、比利时等国家参加，法国国家空间研究中心（CNES）设计制造的。1986 年发射第一颗，到 2002 年已经发射了 5 颗。SPOT 的轨道是太阳同步近极地圆形轨道，轨道高度 830km 左右，卫星的覆盖周期是 26 天，重复感测能力一般 3～5 天，部分地区达到 1 天。较之陆地卫星，其最大优势是最高空间分辨率达 10m，并且 SPOT 卫星传感器带有可定向的反射镜，使仪器具有偏离天底点（倾斜）观察的能力，可获得垂直和倾斜的图像。因而其重复观察能力由 26 天提高到 1～5 天，并在不同轨道扫描重叠产生立体像时，可以提供立体观测地面、描绘等高线、进行立体测图和立体显示的可能性。

3. 中国资源卫星——中巴地球资源卫星（CBERS）

1999 年 10 月与 2000 年 9 月，我国成功地发射了第一、二颗地球资源遥感卫星。早在 1985 年，我国就研制了中国国土普查卫星——一种短寿命、低轨道的返回式航天遥感卫星。在当时，各用户部门取得了不小的成果。但普查卫星受气候条件限制，长江以南地区因长期阴雨，绝大部分相片不能使用，致使全国国土资源与环境普查工作未能达到预期目的。资源一、二号卫星是继国土普查卫星之后，我国发射的地球资源卫星。资源一号卫星的轨道是太阳同步近极地轨道，轨道高度 778km，卫星的重访周期是 26 天，设计寿命 2 年，其携带的传感器的最高空间分辨率是 19.5m。

4. 其他陆地卫星

在过去的发展过程中，许多航天器都具有进行地球资源监测的目的，属于陆地卫星系列。如美国 1973 年发射的天空实验室（Skylab）、1978 年发射的热容量制图卫星（HCMM）、印度发射的地球资源卫星（Bnaskara）、欧洲空间局的空间实验室（Spacelab）等。

（二）高空间分辨率小型陆地卫星

1999 年 9 月，美国陆地卫星 IKONOS‐2（IKONOS‐1 于 1999 年 4 月发射失败）的成功发射使陆地卫星系列中又增加了高空间分辨率的数据源。IKONOS 使用线性阵列技术获得 4 个波段的 4m 分辨率多光谱数据和一个波段的 1m 分辨率的全色数据。其波段分配为：①多光谱：波段 1（蓝色），0.45～0.53μm；波段 2（绿色），0.52～0.61μm；波段 3（红色），0.64～0.72μm；波段 4（近红外），0.77～0.88μm。②全色波段为 0.45～0.90μm。数据的收集可达 2048 灰度级，记录为 11bit。由于卫星设计为易于调整和操纵，几秒钟内就可以调整到指向新位置，这样很容易根据用户的要求拼接和调整。比较 IKONOS 和专题成像扫描仪（TM）数据，可以发现 IKONOS 的多光谱波段就是 TM 的前 4 个波段，IKONOS 去掉了 TM 的后 3 个波段。显然就光谱性质而言，不如 TM 了。但从空间分辨率来说，相比 TM 的 30m，IKONOS 大大提高了数据的空间分辨特性。4m 彩色和 1m 全色的空间分辨率可以和航空相片相媲美。

正因为如此，几乎与 IKONOS 发射同时，也出现了载有高分辨率传感器的快鸟

（Quickbird）和轨道观察 3 号（OrbView‑3）等卫星。其传感器的光谱波段都与 IKO‑NOS 相同，只是在图像覆盖尺度和传感器倾斜角度上有些差别。

目前，航天遥感中，应用最广、最深入的就是陆地卫星系列。其应用几乎涉及地学和国民经济的各个领域。本章的主要内容即围绕陆地卫星影像在水土保持及荒漠化监测中的应用展开。

二、气象卫星系列

气象卫星是最早发展起来的环境卫星。从 1960 年美国发射第一颗实验性气象卫星（TIROS‑1）以来，已经有多种实验性或业务性气象卫星进入不同轨道。气象卫星资料已在气象预报、气象研究、资源调查、海洋研究等方面显示了强大的生命力。

1970～1977 年，美国在 60 年代发展的第一代"雨云"气象卫星的基础上，又发展了地球同步气象卫星和静止同步环境应用卫星等静止气象卫星。这一时期，苏联的"流星"Ⅱ型气象卫星（MeteopⅡ）、日本的对地静止气象卫星（GMS），以及欧洲空间局的 Meteosat 等也发展起来，共同构成了全球气象卫星系统。

全球气象卫星系统是世界气象监测网计划（Word Weather Watch，WWW）的最重要的组成部分，由 64 个国家配合同步实验，该卫星系统包括五个静止卫星系列和两个极轨卫星系列，见表 5‑1 和表 5‑2。

表 5‑1 　　　　　　　　　　　　**静 止 气 象 卫 星**

承担国家	卫星名称	卫星监测区域	位 置
日本	GMS	西太平洋、东南亚、澳大利亚	E140°
美国	SMS/GOES	北美大陆西部、东太平洋	W140°
美国	SMS/GOES	北美大陆东部、南美大陆	W70°
欧洲空间局	Meteosat	欧洲、非洲大陆	0°
俄罗斯	COMS	亚洲大陆中部印度洋	E70°

表 5‑2 　　　　　　　　　　　　**极 轨 气 象 卫 星**

承担国家	卫星名称	备　　注
美　国	NOAA 系列	从 800～1500km 高度，南北向绕地球运行，对东西约 3000km 的带状地进行观测，一日两次。在极地地区观测密集
俄罗斯	Meteop 系列	

注 摘自：陈述彭，赵时英．遥感地学分析．北京：测绘出版社，1990

1978 年以后气象卫星进入了第三个发展阶段。主要以 NOAA 系列为代表，每颗卫星的寿命在两年左右，采用太阳同步近极地圆形轨道，双星系统，轨道高度分别为 870km 和 833km，轨道倾角分别为 98.9°和 98.7°，周期为 101.4min。

我国的气象卫星发展较晚。"风云一号"气象卫星（FY‑1）是中国发射的第一颗环境遥感卫星。其主要任务是获取全球的昼夜云图资料及进行空间海洋水色遥感实验。卫星于 1988 年 9 月 7 日准确进入太阳同步轨道。1990 年 9 月 3 日，风云一号的第二颗卫星（FY‑1‑B）发射成功。其所携带的传感器有高分辨率的扫描辐射计，共有 5 个探测通道，可用于天气预报、提供植被指数、区分云和雪、进行海洋水色观测等。

"风云二号"（FY-2）于 1997 年 6 月 10 日由长征三号火箭从西昌发射中心发射升空，是地球同步轨道静止气象卫星。这是一颗完全依靠中国自己的力量、自力更生研制的卫星，是中国的第一颗自旋稳定静止气象卫星。它的主要功能是对地观测，每小时获取一次对地观测的可见光、红外与水汽云图。

三、海洋卫星系列

从 20 世纪 60 年代气象卫星发射后，除获得了大量气象和气候信息外，还同时提供了大量海洋信息，如海面温度、海流运动、海水混浊度等信息，引起了海洋学界的极大兴趣。1978 年 6 月 26 日，美国发射了世界上第一颗海洋卫星（Seasat-1）。这颗卫星寿命虽然很短，但是在遥感方面却是成功的，开创了海洋遥感和微波遥感的新阶段，为观察海况，研究海面形态、海面温度、风场、海冰、大气含水量等开辟了新途径。

四、卫星遥感扫描成像

扫描成像是依靠探测元件和扫描镜对目标地物以瞬时视场为单位进行逐点、逐行取样，以得到目标地物的电磁辐射特性信息，形成一定谱段的图像。其探测波段可包括紫外、红外、可见光和微波波段，成像方式有光/机扫描成像、固体自扫描成像、高光谱成像光谱扫描 3 种。

1. 光/机扫描成像

光学/机械扫描成像系统，一般在扫描仪的前方安装光学镜头，依靠机械传动装置使镜头摆动，形成对目标地物的逐行扫描。扫描仪是由一个四方棱镜、若干反射镜和探测元件所组成。四方棱镜旋转一次，完成四次光学扫描。入射的平行波束经四方棱镜的两个反射面反射后，被分成两束，每束光经平面反射后，又汇成一束平行光投射到聚焦反射镜，使能量汇聚到探测器的探测元件上。探测元件把接收到的电磁波能量转换成电信号，在磁介质上记录或再经电/光转换成为光能量，在设置于焦平面的胶片上形成影像。

光机扫描仪可分为单波段和多波谱两种。扫描仪的工作段范围很宽，从近紫外、可见光至远红外都有。扫描仪由扫描反射镜、光学系统、探测器、电子线路和记录装置组成。

扫描镜在机械驱动下，随遥感平台（飞机、卫星）的运动而摆动，依次对地面进行扫描，地面物体的辐射波束经扫描反射镜反射，并经透镜聚焦和分光，分别将不同波长的波段分开，再聚焦到感受不同波长的探测元件上。

2. 固体自扫描成像

固体自扫描是用固定的探测元件，通过遥感平台的运动对目标物进行扫描的一种成像方式。

目前常用的探测元件是电荷耦合器件 CCD，CCD 是一种用电荷量表示信号大小，用耦合方式传输信号的探测元件，具有自扫描、感受波谱范围宽、畸变小、体积小、重量轻、系统噪声低、动耗小、寿命长、可靠性高等一系列优点，并可做成集成度非常高的组合件。

由于每个 CCD 探测元件与地面上的像元（瞬时视场）相对应，靠遥感平台前进运动就可以直接以刷式扫描成像。显然，所用的探测元件数目愈多，体积愈小，分辨率就愈高。现在，愈来愈多的扫描仪采用 CCD 元件线阵和面阵，以代替光/机扫描系统。在CCD元件扫描仪中设置波谱分光器件和不同的 CCD 元件，可使扫描仪既能进行单波段扫描也能进行多波段扫描。

3. 高光谱成像光谱扫描

通常的多波段扫描仪将可见光和红外波段分割成几个到十几到波段。对遥感而言，在一定波长范围内，被分割的波段愈多，即波谱取样点愈多，愈接近于连续波谱曲线，因此可以使得扫描仪在取得目标地物图像的同时也能获取该地物的光谱组成。这种既能成像又能获取目标光谱曲线的"谱像合一"的技术，称为成像光谱技术。按该原理制成的扫描仪称为成像光谱仪。

高光谱成像仪是遥感进展中的新技术，其图像是由多达数百个波段的非常窄的连续的光谱波段组成，光谱波段覆盖了可见光，近红外，中红外和热红外区域全部光谱带。光谱仪成像时多采用扫描式或推帚式，可以收集 200 个及 200 个以上波段的数据。使得图像中的每一像元均得到连续的反射率曲线，而不像其他一般传统的成像光谱仪在波段之间存在间隔。

五、卫星遥感图像的特征

遥感图像是各种传感器所获信息的产物，是遥感探测目标的信息载体。遥感解译人员需要通过遥感图像获取三方面的信息：目标地物的大小、形状及空间分布特点；目标地物的属性特点；目标地物的变化动态特点。因此相应地将遥感图像归纳为三方面特征，即几何特征、物理特征和时间特征。这三方面特征的表现参数即为空间分辨率、光谱分辨率、辐射分辨率和时间分辨率。

1. 遥感图像的空间分辨率

图像的空间分辨率指像素所代表的地面范围的大小，即扫描仪的瞬时视场，或地面物体能分辨的最小单元。例如 Landsat 的 MSS4 - 7 波段，一个像素（pix）代表地面 79m ×79m，或概略说其空间分辨率为 80m；TM 的 1~5 波段和 7 波段，空间分辨率为 30m；ETM＋的全色波段为 15m；SPOT 卫星的 HRV 全色波段为 10m，多光谱为 20m。

2. 遥感图像的波谱分辨率

波谱分辨率是指传感器在接收目标辐射的波谱时能分辨的最小波长间隔。间隔愈小，分辨率愈高。

不同波谱分辨率的传感器对同一地物探测效果有很大区别。例如：在 $0.4\sim0.6\mu m$ 波长范围内，当一目标地物在波长 $0.5\mu m$ 左右有特征值时，被分为两个波段，不能被分辨，如果分为三个波段则可能体现 $0.5\mu m$ 处谷或峰的特征，因此，可以被分辨。成像光谱仪在可见光至红外波段范围内，被分割成几百个窄波段，具有很高的光谱分辨率，从其近乎连续的光谱曲线上，可以分辨出不同物体光谱特征的微小差异，有利于识别更多的目标，甚至有些矿物成分也可被分辨。

此外，传感器的波段选择必须考虑目标的光谱特征值，如感测人体应选择 $8\sim12\mu m$ 的波长范围，而探测森林火灾等则应选择 $3\sim5\mu m$ 的波长，才能取得好效果。

3. 遥感图像的辐射分辨率

辐射分辨率是指传感器接收波谱信号时，能分辨的最小辐射度差。在遥感图像上表现为每一像元的辐射量化级。

例如：Landsat-5 的 TM3，其最小辐射通量 $R_{\min}$ 为 0.0083mV/（cm² · sr · μm）[1]，最大辐射量值 $R_{\max}$ 为 1.410 mV/（cm² · sr · μm），量化级 D 为 256 级。其辐射分辨率 R_L＝$R_{\max}-R_{\min}/D$＝0.0055 mV/（cm² · sr · μm），有时也可用％来表示。本例若以百分数来表示，其辐射分辨率 R_r 为

$$R_L/（R_{\max}-R_{\min}）\times100\%=0.39\%$$

某个波段遥感图像的总信息量 I_m 由空间分辨率（以像元数 n 表示）与辐射分辨率（以灰度量化级 D 表示）有关，以 bit 为单位，可表达为

$$I_m = n\log_2 D \tag{5-1}$$

在多波段遥感中，遥感图像总信息量还取决波段数 K。K 个波段的遥感图像的总信息量 I_s 为

$$I_s = KI_m = Kn\log_2 D = K\frac{A}{P^2}\log_2 D \tag{5-2}$$

式中：A 为图像所对应的地面面积；P 为图像的空间分辨率。

4. 遥感图像的时间分辨率

时间分辨率指对同一地点进行遥感采样的时间间隔，即采样的时间频率，也称为重访周期。

遥感的时间分辨率范围较大。以卫星遥感来说，静止气象卫星（地球同步气象卫星）的时间分辨率为 1 次/0.5h；太阳同步气象卫星的时间分辨率 2 次/d；Landsat 为 1 次/16d；中巴（西）合作的 CBERS 为 1 次/26d 等。还有更长周期甚至不定周期的。

时间分辨率对动态监测尤为重要，天气预报、灾害监测等需要短周期的时间分辨率，故常以"小时"为单位。植物、作物的长势监测、估产等需要用"旬"或"日"为单位。而城市扩展、河道变迁、土地利用变化等多以"年"为单位。总之，可根据不同的遥感目的，采用不同的时间分辨率。

六、近期世界陆地卫星及其主要特征概览

近期世界陆地卫星主要特征概览如表 5-3 所示。

表 5-3　　近期陆地卫星概览

国家	中国	美国	法国	印度	美国	
卫星	CBERS	Landsat-5	Landsat-7	SPOT-4	IRS-1C	IKONOS
发射日期	1999.10.14（第1颗）2000.9.1（第2颗）	1985.31	1999.4.15	1999	1997	1999.9.24
轨道类型	太阳同步	太阳同步	太阳同步	太阳同步	太阳同步	太阳同步

[1] mV/（cm² · sr · μm）：单位投影面积、单位立体角内的辐射通量，单位为毫安，辐射通量是波长的函数。mV 是辐射量值，cm² 是单位投影面积，sr 是单位立体角，μm 是波长。

续表

国家	中国	美国	法国	印度	美国	
姿控	三轴稳定	三轴稳定	三轴稳定	三轴稳定	三轴稳定	三轴稳定
轨道	高度:778km 倾角:98.5° 降交点地方时:10∶30 运行周期:100.26min/圈 14.3圈/d 轨道重复周期:26d WFI重复周期:4~5d	高度:705km 倾角:98.2° 降交点地方时:9∶30 运行周期:98.9min/圈 轨道重复周期:16d	高度:705km 倾角:98.9° 降交点地方时:10∶10 运行周期:98.9min/圈 轨道重复周期:16d	高度:832km 倾角:98.7° 降交点地方时:10∶10 运行周期:101.4min/圈 14.2圈/d 轨道重复周期:26d VI重复周期:1~2d	高度:817km 倾角:98.69° 降交点地方时:10∶30 运行周期:101.35min/圈 14圈/d LISS-3轨道重复周期:26d WIFS重复周期:5d	高度:680km 轨道重复周期:14d
主要有效载荷配置	CCD多光谱相机 IRMSS红外多光谱扫描仪 巴西WFI宽视场CCD相机	TM主题测绘仪 MSS多谱段扫描仪	7号改进增强型ETM+	2台高分辨率可见光—近红外相机HRVIR 1台植被仪VI	LISS-3四谱段CCD相机 WIFS广角遥感器 PAN全色相机	
扫描幅宽(km)	CCD:113 IRMSS:119.5 WFI:890	185	ETM+:183	HRVIR:2×60 VI:2250	LISS-3:142/148 WIFS:774 PAN:70	11
有效扫描视场	CCD:8.32°(±32°侧视能力) IRMSS:8.8° WFI:60°		ETM+:15°	具有±27°侧视能力	LISS-3:±5° WIFS:54° PAN:±2.5°(可在±27°侧摆)	
光谱范围(μm)及地面分辨率(μm)	CCD: 0.45~0.52(20) 0.52~0.59(20) 0.63~0.69(20) 0.77~0.89(20) 1.15~1.73(20) IRMSS: 0.5~0.9(20) 1.55~1.75(80) 2.08~2.35(80) 10.4~12.5(160) WFI: 0.63~0.69(256) 0.77~0.89(256)	TM: 0.45~0.52(30) 0.52~0.59(30) 0.63~0.69(30) 0.76~0.90(30) 1.15~1.75(30) 2.08~2.35(30) 10.4~12.5(120) MSS: 0.5~0.6(80) 0.6~0.7(80) 0.7~0.8(80) 0.8~1.1(80) 10.4~12.5(240)	ETM+ 0.45~0.52(30) 0.52~0.60(30) 0.63~0.69(30) 0.76~0.09(30) 1.55~1.75(30) 2.08~2.35(30) 10.4~12.5(60) 另新增—15m分辨率全色谱段: 0.50~0.90(15)	HRVIR: 0.5~0.59(20) 0.61~0.68(20) 0.78~0.89(20) 1.58~1.75(20) VI: 0.43~0.47(1000) 0.61~0.68(1000) 0.78~0.8(1000) MSS: 1.58~1.75(1000)	LISS-3: 0.52~0.59(23.5) 0.62~0.68(23.5) 0.77~0.86(23.5) 1.55~1.70(70.5) WIFS: 0.62~0.68(188) 0.77~0.86(188) PAN: 0.5~0.75(5.8)	全色波段Rg 0.45~0.9(0.82) 多光谱图像: 0.45~0.52(4) 0.52~0.60(4) 0.63~0.69(4) 0.76~0.90(4)

第二节　GPS全球定位系统简介

全球定位系统（Global Positioning System，GPS）是利用人造地球卫星进行点位测量导航技术的一种。其他的卫星定位导航系统有俄罗斯的GLONASS，欧洲空间局的NAVSAT，国际移动卫星组织的INMARSAT等。GPS由美国军方组织研制建立，从1973年开始实施，到90年代初完成。

一、GPS系统介绍

GPS系统包括三大部分：空间部分——GPS卫星星座；地面控制部分——地面监控系统；用户设备部分——GPS信号接收机。

1. GPS卫星及其星座

GPS由24颗工作卫星组成，它们均匀分布在6个相互夹角为60°的轨道平面内，即每个轨道上有4颗卫星。卫星高度离地面约20000km，绕地球运行一周的时间是12恒星时，即一天绕地球两周，卫星轨道面相对于地球赤道面的倾角为55°。每颗卫星每天平均有5h在地平线以上，一般情况下，某地最多可观测到11颗卫星，最少可观测4颗卫星。GPS卫星用L波段两种频率的无线电波（1575.42MHz和1227.6MHz）向用户发射导航定位信号，同时接收地面发送的导航电文以及调度命令。

2. 地面控制系统

对于导航定位而言，GPS卫星是一动态已知点，而卫星的位置是依据卫星发射的星历计算得到的。每颗GPS卫星播发的星历是由地面监控系统提供的，同时卫星设备的工作监测以及卫星轨道的控制，都由地面控制系统完成。

GPS卫星的地面控制站系统包括位于美国科罗拉多州的一个主控站以及分布全球的3个注入站和5个监测站，实现对GPS卫星运行的监控。

3. GPS信号接收机

GPS信号接收机的任务是：捕获GPS卫星发射的信号，并进行处理，根据信号到达接收机的时间，确定接收机到卫星的距离。如果计算出4颗或更多卫星到接收机的距离，再参照卫星的位置，就可以确定出接收机在三维空间的位置。

二、GPS定位的基本原理和特点

1. GPS定位原理

GPS定位基本原理是利用测距交会确定点位。1颗卫星信号传播到接收机的时间只能决定该卫星到接收机的距离，但并不能确定接收机相对于卫星的方向，在三维空间中，GPS接收机的可能位置构成一个球面；当测到2颗卫星的距离时，接收机的可能位置被确定于两个球面相交构成的圆上；当得到第3颗卫星的距离后，球面与圆相交得到两个可能的点；第4颗卫星用于确定接收机的准确位置。因此，如果说接收机能够得到4颗GPS卫星的信号，就可以进行定位；当接收到信号的卫星数目多于4个时，可以优选4颗卫星计算位置。

这里主要说明单点定位原理。设有$i=1$，2，3，4颗卫星，在某一时刻t_i瞬时坐标为$i(X_i,Y_i,Z_i)$，欲确定地面上某点P的三维坐标(X_p,Y_p,Z_p)，通过GPS接收机测得

P 点到各卫星的空间距离 S_i ($i=1$，2，3，4），由于接收机钟为质量较低的石英钟，故其测时误差 σ_T 不可忽略，至于卫星钟，均配有原子钟，其测时精度较高，在阐述单点定位原理时可忽略，另外，对流层、电离层对测距的影响，卫星星历等误差对测距的影响可以忽略，因而有：

$$S_i = [(X_p - X_i)^2 + (Y_p - Y_i)^2 + (Z_p - Z_i)^2]^{2/1} + C\delta_T \qquad i = 1,2,3,4 \quad (5-3)$$

式中：C 为光速。

式（5-3）中有 X_p、Y_p、Z_p、δ_T 共计 4 个未知数，4 颗卫星测距恰好能确定其值，解式（5-3）4 个四元二次方程可得，当多于 4 颗卫星或观测历元 t_i 更多时，可用最小二乘原理解决。

2. GPS 定位的特点

（1）全球地面连续覆盖，24 颗均匀分布的卫星保证地面上任何地点，任何时刻最少可以接收 4 颗以上的卫星，最多可以接收 11 颗卫星，从而保障全球、全天候，连续、实时、动态导航、定位。

（2）功能多，精度高，操作简单，可为各类用户连续提供动态目标的三维位置、三维航速和时间信息。目前，单点实时定位精度为 ±（15～100m），差分法静态相对对地定位精度可达毫米级，测速 0.1m/s，授时 10ns。动态相对定位法对地定位时，精度可达厘米、分米和米级，主要用于卫星、火箭、导弹、飞机、汽车等的导航定位。

（3）实地定位速度快，可在 1s 内完成。

（4）抗干扰性能好，保密性强。

（5）两观测点间不需通视，对于等级大地点节省了造标费用，此项费用可占总测量费用的 30%～50%。

三、GPS 误差和纠正

造成 GPS 定位误差的因素有很多，如由于卫星轨道变化、卫星电子钟不准确以及定位信号穿越电离层和地表对流层时速度的变化等引起的误差，但是 GPS 定位最为严重的误差则是由于美国军方人为降低信号质量造成的，这种误差可高达 100m。

美国为了防止未经许可的用户把 GPS 用于军事目的，实施了各种技术。首先 GPS 卫星发射的无线电信号包括两种不同的测距码，即 P 码（也称为精码）和 C/A 码（也称为粗码）。相应两种测距码，GPS 提供两种定位服务方式，即精密定位服务（PPS）和标准定位服务（SPS），前者的服务对象主要是美国军事部门和其他特许部门，后者则服务于一般用户。此外，通过使用选择可用性 SA（Selective Availability）技术，C/A 码的定位精度从 20m 降低至 100m（美国已于 2000 年 5 月取消 SA 政策，使得单点定位精度可以达到 20～30m）；而反电子欺骗 AS（Anti-spoofing）技术用于对 P 码进行加密，当实施 AS 时，非特许用户不能得到 P 码。

上述人为误差给 GPS 的民用造成了障碍，但是可以通过差分纠正来消除。差分纠正是通过两个或者更多的 GPS 接收机完成的，其方法是在某一已知位置，安置一台接收机作为基准站接收卫星信号，然后在其他位置用另一台接收机接收信号，由于前者可以确定卫星信号中包含的人为干扰信号，而在后者接收到的信号中减去这些干扰，即可以大大降低 GPS 的定位误差。

四、GPS 在环境遥感中的应用

众所周知，在地球表面上，自然、人文要素均具有空间分布的特征，地理事物的空间分布位置信息是地理学调查研究所需要的首要信息，亦是地理信息区别于其他信息的首要特征。常规地理调查研究所需要的地物空间位置信息主要来自测绘部门提供的地形图，由于地形图测绘周期长，加之现代人为开发活动频繁，现有的地形图多现实性很差。而且由于地形图比例尺的限制及常规地学调绘多用目视定位手段，导致地物定位与地表测量的精度很低，这种情况明显影响到地学研究与生产的成果水平。因此 GPS 系统与技术的发展为地学遥感科研与生产提供了匹配精度的定位观测手段，主要表现在以下 4 个方面：

（1）野外考察中地物定位、量测、监测与地图信息更新。在野外地学考察中，携带 GPS 接收机可对新发现的地物进行定位，如水文点、矿点、各种采样点、岩体露头、钻孔位置、旅游景点等，监测活动断层、冰川变化、高层建筑物变形、水库大坝变形、测量沟谷纵横断面、地籍。野外考察旅行中，用 GPS 接收机所观测到的现实地物位置坐标，经展绘可更新修正原有旧图。

更为显著的功能是用 GPS 接收机测定野外实际考察路线，并结合现代通讯设备随时向总部报告考察的准确位置与实际情况，取得指导与帮助，确保了野外考察中不再出现考察人员迷路甚至死亡的现象。

（2）遥感影像定位校正。GPS/INS（Inertial Navigationing System）组合技术系统是新一代遥感应用技术系统。它可为遥感探测的信息提供准实时或实时定位信息，使遥感影像的校正及与以地形图为基础的分析变得方便准确。对框幅式遥感信息可获得适用精度的外方位元素，利于完成影像定向，减少航测外业 70% 的工作量和大量人力、财力投资，减少以测图为目的的大地控制测量的环节。扫描式遥感图像的对地定位，动态 GPS 接收机能以秒间隔提供遥感平台的位置和姿态参数，插值计算后实时提供适用精度的扫描线上各像元点中心位置的数据和姿态数据，实现空地方式或无 GCP（Ground Control Point）对地定位。在图像处理时，避免了从旧地形图上选取控制点进行图像几何校正环节，方便了图像复合拼接、叠加分析的工作，加速了图像处理的进程。GPS 对遥感（RS）的强化可应用于许多领域，如自然灾害的监测评估中，灾区位置定位、面积测算及许多灾情数据可快速准确地获得。在农、林、水文、地质、能源、交通（如沙漠区交通选线）、环保、城建及气象预报等方面也都有显著的用途。

（3）为 GIS 建立、信息复合处理提供了基础条件。GIS 是在计算机软、硬件支持下，存贮、管理、处理、综合分析地理空间信息的技术系统，地理空间信息是由位置信息和属性信息组成。建立 GIS，并向 GIS 输入信息的关键是地学编码，遥感动态 GPS 系统直接把遥感信息转换为地学编码，使遥感影像能快速进入 GIS，并使建立 GIS 所需要的信息空间分布数学基础不再依靠输入旧地形图的繁琐工序。而且，由于每位信息码都有了准确的位置内涵，极大方便了系统中各专业信息、各区域信息相互匹配、数据交换与共享。

（4）为全球环境研究提供了统一的定位信息。当前，人类面临着重大的全球性环境问题（如：温室效应与全球变暖、臭氧洞、森林锐减与生物物种灭绝、土地荒漠化及淡水资源短缺等）。全球环境的恶化困扰着人类社会，涉及到地球的可居住性这一重大战略性问

题，国际科学界为此提出了全球环境研究课题。由于地球大气圈、水圈（含冰冻圈）、岩石圈和生物圈是有机联系的"地球系统"，因此，全球变化研究必须从地球整体角度出发进行研究。其中首先要对组成地球系统的各要素成分进行长期观测，以获取系统资料。但长期观测所积累的地球系统各要素（大气、水、岩石、生物）的资料必须具有统一的定位基础，才能进行比较分析，弄清因一个要素变化，其他要素会发生多大的变化，从而研究出各要素之间的有机联系、相互影响的特点与规律。星载 GPS 动态遥感技术与静态 GPS 定点观测技术系统提供了这种条件。为了对地球系统各要素进行观测，已有许多对地球专项观测的卫星：如 UARS（监测大气臭氧及环境变化）、美法合作的 TOPEX/POSE-ODON（探测海洋环流）等，如果在这些专项观测的卫星上安置 GPS 接收机，将使观测资料直接具有统一的定位信息，全球系统的综合研究就非常方便。

全球环境既是一个由各要素组成的不可分割的整体，也是一个由各区域环境构成的综合体，全球环境亦要依赖于各区域环境的研究，区域环境研究的程度越深，全球环境的一般规律就越清晰。但大的区域环境往往跨越行政界线（国界线），要获得完整的大区域环境信息，常需国际合作，需对不同国家的观测资料进行拼接组合分析，这亦需要在 GPS 统一的定位基础上才能更好地实现。利用星载动态 GPS 遥感系统可获得所需要的定位测量与遥感信息，满足全球环境研究对定位信息与遥感信息的需求。因此，地球环境的全球性质是 GPS 遥感技术最易发挥的领域。现在，星载 GPS 接收机的问世，可对低轨道地球观测卫星进行精确定位，如 Landsat-5 上的 GPS 接收机测定在轨及垂直方向上的定位精度为 ±10m，高度定位精度为 ±15m。

GPS 的开发与应用已为地学遥感空间特性的理论与方法研究奠定了基础，新的理论与方法已经产生，新一代的运行系统（GPS—RS—GIS）正在形成。

第三节　卫星影像土壤侵蚀及荒漠化调查与制图

一、卫星影像土壤侵蚀及荒漠化调查的理论基础

1. 卫星影像的土壤侵蚀及荒漠化识别的理论依据

任何一种土壤，由于侵蚀程度的不同，其表土层受到不同程度的暴露，或者更进一步的侵蚀，以至母质层暴露，即所谓母岩侵蚀，因此，就会产生不同的光谱特性，在多波段彩色合成影像上就会产生不同的色调。特别是土壤侵蚀强度往往与一定的植被特征和土壤水分状况特征呈明显的相关性，所以这种侵蚀光谱特性的表现就更为明显。

2. 土壤侵蚀的地理因素解译

土壤侵蚀受一个区域的地理因素和人为因素的综合影响，这一点在卫星影像中表现得更为突出。因为，一方面是由于这种多波段假彩色合成影像所提供的信息，使地表与土壤侵蚀有关的地理信息——地形、植被、母岩、土壤水分和土地利用等分异更为清楚；另一方面是它的中小比例尺，允许在一幅图像中从宏观上来分析这些不同因素之间的不同组合的关系，从而来解译和比较不同地物的土壤侵蚀及荒漠化特征及其分级。所以，卫星影像是应用于中小比例尺土壤侵蚀及荒漠化解译的一个极其有用的工具。在某些方面，用它来进行土壤侵蚀解译制图更优于一般的土壤解译制图。

二、解译的原则和方法

1. 解译原则

解译应遵循"去粗取精，去伪存真，由此及彼，由表及里"的原则进行。要充分利用色调、形态特征，既通过直接标志，又运用间接标志，进行对比分析、综合判读。对于重点地段，要着重分析，按"突出重点，照顾一般"的原则进行。

2. 解译方法

（1）遥感信息与地学资料相结合。在土壤侵蚀调查中，制图单元要反映出不同侵蚀强度及侵蚀要素的组合类型，关键是侵蚀要素，如地貌类型、植被地表组成物质、土地利用方式等。要弄清各要素与影像信息的关系，必须通过地学资料与影像信息关系的对比，才能解决好侵蚀要素判读，所以在准备工作中，应尽可能多地收集与侵蚀要素有关的各种图件、文字资料，如地貌图、地形图、植被图、土壤侵蚀图、草地类型图、土壤类型图和相关的气象资料（降水、风、年均温等）。

（2）综合分析与主导分析相结合。侵蚀的强度与类型，是由多种侵蚀因素综合作用的结果，而各因素对侵蚀结果的影响又不尽相同，有的居于主导地位，有的只起促进作用。因此，判读中既要进行综合分析，考虑各侵蚀要素，又要进行主导因素分析，找出主导因子。

（3）室内解译与专家经验、野外调查相结合。在判读过程中，尽管占有了许多地学资料，也很难完全准确地掌握实地情况，即使采取了多种方法，仍会有些地方判别不准确，分类分级不符合实际，图斑界线有错误。这些都需要请教当地水保专家并进行外业校核。在室内预判以后，进行外业验证，以修正室内判读结果。

（4）分层分类解译。首先利用地形图和卫星影像，参照雪线资料、降水资料，划分出风蚀区、水蚀区和冻融侵蚀区。其次，参照区域自然地理状况，由卫星影像上红色调的深浅确定植被覆盖度，这有助于侵蚀强度的定性判别。最后参照地貌单元，依据地形图上的相对高程，可确定地貌类型。此外，依据卫星影像上的色调、纹理及土壤资料，可以确定地表物质组成状况。这样经层层判读，可以提高信息提取能力和分类分析的精度。

三、土壤侵蚀分类分级的指标与遥感影像判读标志

（一）土壤侵蚀分类分级指标的确定

土壤侵蚀的分类分级是一个极其复杂的过程。这是由于侵蚀作用本身的复杂性所决定的：不同的侵蚀营力作用于不同或相似的下垫面，形成不同的侵蚀形态；同一种侵蚀营力作用于不同的地表，也会产生不同后果。即使同一种营力作用于同一地表，由于作用的时间、外营力和其他因素的影响，也会使侵蚀在强度、形态、分布上产生差异。遥感影像是土壤侵蚀遥感调查的主要信息源，遥感影像是对地表形态、地表覆盖的综合、宏观的反映，但是这种反映受到影像空间分辨率的制约，而且遥感影像受地形、大气、太阳辐射、天气的影响，同物异谱和异物同谱现象十分普遍。土壤侵蚀分类分级的复杂性以及遥感影像的局限性决定了土壤侵蚀分类分级的遥感影像判读指标必须是由遥感和非遥感信息共同组成的综合的判读指标，不能仅仅依靠遥感影像这一单的信息源，应参照《全国土壤侵蚀遥感调查技术规程》中土壤侵蚀分类分级参考指标，结合调查区域的特殊情况，制定适合区域特征的土壤侵蚀及荒漠化遥感调查的分类分级指标。

（二）卫星影像适合区域特征的土壤侵蚀及荒漠化解译标志

土壤侵蚀及荒漠化解译和任何其他专业解译一样，有其特有的专业解译内容和影像解译标志。

1. 颜色

在土壤侵蚀及荒漠化的卫星影像的颜色影像标志中，主要是获取植被盖度与土壤物理性状的信息，以了解地块单位内的土壤侵蚀因子。

（1）植被盖度主要通过假彩色合成影像的色调，以反映绿色植物的特征的浓淡和均匀的程度等来了解其植被类型（乔、灌、草）和覆盖度。甚至解译人员还可将不同的覆盖程度制成一定的标准模片，以作为植被盖度分级解译时的参考。

与绿色植被相反的一面是地面裸露的影像颜色特征，如刚被侵蚀而裸露的岩石新鲜面，往往形成浅蓝色；干旱而近荒漠性的黄土质的裸地往往显示蓝绿色；稍湿润地区的黄土裸地则显黄白色或黄色。

根据以上所述，我们就可以从影像的颜色红/蓝、红/白等的分布图形的比例关系来了解土壤侵蚀情况。

（2）土壤侵蚀的地面物质组成。它是在一定地形条件下土壤侵蚀发展的重要物质基础，如石质丘陵与黄土丘陵、石质台地与黄土台地等，两者的地形条件可能相似，但其物质组成则彼此不同，往往造成侵蚀强度的差异性很大。因为黄土状物质疏松，抗蚀性差，所以它所组成的地面的水蚀速度就大大快于石质地区。因此，这些不同物质组成的地面，在土壤侵蚀调查中，根据其抗蚀性差异就划分为黄土状物质、石质基岩、土石质地和砂地等。这种划分也是由假彩色合成影像特征予以鉴别的。

2. 形状/阴影

由于比例尺的限制，将土壤侵蚀的类型解译详细划分是有一定困难的。因为卫星影像上所给予的形状往往是较大的地形特征，而现代土壤侵蚀类型所表示的多为微小的地表形态，即所谓微地形，所以卫星影像的地形解译对土壤侵蚀来说，只能是作为环境条件因素而存在，如山地、丘陵等。在卫片的土壤侵蚀解译中地形因素只能作为一个土壤侵蚀的环境因素加以分析。有关山地、丘陵等的坡度陡缓和地面切割程度，一般都是通过阴影的影像特征加以显示，即坡度大者，则阴影明显，阴影面积大，阴影面的颜色也深，阴影与非阴影的界面也整齐，而坡度小者与之相反。因此，形状与阴影特征相结合是土壤侵蚀解译中的重要地形特征。当然，阴影效应的应用中还要考虑太阳高度角的问题。

3. 纹理

陆地卫星影像的纹理特征在土壤侵蚀方面，主要是由切沟的像元光谱综合而成，因此它反映了地面的割切程度。因为比例尺的限制，地面较小的切沟不可能单独表示，而且这些切沟主要是通过沟壁的阴影特征以纹理的形式表现出来的，因此，在陆地卫星影像上的这种土壤侵蚀的切沟纹理主要是一种阴影特征所造成的影像特征。可以根据纹理的密集程度和粗糙程度来解译土壤侵蚀的程度。

此外，我们也可以根据以阴影为特征的影像的蓝色纹理特征及其以所覆盖绿色植被的红色影像特征两者之间的相对明显程度，来解译植被的盖度。一般植被盖度大者，红色较浓，而且均匀，其下的切割纹理显示不出来；相反，则红色很弱，甚至不显红色，而全为蓝白相间的切沟反射面（白色）和阴影（蓝色）所组成的纹理。在这两者之间，可以划分出一些区域性的等级。

4. 图形

图形影像特征用于土壤侵蚀解译，主要是通过宏观影像特征来解译土壤侵蚀的地形及地面物质组成。主要有以下两个方面：

（1）水系图形，如格状水系、羽毛状水系等分别代表石灰岩、黄土状物质等不同抗蚀特征的岩性。

（2）风蚀与风积地貌图形，如不同面积的风蚀槽状洼地图形和不同形状重复出现的沙丘等，在陆地卫星影像上出现，对说明侵蚀情况是很有利的。

四、土壤侵蚀及荒漠化制图

利用遥感影像进行土壤侵蚀及荒漠化调查制图，主要用于编制线划图，包括类型图、区划图、强度图、评价图、动态图等及其相关的单因子图，如地势图、地貌图、水文图、土壤图、植被图等。近年来，在技术上和方法上大致可分为 3 个阶段。

第一阶段，1979～1990 年，该阶段其主要技术流程是：①野外概查和基本资料收集、信息源选择与处理；②拟定分类原则，制定或确定分类系统和分级标准；③野外详查，实地对比建立遥感影像的解译标志，制作典型样区图；④用刻膜法制作统一的透明聚酯薄膜基础工作底图；⑤以卫星影像特征为主要依据，参考其他相关信息，用朦描法，从影像上分层次提取土壤侵蚀及荒漠化信息，编制作者原绘；⑥协调、接边、检查、野外校核、修正；⑦制印，手工分类提取图斑，量算面积，汇总统计成册，编写分析报告等。

第二阶段，1991～1996 年，初步把遥感技术和地理信息系统技术相结合，在第一阶段①～⑥步提供作者原图的基础上，利用 GIS 设施，数字化、编辑、建立空间数据库、自动量测面积、汇总统计等。

第三阶段，初步实现了遥感与 GIS 集成信息提取技术，遥感数字影像—人机交互解译—建立空间数据库—计算机自动量测面积汇总—图件打印输出等。

五、遥感影像地图

遥感影像地图是一种以遥感影像和一定的地图符号来表现制图对象地理空间分布和环境状况的地图。在遥感影像地图中，图面内容要素主要由影像构成，辅助以一定地图符号来表现或说明制图对象，与普通地图相比，影像地图具有丰富的地面信息，内容层次分明，图面清晰易读，充分表现出影像与地图的双重优势。

影像地图按其表现内容分为普通影像地图和专题影像地图。普通遥感影像地图是在遥感影像中综合、均衡、全面地反映一定制图区域内的自然要素和社会经济内容，包含等高线、水系、地貌、植被、居民点、交通网、境界线等制图对象；专题遥感影像地图是在遥感影像中突出而较完整地表示一种或几种自然要素或社会经济要素，如土地利用专题图、植被类型图等，这些专题内容是通过遥感影像信息增强和符号注记来予以突出表现的。

（一）常见的遥感影像地图

遥感影像地图发展具有广阔的前景，一些新型影像地图的问世，代表了影像地图制作技术发展的主要趋势。

1. 电子影像地图

这种影像图以数字形式存贮在磁盘、光盘或磁带等存贮介质上，需要时可由电子计算机的输出设备（如绘图机、显示屏幕等）恢复为影像地图。这种影像图与传统的影像地图相比较，仍然保留了影像地图的基本特征，例如数学基础、图例、符号、色彩等。主要差异在于承载影像地图信息的介质不同。电子影像地图的制作与使用必须依赖于计算机系统。

2. 多媒体影像地图

这种地图是电子地图的进一步发展。传统的影像地图主要给人提供视觉信息，多媒体影像地图则增加了声音和触摸功能。用户可以通过触摸屏，甚至是声音来对多媒体影像地图进行操作。系统可以将用户选择的影像区域放大，直观、形象的影像信息再配以生动的声音解说等，使影像地图信息的传输和表达更加有效。

3. 立体全息影像地图

这种影像地图利用从不同角度摄影获取区域重叠的两张影像，构成像对，阅读时，需戴上偏振滤光眼镜，使重建光束正交偏振，将左右两幅影像分开，使得左眼看左面影像，右眼看右边影像，利用人类生理视差，就可以看到立体全息影像。

（二）常规制作遥感影像图

一般说来，卫星扫描影像主要用于中小比例尺影像地图的编制。常规编制流程的第一步是根据任务要求对影像地图进行设计。影像地图设计包括：根据用图的要求，恰当地选择影像地图内容；探讨自然与社会现象的专题表示方法；影像制图资料分析和制图数据处理；地图图面配置；影像地图生产流程；生产技术措施和质量管理方法等。

遥感影像的选择、处理和识别是提高影像制图质量与精度的关键，对于不同专题影像地图来说，选择恰当时相和波段是至关重要的。为了增加遥感影像的可读性，需要对选定的遥感影像进行增强处理或除噪，并对专题内容进行目视解译。

地理基础底图的选取。地理基础底图是遥感影像制图的基础，它用来显示制图要素的空间位置和区域地理背景，对遥感影像进行几何纠正。遥感制图一般选取地形图作为地理基础底图。这是因为地形图具有统一的大地控制基础、统一的地图投影、分幅编号、制图规范和图式，其特点是综合、全面地反映制图区域内的自然要素和社会经济现象，这便于抽取其中一种或几种自然要素或社会经济要素作为符号或注记，以弥补遥感影像在某些方面的不足。例如，在制作影像地图时，可以将地形图上的等高线、行政区划界线和境界线等内容添加到遥感影像上，也可以采用不同符号将不同等级居民点、交通道路网在影像地图上表现出来。地理底图的区域范围和专题要素的选取取决于制图目的和实际需要。一般说来，地理底图的比例尺要和遥感影像制图的比例尺一致。

影像几何纠正。对于卫星影像，可在影像图和地理基础底图上选择均匀分布的控制点，点数与区域大小、选择的纠正模型要求有关。点的坐标可在底图上量取，采用多项式拟合方法进行几何纠正，如果需要可以同时镶嵌影像图。

在此基础上，制作线划注记图，并在遥感影像图上套合地图基本要素，例如经纬网、高程点、等高线、交通网、居民点等，利用摄像仪或复照仪对影像图和线划注记版摄像，形成遥感影像地图彩色负片，利用负片可以洗印遥感影像地图正片。

遥感影像地图印制过程包括：将彩色负片拿到电分机上，经过色彩平衡、校正后输出分色要素片，将分色片进行套印，可以大批印刷遥感影像地图。从影像视觉效果看，洗印的遥感影像地图质量比印刷的质量要更好一些，但成本价格要高得多。

（三）计算机辅助遥感制图

计算机辅助遥感制图是在计算机系统支持下，根据地图制图原理，应用数字图像处理技术和数字地图编辑加工技术，实现遥感影像地图制作和成果表现的技术方法。计算机辅助遥感制图是在20世纪70年代以后发展起来的新方法，它是数字制图和遥感图像处理等技术的结合。与遥感影像图的常规编制方法相比，它简化并革新了影像地图编制工艺，改善了影像制图条件，提高了遥感影像上配置符号注记的灵活性，缩短了成图周期，降低了劳动强度，是具有发展潜力的遥感影像制图新技术。

计算机辅助遥感制图，需要计算机硬件和软件的支持。硬件由电子计算机和各种图像与图形输入、输出设备构成，其中计算机是遥感制图的核心设备，用于控制整个遥感制图过程，进行遥感图像数据的处理与分类以及数字地图的编辑修改。输入设备主要是扫描仪和手扶跟踪数字化仪，其功能是将地理基础底图和遥感影像进行数字化，以便计算机编辑和处理；输出设备可以将计算机存贮的数字影像转换成以多种形式表现的或不同介质记录的影像地图，它包括计算机显示器、打印机、绘图仪和激光照排机等。软件是指控制硬件自动地执行和实现影像地图制作的各种应用程序的总称，由于影像地图制作过程复杂，软件的类型和功能也多种多样。目前从遥感影像和地理基础底图输入、图像处理、数字地图编辑、地图整饰、直至输出分色胶片、印刷打样等影像制图环节都有相应的软件支持。

第四节　卫星遥感动态监测

一、水土流失及荒漠化动态监测原理

植被与土壤是地球表面的主要组成物质，也是侵蚀和抗侵蚀能力的重要因子。土壤是侵蚀的对象，植被则是土壤侵蚀的主要抑制因子。研究表明，各种植物和土壤及地表形态在遥感光谱中呈现其典型特征曲线，不同时相其光谱特征是有差异的。正是这种光谱特性的差异，为水土流失及荒漠化遥感监测提供了理论依据。

基于上万个径流小区建立起来的，并广泛为世界各地应用的USLE及RUSLE模式结构中的降雨侵蚀力因子、土壤可蚀性因子、地形因子、植被措施因子等，基本上包容了土壤侵蚀力与抗蚀力这对矛盾统一体的宏观轮廓，为水土流失遥感监测的因子选择提供了较为成熟的基础骨架。

栅格数据是表征空间地理数据的基本格式之一，其数据结构是使用同一大小网格的行和列表示，这种网格把区域地段微分成一个个的径流小区，通过与地理实体相联系的属性数据，为水土流失空间监测模型和预报模型的建立提供了技术支撑，通过建立可更新的GIS系统，则可以实现动态监测。

二、动态监测的方法与步骤

（一）技术流程

利用现势性强的卫星遥感获得的数据，经过图形图像技术系统的处理，同时利用过去已有资料图件（如土地利用、土壤、地形图、点面雨量站资料等）、部分实测资料、新编制的软件及其集成系统，以像元（如 30m×30m）为监测单元，利用 GIS 技术，实现扫描数字化、栅矢化和配准归一化，求出以像元为基础的土壤流失量（或侵蚀量图），再按相关规程实现由"流失量→流失等级"的转换，则可得水土流失现状图，并统计出各级土壤流失量、流失面积等数据。然后依据水土流失防治的紧迫程度和水土保持经费的可能投入量等实际情况，通过调整值来确定（预报）来年或近期水土流失防治的重点或防治力度（或防治类型区），从而使调查与治理规划融为一体，为水土保持提供有力的科学决策依据。

（二）因子图的编制

（1）降雨侵蚀因子图。收集代表站的雨量资料，算出降雨侵蚀力基准值，收集区域雨量站（主要为水文、水库）监测年的各月降雨量资料（雨量站点愈多精度愈高），采用站点间的内插法和等值线法勾绘出监测区域的降雨侵蚀因子分布图。

（2）土壤可蚀性因子图。收集土壤普查成果的土壤图件（土壤类型分布图和地质图等）、剖面记载表及土壤理化分析资料后，按算式或查图表法获得各剖面图点的土壤可蚀性值，标注于土壤类型图或水土流失图上。再按照图斑界线合并与划分的原则，编制土壤可蚀性因子图。

（3）坡度坡长因子图。在编制数字高程模型（DEM）图件的基础上，自动计算编制出坡度坡长因子图。

（4）植被措施因子图。选择要监测年的卫星遥感数据，并进行几何校正处理，利用图像处理软件，以土地类型图作控制，判读、勾绘并编制植被因子图。

（三）基于 GIS 的水土流失及荒漠化成果图

1. 土壤侵蚀的强度分布图

为了能够直观地表示水土侵蚀的强弱分布情况，可将水土侵蚀年引起的地面高程变化分为不同的等级。按每一个侵蚀等级用一种颜色在计算机屏幕上显示出来，这样便可以得到水土侵蚀强度分布图。从此图上可以非常直观地了解到该地区的水土侵蚀强弱以及分布情况，除了可以显示出等级的合成图外，还可以将每一个侵蚀等级的分布图分别显示，并且可以统计每一个侵蚀等级所占的百分比。

2. 土壤侵蚀的等值线图

三维动态分析模型实际上是数字地面模型（DTM）的差值，它和一般的 DTM 形式是一致的，只不过在该模型中水土发生堆积的地方高程差为负。为了消除负值，可将该模型统一加一个常数，然后利用 DTM 中搜索等高线的方法便可以得到水土流失的等值线图。

从等值线图上不但可以定量地表示水土流失情况，而且可以将土壤侵蚀和堆积的分布范围直观地表示出来。

3. 土壤侵蚀的立体透视图

为了更直观地表示区域水土流失情况，可对三维动态分析模型进行透视变换，并可将其透视图在计算机屏幕上进行显示。这种立体透视表示方法使水土流失的表示更为直观。

三、水土流失及荒漠化定量分析

为了定量地分析和计算水土侵蚀情况，可采用下面方法。

1. 数据的获取

为了建立起不同时相的精确的三维模型，可采用不同时相遥感影像测定等高线图，然后再用扫描数字化的方法将等高线数字化到计算机中，按一定间隔建立三维立体分析模型的原始数据。

2. 动态三维模型的建立

利用 DEM 内插软件包，对上面的一系列不同时相的三维立体模型的原始数据进行内插，便可建立起一系列不同时相的三维立体模型，将这些同一地区而不同时相的三维立体模型进行复合，便可建立起三维动态分析模型。很明显，利用该三维动态分析模型，可以定量地分析水土流失情况。

3. 数据的分析和处理

在此三维动态分析模型的基础上，可直接计算出某一段时间某一区域的水土流失总量，生成水土侵蚀的强度分布图，还可以生成水土侵蚀的等值线图以及水土侵蚀的立体透视图。

4. 土壤侵蚀总量的计算

土壤流失的体积其实就是新、旧两个 DTM 的体积之差，即

$$V_{侵蚀} = V_{旧} - V_{新} \tag{5-4}$$

由于新、旧两个 DTM 是完全重叠的矩形区域，因此，新、旧两个 DTM 的体积可按下式计算

$$V_{新} = \sum_{i=1}^{m} \sum_{j=1}^{n} D_x D_y Z_{ij新}$$

$$V_{旧} = \sum_{i=1}^{m} \sum_{j=1}^{n} D_x D_y Z_{ij旧} \tag{5-5}$$

则 $\quad V_{侵蚀} = V_{旧} - V_{新} = \sum_{i=1}^{m} \sum_{j=1}^{n} D_x D_y (Z_{ij旧} - Z_{ij新}) \tag{5-6}$

式中：D_x、D_y 分别为 DTM 在 x、y 方向的网格间距；Z_{ij} 为 DTM 的高程。

主 要 参 考 文 献

1　梅安新，彭望禄等编. 遥感导论. 北京：高等教育出版社，2001

2　孙家柄，舒宁等编著. 遥感原理方法和应用. 北京：测绘出版社，1997

3　李锐，杨勤科主编. 区域水土流失快速调查与管理信息系统研究. 郑州：黄河水利出版社，2000

4　中国科学院遥感应用研究所，西北水土保持研究所. 陕北黄土高原地区遥感应用研究. 北京：科学出版社，1991

第六章

遥感图像的水土流失与荒漠化信息提取处理技术

遥感技术是目前进行大范围、区域性水土流失与荒漠化监测评价的主要方法。为了快速、准确地从遥感图像上获取有关水土流失与荒漠化信息，必须要用先进的技术方法对原始图像进行一系列处理——图像处理，使影像更为清晰，目标物体的标志更明显突出，易于识别，提高解译效果，或者是通过电子计算机，进行水土流失与荒漠化信息自动识别与提取。

水土流失与荒漠化信息遥感图像分析处理的内容包括：

（1）图像复原。图像复原是指借助某些方法，改正成像过程中因仪器性能限制和大气干扰等因素所导致的误差，并期望使图像失真缩小到最低程度，图像复原主要进行几何校正、大气校正、辐射校正、扫描线脱落和错位校正。在一般情况下，提供给使用人员的遥感图像都已进行了这项工作。所以图像复原又称为预处理。

（2）图像增强。图像增强是指利用光学仪器或电子计算机等手段，改变图像的表现形式和影像特征，使图像变得更加清晰可判，目标物更加突出易辨。

（3）图像分类。图像分类则是通过电子计算机对遥感图像上的目标进行自动识别和类型划分，直接得到解译结果。

遥感图像处理的方法主要有两类：光学处理和电子计算机数字图像处理。近年来，随着计算机数字图像处理技术的发展，遥感图像的计算机处理越来越普及；而光学处理由于对仪器设备和处理环境要求较高，除专门的遥感资料信息中心外，使用者越来越少，并且光学处理的内容和形式运用计算机处理大都可以代替。因此，光学处理有被计算机处理替代的趋势，本章着重介绍遥感图像水土流失与荒漠化信息提取的数字图像处理技术。

第一节　数字图像及其处理系统概述

数字图像处理是 20 世纪 60 年代以来随着计算机科学的发展而发展起来的一门新兴学科，就是用计算机对图像进行处理。遥感图像的数字图像处理是将传感器所获得的数字磁带，或经数字化的图像胶片数据，用计算机进行各种处理和运算，提取出各种有用的信息，从而通过图像数据去了解、分析物体和现象的过程。

一、数字图像的性质与特点

1. 遥感数字图像的概念

遥感数字图像是以数字形式表示的遥感影像。遥感数字图像最基本的单位是像元，像

元是成像过程的采样点，也是计算机图像处理的
最小单元，具有空间特征和属性特征。由于传感
器从空间观测地球表面，因此每个像元含有特定
的地理位置信息，并表征一定的面积。像元的属
性特征采用灰度值来表达，其数值是由传感器所
探测到的地面目标地物的电磁辐射强度决定的。
由于传感器上探测元件的灵敏度直接影响有效量
化的级数，因此，不同传感器提供的有效量化的
级数是不同的，目前多数传感器提供的数字图像
是 256 级。一个像元内只包含一种地物的像元称
为正像元，如水体，它的灰度值代表了水体的光

						x
36	35	34	38	40	41	39
35	38	39	41	78	82	81
34	35	37	39	41	89	87
37	41	45	89	87	86	80
39	35	51	87	88	83	90
56	178	156	189	167	156	189

图 6-1　以数字形式表示的遥感图像
（x 方向为传感器扫描的方向；
y 方向为遥感平台前进的方向）

谱特征。像元内包括两种或两种以上地物的称为混合像元，如出苗不久的麦田，它的一个
像元灰度值内包含麦苗和土壤的光谱特征。

　　传感器自空间对地观测，一方面在 x 方向构成了地理位置密切相邻的一行数据，另
一方面沿着 y 方向运动，这样就记录下所观测区域的二维数字图像（见图 6-1）。

　　2. 遥感数字图像的特点

　　（1）便于计算机处理与分析。采用数字形式表示遥感图像，与光学影像形式相比，遥
感数字图像是一种适于计算机处理的图像表示方法。

　　（2）图像信息损失低。由于遥感数字图像是用二进制表示的，因此在获取、传输和分
发过程中，不会因长期存储而损失信息，也不会因多次传输和复制而产生图像失真。而模
拟方法表现的遥感图像会因多次复制而使图像质量下降。

　　（3）抽象性强。尽管不同类别的遥感数字图像有不同的视觉效果，对应着不同的物理
背景，但由于它们都采用数字形式表示，便于建立分析模型，进行计算机解译和运用遥感
图像专家系统。

　　3. 遥感数字图像的表示方法

　　遥感数字图像以二维数组来表示。在数组中，每个元素代表一个像元，像元的坐标位
置隐含，由这个元素在数组中的行列位置所决定。元素的值表示传感器探测到像元对应面
积上的目标地物的电磁辐射强度。采用这种方法，可以将地球表面一定区域范围内的目标
地物信息记录在一个二维数组（或二维矩阵）中。

　　一幅（单波段）遥感数字图像可表示如下：

$$F = f(x_i, y_j) \quad i = 1,2,3,\cdots,m; j = 1,2,3,\cdots,n \tag{6-1}$$

式中：i 为行号；j 为列号；$f(x_i, y_j)$ 为像元在 (x_i, y_j) 上目标地物的电磁辐射强度
值，其物理意义需根据测量目标地物的传感器使用的波段来判断。

　　按波段数量，遥感数字图像可分为以下几种类型：

　　（1）二值数字图像。图像中每个像元由 0 或 1 构成，在计算机屏幕上表示为黑白图
像。二值图像一般在图像处理过程中作为中间结果产生，常采用压缩方式存储，每个像元
采用一位（bit）来表示，相邻 8 个像元的信息记录在一个字节中，这样可节省存储空间。

　　（2）单波段数字图像。指在某一波段范围内工作的传感器获取的遥感数字图像。如

SPOT 卫星提供的 10m 分辨率全色波段遥感图像。每景图像为 6000 行×6000 列的数组，每个像元采用 1 字节记录地物灰度值。

(3) 彩色数字图像。是由红、绿、蓝三个数字层构成的图像。在每一个数字层中，每个像元用 1 字节记录地物灰度值，数值范围一般介于 0～255。每个数字层的行列数取决于图像的尺寸或数字化过程中采用的光学分辨率。三层数据共同显示即为彩色图像。

(4) 多波段数字图像。是传感器从多个波段获取的遥感数字图像。例如 Landsat 卫星提供的 TM 遥感数字图像包含有 7 个波段数据。

多波段数字图像的存储与分发，通常采用以下三种数据格式：

1) BSQ（Band Sequential）数据格式。BSQ 是一种按波段顺序依次排列的数据格式，其图像数据格式见表 6-1。

表 6-1   **BSQ 数据排列表**

第一波段	(1, 1)	(1, 2)	(1, 3)	(1, 4)	(1, 5)	(1, 6)
	(2, 1)	(2, 2)	(2, 3)	(2, 4)	(2, 5)	(2, 6)
	⋮	⋮	⋮	⋮	⋮	⋮
第二波段	(1, 1)	(1, 2)	(1, 3)	(1, 4)	(1, 5)	(1, 6)
	(2, 1)	(2, 2)	(2, 3)	(2, 4)	(2, 5)	(2, 6)
	⋮	⋮	⋮	⋮	⋮	⋮
第三波段	(1, 1)	(1, 2)	(1, 3)	(1, 4)	(1, 5)	(1, 6)
	(2, 1)	(2, 2)	(2, 3)	(2, 4)	(2, 5)	(2, 6)
	⋮	⋮	⋮	⋮	⋮	⋮
第 n 波段	(1, 1)	(1, 2)	(1, 3)	(1, 4)	(1, 5)	(1, 6)
	(2, 1)	(2, 2)	(2, 3)	(2, 4)	(2, 5)	(2, 6)
	⋮	⋮	⋮	⋮	⋮	⋮

在 BSQ 数据格式中，数据排列遵循以下规律：①第一波段位居第一，第二波段位居第二，第 n 波段位居第 n 位；②在第一波段中，数据依据行号顺序依次排列，每一行内，数据按像元号顺序排列；③在第二波段中，数据依然根据行号顺序依次排列，每一行内，数据仍然按像元号顺序排列。其余波段依次类推。

2) BIP（Band Interleaved by Pixel）数据格式。BIP 格式中每个像元按波段次序交叉排列，其图像数据格式见表 6-2。

表 6-2   **BIP 数据排列表**

	第一波段	第二波段	第三波段	…	第 n 波段	第一波段	第二波段	…
第一行	(1, 1)	(1, 1)	(1, 1)	…	(1, 1)	(1, 2)	(1, 1)	…
第二行	(2, 1)	(2, 1)	(2, 1)	…	(2, 1)	(2, 2)	(2, 2)	…
⋮	⋮	⋮	⋮	⋮	⋮	⋮	⋮	⋮
第 N 行	(n, 1)	(n, 1)	(n, 1)	…	(n, 1)	(n, 2)	(n, 2)	…

在 BIP 数据格式中，数据排列遵循以下规律：第一波段第一行第一个像元位居第一，第二波段第一行第一个像元位居第二，第三波段第一行第一个像元位居第三位，第 n 波段第一行第一个像元位居第 n 位；然后为第一波段第一行第二个像元，它位居第 $n+1$ 位，第二波段第一行第一个像元，位居第 $n+2$ 位，其余数据排列位置依次类推。

3）BIL（Band Interleaved by line）数据格式。BIL 格式是逐行按波段次序排列的格式，其数据格式见表 6-3。

表 6-3　　　　　　　　　　　　　　　BIL 数据排列表

第一波段	(1, 1)	(1, 2)	(1, 3)	(1, 4)	(1, 5)	(1, 6)
第二波段	(1, 1)	(1, 2)	(1, 3)	(1, 4)	(1, 5)	(1, 6)
第三波段	(1, 1)	(1, 2)	(1, 3)	(1, 4)	(1, 5)	(1, 6)
⋮	⋮	⋮	⋮	⋮	⋮	⋮
第 n 波段	(1, 1)	(1, 2)	(1, 3)	(1, 4)	(1, 5)	(1, 6)
第一波段	(2, 1)	(2, 2)	(2, 3)	(2, 4)	(2, 5)	(2, 6)
第二波段	(2, 1)	(2, 2)	(2, 3)	(2, 4)	(2.5)	(2, 6)
⋮	⋮	⋮	⋮	⋮	⋮	⋮

在 BIL 数据格式中，数据排列遵循以下规律：第一波段第一行第一个像元位居第一，第一波段第一行第二个像元位居第二，第一波段第一行第三个像元位居第 3 位，第一波段第一行第 n 个像元位居第 n 位，然后为第二波段第一行第 1 个像元，它位居第 $n+1$ 位，第二波段第一行第二个像元，位居第 $n+2$ 位，其余数据排列位置依次类推。

以计算机兼容磁带（CCT）或 CD-ROM 提供的遥感数据文件中，除了数字图像本身的信息之外，还附带着各种辅助信息，这是提供数据的机构在进行数据分发时，对数字图像尺寸等各种参数的说明。

二、遥感数字图像处理的特点

遥感数字图像处理的主要目的是在计算机上实现生物特别是人类所具有的视觉信息处理和加工功能，处理的实质是从遥感数字图像提取所需的信息资料。

（一）与一般图像处理比较的特点

1. 数据和运算量大

由于遥感图像数据是将图像上的每一个点都采用它的行、列像元坐标以及该坐标上的亮度共同表示。以 Mss 为例，每张图像都是 $3240 \times 2340 = 7581600$ 像元，排列成 3240 列、2340 行的矩阵。如果从中取出 512×512 个像元做一次三原色的假彩色合成，就要做 524288 次加法。由此可见，如此庞大的数据量和运算量，就要求有大的存贮设备，包括内存容量和外设磁盘。

2. 图像进出外部设备复杂

由于遥感资料除了数据磁带之外还有大批的可见影像，输入必须有数字化输入设备；影像经过处理获得所需的成果影像和图件，须用自动化成图输出设备输出；图像处理的过程和中间结果也须显示，以便及时地控制、修改处理程序或参数，以期获得满意的效果，这样必须有方便灵活的人机对话装置和影像显示系统。

3. 多终端多用户

图像处理一方面要求大容量、高速度，另一方面又需人机对话；因人的处理速度远比机器慢，这就出现矛盾。为了解决这一矛盾，可采取多终端、多用户的方法来提高计算机的使用率。

4. 软件系统庞大

由于遥感图像的复杂性和处理方法的多样性，因此遥感数字图像处理系统有一个庞大的软件系统，一般有程序数百个以上，用于图像的输入、输出、显示，图像的几何校正、辐射校正、增强处理、信息提取、图像分类和计算与统计等。

（二）与目视解译和光学处理比较的特点

1. 图像的准确性

遥感图像经数字处理，将扫描成像时的最小单元—像元显示出来，并准确地套合不同波段、不同时相、不同遥感图像进行合成和变换。经过几何校正，将原图像多中心投影变为垂直投影，编制出各种影像略图，影像地图或数字地图，供遥感图像的定性解译甚至定量解译使用。

2. 处理的灵活性

用计算机进行遥感图像处理，可进行多种运算，迅速地更换各种方法或参数，得到效果较好的图像。具体表现在 4 个方面：①提高了地面的分辨率；②增强了地物的识别能力；③增强了地物的表面特征；④可进行自动分类和对比。

3. 有利于长期保存，反复使用

经计算机处理的遥感图像，可以存储于计算机硬盘或光盘上，建立遥感数字图像处理数据库，进行大量复制，便于长期保存，共同重复使用。

三、遥感数字图像处理过程

遥感数字图像处理涉及了数据的来源，数据的处理以及数据的输出，这就是处理的 3 个阶段：输入、处理和输出，处理过程流程如图 6-2 所示，包括的内容有：

（1）数据的输入。采集的数据中包括模拟数据（航空照片等）和数字数据（卫星图像等）两种。

（2）校正处理。对进入处理系统的数据，首先必须进行辐射校正和几何纠正；其次，按照处理的目的进行变换、分类。

（3）变换处理。把某一空间数据投影到另一空间上，使观测数据所含的一部分信息得到增强。

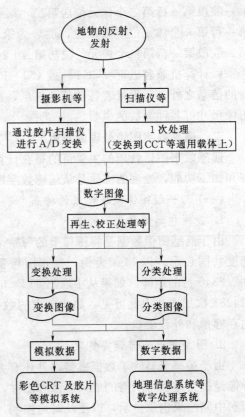

图 6-2　遥感数字图像处理过程流程

（4）分类处理。以特征空间的分割为中心，确定图像数据与类别之间的对应关系的图像处理方法。

（5）结果输出。处理结果可分为两种，一种是经 D/A 变换后作为模拟数据输出到显示装置及胶片上；另一种是作为地理信息系统等其他处理系统的输入数据，以数字数据输出。

四、遥感数字图像处理设备系统

（一）遥感数字图像处理设备

数字图像处理工作是在计算机和显示设备上完成的。由于遥感的数据源很多，有磁带数据、影像、专业图件、辅助资料等，所有这些资料数据，都需要经过输入设备从存储介质转移到计算机存储器上。处理后的数据也需经过各种输出设备记录到各种各样的介质上，如纸张、胶片等。因此，一个数字图像处理系统由三部分组成，如图 6-3 所示。

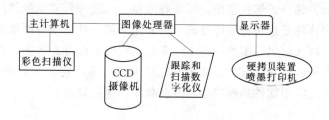

图 6-3　图像处理系统硬件设备

1. 输入设备

以不同方式存储的数据，需要不同的输入设备进行原始数据到计算机数据的转换和输入。存储在 CCT 磁带上的卫星图像数据，相应的输入设备是磁带机；如果是卫星影像、航空相片这一类记录在胶片、相纸上的数据，需要经过扫描，用光—电转换的方式将影像数字化，输入设备有扫描数字化器、飞点扫描器等；对于专业图件一类以线划符号描述的数据，则采用数字化的方式，以矢量数据存储专业图件，输入设备为数字化仪。

2. 处理系统

一个完整的处理系统包括计算机部分和显示设备。对计算机系统的要求是：有一定的计算速度、一定容量的内存和大容量磁盘存储器。显示设备用于观察、监测处理过程和结果图像，并能对图像进行一定的处理，显示设备中包括大容量的随机存储器阵列、彩色显示屏幕以及显示操作部件。

数字图像处理数据量非常大，但运算方式却比较规范，在现代的设备中，通常配置了专用的处理器来加快运算速度。

3. 输出设备

处理的结果总是要以各种形式提交给用户，输出设备完成记录结果的工作。磁带机既是输入设备又是输出设备，计算处理后的结果可以用磁带予以保留。打印机是最常用的一种输出设备，通过打印，将结果记录在纸质介质上，通常采用彩色喷墨打印的方式记录结果影像。将处理结果记录在胶片上，也是一种输出方式。当然，专用的设备考虑了在摄像过程中可能出现的光学系统的误差和显示系统的畸变并予以校正，使得记录的结果更为可靠。这类设备有快速硬拷贝机（彩色记录仪）、扫描仪等。

图像处理系统在主计算机的控制下，通过输入设备将原始数据传送到计算机磁盘中储存起来。处理过程则通过硬盘、主机、显示器三者间的数据传输与交换来完成数据处理的工作。图像处理系统的显示器一般有它自己的中央控制单元，从而可以独立地进行一些处理工作而不受主计算机控制。处理后的数据仍然是存储在硬盘上的，最后再经过各种输出设备记录在各种介质上，以供进一步识别与使用。

（二）遥感数字图像处理软件系统

遥感数字图像处理软件系统包括系统软件和应用软件，应用软件又可进一步分为图像处理软件和专题应用软件。

系统软件是现代计算机系统不可分割的组成部分。它实现对计算机系统资源的集中管理（处理器管理、存储管理、输入输出设备管理以及文件管理等），以提高系统的利用率；它提供各种语言处理，为用户服务，是用户和计算机系统的一个界面。系统软件一般包括操作系统，各种语言编译、解释程序，服务程序以及数据库管理系统和网络通讯软件等。

图像分析处理软件是指各种专题处理时均要用到的一些基本的图像处理软件。如图像数据的格式转换、输入输出，图像的校正、变换、增强、配准、镶嵌、显示，各种算术和逻辑运算，各种度量的计算，直方图及各种统计量的计算，特征参数的提取及监督分类、非监督分类等。专题应用软件是解决各种专业具体问题的软件。

第二节　遥感图像复原

一、遥感图像退化

遥感信息资料获取过程，受地表物体大气传输特性，平台运行特征以及传感器系统等方面的因素影响，使所获得的图像发生强度、频率及空间的变化，出现对比度下降、边缘模糊、几何畸变等，这种在图像形成过程中产生的图像失真，称为图像退化。针对图像退化的原因进行误差校正，称为图像的复原。

一幅数字图像表征了两方面的特性：其一是空间的，表明了一幅图像的几何分布特征，另一是辐射量的，描述了在某种几何分布上的光谱辐射特性。相应的，图像的退化可以分为两方面：辐射量的和几何上的，对应的复原方法称为辐射校正和几何校正。

遥感图像的退化是由三方面因素引起的：大气传输，传感器系统的传输变换，运载系统的运动等，各种因素导致的退化现象各不相同。

1. 大气模糊退化

地面辐射的波谱能量经大气传输到传感器的输入口，大气对辐射能量产生散射、吸收作用，构成近似于光学成像的系统；其效应使地面像场点源函数在像平面上出现"焦散"，即每一像元点灰度值不仅包含本点所对应的地面辐射能量信号，还包含邻近点的信号。这种附加的信息对本像元点影响的程度与邻点到本点的距离有关，距离越近影响越大。从傅氏分析角度来说，大气对波谱能量信息传输产生低通滤波作用，每一点源相当于一脉冲信号，经大气的滤波损失了高频分量，并使对比度降低。大气退化的另一效应表现为大气湍流扰动，在局部范围内使大气的折射率发生变化，使点源的辐射能量在传播方向上发生小范围的偏离，以致图像对比度下降，边缘模糊，附加噪音。

此外，大气对地面辐射能量的散射、吸收，导致大气获得平均能量，使大气发射作为背景附加于信号上一起传输到传感器，构成与信息无关的噪音，而大气的湍流扰动更加强了噪音效果。

2. 传感器变换退化

传感器的退化因素来源于分光系统、光电转换、数字化等过程所引入的误差，包括光衍射效应，光电转换系统产生的频率失真效应、噪音效应，数字化过程的次抽样误差及量化误差等。这种退化效应使图像对比度下降，边缘模糊。

3. 运载系统运动退化

传感器运载系统在扫描过程中出现了姿态、速度、高度等偏离正常状态的空间位移，传感器扫描镜速度随时间的变化、扫描期间地球的自转等原因，使图像的像元空间位置发生偏移，图像出现几何变形。

二、遥感图像的几何校正

遥感成像时，由于飞行器姿态（侧滚、俯仰、偏航）、高度、速度，地球自转等因素而造成图像相对于地面目标而发生几何畸变，畸变表现为像元相对于地面目标实际位置发生挤压、扭曲、伸展和偏移等，针对几何畸变进行的误差校正称几何校正。这种畸变是随机产生的，多采用地面控制点的方法进行纠正。

图像几何纠正一般包括两个方面：①图像像元空间位置的变换，②像元灰度值的内插。故遥感图像几何纠正分为两步，第一步作空间变换，第二步作像元灰度值内插。

对一幅遥感图像进行几何纠正，首先应该在图像上和对应的地形图上寻找一些典型的地物目标（或地面 GPS 实测的点）作为控制点，这些控制点分布应均匀合理，然后查找和计算这些控制点的图像坐标和大地坐标，并按某种数学变换关系进行控制点几何纠正。几何校正常用的变换关系是高次多项式，通过地面控制点数据对原始图像的几何畸变过程进行数学模拟，建立原始畸变图像空间坐标 (u, v) 与大地标准空间坐标 (x, y) 的数学对应关系，从而利用这种数学关系将畸变图像空间的像元转换为大地标准空间中的像元。

下面以一次多项式线性回归为例进行纠正内插。若已知三个控制点 1、2、3 的大地坐标分别为 (x_1, y_1)、(x_2, y_2)、(x_3, y_3)，而对应的图像坐标分别为 (u_1, v_1)、(u_2, v_2)、(u_3, v_3)。两坐标系的关系为：

$$\left.\begin{aligned} x = c_0 + c_1 u + c_2 v \\ y = d_0 + d_1 u + d_2 v \end{aligned}\right\} \tag{6-2}$$

把三个控制点的坐标值代入式（6-2），得：

$$\left.\begin{aligned} x_1 &= c_0 + c_1 u_1 + c_2 v_1 \\ y_1 &= d_0 + d_1 u_1 + d_2 v_1 \\ x_2 &= c_0 + c_1 u_2 + c_2 v_2 \\ y_2 &= d_0 + d_1 u_2 + d_2 v_2 \\ x_3 &= c_0 + c_1 u_3 + c_2 v_3 \\ y_3 &= d_0 + d_1 u_3 + d_2 v_3 \end{aligned}\right\} \tag{6-3}$$

根据式（6-3）解出 c_0、c_1、c_2、d_0、d_1、d_2 六个系数，再代回式（6-2），就可把

1、2、3 三个控制点所控制的三角形范围内的任意像元点 (u, v) 转换为大地坐标 $(x、y)$ 了。然后再选其他控制点重复以上步骤，直至整个像幅都进行纠正变换。

值得注意，几何校正中控制点的数目对校正精度有很大影响，所用地面控制点越多，校正精度越高，测绘与计算工作量就越大；反之，所用地面控制点越少，校正精度越低，测绘与计算工作量也越小。同时，变换关系多项式的阶数取得越高，所用地面控制点越多，校正精度越高。所以，在进行几何校正时要选择和控制控制点的数目，不能太多，也不能太少。根据经验，一幅遥感图像一般选择 16～20 个控制点就行了。

校正后标准图像空间中像元的灰度数值也要重新取样，即用原始图像空间的数据进行拟合，常用方法有最近邻法、双线性内插法和三次卷积法。经过空间的变换和重取样，就完成了几何校正。

三、遥感图像的辐射校正

利用遥感观测目标物辐射或反射的电磁波能量时，从遥感得到的测量值与目标物的光谱反射率或光谱辐射亮度等物理量是不一致的，这是因为测量值中包含太阳位置、传感器性能及空间状态、薄雾及霭等大气条件所引起的失真。为了正确评价目标物的反射特性及辐射特性，必须消除这些失真。消除图像数据中依附在辐射亮度中的各种失真的过程叫辐射校正，包括由传感器的灵敏度特性所引起的畸变校正，由太阳高度和地形等所引起的畸变校正，以及大气质量引起的畸变校正。

1. 传感器的灵敏度特性引起的畸变校正

由光学系统的特性引起的畸变校正：在使用透镜的光学系统中，承影面中存在着边缘部分比中心部分暗的现象（边缘减光）。若光轴到承影面边缘的视场角为 θ，则理想的光学系统中某点的光量与 $\cos^n\theta$ 几乎成正比，利用这一性质可进行校正。

由光电变换系统的特性引起的畸变校正：由于光电变换系统的灵敏度特性通常有较高的重复性，故可定期地在地面测定其特性，根据测量值进行校正。

2. 太阳高度及地形等引起的畸变校正

视场角和太阳角的关系所引起的亮度变化的校正：太阳光在地表反射、散射时，其边缘比周围更亮的现象叫太阳光点（sun spot），太阳高度高时容易产生。太阳光点与边缘减光等都可以用推算阴影（shading）曲面的方法进行纠正。阴影曲面是指在图像的阴暗变化范围内，由太阳光点及边缘减光引起的畸变成分。一般用傅立叶分析等提取出图像中平稳变化的成分作为阴影曲面。

地形倾斜的影响校正：当地形倾斜时，经过地表扩散、反射才入射到传感器的太阳光的辐射亮度就会因倾斜度而变化，故必须校正其影响。可采用地表的法线矢量和太阳光入射矢量的夹角进行校正，或对消除了光路辐射成分的图像数据采用波段间的比值进行校正。

3. 大气校正

大气会引起太阳光的吸收、散射，也会引起来自目标物的反射及散射光的吸收、散射，入射到传感器的除目标物的反射光外，还有大气引起的散射光（光路辐射），消除并校正这些影响的处理过程叫大气校正。

大气校正方法大致可分为：利用辐射传递方程式的方法，利用地面实况数据的回归分析方法和最小值去除法。

第三节　遥感图像增强

一、反差增强与密度分割

（一）反差增强

人们对黑白影像的识别是通过各像元间的亮度（灰度）差异来实现的。但并不等于有灰度差异存在就能识别，而是当这种差异达到一定程度时人眼才能识别。遥感图像数据的亮度范围是针对整个地球各种地物反射的亮度值而设计的，一幅图像由于地物种类的局限，其所包含的亮度值只是整个亮度范围的一部分，亮度范围较窄，呈低反差状态，且客观存在的大气散射作用又使影像的反差比降得更低。这些都使得研究对象模糊不清。反差增强就是通过对单张影像的像元 (x, y) 的灰度值 $f(x, y)$ 进行变换处理，得到各像元点新的灰度值 $g(x, y)$，扩展图像的灰度范围，以增大亮度差异，突出影像的细微结构和灰度差异，提高影像的分辨能力。

1. 线性变换

线性变换是将原始图像各亮度值按线性关系进行变换，使图像的亮度范围扩展到任意指定范围或整个动态范围。线性变换是图像增强处理最常用的方法，采用的变换公式为：

$$g(x,y) = T[f(x,y)] = A + Bf(x,y) \tag{6-4}$$

式中：T 为变换函数；A、B 为变换参数，由原始图像和变换图像的灰度值动态范围决定。线性变换可分为普通线性变换和分段线性变换。

（1）普通线性变换。假设变换前图像的亮度范围 f 为 $a_1 \sim a_2$，变换后图像的亮度范围 g 为 $b_1 \sim b_2$，一般要求 $b_1 < a_1$，$b_2 > a_2$，普通线性变换如图 6-4 所示，变换方程为：

$$\frac{g - b_1}{b_2 - b_1} = \frac{f - a_1}{a_2 - a_1} \quad f \in [a_1, a_2], g \in [b_1, b_2]$$

则

$$g = \frac{b_2 - b_1}{a_2 - a_1}(f - a_1) + b_1 \tag{6-5}$$

普通线性变换将原始图像的灰度范围不加区别地扩展，缺乏针对性。

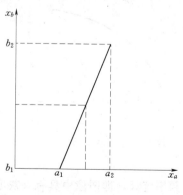

图 6-4　线性变换

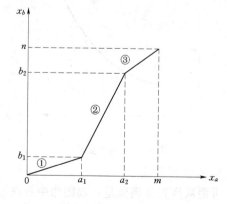

图 6-5　分段线性变换

(2) 分段线性变换。在实际应用中，为了突出图像中感兴趣的对象，更好地调节图像的反差，需要在一些灰度段拉伸，而在另一些灰度段压缩，这种变换称为分段线性变换。分段线性变换如图 6-5 所示，在变换坐标系中成为折线，折线间断点的位置根据需要决定，对应的变换函数在不同的区间有不同的线性方程。

$$\left.\begin{array}{lll} \text{第一段} & g=\dfrac{b_1}{a_1}f & f\in[0,\ a_1],\ g\in[0,\ b_1] \\[2mm] \text{第二段} & g=\dfrac{b_2-b_1}{a_2-a_1}(f-a_1)+b_1 & f\in[a_1,\ a_2],\ g\in[b_1,\ b_2] \\[2mm] \text{第三段} & g=\dfrac{n-b_2}{m-a_2}(f-a_2)+b_2 & f\in[a_2,\ m],\ g\in[b_2,\ n] \end{array}\right\} \qquad (6-6)$$

2. 非线性变换

非线性变换是有选择的对某些灰度范围进行扩展，其他范围的灰度值则有可能被压缩。与分段线性变换不同的是非线性变换在整个灰度范围内采用统一的变换函数，利用函数的性质实现对不同灰度值区间的扩展和压缩。非线性变换的函数很多，常用的有指数变换和对数变换。

(1) 指数变换。指数变换的变换函数曲线如图 6-6 所示，它在亮度值较高的部分扩大亮度间隔，属于拉伸；而在亮度值较低的部分缩小亮度间隔，属于压缩。函数表达式为：

$$g=be^{af}+c \qquad (6-7)$$

式中：a、b、c 为可调参数，可以改变指数函数曲线的形态，从而实现不同的拉伸比例。

(2) 对数变换。对数变换的变换函数曲线如图 6-7 所示，与指数变换相反，它在亮度值较低的部分拉伸扩展，而在亮度值较高的部分压缩，其数学表达式为：

$$g=b\lg(af+1)+c \qquad (6-8)$$

式中：a、b、c 为可调参数，由使用者决定其值。

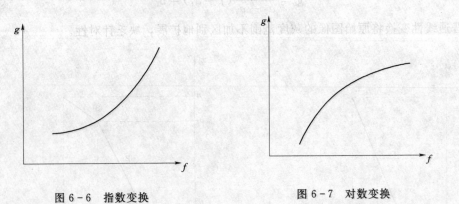

图 6-6　指数变换　　　　　　　　　　图 6-7　对数变换

3. 直方图修改

所谓灰度直方图就是一幅图像中各灰度值出现的频率统计，即图像中具有该灰度级的像元个数，一幅图像的直方图基本上可以描述图像的概貌。原始遥感图像的直方图分布常集中于某一灰度区域，影像反差较小，显得非常模糊。为此，常常通过修改直方图的方法来调整图像的灰度分布情况，改善图像的灰度层次，使图像表现得清晰明亮。直方图修改主要有均衡化和规定化两种。

（1）直方图均衡化。直方图均衡化是指经过某种变换，将原始图像的直方图变为均匀分布的形式，也就是将一已知灰度概率密度分布的图像，变成一幅具有均匀灰度概率密度分布的新图像。直方图均衡化是以累积分布函数处理原始图像，使得新图像在灰度层次上有相同的像元点分布，从而取得对各灰度层次一视同仁的结果，改善了图像质量。直方图均衡化的变换函数为：

$$T(r) = \int_0^r P_r(r)\mathrm{d}r \tag{6-9}$$

式中：r 为原始像元的灰度值；$P_r(r)$ 为 r 的概率密度。

对于离散的数字图像，变换函数 $T(r)$ 可改写为：

$$S_k = T(r_k) = \sum_{j=0}^k P_r(r_j) = \sum_{j=0}^k \frac{n_j}{n} \tag{6-10}$$

直方图均衡化一般会使原始图像的灰度等级减少，被合并的灰度级常是原始图像上出现频率较低的灰度级。

（2）直方图规定化。直方图规定化也称直方图匹配，是按照某个预先设定的形状来调整图像的直方图，有目的地增强某个灰度级范围内的图像。遥感数字图像处理中经常用直方图规定化进行增强处理，但其目的不是为了直接去增强一幅图像，而是为了使一幅图像与另一幅图像的色调尽可能保持一致。直方图规定化是在原始图像均衡化的基础上进行的。

（二）密度分割

遥感图像的灰度值表现为可见影像的时候称为密度，影像密度的变化是区分不同目标的主要依据。然而，人眼对密度的黑白区分能力很弱，一般仅能区分 6 级左右。为了更好地识别不同的灰度（密度）差异，提高解译效果，将连续的影像灰度（密度）分割成若干有限的等级，使一定亮度间隔对应某一类或几类地物，并以不同的颜色表示不同的密度等级，从而得到假彩色密度影像，如表 6-4 所示。这种图像增强的方法称为密度分割，它实质上是彩色增强的一种。

表 6-4　　　　　　　　　　　　**密度分割线性分级示例**

等级	1	2	3	4	5	6	7	8
透过率（%）	0.00～0.125	0.125～0.250	0.250～0.375	0.375～0.500	0.500～0.625	0.625～0.750	0.750～0.875	0.875～1.000
密度	≥0.90	0.90～0.60	0.60～0.42	0.42～0.30	0.30～0.20	0.20～0.12	0.12～0.06	0.06～0.00
颜色	蓝	浅蓝	绿	草绿	黄	橙	红	紫

密度分割的具体做法是：找出遥感数字图像中的最大亮度值和最小亮度值，在该亮

度范围内定出要分的级数和每级分割点的值，然后根据各像元亮度值的大小确定其属于哪一级或哪一类，并用指定的符号或颜色表示，就实现了密度分割。应注意，密度分割的灰度值级范围可以是等间隔的，也可以是任意间隔的，具体依据解译对象的特征确定。

对于遥感图像而言，如果分层方案与地物光谱差异对应得好，可以区分出地物的类别。例如：在红外波段，水体的吸收很强，在图像上表现为接近黑色，这时若取低亮度值为分割点并以某种颜色表现则可以分离出水体；同理，沙地反射率高，取较高亮度为分割点，可以从亮区以彩色分离出沙地。因此，只要掌握地物光谱的特点，就可以获得较好的地物类别图像。当地物光谱的规律性在某一影像上表现不太明显时，可以简单地对每一层亮度值赋色，以得到彩色影像，所得影像也会较一般黑白影像的目视效果好。

影像密度分割技术的优点是能将影像密度以不同的符号或色彩表示，使人眼对密度等级的分辨力大大提高。某些小而弱的信息，通过放大倍率的调节及视频放大，也可获得加强，因而假彩色密度分割片具有更好的解像力。同时密度分割能明确地表示各级密度的分布范围，突出影像轮廓，使影像解译容易而准确，对解译线性构造和环形构造的效果尤为明显，并能较快算出各级密度分布的面积和所占比例。

二、多光谱图像增强处理

现代遥感技术获取的信息大多是多光谱数字图像，对多光谱图像进行增强处理是现代数字图像处理的重要内容。

（一）代数运算

两幅或多幅单波段图像，完成空间配准后，通过一系列代数运算，可以实现图像增强，达到提取某些信息或去掉某些不必要信息的目的。代数运算的本质是对两幅（或两幅以上）的多光谱图像的相应像元进行加、减、乘、除等四则运算，生成一幅新的图像。

1. 差值运算

两幅同样行、列数的图像，对应像元的亮度值相减就是差值运算，即

$$f_D(x,y) = f_1(x,y) - f_2(x,y) \qquad (6-11)$$

差值运算应用于两个波段时，相减后的值反映了同一地物光谱反射率之间的差。由于不同地物反射率差值不同，两波段亮度值相减后，差值大的就被突显出来。例如，当用红外波段减红波段时，植被的反射率差异很大，相减后的差值就大，而土壤和水在两个波段反射率差值就很小，因此相减后的图像可以把植被信息突出出来。如果不作相减，在红外波段上植被和土壤，在红色波段上植被和水体均难区分。图像的差值运算有利于目标与背景反差较小的信息提取，如冰雪覆盖区，黄土高原区的界线特征，海岸带的潮汐线等。

差值运算还常用于提取同一地区不同时相图像中随时间变化的动态信息。如监测森林火灾发生前后的变化和计算过火面积；监测水灾发生前后的水域变化和计算受灾面积及损失；监测城市在不同年份的扩展情况及计算侵占农田的比例等。

有时为了突出边缘，也用差值法将两幅图像的行、列各移一位，再与原图像相减，也可起到几何增强的作用。

2. 比值运算

比值运算就是将两幅同样行、列数的图像，对应像元的灰度值进行相除（除数不为0），即

$$f_R(x,y) = \frac{f_1(x,y)}{f_2(x,y)} \qquad (6-12)$$

比值运算可以检测波段的斜率信息并加以扩展，以突出不同波段间地物光谱的差异，提高对比度。该运算常用于突出遥感图像中的植被特征、提取植被类别或估算植被生物量，这种算法的结果称为植被指数。常用算法有：近红外波段/红波段，或（近红外－红）/（近红外＋红）。例如，TM4/TM3、AVHRR 2/AVHRR 1、（TM4－TM3）/（TM4＋TM3）、（AVHRR 2－AVHRR 1）/（AVHRR 2＋AVHRR 1）等，效果都很好。

比值运算对于去除地形影响也是非常有效的。由于地形起伏及太阳倾斜照射，使得山坡的向阳处与阴影处在遥感图像上的亮度有很大区别，同一地物向阳面和背阴面亮度不同，给图像分析解译造成困难，特别是在计算机分类时不能识别。比值运算可以去除地形因子影响，使向阳与背阴处都毫无例外地只与地物反射率的比值有关。比值处理还有其他多方面的应用，例如，研究浅海区的水下地形、土壤富水性差异、微地貌变化、地球化学反应引起的微小光谱变化，以及与隐伏构造信息有关的线性特征等，都有不同程度的增强。

（二）变换处理

遥感多光谱图像波段多，信息量大，对图像解译很有价值。但数据量太大，且一些波段的数据之间都有不同程度的相关性，存在着数据冗余。在实际进行图像处理计算时，通过函数变换，将不同波段或时相的图像进行一定的组合，这样的波段组合称为图像变换处理。多光谱图像通过图像变换处理，可达到保留主要信息，降低数据量，增强或提取有用信息，改善图像的信噪比，进行图像编码，并在图像识别的特征选择上发挥重要作用。其变换的本质是对遥感图像实行线性变换，使多光谱空间的坐标系按一定规律进行旋转。

所谓多光谱空间就是一个 n 维坐标系，每一个坐标轴代表一个波段，坐标值为亮度值，坐标系内的每一个点代表一个像元。像元点在坐标系中的位置可以表示成一个 n 维向量，即

$$X = [x_1, x_2, \cdots, x_i, \cdots, x_n]^T$$

其中每个分量 x_i 表示该点在第 i 个坐标轴上的投影，即亮度值。这种多光谱空间只表示各波段光谱之间的关系，而不包括任何该点在原图像中的位置信息，它没有图像空间的意义，遥感数据采用的波段数就是光谱空间的维数。

图像变换处理常用的有傅立叶（Fourier）变换、斜（Slant）变换、哈达玛（Hadamard）变换、离散余弦（DCT）变换、主成分（K-L）变换。表6-5是几种变换处理方法比较。下面主要介绍 K-L 变换及其与研究植物生长状况有关的 K-T 变换（也称为缨帽变换）。

表 6-5 几种图像变换处理方法比较

变换形式	定　义	特　点	效果及应用范围
傅立叶变换	用各种离散傅立叶变换矩阵 F 或它的近似形式去组合同一地区的不同波段或不同时相图像的方法	傅立叶变换的阵元有零值，即有波段的筛选作用	傅立叶变换可把整幅图像的信息很好地用若干个系数来表达
斜变换	用 N 维斜变换矩阵 S_N 或它的近似形式去组合同一地区不同波段或不同时相图像的方法	变换的效果与具体地区的波段特性及输入的波段秩序或输出分量顺序有关	图像编码有很好的信息压缩功能
哈达玛变换	用哈达玛矩阵或它的等价形式对图像的各波段所作的变换运算称为哈达玛变换	变换后各分量是各波段的和、差组合，第一分量为各波段的总和；每一分量均含有各波段相应的一些信息，但由于和、差运算的抵消，使某些地物信息产生混淆	可用于图像处理算法的硬件实现，图像数据的压缩、滤波和编码；信息压缩效果好；易模拟难分析
离散余弦（DCT）变换	用离散余弦矩阵对图像的各波段所作的变换称为离散余弦变换	有快速算法，只要求实数运算；在相关密切的图像处理中，最接近最佳的 K-L 变换	可用于图像编码和维纳滤波；可实现很好的信息压缩
K-L 变换	对同一地区的不同波段或不同时相图像，应用 K-L 变换矩阵进行组合的方法，这种方法又叫线性组合	使输出图像各分量间相关性减少；处理效果取决于具体地区的辐射波谱特性	可用于性能评价和寻找最佳性能；对小规模的向量，如彩色多光谱或其他特征向量有用；对一组图像集而言，具有均方差意义下最佳的信息压缩效果

1. K-L 变换

K-L 变换是离散（Karhunen-Loeve）变换的简称，又称为主成分变换，是图像变换中具有最佳性质的一种。它的数学意义是对某一组多光谱图像 X，利用 K-L 变换矩阵 A 进行线性组合，而产生一组新的多光谱图像 Y，表达式为：

$$Y = AX \tag{6-13}$$

式中：X 为变换前的多光谱空间的像元矢量；Y 为变换后的主分量空间的像元矢量；A 为变换矩阵，是 X 空间协方差矩阵 $\sum x‰$ 的特征向量矩阵的转置矩阵。

对图像中每一像元矢量逐个乘以矩阵 A，便得到新图像中的每一像元矢量。A 的作用是给多波段的像元亮度加权系数，实现线性变换。K-L 变换的特点是：①变换前各波段之间有很强的相关性，经过 K-L 变换组合，输出图像 Y 的各分量 y_i 之间将具有最小的相关性；②变换后的新波段各主分量所包括的信息量呈逐渐减少趋势，第一主分量集中了最大的信息量，第二主分量、第三主分量的信息量依次快速递减，到了第 n 分量，最后的分量信息几乎为零，包含的全是噪声。因此，在遥感数据处理时常常运用 K-L 变换作数据分析前的预处理，以实现数据压缩和图像增强。

（1）数据压缩。以 TM 图像为例，共有 7 个波段（除去分辨率低的第 6 波段，经常使用 TM1～5 和 7 共 6 个波段）处理起来数据量很大。进行 K-L 变换后，7 维的多光谱空间变换成 7 维的主分量空间，这时亮度不再与地物光谱值直接关联，但第一、或前二或前三个主分量，已包含了大多数的地物信息，足够分析使用，同时数据量却大大地减少了。应用中常常只取前三个主分量作假彩色合成，数据量可减少到 43%，既实现了数据压缩，也可作为分类前的特征选择。

（2）图像增强。K-L 变换后的前几个主分量，信噪比大，噪声相对小，因此突出了主要信息，达到增强图像的目的。此外将其他增强手段与之结合使用，会收到更好的效果。

2. K-T 变换

K-T 变换是 Kauth-Thomas 变换的简称，也称为缨帽变换。这种变换也是一种线性组合变换，其变换公式为：

$$Y = B \cdot X \tag{6-14}$$

式中，X 为变换前多光谱空间的像元矢量；Y 为变换后的新坐标空间的像元矢量；B 为变换矩阵。

该变换也是一种坐标空间发生旋转的线性变换，但旋转后的坐标轴不是指向主成分方向，而是指向与地面景物有密切关系的方向。

K-T 变换的应用主要针对 TM 数据和 MSS 数据，它抓住地面景物，特别是植被和土壤在多光谱空间中的特征，常常用于研究植物生长状况。

在式（6-13）中，矩阵 B 对 TM 与 MSS 数据是不同的，1984 年，Crist 和 Cicone 提出 TM 数据在 K-T 变换时的 B 值为

$$
B = \begin{bmatrix}
0.3037 & 0.2793 & 0.4743 & 0.5585 & 0.5082 & 0.1863 \\
-0.2848 & -0.2435 & -0.5436 & 0.7243 & 0.0840 & -0.1800 \\
0.1509 & 0.1973 & 0.3279 & 0.3406 & -0.7112 & -0.4572 \\
-0.8242 & -0.0849 & 0.4392 & -0.0580 & 0.2012 & -0.2768 \\
-0.3280 & -0.0549 & 0.1075 & 0.1855 & -0.4357 & 0.8085 \\
0.1084 & -0.9022 & 0.4120 & 0.0573 & -0.0251 & 0.0238
\end{bmatrix}
$$

矩阵 B 为 6×6 的矩阵，主要针对 TM 的 1～5 和第 7 波段，低分辨率的热红外（第 6）波段不予考虑。B 与矢量 X 相乘后得到新的 6 个分量 Y，其中，$X = (x_1, x_2, \cdots, x_6)$，$Y = (y_1, y_2, \cdots, y_6)^T$。经研究，新分量的前三个分量与地面景物的关系密切。

y_1 为亮度，实际上是 TM 的 6 个波段的加权和，反映出图像总体的反射值。y_2 为绿度，从变换矩阵 B 的第二行系数值，波长较长的红外波段 5 和 7 即 x_5、x_7 有很明显的抵削，剩下 4 与 1、2、3 波段，刚好是近红外与可见光部分的差值，反映了绿色生物量的特征。y_3 为湿度，该分量反映了可见光和近红外波段 1～4 与波长较长的红外 5、7 波段的差值，而 5、7 两波段对土壤湿度和植被湿度最为敏感，易于反映出湿度特征。y_4、y_5、y_6 这三个分量没有与景物明确的对应关系，因此 K-T 变换后只取前三个分量，这样也实现了数据的压缩。

为了更好地分析农作物生长过程中植被与土壤特征的变化。将亮度 y_1 和绿度 y_2 两分

量组成的二维平面称为植被视面，将湿度 y_2 和亮度 y_1 两分量组成的二维平面称为土壤视面；最后，湿度 y_3 与绿度 y_2 组成第三个面称为过渡区视面。这三个分量共同组成一个新的三维空间，植被和土壤的特征便看得更清楚了。

（三）彩色增强

根据色度学理论，将多幅单波段灰度图像叠加显示，形成彩色图像；或者是把单波段灰度图像通过密度分割，分别赋予不同的色彩，这种图像处理方法称为彩色增强。

1. 彩色合成变换

多波段影像进行彩色合成变换时，方案的选择十分重要，它决定了彩色影像能否显示较丰富的地物信息或突出某一方面的特征。以陆地卫星 Landsat 的 TM 影像为例，TM 的 7 个波段中，第 2 波段是绿色波段（$0.52\sim0.60\mu m$），第 3 波段是红色波段（$0.61\sim 0.75\mu m$），第 4 波段是近红外波段（$0.76\sim0.90\mu m$），当 4、3、2 波段分别赋予红、绿、蓝色时，即绿波段赋蓝，红波段赋绿，红外波段赋红时，这一合成方案被称为标准假彩色合成，是一种最常用的合成方案。

实际应用时，应根据不同的应用目的经实验、分析，寻找最佳合成方案，以达到最好的目视效果。通常，以合成后的信息量最大和波段之间的信息相关最小作为选取合成的最佳目标，例如，TM 的 4、5、3 波段依次被赋予红、绿、蓝色进行合成，可以突出较丰富的信息，包括水体、城区、山区、平原及线性特征等，有时这一合成方案甚至优于标准的 4、3、2 波段的假彩色合成。

2. IHS 变换

HIS 是代表色调（hue）、明度（illumination）和饱和度（saturation）的颜色系统，即孟塞尔颜色系统。该颜色系统可以用近似的颜色立体来定量化，如图 6-8 所示。颜色立体曲线锥形改成上下两个六面金字塔状。环绕垂直轴的圆周代表色调（H），以红色为 0°，逆时针旋转，每隔 60°改变一种颜色并且数值增加 1，一周 360°刚好 6 种颜色，顺序为红、黄、绿、青、蓝、品红。垂直轴代表明度（I），取黑色为 0，白色为 1，中间为 0.5。从垂直轴向外沿水平面的发散半径代表饱和度（S），与垂直轴相交处为 0，最大饱和度为 1。根据这一定义，对于黑白色或灰色，即色调 H 无定义，饱和度 $S=0$，当色调处于最大饱和度时 $S=1$，这时 $I=0.5$。（从视觉角度看，饱和度最大时，不同色调的明度不是相同的值）。

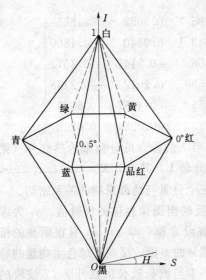

图 6-8 IHS 彩色变换示意图

IHS 变换就是 RGB 颜色系统与 HIS 颜色系统之间的变换。当色彩的表达定量化，并且从常用的红绿蓝（RGB）颜色系统转换到 HIS 颜色系统表达时，有一种计算方法设计如下（J. D. Foleyetl, 1990）：设 I_R、I_G、I_B 均为 $0\sim1$ 的实型数据，H 为 $0\sim360$ 的实型数据，I 和 S 为 $0\sim1$ 的实型数据。其中有一例外，即当 $S=0$ 时 H 无定义值。

（1）明度值计算。变换前红绿蓝各波段的归一化亮度值用带下标的 I 表示，即 I_R、I_G、I_B，变换后的明度值用不带下标的 I 表示。

设 I_{max} 为 I_R、I_G、I_B 三个值中的最大值，I_{min} 为 I_R、I_G、I_B 三个值中的最小值，则

$$I = (I_{max} + I_{min})/2 \tag{6-15}$$

当 $I_{max} = I_{min}$ 时，说明 $I_R = I_C = I_B$，为灰色，这时 $S = 0$，H 无定义值。

（2）饱和度计算。对于一般色彩情况，若 $I \leqslant 0.5$，则

$$S = (S_{max} - S_{min})/(S_{max} + S_{min}) \tag{6-16}$$

若 $I > 0.5$，则

$$S = (S_{max} - S_{min})/[(1 - S_{max}) + (1 - S_{min})] \tag{6-17}$$

（3）色调计算。设 $\Delta H = H_{max} - H_{min}$，当 $H_R = H_{Rmax}$ 时，则

$$H = 60[(H_G - H_B)/\Delta H] \tag{6-18}$$

这时色调位于黄和品红之间。

当 $H_G = H_{Gmax}$ 时，则

$$H = 60[2 + (H_B - H_R)/\Delta H] \tag{6-19}$$

这时色调位于青和黄色之间，所以以红段为基准加上 2，跳到绿段附近。

当 $H_B = H_{Bmax}$ 时，则

$$H = 60[4 + (H_R - H_G)/\Delta H] \tag{6-20}$$

这时色调跳到蓝区附近，即品红和青之间。以上 H 如为负值，则加 360° 成为第四象限的正值。

通过以上运算可以把 RGB 模式转换成 HIS 模式，这两种模式的转换对于定量地表示色彩特性具有重要意义。从遥感角度讲，由多光谱图像的 3 个波段构成的 RGB 分量经 IHS 变换后，可以将图像的空间特征与光谱特征进行分离，变换后的明度分量 I 与地物表面粗糙度相对应，代表地物的空间几何特征，色调分量 H 代表地物的主要频谱特征，饱和度分量 S 表示色彩的纯度。

三、图像滤波处理

滤波是指对频率特征的一种筛选技术。图像的滤波处理即对图像中某些空间纹理特征的信息增强或抑制，如增强高频信息抑制低频信息，即突出边缘、线条、纹理、细节；增强低频，抑制高频信息，即去掉细节，保留图像中的主干、粗结构。

图像的滤波增强实质是增强图像的某些空间频率特征，即改善目标与其邻域间像元的对比关系。滤波增强技术有两种：空间域滤波和频率域滤波。空间域滤波是在图像的空间变量内进行局部运算，使用空间二维卷积方法实现滤波；频率域滤波使用傅立叶分析等方法，通过修正原图像的傅立叶变换式实现滤波。比较两种方法，空间域滤波运算简单，易于实现，但精度较差，增强容易过渡，使图像有不协调感觉；频率域滤波计算量相对较大，精度比较高，图像显示较协调。应用时应根据实际情况权衡选择。

（一）空间域滤波

空间域滤波是在图像的空间变量内进行局部运算，使用空间二维卷积方法对每一像元的邻域进行处理完成的。

1. 图像卷积运算

图像卷积运算是在空间域上对图像作局部检测的运算，以实现平滑和锐化的目的。图6-9是应用模板进行滤波的示意图，具体运算方法如下：

（1）选定一卷积函数，又称为模板 $T(m, n)$，实际上是一个 $M \times N$ 图像。

（2）从图像左上角开始开一与模板同样大小的活动窗口，图像窗口与模板像元的灰度值对应相乘再相加。假定模板大小为 $M \times N$，窗口为 $X(m, n)$，模板为 $T(m, n)$，则模板运算为：

$$r(i,j) = \sum_{m=1}^{M} \sum_{n=1}^{N} x(m,n)t(m,n) \qquad (6-21)$$

（3）将计算结果 $r(i, j)$ 放在窗口中心的像元位置，成为像元的新灰度值。

（4）然后活动窗口向右移动一个像元，再按式（6-18）同样的运算，仍旧把计算结果放在移动后的窗口中心位置上。依此逐点、逐行进行运算，直到全图像扫描一遍，生成新图像。

$x_{i-1,j-1}$	$x_{i-1,j}$	$x_{i-1,j+1}$
$x_{i,j-1}$	$x_{i,j}$	$x_{i,j+1}$
$x_{i+1,j-1}$	$x_{i+1,j}$	$x_{i+1,j+1}$

$t_{i-1,j-1}$	$t_{i-1,j}$	$t_{i-1,j+1}$
$t_{i,j-1}$	$t_{i,j}$	$t_{i-1,j+1}$
$t_{i+1,j-1}$	$t_{i+1,j}$	$t_{i-1,j+1}$

	$r_{i,j}$	

图 6-9　空间域模板滤波示意图

2. 平滑滤波

平滑滤波对图像的低频分量进行增强，同时削弱高频分量，所以一般用于消除图像中的随机噪声，从而起到图像平滑的作用。具体处理方法有：

（1）均值平滑。将每个像元在以其为中心的邻域内取平均值来代替该像元值，以去掉尖锐"噪声"点。但均值平滑在消除噪声的同时，使图像中的一些细节变得模糊。均值计算公式为：

$$r(i,j) = \frac{1}{MN} \sum_{m=1}^{M} \sum_{n=1}^{N} x(m,n) \qquad (6-22)$$

具体计算时常用 3×3、5×5、7×7 的模板，取所有模板系数为 1，或中心像元的系数为 0，其他系数为 1 作卷积运算。

（2）中值滤波。中值滤波是将每个像元在以其为中心的邻域内取中间灰度值来代替该像元值，以达到去除尖锐"噪声"和平滑图像的目的。其特点是在消除"噪声"的同时还能保持图像中的细节部分，防止边缘模糊。具体计算方法与模板卷积方法类似，仍采用活动窗口的扫描方法。取值时，将窗口内所有像元按灰度值大小排序，取中间灰度值作为中心像元的灰度值。所以模板 $M \times N$ 取奇数为好。

一般来说，图像亮度为阶梯状变化时，取均值平滑比取中值滤波要明显得多，而对于突出亮点的"噪声"干扰，从去"噪声"后对原图的保留程度看，取中值要优于取均值。

3. 锐化滤波

为了突出图像的边缘、线状目标或某些亮度变化率大的部分，采用锐化滤波方法。锐化滤波可以增强图像中物体的边缘轮廓，从而减弱图像的低频分量，使得除边缘以外的像元的灰度值都趋向于 0。所以，锐化后的图像已不再具有原遥感图像的特征而成为边缘图像；有时可通过锐化，直接提取出需要的信息。锐化的方法很多，在此只介绍常用的几种。

（1）罗伯特梯度。梯度是函数的一阶导数，反映了相邻像元的灰度变化率。图像中如果存在边缘，如湖泊、河流的边界，山脉和道路等，则边缘处有较大的梯度值；对于亮度值较平滑的部分，梯度值较小。因此，找到梯度较大的位置，也就找到边缘，然后再用不同的梯度计算值代替边缘处像元的值，也就突出了边缘，实现了图像的锐化。

罗伯特梯度方法也可以近似地用模板计算，其公式表示为

$$| \, \mathrm{grad} f \, | \approx | \, t_1 \, | + | \, t_2 \, | \tag{6-23}$$

即

$$| \, \mathrm{grad} f \, | \approx | \, f(i,j) - f(i+1,j+1) \, | + | \, f(i+1,j) - f(i,j+1) \, | \tag{6-24}$$

模板有两个，表示为

$$t_1 = \begin{pmatrix} 1 & 0 \\ 0 & -1 \end{pmatrix} \qquad t_2 = \begin{pmatrix} 0 & -1 \\ 1 & 0 \end{pmatrix}$$

相当于窗口 2×2 大小，用模板 t_1 作卷积计算后取绝对值加上模板 t_2 计算后的绝对值。计算出的梯度值放在左上角的像元 $f(i,j)$ 的位置，成为 $r(i,j)$。这种算法的意义在于用交叉的方法检测出像元与其邻域在上下之间或左右之间或斜方向之间的差异，最终产生一个梯度影像，达到提取边缘信息的目的。有时为了突出主要边缘，需要将图像的其他亮度差异部分模糊掉，故采用设定阈值的方法，只保留较大的梯度值来改善锐化后的效果。

（2）索伯尔梯度。索伯尔方法是前述方法的改进，将式 6-21 中的模板改进成为：

$$t_1 = \begin{bmatrix} 1 & 2 & 1 \\ 0 & 0 & 0 \\ -1 & -2 & -1 \end{bmatrix} \qquad t_2 = \begin{bmatrix} -1 & 0 & 1 \\ -2 & 0 & 2 \\ -1 & 0 & 1 \end{bmatrix}$$

与罗伯特方法相比，此法较多地考虑了邻域点的关系，使窗口由 2×2 扩大到 3×3，使检测边界更加精确。

（3）拉普拉斯算子。与梯度不同，拉普拉斯算子是二阶偏导数，对于离散的遥感图像，其公式表示为：

$$\nabla^2 f(i,j) = - f(i,j+1) - f(i,j-1) - f(i+1,j) - f(i-1,j) + 4f(i,j) \tag{6-25}$$

在模板卷积运算中，将模板定义为

$$t(m,n) = \begin{bmatrix} 0 & 1 & 0 \\ 1 & -4 & 1 \\ 0 & 1 & 0 \end{bmatrix}$$

即上下左右 4 个邻点的值相加再减去该像元值的 4 倍，作为这一像元的新值。拉普拉斯算子不检测均匀的亮度变化，而是检测变化率的变化，计算出的图像更加突出灰度值突变的位置。

有时，也用原图像的值减去模板运算结果的整数倍，即

$$r'(i,j) = f(i,j) - kr(i,j) \tag{6-26}$$

式中：$r(i, j)$ 为拉普拉斯运算结果；k 为正整数；$f(i, j)$ 为原图像；$r'(i, j)$ 为最后结果。

这样的计算结果保留了原图像作为背景，边缘之处加大了对比度，更突出了边界位置。

（4）定向滤波。当有目的地检测某一方向的边、线或纹理特征时，可选择特定的方向模板，做卷积运算。定向滤波常用的模板算子见图 6-10。

$$\begin{bmatrix} -1 & -1 & -1 \\ 2 & 2 & 2 \\ -1 & -1 & -1 \end{bmatrix} \qquad \begin{bmatrix} -1 & -1 & 2 \\ -1 & 2 & -1 \\ 2 & -1 & -1 \end{bmatrix} \qquad \begin{bmatrix} 2 & -1 & -1 \\ -1 & 2 & -1 \\ -1 & -1 & 2 \end{bmatrix} \qquad \begin{bmatrix} -1 & 2 & -1 \\ -1 & 2 & -1 \\ -1 & 2 & -1 \end{bmatrix}$$

(a) $\qquad\qquad\qquad$ (b) $\qquad\qquad\qquad$ (c)

图 6-10　定向滤波模板

(a) 水平方向；(b) 对角线方向；(c) 垂直方向

平滑滤波与锐化滤波差别在于：平滑模板各系数的符号均为正，反映了平滑具有积分求和的性质；而锐化模板各个系数的符号正好相反，反映了锐化滤波微分求差的性质，而且模板系数的和正好为 0。因此，可以根据平滑滤波与锐化滤波的性质，自行设计模板。

（二）频率域滤波

任何一幅图像都是由按顺序排列的像元组成的若干条扫描线构成的，若以扫描线的像元点位置为横坐标，以像元点的灰度值为纵坐标绘制成的扫描线就是一条曲线。任何一条复杂的曲线，都可以通过数学的方法把它分解成若干条不同波长（频率）的简单波形曲线。频率域滤波就是把各个扫描线所绘成的（复式）波形曲线，通过计算机的空间滤波程序分解成不同波长（频率）的简单波形曲线；并根据需要舍去不需要的频率波形曲线，选择适宜的频率波形曲线，重新组成新的图像，以突出不同的地物。所以，频率域滤波首先是将空间域图像变换成频率域图像，然后对频率域图像的频谱进行修改，达到增强的目的。图像从空间域变换到频率域后，低频分量对应图像中灰度值变化缓慢的区域，而高频分量则表征了图像中物体的边缘和随机噪声等信息。

1. 频率域滤波基本技术

频率域滤波的理论基础是傅立叶变换与卷积理论，基本步骤如下

（1）对原始图像 $f(x, y)$ 进行傅立叶变换，得到频率域图像 $F(u, v)$。

$$F(u,v) = F[f(x,y)] = \frac{1}{MN}\sum_{x=0}^{M-1}\sum_{y=0}^{N-1}f(x,y)\exp[-j2\pi(ux/M + vy/N)] \tag{6-27}$$

（2）将 $F(u, v)$ 与滤波函数 $H(u, v)$ 进行卷积运算得到 $G(u, v)$。

$$G(u,v) = H(u,v) \cdot F(u,v) \tag{6-28}$$

（3）将 $G(u, v)$ 进行傅立叶逆变换，得到增强的图像 $g(x, y)$。

$$g(x,y) = F^{-1}[G(u,v)] = \frac{1}{MN}\sum_{u=0}^{m-1}\sum_{v=0}^{n-1}G(u,v)\exp[j2\pi(ux/M + vy/N)] \tag{6-29}$$

$g(x, y)$ 可以突出 $f(x, y)$ 的某一方面的特征，其决定于所选择的滤波函数 H

(u, v)。频率域滤波根据所选择的频率可分为低通滤波、高通滤波、带通滤波和方向滤波。

2. 低通滤波

低通滤波是指保留低频分量，而减弱或抑制高频分量。理想的低通滤波函数如下：

$$H(u,v) = \begin{cases} 1 & D(u,v) \leqslant D_0 \\ 0 & D(u,v) > D_0 \end{cases} \tag{6-30}$$

式中：D_0 为非负整数；$D(u, v)$ 为从点 (u, v) 到频率平面原点的距离，即

$$D(u,v) = \sqrt{u^2 + v^2} \tag{6-31}$$

理想的低通滤波函数的含义是指小于 D_0 的频率分量可以完全无损地通过，而大于 D_0 的频率分量则被完全衰减。

3. 高通滤波

高通滤波与低通滤波正好相反，它让图像频谱中的高频分量通过，阻挡低频分量。理想的高通滤波函数如下：

$$H(u,v) = \begin{cases} 0 & D(u,v) \leqslant D_0 \\ 1 & D(u,v) > D_0 \end{cases} \tag{6-32}$$

高通滤波让小于 D_0 的频率分量完全衰减，而大于 D_0 的频率分量则可以完全无损地通过。

4. 带通滤波与方向滤波

带通滤波是指保留特定频率范围的频率分量，而减弱或抑制其他频率范围的频率分量。理想的带通滤波函数如下：

$$H(u,v) = \begin{cases} 0 & D(u,v) < D_0 - w/2 \\ 1 & D_0 - w/2 \leqslant D(u,v) \leqslant D_0 + w/2 \\ 0 & D(u,v) > D_0 + w/2 \end{cases} \tag{6-33}$$

式中：w 为带的宽度；D_0 为中心频率；$D(u, v)$ 为从点 (u, v) 到频带中心 (u_0, v_0) 的距离，即

$$D(u,v) = \sqrt{(u - u_0)^2 + (v - v_0)^2} \tag{6-34}$$

带通滤波实际上是低通和高通滤波的组合。利用多个带通滤波器可以对图像进行频率分割处理。在不同的带通滤波图像上可以看到图像中的粗细纹理结构。

利用频率域滤波还可以对图像的某一方向的频率增强，以突出这个方向的线形地物。

第四节　遥　感　图　像　分　类

一、数字图像分类基本原理

数字图像上不同像元的灰度数值，反映了不同地物的光谱特性。通过计算机对像元数据进行统计、运算、对比和归纳，将像元分为不同的类群，以实现地物的分类和识别，这种方法称为数字图像的分类或计算机自动识别。

计算机遥感数字图像分类是模式识别技术在遥感领域中的具体应用。最常使用的方法是基于图像数据所代表的地物光谱特征的统计模式识别法。统计模式识别的关键是提取待

识别模式的一组统计特征值，然后按照一定准则作出决策，从而对数字图像予以识别。

遥感图像分类的主要依据是地物的光谱特征，即地物电磁波辐射的多波段测量值。任何物体都具有它的电磁波特性，但由于光照条件、大气干扰和环境因素等影响，同一物体的电磁波特征值不是固定的，这些测量值有一定的离散性。不过属于同一类型的物体总是具有相近的性质和特征，其特征值的离散符合概率统计规律，即以某一特征值为中心，有规律地分布于多维空间。故运用概率统计理论，通过计算机对大量遥感图像数据的处理分析、对比归纳，识别出各种物体的类别及分布。

分类过程中采用的统计特征变量包括：全局统计特征变量和局部统计特征变量。全局统计特征变量是将整个数字图像作为研究对象，从整个图像中获取或进行变换处理后获取变量，前者如地物的光谱特征，后者如对 TM 的 6 个波段数据进行 K－T 变换获得的亮度特征，利用这两个变量就可以对遥感图像进行植被分类。局部统计特征变量是将数字图像分割成不同识别单元，在各个单元内分别抽取统计特征变量。

统计特征变量可以构成特征空间，多波段遥感图像特征变量可以构成高维特征空间，具有很大的数据量。在很多情况下，利用少量特征就可以进行遥感图像的地学专题分类，因此需要从遥感图像 n 个特征中选取 k 个特征作为分类依据（这里 $n>k$），我们把从 n 个特征中选取 k 个更有效特征的过程称为特征提取。特征提取要求所选择的特征相对于其他特征更便于有效地分类，使图像分类不必在高维特征空间里进行，其变量的选择需要根据经验和反复的实验来确定。为了抽取这些最有效的信息，可以通过变换把高维特征空间所表达的信息内容集中在一到几个变量图像上。主成分变换可以把互相存在相关性的原始多波段遥感图像转换为相互独立的多波段新图像，而且使原始遥感图像的绝大部分信息集中在变换后的前几个组分构成的图像上，实现特征空间降维和压缩的目的。

遥感数字图像计算机分类的依据是图像像元的相似度。相似度是两类模式之间的相似程度，在遥感图像分类过程中，常使用距离和相关系数来衡量相似度。分类基本过程如下：

（1）首先明确遥感图像分类的目的及其需要解决的问题，在此基础上选取适宜的遥感数字图像，图像选取中应考虑图像的空间分辨率、光谱分辨率、成像时间、图像质量等。

（2）根据研究区域，收集与分析地面参考信息与有关数据。为提高计算机分类的精度，需要对数字图像进行辐射校正和几何纠正。

（3）对图像分类方法进行比较研究，掌握各种分类方法的优缺点，然后根据分类要求和图像数据的特征，选择合适的图像分类方法和算法。根据应用目的及图像数据的特征制定分类系统，确定分类类别。

（4）找出代表这些类别的统计特征。

（5）对遥感图像中各像元进行分类。包括对每个像元进行分类和对预先分割均匀的区域进行分类。

（6）分类精度检查。采用随机抽样方法，检查分类效果的好坏，或利用分类区域的调查材料、专题图对分类结果进行核查。

（7）对判别分析的结果进行统计检验。

遥感数字图像分类在数学上归结为选择恰当的判别函数，或者建立物体数学模式的问题。根据判别函数或模式的建立途径，数字图像分类方法包括监督分类和非监督分类。

（1）监督分类方法。首先需要从研究区域选取有代表性的训练场地作为样本，根据已知训练区提供的样本，通过选择特征参数（如像元亮度均值、方差等），建立判别函数，据此对样本像元进行分类，依据样本类别的特征来识别非样本像元的归属类别。

（2）非监督分类方法。是在没有先验类别（训练场地）作为样本的条件下，即事先不知道类别特征，主要根据像元间相似度的大小进行归类合并（将相似度大的像元归为一类）的方法。

二、监督分类

监督分类包括利用训练区样本建立判别函数的"学习"过程和把待分像元代入判别函数进行判别的过程。监督分类对训练场地的选取具有一定要求。

训练场地所包含的样本在种类上要与待分区域的类别一致。训练样本应在各类目标地物面积较大的中心选取，这样才有代表性。如果采用最大似然法，分类要求各变量正态分布，因此训练样本应尽量满足这一要求。

训练样本的数目应能提供足够的各类信息和克服各种偶然因素的影响。训练样本最少要满足能够建立分类用判别函数的要求，所需个数与所采用的分类方法、特征空间的维数、各类的大小与分布有关，如最大似然法的训练样本个数至少要 $n+1$ 个（n 是特征空间的维数），这样才能保证协方差矩阵的非奇异性。

监督分类中常用的具体分类方法包括：

1. 最小距离法

最小距离法是以特征空间中的距离作为像元分类的依据，包括最小距离判别法和最近邻域分类法。

（1）最小距离判别法。这种方法要求对遥感图像中每一个类别选一个具有代表意义的统计特征量（均值），首先计算待分像元与已知类别之间的距离，然后将其归属于距离最小的一类。

（2）最近邻域分类法。这种方法是上述方法在多波段遥感图像分类中的推广。在多波段遥感图像分类中，每一类别具有多个统计特征量。最近邻域分类法首先计算待分像元到每一类中每一个统计特征量间的距离，这样，该像元到每一类都有几个距离值，取其中最小的一个距离作为该像元到该类别的距离，最后比较该待分像元到所有类别间的距离，将其归属于距离最小的一类。

最小距离分类法原理简单，分类精度不高，但计算速度快，它可以在快速浏览分类概况中使用。

2. 多级切割法

通过设定在各轴上的一系列分割点，将多维特征空间划分成分别对应不同分类类别的互不重叠的特征子空间的分类方法。这种方法要求通过选取训练区，详细了解分类类别（总体）的特征，并以较高的精度设定每个分类类别的光谱特征上、下限值，以便构成特征子空间。对于一个未知类别的像元来说，它的分类取决于它落入哪个类别特征子空间中，如落入某个特征子空间中，则属于该类；如落入所有特征子空间之外，则属于未知类型。因此多级切割分类法要求训练区样本的选择必须覆盖所有的类型，在分类过程中，需要利用待分类像元光谱特征值与各个类别特征子空间在每一维上的值域进行内外判断，检查其落入哪个类别特征子空间中，直到完成各像元的分类。

多级分割法分类便于直观理解如何分割特征空间，以及待分类像元如何与分类类别相对应。但多级分割法要求分割面总是与各特征轴正交，如果各类别在特征空间中呈现倾斜分布，就会产生分类误差。因此运用多级分割法分类前，需要先进行主成分分析，或采用其他方法对各轴进行相互独立的正交变换，然后进行多级分割。

3. 特征曲线窗口法

特征曲线是地物光谱特征参数构成的曲线。由于地物光谱特征受到大气散射、天气状况等影响，即使同类地物，它们所呈现的特征曲线也不完全相同，而是在标准特征曲线附近摆动变化。因此，以特征曲线为中心取一个条带，构造一个窗口，凡是落在此窗口范围内的地物即被认为是一类，反之则不属于该类，这就是特征曲线法。特征曲线窗口法分类的依据是：相同的地物在相同的地域环境及成像条件下，其特征曲线是相同或相近的，而不同地物的特征曲线差别明显。特征曲线选取的方法可以有多种，如地物吸收特征曲线，它将标准地物的吸收特征值连接成曲线，通过与其他像元吸收曲线比较，进行分类；也可以在图像训练区中选取样本，把样本地物的亮度值作为特征参数，连接该地物在每波段参数值即构成该类地物的特征曲线。

特征曲线窗口法可以根据不同特征进行分类，如利用标准地物光谱曲线的位置、反射峰或谷的宽度和峰值的高度作为分类的识别点，给定误差容许范围，分别对每个像元进行分类；或者利用每一类地物的各个特征参数上、下限值构造一个窗口，判别某个待分像元是否落入该窗口，只要检查该像元各特征参数值是否落入到相应窗口之内。特征曲线窗口法分类的效果取决于特征参数的选择和窗口大小。各特征参数窗口大小的选择可以不同，它要根据地物在各特征参数空间里的分布情况而定。

4. 最大似然法

最大似然法（Maximum Iikelihood Classifier）是经常使用的监督分类方法之一，它是通过求出每个像元对于各类别的归属概率，把该像元分到归属概率最大的类别中去的方法。最大似然法假定训练区地物的光谱特征近似服从正态分布，利用训练区可求出均值、方差以及协方差等特征参数，从而可求出总体的先验概率密度函数。当总体分布不符合正态分布时，其分类可靠性将下降，这种情况下不宜采用最大似然法。

最大似然法在多类别分类时，常采用统计学方法建立起一个判别函数集，然后根据这个判别函数集计算各待分像元的归属概率。这里，归属概率是指：对于待分像元 x，它从属于分类类别 k 的（后验）概率。

设从类别 k 中观测到 x 的条件概率为 $P(x \mid k)$，则归属概率 L_k 可表示为如下形式的判别函数

$$L_k = P(k \mid x) = P(k) \times P(x \mid k) / \sum P(i) \times P(x \mid i) \qquad (6-35)$$

式中：x 为待分像元；$P(k)$ 为类别 k 的先验概率，它可以通过训练区来决定。

此外，由于上式中分母和类别无关，在类别间比较的时候可以忽略。

最大似然法必须知道总体的概率密度函数 $P(x \mid k)$。由于假定训练区地物的光谱特征和自然界大部分随机现象一样，近似服从正态分布（对一些非正态分布可以通过数学方

法化为正态问题来处理），通过训练区，可求出其平均值及方差、协方差等特征参数，从而可求出总体的先验概率密度函数。此时，像元 x 归为类别 k 的归属概率 L_k 表示如下（这里省略了和类别无关的数据项）

$$L_k(x) = \left[(2n)^{n/2} \times (\det\textstyle\sum_k)^{1/2}\right]^{-1} \times \exp\left[(-1/2) \times (x-\mu_k)^t \textstyle\sum_k^{-1}(x-\mu_k)\right]P(k)$$

$$(6-36)$$

式中：n 为特征空间的维数；$P(k)$ 为类别 A 的先验概率；$L_k(x)$ 为像元 x 归并到类别 k 的归属概率；x 为像元向量；μ_k 为类别 k 的平均向量（n 维列向量）；det 为矩阵 A 的行列式；$\sum_k$ 为类别 k 的方差、协方差矩（$n \times n$ 矩阵）。

须注意，各类别的训练数据至少要为特征维数的 2 到 3 倍以上，这样才能测定具有较高精度的均值及方差、协方差；如果 2 个以上的波段相关性强，那么方差协方差矩阵的逆矩阵可能不存在，或非常不稳定，在训练样本几乎都取相同值的均质性数据组时，这种情况也会出现。此时，最好采用主成分变换，把维数压缩成仅剩下相互独立的波段，然后再求方差协方差矩阵。

当各类别的方差、协方差矩阵相等时，归属概率变成线性判别函数，如果类别的先验概率也相同，此时是根据欧氏距离建立的线性判别函数，特别当协方差矩阵取为单位矩阵时，最大似然判别函数退化为采用欧氏距离建立的最小距离判别法。

三、非监督分类

非监督分类的前提是假定遥感影像上同类物体在同样条件下具有相同的光谱信息特征。非监督分类方法不必对影像地物获取先验知识，仅依靠影像上不同类地物光谱信息（或纹理信息）进行特征提取，再统计特征的差别来达到分类的目的，最后对已分出的各个类别的实际属性进行确认。

非监督分类主要采用聚类分析方法，聚类是把一组像元按照相似性归成若干类别，即"物以类聚"。它的目的是使得属于同一类别的像元之间的距离尽可能的小而不同类别上的像元间的距离尽可能的大。其常用方法如下。

1. 分级集群法

当同类物体聚集分布在一定的空间位置上，它们在同样条件下应具有相同的光谱信息特征，这时其他类别的物体应聚集分布在不同的空间位置上。由于不同地物的辐射特性不同，反映在直方图上会出现很多峰值及其对应的一些众数灰度值，它们在图像上对应的像元分别倾向于聚集在各自不同众数附近的灰度空间形成的很多点群，这些点群就叫做集群。

分级集群法采用"距离"评价各样本（每个像元）在空间分布的相似程度，把它们的分布分割或者合并成不同的集群。每个集群的地理意义需要根据地面调查或者与已知类型的数据比较后方可确定。

分级集群法的分类过程如下：

（1）确定评价各样本相似程度所采用的指标，距离或相关系数。

（2）初定分类总数 n。

（3）计算样本间的距离，根据距离最近的原则判定样本归并到不同类别。

（4）归并后的类别作为新类，与剩余的类别重新组合，然后再计算并改正其距离。在达到所要分类的最终类别数以前，重复样本间相似度的评价和归并，这样直到所有像元都归入到各类别中去。

分级集群方法的特点是这种归并的过程是分级进行的，在迭代过程中没有调整类别总数的措施，如果一个像元被归入到某一类后，就排除了再被归入到其他类别中的可能性，这样可能导致对一个像元的操作次序不同，会得到不同的分类结果，这是该方法的缺点。

2. 动态聚类法

在初始状态给出图像粗糙的分类，然后基于一定原则在类别间重新组合样本，直到分类比较合理为止，这种聚类方法就是动态聚类。下面给出其分类过程：

（1）按照某个原则选择一些初始聚类中心。在实际操作中，要把初始聚类数设定得大一些，同时引入各种对迭代次数进行控制的参数，如控制迭代的总次数、每一类别最小像元数、类别的标准差、比较相邻两次迭代效果以及可以合并的最大类别对数等。在整个迭代过程中，不仅每个像元的归属类别在调整，而且类别总数也在变化。在用计算机编制分类程序时，初始聚类中心可按如下方式确定。

设初始类别数为 N，这样共有 N 个初始聚类中心 $\overline{x}_k$（$k=1, 2, \cdots, n$），求出图像的均值 M 和方差 σ，按如下公式可求出初始聚类中心。

$$\overline{x}_k = M + \sigma\left(\frac{2(k-1)}{m-1} - 1\right) \quad k = 1, 2, \cdots, n \qquad (6-37)$$

式中：k 为初始类中心编号；n 为初始类总数。

（2）计算像元与初始类别中心的距离，把该像元分配到最近的类别中。动态聚类法中类别间合并或分割所使用的判别标准是距离，待分像元在特征空间中的距离说明互相之间的相似程度，距离越小，相似性大，则它们可能会归入同一类。

（3）计算并改正重新组合的类别中心，如果重新组合的像元数在最小允许值以下，则将该类别取消，并使总类别数减1。当类别数在一定的范围，类别中心间的距离在阈值以上，类别内方差的最大值为阈值以下时，可以看做动态聚类的结束。当不满足动态聚类的结束条件时，就要通过类别的合并及分离，调整类别的数目和中心间的距离等，然后返回到（2），重复进行组合的过程。

动态聚类法中有类别的合并或分裂，这说明迭代过程中类别总数是可变的。其中，如果两个类别的中心点距离近，说明相似程度高，两类就可以合并成一类；或者某类像元数太少，该类就要合并到最相近的类中去。类别的分裂也有两种情况：某一类像元数太多，就设法分成两类；如果类别总数太少，就将离散性最大的一类分成两个类别，可以先求出每个类别的均值和标准差，然后通过对每一个波段的标准偏差设定阈值来实现，标准差大于阈值，该类就要分裂。

四、数字图像分类新技术

（一）遥感图像解译专家系统

遥感图像解译专家系统是模式识别与人工智能技术相结合的产物。它应用模式识别方法获取地物多种特征，为专家系统解译遥感图像提供证据；同时应用人工智能技术，运用遥感图像解译专家的经验和方法，模拟遥感图像目视解译的具体思维过程，进行遥感图像解译，因此能起到遥感图像解译专家的作用。利用遥感图像解译专家系统，可以实现遥感图像的智能化解译和信息获取，逐步实现遥感图像的理解。

1. 遥感图像解译专家系统的组成

遥感图像解译专家系统既需要对遥感图像进行处理、分类和特征提取，又需要从遥感图像解译专家那里获取解译知识，构成图像解译知识库，在基于知识制导下，由计算机完成遥感图像解译。因此，它是复杂的系统。这里给出一种联合式的遥感图像解译专家系统结构框图（见图 6-11）。

从图 6-11 中可以看出，系统组成基本上分为三大部分。

第一部分为图像处理与特征提取子系统，包括：获取遥感数据，进行图像处理；对地形图进行数字化，利用地面控制点对遥感图像进行精校正；在图像处理基础上，对遥感图像进行分类；通过区域分割和边界跟踪，进行目标地物的形状特征和空间关系特征的抽取，每个目标地物的位置数据和属性特征数据通过系统接口送入遥感图像解译专家系统，存贮在遥感数据库内。

第二部分为遥感图像解译知识获取系统，包括：通过知识获取界面获取遥感图像解译专家知识；对知识进行完整性和一致性检查；通过规则产生器和框架产生器将专家知识形式化表示；将专家知识通过系统接口送入遥感图像解译专家系统中，存贮在知识库中。

第三部分为狭义的遥感图像解译专家系统，它包括图 6-11 虚线中的部分，由遥感图像数据库和数据管理模块、知识库和管理模块、推理机和解释器等构成。

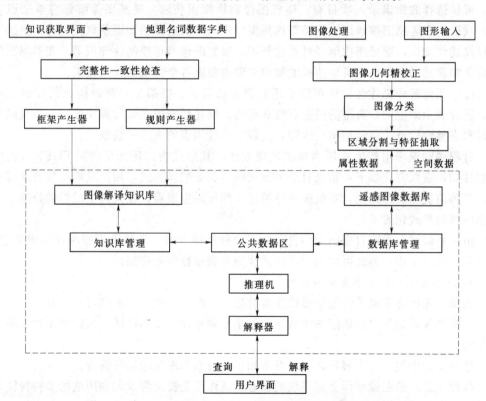

图 6-11　联合式遥感图像解译专家系统结构逻辑框图

"→" 表示信息流（包括知识流与数据流）方向

2. 图像处理与特征提取

对遥感图像解译专家系统来说，图像处理功能主要表现在遥感图像滤波、增强、大气校正、几何精校正、正射纠正等几个方面，具体功能与处理方法前面已有详细论述。

分类与特征提取的任务是从图像中抽取光谱特征、图像形状特征和空间特征，这些图像特征将是专家系统进行推理、判断及分析的客观依据。

图像区域分割，主要是针对面状地物进行的，它的目的是将图像分割成区域，并从遥感图像中检测出地物的边界，以便形状特征抽取和描述。

分类与特征提取模块主要应用模式识别技术，获取目标地物单元的空间分布位置和主要特征，它们被作为空间数据和属性数据，送入到遥感图像数据库。因此，图像处理与特征提取子系统是遥感图像解译专家系统的数据处理与获取子系统，它可以为专家系统所调用。当专家系统根据已有的地物特征，对某一地物的属性提出新的假设，或者需要更多的证据来验证某一地物待定属性时，专家系统就会重新调用图像处理与特征抽取子系统，一个目标引导下的特征提取信息被传递给图像处理与特征抽取子系统，指导该子系统使用各种方法来获取更多的证据。

3. 解译知识获取

遥感图像解译知识获取被视为专家系统的"瓶颈"。遥感图像解译知识获取主要通过遥感图像解译知识获取界面来实现。知识获取界面是一个具有语义和语法制导的结构编辑器，可供选择的知识录入项目有：遥感图像解译知识获取，遥感图像解译背景知识（常识）获取。在遥感图像解译知识类型选择窗口中，可供选择的知识获取类型有：遥感图像解译描述性知识，遥感图像解译过程性知识，遥感图像解译控制性知识等。在遥感图像解译背景知识选择窗口中，可供选择的知识获取类型有各个区域的背景知识。

遥感图像解译描述性知识可以采用框架方法表示。框架是一种结构化的知识表示形式，适合表示固定的、典型的概念事件和行为。描述性知识获取过程完成后，系统经过一致性和完整性检查，通过框架产生器，实现描述性知识的表示和获取。

过程性知识采用产生式规则知识表现方法，其形式为：IF（条件）THEN（操作）。过程性知识获取方法如下：系统自动提示规则名和规则表达式，用户只需要按要求写规则号，左部前提和右部结论，系统按照分类送入到规则生成器，在规则生成器的处理下实现机器内部的形式化表示。

由于系统综合采取自底向上和自上向下两种解译方法，需要不少控制性知识来管理、调度整个系统工作，因此可以采用产生式规则来表示控制处理知识。

4. 遥感图像解译专家系统的机理

遥感图像解译专家系统包括遥感图像数据库、解译知识库、推理机和解释器。

遥感图像数据库包括遥感图像数据和每个地物单元的不同特征，由数据库管理系统进行管理。

解译知识库包括专家解译知识和背景知识，由知识库管理系统管理。

推理机是遥感图像解译专家系统的核心，其作用是提出假设，利用地物多种特征作为证据，进行推理验证，实现遥感图像解译。

推理机采用正向推理与反向推理相结合的方式进行遥感图像解译。

（1）正向推理（Forward Chaining）。即事实驱动方式的推理，由已知事实出发向结论方向推理。推理过程大致如下：系统根据地物的各种特征，在知识库中寻找能与之匹配的规则。若找到，则将该规则的结论部分作为中间结果，利用这个中间结果继续与知识库中的规则匹配，直到得到最终结论。

（2）反向推理（Backward Chaining）。即目标驱动方式推理，这种推理方式先提出假设，再由此出发，进一步寻找支持假设的证据。推理过程大致如下：选定一个目标，在知识库中查找能导出该目标的规则集。若这些规则中的某条规则的条件部分与遥感数据库内特征（事实）匹配，则执行该规则；否则，将该规则条件部分作为子目标，递归执行上述过程，直到总目标被求解或不存在能导出目标（或子目标）的规则为止。

推理产生的中间结果数据送入公共数据区，知识网络中的规则再度同更新后的公共数据区的数据作匹配测试，重复匹配—冲突—解译的推理过程，直到得出遥感图像解译结果。

完成一个目标地物识别后，执行公共数据区初始化，从图像数据库取出新的地物数据送入到公共数据区，重复前个地物目标推理过程，直到图像数据库内所有的目标地物都予以识别后，结束推理。

专家系统中的解译器是一个用于说明推理过程的工具。它的作用是对推理的过程进行解释，以便用户了解计算机解译的过程。

遥感图像解译结果采用预制文本法进行解释。技术路线如下：根据每类目标地物，建立与之相匹配的解译说明，每个说明作为一个知识单元存放在知识库中。用户向系统询问遥感图像解译结果时，系统通过荧屏窗口向用户揭示多种目标地物类型。在用户确定目标地物类型后，系统依据目标地物关键码，调出文本解释，向用户说明遥感图像解译成果。

（二）其他分类新技术

1. 纹理分析

根据构成图案的要素形状、分布密度、方向性等纹理进行图像特征提取的处理称为纹理分析（Texture Analysis）。在图像区域中对纹理特征的描述可分为两大类：①侧重于对地物形态的具体描述，即表征地物的形状、大小、结构轴方向，以及这些具体形态地物在图像空间中的分布规律；②忽视地物具体形态差别，而侧重于描述图像区域中总体亮度变化的特点，如图斑分布的均质性和排列的规则性等。

对数字图像来说，找出表示纹理特征的指标是很难的，故多采用求出小窗口内图像的统计特征，与光谱数据一起进行分类，或对有方向性的图像使用功率谱进行分析的方法。

2. 人工神经网络

人工神经网络（Artificial Neural Network，ANN）是一种模拟人脑神经元细胞的网络结构，Kohonen 认为："神经网络是由具有适应能力的简单单元大规模并行连接而成的网络"。Hechte Neilsen 计算机公司则认为，神经网络是在脑功能模型基础上建立起来的认知信息加工结构。概括说来，人工神经网络具有以下主要特征：大规模的并行处理和分布式信息存贮；具有良好自适应性和自组织性的非线性系统；较强的学习功能、联想功能和容错功能，适合模拟人的形象思维。

人工神经网络方法在遥感图像识别中具有以下两方面的功能：

(1) 神经网络用于遥感图像目标地物特征抽取与选择。通常直接将遥感图像送入网络进行学习训练，神经网络所"提取"的特征并无明显的物理含义，它只是将"提取"的特征贮存在各个神经元的连接之中，特征提取的方法与实现过程完全由神经网络自行决定。

(2) 神经网络用于学习训练及分类器的设计。ANN 可以作为单纯的分类器，用作学习训练及分类的设计。由于 ANN 分类器是一种非线性的分类器，它可以提供我们难以想象到的复杂的类间分界面，这为多目标地物识别提供了一种可能的解决方法。

神经网络是人工智能的一个分支。可以用于目标地物识别的人工神经网络模型有：前向多层神经网络（如 BP 算法、RBF 网络等）、ART 网络、Hop Field 神经网络、自组织特征映射网络模型、认知器模型等。尽管 ANN 中的各个神经元的结构与功能较为简单，但大量的简单神经元的组合却可以非常复杂，从而可以通过调整神经元间的连接系数完成地物特征提取、目标地物识别等复杂的功能。可以预见，人脑功能的进一步揭示和神经网络进一步研究，将推动人工神经网络在计算机解译中的应用。

3. 小波分析

小波理论起源于信号处理。由于探测精度的限制，一般的信号都是离散的，通过分析认为信号 $f(c)$ 是由多个小波组成的，这些小波代表着不同的频率特征。小波函数平移、组合形成了小波函数库，通过小波函数库中区间的变化可以对某些感兴趣的频率特征局部放大，因此，小波函数被称为数学显微镜。

小波分析是一种时间—尺度分析方法，与经典的 Fourier 分析有很大的不同，它在时间和频率上的取样步长随数字信号的性态不同而自适应地调整。因此小波分析为我们提供了一个有效的分析工具。小波分析方法的基本思想就是将图像进行多分辨率分解，分解成不同空间、不同频率的子图像，然后再对子图像进行系数编码。基于小波分析的图像压缩实质上是对分解系数进行量化的压缩。目前，小波分析在遥感图像识别中的应用主要是在遥感图像压缩方面，也有人对小波理论在立体视觉中的应用进行了理论探讨，提出了基于"小波变换"的多分辨率边缘检测方法和立体匹配方法，这对于应用计算机从立体像对中获取地面高程信息具有借鉴意义。

4. 分形技术

从几何形体上可以以将遥感图像上的地物分为两大类：①具有规则的、边界光滑的人造地物，如建筑物等；②不规则、具有精细的结构或自相似特征的自然地物，如山脉、沙丘等。有人注意到，许多自然界的物体具有自相似特征，由此联想到是否可以应用"分形"（Fractal）技术对这些物体特征进行刻画。

自 1919 年 Hausdorff 引入了分形维数的概念，到 1975 年 Mandelbort 发表了一系列有关分形的文章，分形很快成为一门分支学科。目前，分形领域里的迭代函数系统，在计算机上可以生成各种各样图案，也可以用分形方法在计算机上实现自然景物模拟。目前，分形方法在遥感图像数据压缩方面可以收到较好的效果，如 Imager 分形图像压缩软件对一些遥感图像的压缩。分形方法提取自然地物特征尚在研究之中，如利用自相似性的尺度函数刻画地物纹理结构特征。

5. 模糊分类

Zadeh 于 1965 年提出模糊理论（Fuzzy Theory）。该理论认为，在是与非之间存在中间状态，不确定性事物的归属度可以用概率方式表示出它的模糊性及不确定性。在遥感图像的分类中，一些地物往往存在模糊边界，要明确地判定地物分类类别的边界是件很困难的事情。例如，影像中灌丛与草地边界的确定。对这种边界不明显的情况可通过模糊分类方法加以解决。首先，建立最大似然比模糊分类模型如下

$$L_f = \frac{\sum\limits_{k=1}^{n}[M_f(k)P(x\mid k)P(k)]}{\sum\limits_{i=1}^{n}[P(i)P(x\mid i)]} \tag{6-38}$$

式中：L_f 为模糊性类别 f 的归属概率，分类类别 $A=1$，…，n；f 为模糊性类别；$M_f(k)$ 为模糊性归属函数；$P(x\mid k)$ 为从类别 k 中观测到 z 的条件概率；$P(k)$ 为类别 k 的先验概率。

然后利用最大似然比模糊性分类法对过渡类别进行分类。

概括说来，遥感图像计算机分析处理具有探索性强，涉及的技术领域广，技术难度大等特点，需要采用模式识别、遥感图像处理、地理信息系统与人工智能（包括专家系统和人工神经网络）等多种技术综合研究。在研究思路上，应该根据遥感图像中目标地物的特点，采用低、中、高三个层次进行描述和表达。低层次的描述对象是图像像元，它不含有任何语义信息，但通过计算机分类等方法可以将这些识别对象进行重组，形成性质均一的地物单元（或称区域）。中层次是在区域分割的基础上抽取图像形态、纹理特征、空间关系等特征，以描述和表达目标地物。高层次描述和表达的目标地物是与理解图像有关的具有丰富语义的对象，它允许按分析目标来解译图像。然后，构造图像识别专家系统，实现图像的特征匹配与多目标地物的智能化识别。

主 要 参 考 文 献

1　张登荣，赵元洪，徐鹏炜著．水土流失遥感方法与土地资源评价．北京：原子能出版社，1996

2　孙司衡．再生资源遥感研究．北京：中国林业出版社，1991

3　中国科学院遥感应用研究所．遥感科学新进展．北京：科学出版社，1995

4　仇肇悦，李军，郭宏俊．遥感应用技术．武汉：武汉测绘科技大学出版社，1998

5　马荣斌等编．遥感原理与工程地质判释．北京：中国铁道出版社，1981

6　梅安新，彭望禄，秦其明．遥感导论．北京：高等教育出版社，2001

7　孙家柄，舒宁，关泽群．遥感原理、方法和应用．北京：测绘出版社，1997

8　［日本］日本遥感研究会．遥感精解．刘勇卫、贺雪鸿译．北京：测绘出版社，1993

9　朱述龙，张占睦．遥感图像获取与分析．北京：科学出版社，2000

10　濮静娟．遥感图像目视解译原理与方法．北京：科学出版社，1992

11　马蔼乃．遥感概论．北京：科学出版社，1984

12　Suits G H．The Calculation of The Directional Reflectance of A Vegetation Canopy，Remote Sens. Environ，2，117~125，1972

13　Ross J．The Radiation Regime and Architecture of Plant Stands．Dr. W. Junk Publishers．The Hague-Boston-London，1981

14　Liang S，Strahler A．H．An Analytic BRDF model of Canopy Radiative Transfer and Its Inversion [J]．IEEE Trans．Geos．Remote Sens．1993 (31)：1081~1092

15 Barnsley. M. J. Environmental Monitoring Using Multiple View Angle (MVA) Remotely Sensed Images. In Global Environmental Monitoring Using Satellite Remote Sensing, P. J. Curran and G. Foody eds. pp. 1993. 181~201

16 Hapke. B. Bidirectional Reflectance Spectroscopy, 1. Theory. J. Geophys. Res. 1981. 86：3039 ~3054

17 Hapke. B. Bidirectional reflectance spectroscopy, 3. Correction for macroscopic roughness. Icarus. 1984. (59)：41~59

18 Hapke. B. Bidirectional reflectance spectroscopy, 4. The extinction coefficient and the opposition effect. Icarus. 1986. (57)：264~280

19 Hapke. B. and Wells. E. Bidirectional reflectance spectroscopy, 2. Experiments and observation. J. Geophys. Res. 1981. (86)：3055~3060

20 郭德方. 遥感图像的计算机处理和模式识别. 北京：电子工业出版社，1987

21 贾水红. 计算机图像处理与分析. 武汉：武汉大学出版社，2001

22 彭望禄. 遥感数据的计算机处理与地理信息系统. 北京：北京师范大学出版社，1991

23 王耀南. 小波神经网络的遥感影像分类. 中国图像图形学报. 1995.4 (5)

第七章

水土保持及荒漠化地区
土壤性状室内分析

水土流失及土地荒漠化，是作用于土壤的侵蚀力超过土壤自身的抗侵蚀力，而导致土壤遭到破坏的结果。自然界侵蚀力的大小与生态环境因素有关，土壤本身的抗侵蚀力则取决于土壤的特性。人类的生产活动和生产技术措施，可以改变土壤的结构和内在性质，从而影响到土壤的抗蚀力。因此，分析土壤的基本理化性状，如土壤质地、有机质、结构体等，是水土流失及荒漠化监测与评价的工作重要内容之一。

第一节 样品采集和处理

一、资料收集

在正式取样之前，应系统地收集，整理取样地区的土壤资料，以便制定更具有针对性的、更切合实际的采样方案，从而加快采样工作进度。因此，收集资料要注意目的性和针对性，注意材料来源的可靠性，对收集的资料要进行编目，对重要的资料须摘录、复印和加工整理。

可通过刊物、档案、总结报告和试验资料，了解调查区土壤类型，分布规律，主要存在问题（包括土壤次生盐渍、沼泽、沙化及水土流失等资料）。

二、土壤样品采集

1. 土样的代表性

土壤是一个不均一体，因而给采集土样带来了一定的困难。因为研究对象是在一定范围内的总体，而不是局限于所采的样品，所以要求我们，通过样品的分析，达到以样品论总体的目的。为了达到这个目的，必须避免一切主观因素，使组成总体的各个个体有同样的机会被选入样品，样品应当是随机地取自总体，而不是凭主观因素决定的。另外，在一组需要相互之间进行比较的样品（即样品1、样品2、……、样品 n）应当由同样的个体数目组成。

2. 控制采样误差

从理论上讲，每个混合样品的采样点数愈多，则对总体来说，样品的代表性就愈大。在一般情况下，采样点的多少，取决于所研究范围的大小，研究对象的复杂程度和试验研究的要求等因素。研究的范围愈大，对象愈复杂，采样点数愈多。在理想情况下，应该使采样的点和量最少，而样品的代表性又是最大。当然，对一些变异度较大的分析项目和地形不一致，均一性较差的样地，采样点数就要相应增加。为了有效地控制采样误差，宁可适当增加样点数目，这样可以更好地控制采样误差。尤其在当代分析技术和测试速度已有显著提高的情况下，测试较多数目的样品尤为可取。

3. 采样时间

在分析土壤中营养成分时，土壤中有效养分的含量，随着季节的改变而有很大的变化，如速效磷，最大差异可达一倍。因此，采集土壤样品时应注意时间因素，同一时间内采集的土样分析结果才能相互比较。分析土壤养分供应情况时，一般都在晚秋或早春采集土样。

三、混合土样的采集

混合样品是由多点混合组成，它实际上相当于一个平均数，借以减少土壤不均性差异，因此采集土壤样品必须按照一定的采样路线和"随机"多点混合的原则。在实地采样之前，一般要根据现场勘察和收集的有关资料，将研究范围划分为若干个采样单元。采样单元的划分，可根据土壤类型，地形等因素而定，原则上应使所采土样能对所研究的问题，在分析数据中得到应有的反应。组成一个混合样品从理论上讲，第一要保证足够多的样点，使之能代表采样区的土壤特性；第二要使采样误差控制到与室内分析所允许的误差比较接近。

在采集多点组成的混合样品时，采样点的分布，应做到均匀和随机性；布点以锯齿形、S形点较好；每个采样点的取土深度及重量应均匀一致；每个混合样品一般以取 1kg 左右为宜。如果采样点较多而使混合土样太多时，可以把全部土样放在盘子里，用手捏碎混匀，用四分法淘汰，可重复四分法，直到样重 1kg 左右为止。土样可用布袋盛装，在布袋内外备一线标签，用铅笔注明采样地点，日期，采样深度，土壤名称、编号及采样人等。

四、土样的制备和贮存

采回来的土样，首先应剔除土壤以外的侵入体，如植物残根，昆虫尸体和砖头石块等，以及新生体，如铁锰结核及石灰结核等，并及时将土样风干，便于长期保存。土样的处理和贮存一般分为下列三步：

1. 风干

采回的土样应尽快风干，将土样放在木盘中或塑料布上，摊成薄薄一层，置于室内通风阴干。在土样半干时，须将大土块捏碎（尤其是粘性土壤），以免干后结成硬块。风干场所力求干燥通风，并防止酸蒸汽，氨气和灰尘污染。

2. 粉碎过筛

风干后的土样，可用土壤粉碎机粉碎或倒入钢玻璃底的木盘上，用木棍研细，使之全部通过 2mm 孔径的筛子，充分混匀后用四分法分成二部分，一部分作为物理分析用，另一部分作为化学分析用。作为化学分析用的土样还必须进一步研细，使之全部通过 1mm 或 0.5mm 孔径的筛子。

3. 贮存

过筛后的土样经充分混匀，然后装入玻璃广口瓶或塑料袋中，内外各具标签一张，写明编号、采样地点、土壤名称、深度、筛孔、采样日期和采样者等项目。所有样品须按编号用专册登记。制备好的土样要妥为贮存，避免日光，高温潮湿和有害气体污染。一般土样保存半年至一年，直到全部分析工作结束，分析数据核实无误后，才能弃去。重要研究项目或长期性研究项目的土样，可长期保存，以便必要时查核或补充其他分析项目之用。

第二节　物　理　分　析

一、颗粒分析

土壤的颗粒组成与物理性质在很大程度上影响土壤侵蚀敏感性。从广泛观擦研究结果来看，粒径约在 0.1mm 左右的土粒，最易遭受侵蚀。粉砂粒和粘粒虽然粒径较小，但它们不是以单粒形式存在，且具有较强的表面吸附作用，往往相互粘结形成紧密的团聚体，这种团聚体粒径较大，因此，粘粒含量较高的土壤，其侵蚀量小于粘粒含量较低的土壤。对于土壤颗粒组成分析，目前最常用的为吸管法和比重计法。吸管法操作繁琐，但较精确；比重计法操作较简单，适于大批测定，但精度略差。

（一）吸管法

1. 仪器、设备及材料

（1）仪器。包括土壤颗粒分析吸管仪，搅拌棒，沉降简，土壤筛，三角瓶，天平，电热板，计时钟等。

（2）试剂。

1）0.5mol/L 氢氧化钠溶液：称取 20g 氢氧化钠（化学纯），加蒸馏水溶解后，定1000mL 摇匀。

2）0.5mol/L 草酸钠溶液：称取 20g 草酸钠（化学纯）加蒸馏水溶液解后，定容到1000mL，摇匀。

3）0.25mol/L 六偏磷酸钠溶液：称取 51g 六偏磷酸钠（化学纯），加蒸馏水溶解后，定容至 1000mL，摇匀。

4）0.2mol/L 盐酸溶液：取浓盐酸（化学纯）250mL，用蒸馏水稀释至 15000mL，摇匀。

5）0.05mol/L 盐酸溶液：取浓盐酸（化学纯）62.5mL，用蒸馏水稀释至 15000mL，摇匀。

6）10％盐酸溶液：取 10mL 浓盐酸（化学纯），加 90mL 蒸馏水混合而成。

7）6％过氧化氢溶液：取 20mL30％过氧化氢（化学纯），加 80mL 蒸馏水混合而成。

8）10％氢氧化铵溶液：取 20mL1：1 氢氧化氨铵溶液，加 80mL 蒸馏水混合均匀。

9）10％醋酸溶液：取 10mL 冰醋酸（化学纯），加 90mL 蒸馏水混合均匀。

10）10％硝酸溶液：取 10mL 浓硝酸（化学纯），加 90mL 蒸馏水混合均匀。

11）4％草酸铵溶液：称取 4g 草酸铵（化学纯）溶于 100mL 蒸馏水中混合均匀。

12）5％硝酸银溶液：称取 5g 硝酸银（化学纯）溶于 100mL 蒸馏水中混合均匀。

2. 方法步骤

（1）样品处理。

1）称样。称取通过 1mm 筛孔的风干样品（全部除去粗有机质）10g（精确到0.01g），测定吸湿水，求出烘干样品重，作为计算土粒百分数的基数。另称三份，每份10g，其中一份测定盐酸洗失量（指需要去除有机质或碳酸盐的样品），另两份作制备颗粒分析悬液用。

2）大于1mm石砾处理。将大于1mm的石砾放入10～12cm直径的蒸发皿内，加热煮沸，随时搅拌，沸后除去上部浑浊液，再加水煮沸，除去上部浑浊液，直至上部为清水为止。将蒸发皿内石砾烘干称重，而后通过10mm及3mm筛子，分级称重，计算各级石砾百分数。

3）去除有机质。对于含大量有机质又需要去除的样品，则用过氧化氢去除有机质。其方法是：将上述三份样品，分别移入250mL烧杯中，加入少量蒸馏水，使样品湿润。然后加6％的过氧化氢，用量视有机质多少而定，并经常用玻璃棒搅拌，以利氧化。当过氧化氢强烈氧化时，发生大量气泡，会使样品溢出，需立即滴加异戊醇消泡，避免样品损失，直至有机质完全氧化为止，过量的过氧化氢用加热法排除。

4）去除碳酸盐。如果样品中含有碳酸盐时，用0.2mol/L盐酸脱钙。

5）经上述处理的样品，尚须用0.05mol/L盐酸过滤淋洗，直至滤液无钙离子反应为止。

6）检查钙离子的方法。用小试管收集少量滤液（约5mL）滴加10％氢氧化铵中和，再加10％醋酸酸化，呈微酸性，然后加4％草酸铵（可稍加热），若有白色草酸钙沉淀物，表示有钙离子存在，如无白色沉淀，则表示样品已无钙离子。

7）检查氯离子方法：用小试管收集少量滤液（约5mL），滴加10％硝酸，使滤液酸化，然后加5％硝酸银1～2滴，若有白色氯化银沉淀物，表示有氯离子存在，若无白色沉淀物，则表示样品中无氯离子，无需再加蒸馏水淋洗。

8）计算盐酸洗失量：淋洗完毕后，其中一份样品洗入已知重量的容器（烧杯或铝盒）中，放在电热板上蒸干后入烘箱，在105～110℃下烘6h，取出置于干燥器内冷却，称重，计算盐酸洗失量。

（2）制备悬液。将经上述处理后另两份样品，分别洗入500mL三角瓶中，加入10mL0.5mol/L氢氧化钠，并加蒸馏水至250mL，盖上小漏斗，在电热板上煮沸1h，冷却后将悬液通过0.25mm孔筛，用蒸馏水洗入1000mL沉降筒中，量不能超过1000mL，对大于0.25mm砂粒则移入铝盒中，烘干后称重，计算粗沙粒（1～0.2mm）占烘干样品重的百分数。

对不需除去有机质及碳酸盐的样品，则可直接称取样品10g，放入500mL三角瓶中，加蒸馏水浸泡过夜。然后根据样品的pH加入不同分散剂煮沸分散，对于石灰性土壤每10g样品加0.25mol/L六偏磷酸钠10mL，中性土壤，每10g样品加0.5mol/L草酸钠10mL，酸性土壤，每10g样品加0.5mol/L氢氧化钠10mL。煮沸分散后通过0.25mm孔筛，洗入1000mL沉降筒，粗砂粒处理同上。

（3）样品液吸取

1）将已洗入沉降筒内的悬液，加蒸馏水定溶至1000mL刻度后放于吸管仪平台上。

2）测定悬液温度后，测定各粒级在水中沉降25cm、10cm或7cm所需的时间，即吸液时间。

3）记录开始沉降时间及吸液时间。用搅拌棒搅拌悬液1min（一般速度为上下各30次），搅拌结束时即为沉降开始时间，在吸液前将吸管放于一定深度处，再按所需粒径与预先计算好的吸液时间，提前 10s 启开活塞，吸取悬液 25mL，约需 20s，速度不可太快，以免影响颗粒沉降，可通过调节缓冲器压力与活塞来实现。将吸取的悬液移入有编号的已知重量的 50mL 小烧杯中，并用蒸馏水洗尽吸管内壁附着的土粒，全部移入 50mL 小烧杯中。

4）将盛有悬液的小烧杯放在电热板上蒸干，然后放入烘箱，在 105～110℃下烘 6h 至恒重。

3. 结果计算

（1）小于某粒径颗粒含量百分数的计算。

$$X = \frac{g_v}{g} \times \frac{1000}{v} \times 100\% \tag{7-1}$$

式中：X 为小于某粒径颗粒重量，%；g_v 为 25mL 吸液中小于某粒径颗粒重量，g；g 为由风干土重和吸湿水换算的烘干样品重，g；V 为吸管容积，常用 25mL。

（2）大于 1mm 粒径颗粒含量百分数的计算。

$$大于 1mm 颗粒含量\% = \frac{大于 1mm 石砾烘干重(g)}{\left(\dfrac{小于 1mm 风干土样总重(g)}{吸湿水(\%) + 100} \times 100 \right) + 大于 1mm 石砾烘干重(g)} \tag{7-2}$$

（3）吸湿水含量百分数的计算。

$$吸湿水(\%) = \frac{风干样品重(g)}{烘干样品重(g)} \times 100\% \tag{7-3}$$

（4）盐酸洗失量及其百分数的计算

$$盐酸洗失量(g) = 烘干样品重(g) - 盐酸淋洗后样品烘干重(g)$$

$$盐酸洗失量(\%) = \frac{盐酸洗失量(g)}{烘干样品重(g)} \times 100\% \tag{7-4}$$

（5）1～0.25mm 粒径颗粒含量百分数的计算

$$1～0.25mm 颗粒(粗砂粒)(\%) = \frac{1～0.25mm 颗粒烘干重(g)}{烘干样品重(g)} \times 100\% \tag{7-5}$$

（6）分散剂重量校正。加入样品中的分散剂充分分散样品并分布在悬液中，故对小于 0.25mm 各级颗粒含量需进行校正，分散剂占烘干样品重的百分数可直接于小于 0.001mm 部分减去。

（二）比重计法

1. 仪器与试剂

（1）仪器。甲种比重计（即鲍氏比重计），振荡瓶，洗筛，土壤筛一套，带橡皮的研磨杆，瓷蒸发皿等。

（2）试剂。0.5mol/L 氢氧化钠（化学纯）溶液，0.5mol/L 草酸钠（化学纯），软水。

2. 方法步骤

（1）称样。称取通过 1mm 筛孔的风干土样品 50g（精确到 0.01g），置于 500mL 三角瓶中，加蒸馏水或软水湿润样品，另称 10g 置于容皿内，在烘箱（105℃）中烘至恒重（约 6h），冷却称重，计算吸湿水含量和烘干土重（与吸管法同）。

（2）大于 1mm 的石砾的处理与分级同吸管法。

（3）样品分散。根据土壤 pH 值，分别选用下列分散剂。

石灰性土壤（50g 样品）：加 0.25mol/L 六偏磷酸钠 60mL；

中性土壤（50g 样品）：加 0.5mol/L 草酸钠 20mL；

酸性土壤（50g 样品）：加 0.5mol/L 氢氧化钠 40mL。

在加入化学分散剂后，采用煮沸法、振荡法或研磨法对样品进行物理分散处理，以保证土粒的充分分散。

（4）筛分砂粒（1～0.1mm 粒径颗粒）及制备悬液：将筛孔直径为 0.1mm 小土筛放在漏斗上，再放在 100mL 沉降筒上，将冷却的悬液通过 0.1mm 筛子，用橡皮头玻棒轻轻洗擦筛上颗粒，并用蒸馏水或软水冲洗干净，小于 0.1mm 的土粒全部进入沉降筒，直至筛下流出的水呈清液为止；但洗水量不能超过 1000mL。

将留在小铜筛上的大于 0.1mm 砂粒移入铅盒内，烘干后，用 0.25mm 孔筛筛分，将粗砂粒（1～0.25mm）称重并计算百分数。

将盛有土液的沉降筒用蒸馏水或软水定溶至 1000mL，放置于温差变化小的室内平稳桌上，准备好比重计、秒表、温度计（±0.1℃）、记录纸等。

（5）测定悬液比重：搅拌悬液 1min（上下各 30 次），如有气泡，测定时及时加异戊醇消泡，记录开始时间，按表 7-1 中所列温度，时间和粒径之关系，根据所测液温和待测粒级的最大直径值，选定比重计法测定时间，提前 10～15s 将比重计轻轻插入悬液中，到了选定时间即测记比重计读数，读数经必要校正计算后，即为直径小于选定毫米数的颗粒累积含量。

按照上述步骤，可分别测出小于 0.05m，小于 0.01mm，小于 0.005mm 和小于 0.001mm 各级土粒的比重计读数。

3. 结果计算

（1）对比重计读数进行必要的校正计算。

$$校正值＝分散剂校正值＋温度校正值$$

$$校正后读数＝比重计读数－校正值$$

（2） $$小于某粒径土粒含量（\%）＝\frac{校正后读数}{烘干样品重}×100\% \tag{7-6}$$

（3）将相邻两粒径的土粒累积百分数相减即为该两粒径范围的粒级百分含量，如果土壤含有大于 1mm 土粒时，再用小于 1mm 颗粒百分数去算。

0.25～0.05mm 颗粒（%）＝ 100 －（1－0.25mm 颗粒 － 小于 0.25mm 颗粒）×100%

（4）大于 1mm 颗粒含量（%）＝

$$\frac{大于 1mm 石砾干重}{\dfrac{1mm 颗粒总风干重（g）}{1＋吸湿水\%}＋大于 1mm 石砾干重（g）}$$

$$\tag{7-7}$$

表7-1　　　　　　　　小于某粒径颗粒沉降时间表（简易比重计法用）

温度 （℃）	<0.05mm			<0.01mm			<0.005mm			<0.001mm		
	时 （h）	分 （min）	秒 （s）	时 （h）	分 （min）	秒 （s）	时 （h）	分 （min）	秒 （s）	时 （h）	分 （min）	秒 （s）
4		1	32		43		2	55		48		
5		1	30		42		2	50		48		
6		1	25		40		2	50		48		
7		1	23		38		2	45		48		
8		1	20		37		2	40		48		
9		1	18		36		2	30		48		
10		1	18		35		2	25		48		
11		1	15		34		2	25		48		
12		1	12		33		2	20		48		
13		1	10		32		2	15		48		
14		1	10		31		2	15		48		
15		1	8		30		2	15		48		
16		1	6		29		2	5		48		
17		1	5		28		2	0		48		
18		1	2		27		1	55		48		
19		1	0		27	30	1	55		48		
20			58		26		1	50		48		
21			56		26		1	50		48		
22			55		25		1	50		48		
23			54		24	30	1	45		48		
24			54		24		1	45		48		
25			53		23	30	1	40		48		
26			51		23		1	35		48		
27			50		22		1	30		48		
28			48		21	30	1	30		48		
29			46		21		1	30		48		
30			45		20		1	28		48		
31			45		19	30	1	25		48		
32			45		19		1	25		48		
33			44		19		1	20		48		
34			44		18	30	1	20		48		
35			42		18		1	20		48		
36			42		18		1	15		48		
37			40		17	30	1	15		48		
38			38		17	30	1	15		48		
39			37		17		1	15		48		
40			37		17		1	10		48		

4. 分散剂校正值的计算

由于在 1000mL 的水中含有分散剂（偏磷酸钠、氢氧化钠或草酸钠），因而水的比重就比纯水为大。

例如：1000mL 水中有偏磷酸钠（0.5mol/L×60mL×0.102）3.06g，用甲种土壤比重计测读数时应该为 4.90g，而实际此种比重计读数为 5g。

若 1000mL 中有草酸钠（0.5mol/L×40mL×0.04）0.8g，甲种土壤比重计读数应为 1.48g，而实际甲种比重计读数为 1.5g，以上计算由于所加各种分散剂剂量有限，一律未考虑它们在水中的体积变化。

5. 温度校正

悬液温度校正主要是不同温度介质（水）的比重变化，因为甲种比重计的刻度是以 20℃ 为准，但测定时悬液的温度不一定是 20℃，因此水的密度变化及比重计浮泡体积的胀缩将会影响读数的准确性，故须加以校正，可用表 7-2 查得。

表 7-2　　　　　　　　甲种比重计温度校正表

温度（℃）	校正值	温度（℃）	校正值	温度（℃）	校正值	温度（℃）	校正值
6.0～8.5	−2.2	16.5	−0.9	22.5	+0.8	28.5	+3.1
9.0～9.5	−2.1	17.0	−0.8	23.0	+0.9	29.0	+3.3
10～10.5	−2.0	17.5	−0.7	23.5	+1.1	29.5	+3.5
11.0	−1.9	18.0	−0.5	24.0	+1.3	30.0	+3.5
11.5～12.0	−1.8	18.5	−0.4	24.5	+1.5	30.5	+3.8
12.5	−1.7	19.0	−0.3	25	+1.7	31.0	+4.0
13.0	−1.6	19.5	−0.1	25.5	+1.9	31.5	+4.2
13.5	−1.5	20.0	0	26.0	+2.1	32.0	+4.6
14.0～14.5	−1.4	20.5	+0.15	26.5	+2.2	32.5	+4.9
15.0	−1.2	21.0	+0.3	27.0	+2.5	33.0	+5.2
15.5	−1.1	21.5	+0.45	27.5	+2.6	33.5	+5.5
16.0	−1.0	22.0	+0.6	28.0	+2.9	34.0	+5.8

二、土壤容重的测定（环刀法）

土壤容重的大小决定了土壤的孔隙度，因而也决定了土壤对降雨的入渗能力，土壤容重是与土壤侵蚀敏感性有密切关系的土壤强度性质。对土壤容重的测定通常采用环刀法，具体方法如下：

1. 仪器

环刀（容积 100cm³），天平，烘箱，环刀托，削土刀，小铁铲，铝盒，钢丝锯，干燥器等。

2. 方法步骤

（1）选择有代表性的位置，然后挖掘土壤剖面。若只测表层土壤容重，则不必挖土壤剖面。

（2）用修土刀修平土壤剖面，并记录剖面的形态特征，按剖面层次，分层采样，每层重复三个。

（3）将环刀托放在已称重的环刀上，环刀内壁稍擦上凡士林，将环刀刀口向下垂直压入土中，直至环刀筒中充满样品为止。

（4）用修土刀切开环刀周围的土样，取出已装上的环刀，细心削去环刀两端多余的土，并擦净环刀外面的土，同时在同层采样处，用铝盒采样，测定自然含水量。

（5）把装有样品的环刀两端立即加盖，以免水分蒸发，随即称重（精确到 0.01g），并记录。

（6）将装有样品的铝盒烘干称重（精确到 0.01g），测定土壤含水量，或直接从环刀筒中取出样品测定土壤含水量。

3. 结果计算

（1）环刀容积计算。

$$V = \pi r^2 h \tag{7-8}$$

式中：V 为环刀容积，cm^3；r 为环刀内半径，cm；h 为环刀高度，cm；π 为圆周率。

（2）按下列式计算土壤容重。

$$r_s = \frac{100g}{v(100+\omega)} \tag{7-9}$$

式中：r_s 为土壤容重，g/cm^3；g 为环刀内湿样重，g；v 为环刀容积，cm^3；ω 为样品含水量，$\%$。

此法允许平行绝对误差小于 $0.03g/cm^3$，取算术平均值。

三、土壤团聚体组成测定

土壤结构及其稳定性是影响土壤侵蚀力的重要因素，对土壤在外营力作用下的分散和剥蚀有重要影响，即影响到土壤对雨滴的击溅和对流水或风力剪切作用的阻力。土壤结构形成的基础是团聚体，团聚体的大小，与其所构成的土壤大小孔隙的比例有直接关系，因此，团聚体的大小显著影响土壤侵蚀敏感性。土壤团聚体组成测定方法，目前主要有人工筛分法和机械筛分法两种。

（一）人工筛分法

1. 仪器

1000mL 沉降筒，白铁水桶，土壤筛一套，天平，铝盒，烘箱，电热板，干燥器等。

2. 方法步骤

（1）干筛。将野外采回的原状土样按自然结构面剥成直径约 10～12mm 大小的样块，风干后通过孔径为 10mm、7mm、3mm、1mm、0.5mm、0.25mm 的筛组进行筛分，将各级筛子上的样品分别称重（精确到 0.01g）并计算各级干筛团聚体的百分含量。

（2）湿筛。

1）根据干筛法求得的各级团聚体的百分含量，把干筛分取的风干样品按比例配成 50g。

2）为了防止在湿筛时堵塞筛孔，故不把小于 0.25mm 的团聚体倒入准备湿筛的样品内，但在计算取样数量和其他计算中都需计算这一数值。

3）将上述按比例配好的 50g 样品倒入 1000mL 沉降筒中，并用水湿润之，使其逐渐达到饱和水状态。最好把水沿筒壁徐徐灌注，使水由下部逐渐湿润至表层，目的是为了排除土壤团聚体内部以及团聚体相互间的全部空气，减少封闭空气的破坏作用，让样品在水中浸泡 10min。

4）样品达到饱和后，沿沉降筒壁将水注满，然后用橡皮塞塞住筒口，数秒钟内把沉降筒倒颠过来，直至筒中样品完全沉下去，重复倒转 10 次。

5）将一套孔径为 5mm、3mm、2mm、1mm、0.5mm、0.25mm 的筛子放入盛有水的大铁筒中，使水面与筛组最高部保持 10cm 距离。

6）将沉降筒倒转过来，筒口浸入水中，置于筛上，拔去塞子，使团粒落在筛子上，然后塞上塞子，取出量筒。

7）将筛组在水中慢慢提起，切勿使样品露出水面，然后迅速下降，下降时勿使筛组顶部浸没水中，上下反复 10 次，取出上面三个筛子（5mm、3mm、2mm），再将下面三个筛子（1mm、0.5mm、0.25mm）如前上下重复 5 次，以洗净下面 3 个筛子中的水稳性团聚体表面的附着物。

8）将筛组分开，将留在各级筛子上的样品用水洗入铝盒中，倾去上部清液，烘干称重（精确到 0.01g），即为各级水稳性团聚体重量。然后计算各级团聚体含量百分数。

3. 结果计算

（1）各级水稳性团聚体含量 $= \dfrac{\text{各级水稳性团聚体的烘干重（g）}}{\text{烘干样品重（g）}} \times 100\%$。

（2）各级团聚体（%）的总和为总团聚体（%）。

（3）各级团聚体占总团聚体的百分比 $= \dfrac{\text{各级团聚体（%）}}{\text{总团聚体（%）}} \times 100\%$。

（4）进行 2～3 次平行试验，平行绝对误差应不超过 3%～4%。

（二）机械筛分法

1. 仪器

团粒分析仪（马达、振荡架、铜筛、白铁水桶等），漏斗，漏斗架，天平，铝盒，热板等。

2. 方法步骤

（1）用四分法对野外采集的原状风干土样取样，为了保证样品代表性，可以将样品筛分为三级，即大于 5mm、5～2mm、小于 2mm，然后按干筛百分数比例取样品，配成 50g，供湿筛用。

（2）将孔径为 5mm、2mm、1mm、0.5mm、0.25mm 的筛组依此叠好。

（3）将已称好的样品置于筛组上。

（4）将筛组置于团粒分析仪的振荡架上，放入水桶中，加水入桶至最上面一个筛子的一缘。

（5）开动马达，振荡 30min。

（6）将振荡架慢慢升起，使筛组离开水面，待水淋干后，用水轻轻冲洗最上面的筛子，把留在筛上小于 5mm 的团聚体洗到下面筛子，然后将留在各级筛上的团聚体洗入铝盆中。

（7）将铝盒中各级水稳性团聚体放在电热板上烘干称重（精确到0.01g）。

3. 结果计算

同人工筛分法。

四、土壤微团聚体的测定

1. 仪器

振荡机，0.25mm孔径洗筛，振荡瓶（容积250mL）等。

2. 方法步骤

（1）称样。称取通过1mm筛孔的风干土样10g（精确到0.01g）倒入250mL振荡瓶中，加蒸馏水至150mL左右，静置浸泡25h，另外称取20g样品，测定吸湿水。

（2）振荡分散。用橡皮塞塞紧振荡瓶，放入水平振荡机中并固定，以防振荡过程中容器破裂，开动振荡机（200次/min）振荡2h。

（3）悬液制备。将振荡后的土液通过0.25mm孔径洗筛，用蒸馏水洗入1000mL沉降筒内，并用蒸馏水定容至1000mL。大于0.25mm的微团聚体则洗入铝盒，烘干称重并计算百分数。将制备好的悬液置于吸管架圆桌上，测量液温，计算各级微团聚体的吸液时间。

（4）悬液的吸取和处理。将沉降筒上下颠倒1min（上下各约30次），使悬液均匀分布，然后按所需的粒级及相应的沉降时间，用吸管吸取各级悬液，分别移入50mL小烧杯中，用蒸馏水冲洗吸管，使附着于管壁的悬液全部移入50mL小烧杯中。

（5）将盛有悬液的50mL小烧杯放在电热板上，蒸干后放入烘箱（105～110℃）中烘至恒重，冷却后称重（精确到0.0001g）。

3. 结果计算

（1）测定吸湿水，将风干土换算成烘干土重。

（2）小于某粒径微团聚体含量百分数为

$$X\% = \frac{g_v}{g} \times \frac{1000}{v} \times 100$$

式中：X 为小于某粒径微团聚体重量，%；g_v 为25mL吸液中小于某粒径微团聚体重量，g；g 为样品烘干重，g；v 为吸管容积（25mL）。

（3）小于1mm粒径的各级微团聚体百分数的计算，同土壤颗粒分析吸管法，但无需计算盐酸洗失量，也不必扣除分散剂。

（4）土壤分散系数和结构系数的计算。

$$分散系数 = \frac{a}{b} \times 100\%$$

$$结构系数 = \frac{(b-a)}{b} \times 100\% = 100\% - 分散系数$$

式中：a 为微团聚体分析结果中小于0.001mm部分含量百分数；b 为土壤颗粒分析结果中小于0.001mm部分含量百分数。

五、田间持水量测定（威尔科克斯法）

1. 仪器

天平，环刀，筛子（孔径 1mm），恒温干燥箱，铝盒，干燥器等。

2. 方法步骤

（1）用环刀采集原状土样，同时在与测定土样相同的土层另外采一些土样，风干，磨碎，通过孔径为 1mm 的筛，并装入环刀，轻拍击实。

（2）把用环刀采集原状土样，带回室内浸泡水中，水面距环刀上缘低 1～2mm，饱和一昼夜。

（3）将装有饱和水分的原状土样的环刀的底盖（有孔的盖子）移去，把此环刀同滤纸一起放在装有风干土的环刀上，为使接触紧密，可用砖状等重物压实。

（4）经过 8h 吸水过程后，取上面环刀中的原状土 15～20g，放入铝盒，立即称重（精确到 0.01g），烘干，测含水量，此值接近于该土壤田间持水量。

（5）进行 2～3 次平行测定，平行测定结果允许差±1%，取算术平均值。

六、土壤毛管水，饱和水的测定

土壤贮水能力与土壤的侵蚀敏感性密切相关，贮水能力较高的土壤，在降水过程中，可以贮存较多的雨水，减少径流的产生，对降水在地面的再分配发生重要影响。土壤毛管水和饱和水是反映土壤贮水能力的重要指标。

（一）土壤毛管水测定

1. 仪器

瓷盘，其余同土壤容重测定法的仪器。

2. 方法步骤

（1）样品的采集与土壤容重的测定相同，但所用环刀筒一端的盖子要带孔并垫有滤纸，每层重复三次。

（2）把装有原状土的环刀筒打开盖子，将其有孔并垫有滤纸的一端置于盛有薄层水的瓷盘中，让其借土壤毛管力将水分吸入土体中，一般砂性土壤约需 4～6h，粘性土壤需 8～12h。

（3）浸入薄层水中环刀筒到达预定时间后即称重，然后再放到薄层水中，放置时间砂土约需 2h，粘土约再需 4h，然后称重，若前后两次重量无显著差异，即可从环切筒中用小刀自上到下均匀取出部分样品，放入铝盒中，测定土壤含水量，重复三次，以烘干土重的百分数表示毛管含水量。

（二）土壤饱和水的测定

1. 仪器

瓷盘，其余同土壤容重测定法的仪器。

2. 方法步骤

（1）样品的采取和毛管水测定一样，重复三次，同时采样测定含水量，以计算环刀筒中全部样品烘干重。

（2）把盛有原状土的环刀筒称重后，浸入水盘中，将环刀有孔并垫有滤纸的一端放在下面，使筒外水面和环刀筒几乎一样高，勿使水浸没环刀的顶端。环刀筒放入水的时间，一般砂土为 4～8h，粘土 8～12h。

（3）盛原状土样的环刀筒放入水中至预定时间后，迅速从水盘中取出放入预先称重的铝盒中，然后称重，再放入盘中，砂土约再浸入水中 2h，粘土约为 4h，取出称重，若前后两次重量无显著差异时，按照测定含水量的计算方法，计算饱和水含量。

七、土壤总孔隙度，毛管孔隙及非毛管孔隙的测定

土壤孔隙度决定着土壤对降水的入渗能力，土壤总孔隙度的高低，决定了土壤入渗量的多少，毛管孔隙与土壤贮水量有关，非毛管孔隙则决定着水分的入渗速率，因而总孔隙度、毛管孔隙度、非毛管孔隙度与土壤侵蚀敏感性有密切关系，也是水土流失与荒漠化监测与评价的重要依据。

1. 土壤总孔隙度计算

土壤总孔隙度一般不直接测定，而是先测定土壤的容重，再测定土壤的比重，然后根据上述两项数值计算土壤总孔隙度。

$$P_t = \left(1 - \frac{r_s}{d_s}\right) \times 100\% \tag{7-10}$$

式中：P_t 为土壤总孔隙度，%；r_s 为土壤容重，g/cm^3；d_s 为土壤比重，g/cm^3。

2. 毛管孔隙度及非毛管孔隙度的测定

毛管孔隙度和毛管水的测定方法相同，但测定毛管孔隙度是以容积为基础，而毛管水测定是以烘干样品重为基础。当环刀筒中所装的原状土样吸入水分后，样品会发生膨胀，其样品体积会超出环刀的容积，把超出部分的样品用小刀切除干净，立即称重，再从环刀筒中均匀取出部分样品测其含水量，计算环刀筒中烘干样品重以及土壤保持的水分重量。计算毛管孔隙度。

$$P_c = \frac{\omega}{c} \times 100\% \tag{7-11}$$

式中：P_c 为毛管孔隙度，%；ω 为环刀筒内土壤所保持的水量相当于水的容积，cm^3；c 为环刀管内容积 cm^3。

计算非毛管孔隙度。

$$P_n = P_t - P_c \% \tag{7-12}$$

式中：P_n 为土壤非毛管孔隙度，%；P_t 为土壤总孔隙度，%；P_c 为土壤毛管孔隙度，%。

第三节　化　学　分　析

一、土壤有机质的测定

土壤有机质是由许多复杂的有机化合物组成，土壤许多物理性质，如土壤孔隙状况、贮水与导水、通气性等都直接或间接的受有机质的影响，因此，有机质与土壤侵蚀敏感性密切相关。

（一）仪器、设备及试剂

1. 仪器与设备

硬质试管，油浴消化装置（包括油浴锅和铁丝笼），可调温电炉，秒表，自动控温调节器等。

2. 试剂

(1) 0.8000mol/L 重铬酸钾标准溶液。称取经 130℃烘干的重铬酸钾（$K_2Cr_2O_7$，分析纯）39.2245g 溶于水中，定容至 1000mL。

(2) 0.2mol/LFeSO₄ 溶液。称取硫酸亚铁（$FeSO_4 \cdot 7H_2O$，化学纯）56.0g 溶于水中，加浓硫酸 5mL，稀释至 1L。

(3) 指示剂。

1) 邻啡罗啉指示剂。称取邻啡罗啉（分析纯）1.485g 与 $FeSO_4 \cdot 7H_2O$ 0.695g，溶于 100mL 水中。

2) 2-羧基代二苯胺（o-phenylanthranilicacid，又名邻苯氨基苯甲酸，$C_{13}H_{11}O_{12}N$）指示剂。称取 0.25g 试剂于小研钵中研细，然后倒入 100mL 小烧杯中，加入 0.1mol/LNaOH 溶液 12mL，并用少量水将研钵中残留的试剂冲洗入 100mL 烧杯中，将烧杯放在水浴上加热使其溶解，冷却后稀释定容到 250mL，放置澄清或过滤，用其清液。

（二）方法和步骤

1. 样品制备

称取通过 0.149mm（100 目）筛孔的风干土样 0.1～1g（精确到 0.0001g），分别放入 6～8 支干燥的硬质试管中，用移液管准确加入 0.8000mol/L 重铬酸钾标准溶液 5mL 充分摇匀，管口盖上弯颈小漏斗。

2. 测定

(1) 将置于铁丝笼中的 8～10 支试管（每笼有 1～2 个空试管），放入温度为 185～190℃的石蜡油浴锅中，并控制电炉，使油浴锅内温度始终维持在 170～180℃，待试管内液体沸腾发生气泡时开始计时，煮沸 5min，取出试管，稍冷后擦净试管外部油液。

(2) 冷却后，将试管内物质倾入 250mL 三角瓶中，用水洗净试管内部及小漏斗，使三角瓶内溶液总体积达到 60～70mL，保持混合液中硫酸浓度为 2～3mol/L，然后加入 2-羧基代二苯胺指示剂 12～15 滴，此时溶液呈棕红色。用标准的 0.2mol/L 硫酸亚铁滴定，滴定过程中不断摇动三角瓶，直至溶液的颜色由棕红经紫色变为暗绿（灰蓝绿色），即为滴定终点。如用邻啡罗啉指示剂，加指示剂 2～3 滴，溶液的变色过程中由橙黄→蓝绿→砖红色即为终点。记取 FeSO₄ 滴定毫升数（V）。

每一批样品测定的同时，进行 2～3 个空白试验，即取 0.5g 粉状二氧化硅（SiO_2）代替土样，其他步骤与试样测定相同。记取 FeSO₄ 滴定毫升数（V_0），取其平均值。

3. 计算

$$土壤有机碳(g/kg) = \frac{\frac{c \times 5}{V_0} \times (V_0 - V) \times 0.001 \times 3.0 \times 1.1}{mR} \times 1000 \quad (7-13)$$

式中：c 为重铬酸钾标准溶液的浓度，mol/L；V_0 为空白滴定用去 FeSO₄ 体积，mL；V 为滴定用去 FeSO₄ 体积，mL；3.0 为 $\frac{1}{4}$ 碳原子的摩尔质量，g/mol；1.1 为氧化校正系数；m 为风干土样质量，g；k 为将风干土换算成烘干土的系数。

$$土壤有机质（g/kg）= 土壤有机碳（g/kg）\times 1.724$$

式中：1.724 为土壤有机碳换成土壤有机质的平均换算系数。

4. 注意事项

（1）含有机质高于 50g·kg 者，称土样 0.3g，少于 20g/kg 者称取 0.5g 以上。

（2）土壤中氯化物的存在可使结果偏高。因为氯化物也能被重铬酸钾所氧化，因此，盐土中有机质的测定必须防止氯化物的干扰，少量氯可加入少量 Ag_2SO_4，使氯根沉淀下来。Ag_2SO_4 的加入，不仅能沉淀氯化物，而且有促进有机质分解的作用。Ag_2SO_4 的用量不能太多，约加 0.1g，否则生成 $Ag_2Cr_2O_7$ 沉淀，影响滴定。

（3）必须在试管内溶液表面开始沸腾时开始计算时间。掌握沸腾的标准尽量一致，然后继续消煮 5min，消煮时间对分析结果有较大的影响，故应尽量计时准确。

（4）消煮好的溶液颜色，一般应是黄色或黄中稍带绿色，如果以绿色为主，则说明重铬酸钾用量不足。在滴定时，若消耗硫酸亚铁量小于空白试验用量的 1/3，有氧化不完全的可能，应弃去重做。

二、土壤全氮量的测定

测定土壤全氮量的方法主要可分为干烧法和湿烧法两类。湿烧法就是常用的凯氏法。这个方法是丹麦人凯道乐（J. Kjeldahl）于 1883 年用于研究蛋白质变化的，后来被用来测定各种形态的有机氮。由于设备比较简单易得，结果可靠，为一般实验室所采用。下面介绍目前广泛采用的半微量凯氏法。

样品在加速剂的参与下，用浓硫酸消煮时，各种含氮有机化合物，经过复杂的高温分解反应，转化为氨，与硫酸结合成硫酸铵。碱化后蒸馏出来的氨用硼酸吸收，以标准酸溶液滴定，求出土壤全氮含量（不包括全部硝态氮）。

包括硝态和亚硝态氮的全氮测定，在样品消煮前，需先用高锰酸钾将样品中的亚硝态氮氧化为硝态氮后，再用还原铁粉使全部硝态氮还原，转化成铵态氮。

在高温下硫酸是一种强氧化剂，能氧化有机化合物中的碳从而分解有机质。

（一）仪器、设备及试剂

1. 仪器

消煮炉，半微量蒸馏装置，半微量滴定管（5mL）。

2. 试剂

（1）10mol/LNaOH 溶液。称取 420g 工业用固体 NaOH 于硬质玻璃烧杯中，加蒸馏水 400mL 溶解，不断搅拌，冷却后倒入塑料试剂瓶，加塞，（放置几天）待 Na_2CO_3 沉降后，将清液虹吸入盛有 160mL 无 CO_2 的水中，以去 CO_2 的蒸馏水定容至 1L。

（2）甲基红—溴甲酚绿混合指示剂。0.5g 溴甲酚绿和 0.1g 甲基红溶于 100mL95％的乙醇中。

（3）20g/LH_3BO_3：20gH_3BO_3（化学纯）溶于 1L 水中，每升 H_3BO_3 溶液中加入甲基红—溴甲酚绿混合指示剂 5mL，并用稀酸或稀碱调节至微紫红色，此时该溶液的 pH 值为 4.8。指示剂用前与硼酸混合，此试剂宜现配，不宜久放。

（4）混合加速剂：100gK_2SO_4、10g$CuSO_4·5H_2O$ 和 1gSe 粉混合研磨，通过 80 号筛充分混匀，贮于具塞瓶中。消煮时每毫升 H_2SO_4 加 0.37g 混合加速剂。

（5）0.02mol/L 硫酸标准溶液：量取 2.83mLH_2SO_4，加水稀释至 5000mL，然后用

标准碱或硼砂标定之。

（6）高锰酸钾溶液：25g 高锰酸钾溶于 500mL 无离子水，贮于棕色瓶中。

（7）还原铁粉：磨细通过孔径 0.149mm（100 目）筛。

（二）方法和步骤

1. 样品制备

称取风干土样（通过 0.149mm 筛）1.0000g。

2. 土样消煮

（1）不包括硝态氮和亚硝态氮的消煮：将土样送入干燥的凯氏瓶底部，用少量无离子水（0.5～1mL）湿润土样后，加入 2g 加速剂和 5mL 浓硫酸，摇匀，将凯氏瓶倾斜置于 300 W 变温电炉上，用小火加热，待瓶内反应缓和时（10～15min），加强火力使消煮的土液保持微沸，加热的部位不超过瓶中的液面，以防瓶壁温度过高而使铵盐受热分解，导致氮素损失。消煮的温度以硫酸蒸气在瓶颈上部 1/3 处冷凝回流为宜。待消煮液和土粒全部变为灰白稍带绿色后，再继续消煮 1h。消煮完毕，冷却，待蒸馏。在消煮土样的同时，做两份空白测定，除不加土样外，其他操作皆与测定土样相同。

（2）包括硝态和亚硝态氮的消煮：将土样送入干燥的凯氏瓶底部，加 1mL 高锰酸钾溶液，摇动凯氏瓶，缓缓加入 1∶1 硫酸 2mL，不断转动凯氏瓶，然后放置 5min，再加入 1 滴辛醇。通过长颈漏斗将 0.50 g（±0.01 g）还原铁粉送入凯氏瓶底部，瓶口盖上小漏斗，转动凯氏瓶，使铁粉与酸接触，待剧烈反应停止时（约 5min），将凯氏瓶置于电炉上缓缓加热 45min（瓶内土液应保持微沸，以不引起大量水分丢失为宜）。待凯氏瓶冷却后，通过长颈漏斗加 2g 加速剂和 5mL 浓硫酸，摇匀。按上述（1）的步骤，消煮至土液全部变为黄绿色，再继续消煮 1h。消煮完毕，冷却，待蒸馏。在消煮土样的同时，做两份空白测定。

3. 氨的蒸馏

（1）蒸馏前先检查蒸馏装置是否漏气，并通过水的馏出液将管道洗净。

（2）待消煮液冷却后，用少量无离子水将消煮液全部转入蒸馏器内，并用水洗涤凯氏瓶 4～5 次（总用水量不超过 30～35mL）。若用半自动式自动定氮仪，不需要转移，可直接将消煮管放入定氮仪中蒸馏于 150mL 锥形瓶中，加入 20g/L 硼酸指示剂混合液 5mL，放在冷凝管末端，管口置于硼酸液面以上 3～4cm 处。然后向蒸馏室内缓缓加入 10mol/LNaOH 溶液 20mL，通入蒸汽蒸馏，待馏出液体积约 50mL 时，即蒸馏完毕。用少量已调节至 pH4.5 的水洗涤冷凝管的末端。

4. 测定

用 0.01mol/LH_2SO_4 或 0.01mol/LHCl 标准溶液滴定馏出液，至馏出液由蓝绿色刚变为紫红色为止。记录所用酸标准溶液的体积。空白测定所用酸标准溶液的体积一般不得超过 0.4mL。

5. 计算

$$土壤含氮量（g/kg）= \frac{(V-V_0) \times c \times 14.0 \times 0.001}{m} \times 1000 \qquad (7-14)$$

式中：V 为滴定试液时所用酸标准溶液的体积，mL；V_0 为滴定空白时所用酸标准溶液的体积，mL；c 为 H_2SO_4 或 HCl 标准溶液浓度，mol/L；m 为风干土样的质量，g。

两次平行测定结果允许绝对相差：土壤含氮量大于 1.0g/kg 时，不得超过 0.005％；含氮量 1.0～0.6g/kg 时，不得超过 0.004％；含氮量小于 0.6g/kg 时，不得超过 0.003％。

6. 注意事项

（1）对于微量氮的滴定还可以用另一更灵敏的混合指示剂，即 0.099g 溴甲酚绿和 0.066g 甲基红溶于 100mL 乙醇中。

（2）一般应使样品中含氮量为 1.0～2.0mg，如果土壤含氮量在 2g/kg 以下，应称土样 1g；含氮量在 2.0～4.0g/kg 者，应称 0.5～1.0g；含氮量在 4.0g/kg 以上者应称 0.5g。

（3）硼酸的浓度和用量以能满足吸收 NH_3 为宜，大致可按每毫升 $10g/L H_3BO_3$ 能吸收氮量为 0.46mg 计算。例如：$20g/L H_3BO_3$ 溶液 5mL 最多可吸收的氮量为 $5 \times 2 \times 0.46$ ＝4.6mg。因此，可根据消煮液中含氮量估计硼酸的用量，适当多加。

（4）在半微量蒸馏中，冷凝管口不必插入硼酸溶液中，这样可防止倒吸减少洗涤手续。但在常量蒸馏中，由于含氮量较高，冷凝管须插入硼酸溶液中，以免损失。

三、土壤水解氮测定（碱解扩散法）

（一）仪器、设备及材料

1. 仪器与设备

土样筛（1mm），电子天平，扩散皿，恒温箱，半微量滴定管

2. 试剂

（1）1mol/L NaOH 溶液：40g 化学纯 NaOH 溶于 1L 水中。

（2）碱性甘油：最简单的配法是在甘油中溶解几小粒固体 NaOH 即成。

（3）2％硼酸溶液（内含溴甲酚绿—甲基红指示剂）：将 $20g H_3BO_3$ 溶于 1L 水中，加入溴甲酚绿—甲基红指示剂 10mL，并用稀 NaOH（约 0.1mol/L）或稀 HCl（0.1mol/L）调节至紫红色（pH4.5）。

（4）溴甲酚绿—甲基红指示剂：0.5g 溴甲酚绿和 0.1g 甲基红溶于 100mL 95％酒精中。

（5）0.01mol/L HCl 标准溶液：先配制 1.0mol/L HCl 溶液，稀释 100 倍，用硼砂或 180℃下烘干的 Na_2CO_3 标定其准确的浓度。

（二）方法和步骤

称取风干土样（通过 1mm 筛）2.00g，置于扩散皿外室，轻轻地旋转扩散皿使土壤均匀地铺平。取 2mL 2％硼酸指示剂放于扩散皿内室，然后在扩散皿外室边缘涂上碱性甘油，盖上毛玻璃，旋转数次，使皿边与毛玻璃完全粘合，再渐渐转开毛玻璃一边，使扩散皿外室露出一条狭缝，迅速加入 10.0mL 浓度为 1mol/L NaOH，立即盖严，再用橡皮筋圈紧，使毛玻璃固定。随后放入 40±1℃恒温箱中，碱解扩散 24±0.5h 后取出。内室吸收液中的氨气用半微量滴定管装盛 0.01mol/L HCl 标准溶液滴定（由蓝色滴到微红色）。在样品测定同时进行空白实验，矫正试剂和滴定操作中的误差。

（三）结果计算

$$土壤水解氮（mg/kg）= （V-V_0）\times c\times 14.0\times 1000/W \qquad (7-15)$$

式中：V，V_0 为土样测定和空白实验所用标准 HCl 的体积，mL；c 为标准酸的浓度，mol/L；14.0 为氮原子的摩尔质量；W 为风干土土样称重，g。

两次平行测定结果允许误差为 5mg/kg。

四、土壤磷的测定

（一）仪器、设备及试剂

1. 仪器与设备

土壤样品粉碎机，土壤筛（孔径 1mm 和 0.149mm），分析天平，镍（或银）坩埚（容量 30mL），高温可调电炉，分光光度计，玛瑙研钵。

2. 试剂

（1）100g/L 碳酸钠溶液：10g 无水碳酸钠溶于水后，稀释至 100mL，摇匀。

（2）50mL/L 硫酸溶液：吸取 5mL 浓硫酸缓缓加入 90mL 水中，冷却后加水至 100mL。

（3）3mol/L 硫酸溶液：量取 160mL 浓硫酸缓缓加入到盛有 800mL 左右水的大烧杯中，不断搅拌，冷却后，再加水至 1000mL。

（4）二硝基酚指示剂：称取 0.2g 二硝基酚溶于 100mL 水中。

（5）5g/L 酒石酸锑钾溶液：称取酒石酸锑钾 0.5g 溶于 100mL 水中。

（6）硫酸钼锑贮备液：量取 126mL 浓硫酸，缓缓加入到 400mL 水中，冷却。另称取经磨细的钼酸氢 10g 溶于温度约 60℃的 300mL 水中，冷却。然后将硫酸溶液缓缓倒入钼酸氢溶液中，再加入 5g/L 酒石酸锑钾溶液 100mL，冷却后，加水稀释至 1000mL，摇匀，贮于棕色试剂瓶中。

（7）钼锑抗显色剂：称取 1.5 g 抗坏血酸（左旋，旋光度＋21°～22°）溶于 100mL 钼锑贮备液中。此溶液宜用时现配。

（8）磷标准贮备液：准确称取经 105℃下烘干 2h 的磷酸二氢钾（优级纯）0.4390 g，用水溶解后，加入 5mL 浓硫酸，然后加水定容至 1000mL，该溶液含磷 100mg/L，放入冰箱可供长期使用。

（9）5mg/L 磷标准溶液：准确吸取 5mL 磷贮备液，放入 100mL 容量瓶中，加水定容。该溶液用时现配。

（二）方法步骤

1. 土壤样品制备

取通过 1mm 孔径筛的风干土样在牛皮纸上铺成薄层，划分成许多小方格。用小勺在每个方格中提出等量土样（总量不少于 20g）于玛瑙研钵中研磨，使其全部通过 0.149mm 孔径筛。混匀后装入磨口瓶中备用。

2. 熔样

准确称取风干样品 0.25g（精确到 0.0001g），小心放入镍（或银）坩锅底部，切勿粘在壁上，加入无水乙醇 3～4 滴，润湿样品，在样品上平铺 2g 氢氧化钠，将坩埚放入高温电炉，升温。当温度升至 400℃左右时，切断电源，暂停 15min。然后继续升温至 720℃，并保持 15min，取出冷却，加入约 80℃ 水 10mL，用水多次洗坩埚，洗涤液一并移入 25mL 容量瓶，冷却，定容，用无磷定量滤纸过滤或离心澄清，同时做空白试验。

3. 绘制标准曲线

分别准确吸取 5mg/L 磷标准溶液 0mL、2mL、4mL、6mL、8mL、10mL 于 50mL 容量瓶中，用水稀释至总容积约 3/5 处，加入二硝基酚指示剂 2～3 滴，并用 100 g/L 碳酸钠溶液或 50mL/L 硫酸溶液调节溶液至刚呈微黄色，准确加入钼锑抗显色剂 5mL，摇匀，加水定容，即得含磷量分别为 0.0mg/L、0.2mg/L、0.4mg/L、0.8mg/L、1.0mg/L 的标准溶液系列。摇匀，于 15℃ 以上温度放置 30min 后，在波长 700nm 处，测定其吸光度。以吸光度为纵坐标，磷浓度（mg/L）为横坐标，绘制标准曲线。

4. 样品溶液中磷的定量

吸取待测样品溶液 2～10mL（含磷 0.04～1.0μg）于 50mL 容量瓶中，以下步骤同标准曲线的配制过程。以空白试验为参比液调节仪器零点。

（三）计算

$$土壤含磷量(g/kg) = \rho \times \frac{V_1}{m} \times \frac{V_2}{V_3} \times 0.001 \times \frac{100}{100 - H} \qquad (7-16)$$

式中：ρ 为从标准曲线上查得待测样品溶液中磷的质量浓度，mg/L；m 为称样质量，g；V_1 为样品熔后的定容的体积，mL；V_2 为显色时溶液定容的体积，mL；V_3 为从熔样定容后分取的体积，mL；$\frac{100}{100 - H}$ 为将风干土变换为烘干土的转换因数；H 为风干土中水分含量百分数。

主 要 参 考 文 献

1　苏家圣主编. 土壤农化分析手册. 北京：中国农业出版社，1988
2　鲍士旦主编. 土壤农化分析. 北京：中国农业出版社，2000
3　秦怀英，李友钦. 碳酸氢钠法测定土壤有效磷几个问题的探讨. 土壤通报. 1991. 22（6）：285～288
4　Mebius L. J. A Rapid method of the Determination of Organic Carbon in Soil. Anal. chim. Acta，1960（22）120～124
5　中国科学院南京土壤研究所. 土壤理化分析. 上海：上海科学技术出版社，1978
6　刘秉正，吴发起. 土壤侵蚀. 西安：陕西人民出版社，1997

第八章

荒漠化评价

第一节 评 价 标 准

一、荒漠化评价的概念及内容

荒漠化评价，简单地讲就是对分布于干旱、半干旱和亚湿润干旱区的退化土地进行类型的划分与程度的分等定级，或者说是从退化的角度对荒漠化土地进行质与量的界定。从根本上说，它属于土地资源评价或土地质量评价的范畴，是为土地利用服务的。具体内容包括：

（1）荒漠化现状评价。荒漠化现状评价是指在特定的时间和地域条件下，对土地单元的退化程度进行分等定级。土地的退化程度是指土地质量远离未退化状态或"基准"的程度。所以，只有找到"基准"，通过相互比较，才可以确定任一土地单元的退化情况。但是，由于种种因素的影响，"基准"是难以确定的，一般情况下采用相对"基准"比较法或其他处理手段。

荒漠化现状评价是土地荒漠化评价的核心，通常人们所指的土地荒漠化评价大都是针对现状评价而言。荒漠化现状评价的最终成果是荒漠化现状分布图。

（2）荒漠化灾害评价。荒漠化灾害是指由于土地荒漠化的产生和影响，对地区社会经济和环境造成的各种损失及破坏。它的特点是具有时间的持续性、空间的间断性、过程的复杂性和危害的广泛性。其灾害所涉及的因素十分庞杂，而且大部分因素不易测度，很难获得准确的定量数据，目前的研究水平还不能进行可靠的评估。

（3）荒漠化发展速率评价。荒漠化发展速率是指在单位时间内荒漠化土地面积大小及程度深浅的变化。作为正过程，它既包括非荒漠化土地的荒漠化，也包括各种荒漠化土地退化程度的加深；作为逆过程，它主要是指荒漠化程度的逆转。当速率为零时，即是通常所说的"零增长"。荒漠化发展速率的评价属于动态评估的范畴，一般可由两个或两个以上不同时期的荒漠化现状情况比较获得。

（4）荒漠化发展趋势评价。荒漠化发展趋势评价实质上是一种综合评价。它是在综合荒漠化成因、发展规律、目前状况和发展速率的基础上，考虑自然条件的脆弱性和环境压力的大小而进行的预测性评估，包括荒漠化产生的可能性，荒漠化可能达到的水平等。

二、评价指标体系的演变

国外荒漠化监测指标体系研究经历了约 20 年的时间，处于不断完善之中。1977 年联合国沙漠化大会后，Berry 和 Ford 提出了用于全球范围的 4 级监测指标体系，指标以气候因子为主体，未考虑人为活动因素。1978 年，Rcining 考虑到自然因素和人为因素的相互联系，提出由物理、生物、社会三方面众多指标组成监测指标体系。1983 年出版了 1∶25万的前苏联干旱区沙漠化图。这期间由于对荒漠化概念理解不同，在指标选取上各有侧重，有的提出以土壤退化（以土地生产力反映）或植被退化（以群落类型表示）作为评价沙漠化土地指标。土库曼斯坦沙漠研究所认为，一定的土地利用类型对应一定的荒漠化类型，如植被退化、风蚀、水蚀、盐渍化等有不同的荒漠化指征。并从荒漠化现状、荒漠化速度和荒漠化潜在危害三方面制定评估标准。依照这个标准修订 FAO/UNEP 制定的《荒漠化过程的评价及制图条例》，给出 4 个方面 15 个指标，每个指标有 4 个分级，但 1984 年和 1988 年先后两次对苏丹、马里西部荒漠化过程的评估实践效果不尽如人意。

纵观国外荒漠化评价指标不难看出：①由于对荒漠化概念解释不同，指标选取各不相同，可比性小，难以在地理分异复杂的大范围应用；②评价指标繁杂，且多间接性指标，获取数据难度较大，实用性差；③指标选取、等级划分多主观性判定，未充分进行科学论证，难以客观反映和准确评价荒漠化状况。

国内沙质荒漠化监测评价与制图的指标研究有众多学者做过探索。朱震达、陈广庭、崔书红提出：利用地理景观及土地沙漠化发展，判断沙漠化程度的指标为荒漠化土地扩大率；从生态角度判断则以植被盖度大小作为荒漠化程度的参考指标。胡孟春以景观学为指导采用单要素评价，然后以主导因素法确定土地沙漠化类型，应用模糊综合评判法对科尔沁沙地进行分类定量指标评价。董玉祥等提出由沙漠化状况和沙漠化危害性指标构成评价指标体系。马世威等以沙丘形态为评价标志。安惠民提出将自然环境特征、生态环境、荒漠化过程特征和人为活动纳入监测指标体系。刘建军提出，根据指数法和指标体系法评价荒漠化程度，用干燥度指数作为评价指标。李华新则提出了以荒漠生态环境指标、荒漠生物指标和社会经济指标三个子系统共 87 个指标组成监测评价多指标分级综合描述法。王军厚、孙司衡提出了包括气候区、外营力、土地利用类型、地表特征和荒漠化程度的多因素、复叠式荒漠化分类。王葆芳利用国内外资料评述沙漠化监测评价指标体系的分级。

国内沙质荒漠化监测评价指标体系，也存在许多不足之处：①制定评价指标体系的目标不明确，出发点各异；②评价体系指标多样性、交错性和渗透性的存在，因子信息量层次不清，指标难以通过遥感技术获取，因而该体系只适于局部监测；③有的采用单要素评价，数据由信息资料中获得，未经检验，其准确性和实用性较差。

综上所述，国内外许多学者虽然做过长期研究探索，但指标划分标准不同，各国在数据交流与共享上难以衔接，缺乏广泛认同的规范化定性定量的简便易行的评价指标体系。

三、确定荒漠化评价指标的原则

荒漠化的实质是土地退化，而土地退化又是在自然和人为多种因素作用下，土地内部各要素物质能量特征及其外部形态的综合反映。归纳起来，影响和决定土地退化的各种直接、间接因子可能有很多，不可能也没必要对所有的因子都一一概全，进行鉴定，而采取传统的单因子或定性描述法又会产生很大的局限性，只有遵循一定的原则，才能作出客观准确的评价。

1. 综合性原则

从荒漠化的形成过程来看，它是气候、土壤、地质、地貌、植被、水文等自然因素与人为因素相互作用，相互制约的统一体。随着荒漠化程度的加剧，众多相关因子会随之发生相应的变化，如地表沙质化、砾质化、石质化、盐质化，土壤有机质及其他养分含量降低，土层变薄，植物生物量减少，群落结构简单化，生物多样性下降等等。因此，在荒漠化评价时，就必须全面分析这些因素，选择多指标进行综合划分，要求选择的指标之间相互补充，尽可能全面、客观、准确地反映荒漠化的程度特征。

2. 主导性原则

荒漠化的影响因子众多，若一一概全，限于现有条件，既不现实也没必要，若采用传统的单因子评价势必会影响其精度，只有在综合分析、研究的基础上，选择数个具有代表性、能够反映荒漠化主要特征的主导性因子作为评价指标，采用数学、系统学等分析方法，建立一个科学的、完整的评价指标体系，便可既简便又较准确地对荒漠化类型作出划分。

3. 实用性原则

荒漠化评价是为荒漠化监测和荒漠化治理服务的，因此，选取的评价指标，不但应具有典型性、代表性，更重要的是科学、实用，具有可操作性，能够适应不同层次水平和不同专业部门的工作人员之用。多采用直接指标，少采用间接指标，多采用定量指标；少采用定性指标，而且指标的名称也应通俗易懂。

四、荒漠化土地类型的划分

荒漠化土地类型的划分是根据荒漠化土地的相似性和差异性程度进行类群归并的研究。荒漠化土地类型属于分类单位，这些类型单位的个体在地域上是完整连片的，占据着一定的地理空间，景观上以斑块体的形式存在同一类型群体互不相连而呈重复出现，表现出相同的特征。

荒漠化土地类型应是一个多级分类系统，以满足不同的概括水平和不同比例尺的荒漠化调查与监测服务，类型的分类工作可以从两个方向入手，即自上而下的划分和自下而上的组合。在单元的分类中，如果所采用的指标相同，无论是划分还是组合，结果应是一致的，两种方式可以分别和结合使用。荒漠化土地分类所面对的客体，在地表是连续过渡的，边界通常模糊渐变，清晰明确的个体界线比较少见，多元只是相对独立地存在。

对荒漠化土地类型个体单元的确定，特别强调结构的完整性和功能的统一性，可以通过划分的途径来实现，荒漠化土地系统自身的多层次性，划分出的单元必须隶属于相应的某一层次等级，应用研究中，目的不同、涉及的地域范围大小不同，所研究单元的层次等级就不同。荒漠化土地类型划分是荒漠化分区评价的基础与前提，没有荒漠化类型的划分，就很难进行荒漠化分区评价。只有通过荒漠化土地类型的划分才能较系统地分析荒漠化土地的形成条件，揭示荒漠化发生、发展过程及其地域差异，探索荒漠化防治的途径和措施，为荒漠化分区评价提供依据。关于荒漠化土地类型的划分，有的按造成土地退化的营力来划分，如风蚀荒漠化、水蚀荒漠化、土壤盐渍化、冻融荒漠化；有的按荒漠化的发展程度来划分，如轻度荒漠化、中度荒漠化、严重荒漠化和极严重荒漠化。

(一) 土地利用类型划分

1. 耕地

耕地是种植农作物的土地。包括水田、水浇地、旱地、菜地、新开垦地、轮歇地、草田轮作地和这些土地中小于 2.0m 的沟、渠、路和田埂。

(1) 水田。有水源保证和灌溉措施，在一般年景能正常灌溉，用以种植水稻，莲藕等水生作物的耕地，包括灌溉的水旱轮作地。

（2）水浇地。指水田、菜地以外，有水源保证和灌溉设施，在一般年景能正常灌溉的土地。

（3）旱地。无灌溉设施，靠天然降水生长作物的耕地，仅靠引洪淤灌的土地。

（4）菜地。种植蔬菜为主的耕地。

2. 林地

包括森林、疏林地、灌木林地、无立木林地和苗圃地。

（1）森林。由乔木树种组成，郁闭度大于 20％的林地或冠幅宽度大于等于 10m 的林带，包括针叶林，阔叶林，针阔混交林和竹林。

（2）疏林地。由乔木树种组成，郁闭度 10％～19％的林地。

（3）灌木林地。由灌木树种或原生境恶劣而矮化成灌木型的乔木树种构成覆盖度＞30％的林地。

（4）无立木林地。包括采伐迹地、火烧迹地、未成林造林地、天然更新林地和预备造林地。①采伐迹地，采伐后保留木达不到疏林地标准且未超过 5 年的迹地。②火烧迹地，火灾过后活立木达不到疏林地标准且未超过 5 年的迹地。③未成林造林地，造林后保存株数大于或等于造林设计株数 80％，尚未邻闭但有成林希望的新造林地（一般指造林后不满 5 年或飞播后不满 7 年的造林地）。④天然更新林地，天然更新评定等级达中等（含中等）以上但未达到森林标准的林地。⑤预备造林地，调查时已整地但尚未造林的土地。

（5）苗圃地。固定的林木育苗地。

3. 草地

以生长草本植物为主，植被盖度大于等于 10％，主要用于畜牧业的土地，包括天然草地、改良草地和人工草地。

（1）天然草地。未经改良，以天然草本植物为主，用于放牧或割草的草地。

（2）改良草地。采用灌溉、排水、施肥，耙松，补植等措施进行改良的草地。

（3）人工草地。种植牧草的土地。

4. 居民、工矿、交通用地

包括城镇用地、农村居民点用地、厂矿用地及其他工业设施用地、油田、盐田、铁路、公路、不小于 2m 的农村道路，路堤结合用地，机场及坟地等。

5. 水域

包括河流（含季节性河流）、湖泊、水库、坑塘、苇地、滩涂、雪山冰川、宽度不小于 2.0m 的沟渠、水利工程设施用地，但不包括居民点、厂矿用地、国防用地中的水面及路堤结合用地。

6. 未利用地

目前未充分利用的土地，包括难利用土地。

（1）荒草地。植被盖度 5％～10％，表层为土质的土地，不包括盐碱地和沼泽地。

（2）盐碱地。表层盐碱聚集，只生长天然耐盐植物的土地。

（3）沼泽地。经常积水或渍水，一般只生长湿生植物的土地。

（4）沙地。植被盖度小于 10％，表层为沙质的土地。

（5）沙滩和干沟。河流两侧以砂砾为主的滩地及常年基本无流水的干沟。

（6）裸土地。表层为土质，植被盖度小于5％的土地。

（7）裸岩。表面岩石裸露面积大于70％的土地。

（8）其他未利用土地。

（二）荒漠化成因类型划分

按造成荒漠化的主导自然因素，荒漠化可分为风蚀、水蚀、盐渍化和冻融四种主要荒漠化类型。

（1）风蚀。指由于风的作用使地表土壤物质脱离地表被搬运现象及气流中对地表的磨蚀作用。

（2）水蚀。指由于大气降水，尤其是降雨所导致的土壤搬运和沉积过程。

（3）盐渍化。指地下水、地表水带来的对植物有害的易溶盐分在土壤中积聚，致使土地生产力下降。

（4）冻融。指冻土层土壤因冻胀融沉、流变造成土壤侵蚀和植被退化的过程。

（三）荒漠化的地表形态类型

荒漠化作为土地生态系统的退化，它的正过程是向着类似荒漠环境的演变。干旱荒漠按其地表物质组成可划分为：沙质荒漠、砾质荒漠、盐质荒漠、石质荒漠和土质荒漠，与此相对应，荒漠化根据其地表组成物质及发展方向的不同，亦可分为沙质化型、砾质化型、盐质化型、石质化型。

1. 沙质化型

亦称沙漠化，它以地表形成覆沙（包括各种形式的流动、半固定和固定沙丘）为主要特征标志，其中包括历史时期形成的各种沙漠、沙地，现代过程中的沙丘前移、地表土壤风蚀粗化、片状流沙和密集流动沙丘的形成。沙漠化是荒漠化的最主要类型，不但分布广泛，而且类型多变。

2. 砾质化型

地势起伏平坦，地表砾石化的地区。包括"类砂砾石戈壁"和"假戈壁"，前者主要分布在高大山体的山麓地带，其形成过程是，山体中长期风化剥蚀的碎屑物质，经过流水（包括冰雪水）的搬运，在山麓地带堆积成倾斜的砂砾石平原，呈环带状分布，地表的细物质被风力和流水逐渐移走，残留的都是较粗大的经过滚磨的砂砾石，有的砾石表面存在风蚀棱面和光的岩漆皮；后者是坦荡高原面上分布的残积坡积物或缓坡地上的高含砂砾石土壤，经过风和流水的吹扬及冲刷，细粒物质被带走，地表残留一层密度不等的砾碎石，形成近似砾石戈壁的形态。

3. 盐质化型

即土壤盐化过程和碱化过程的产物。可分为盐碱化土（盐渍化土）和盐碱土（盐土和碱土），主要有草甸盐化土、沼泽盐化土、碱化盐化土、洪积盐化土、残积盐化土、草甸碱化土、龟裂碱化土、镁碱化土。

4. 石质化型

发育在中低山丘陵坡地区，由于人为耕种、破坏及流水的侵蚀冲刷作用，地表土层变薄，地面被切割得支离破碎，表面被覆有径级大小不等的石块，有的地方甚至基岩裸露。

（四）荒漠化程度类型

荒漠化程度类型是荒漠化的最基本评价单位，是对同一演替序列、不同演替水平的土地单元进行的阶段划分。一般分为 4 级，即轻度荒漠化、中度荒漠化、严重荒漠化和极严重荒漠化。关于它们的确定依据，不同人有不同的看法。资源经济学家认为，衡量生态系统或资源的退化程度应以其实物产出价值，或资源生产量为准。而生态学家则着眼于生态系统的结构、功能及系统演替的状态，认为土地退化是生态系统远离自然状态、结构和功能受到破坏、系统产出减少的过程。这里的系统产出不仅是指经济实物产出，而且还指生态和社会价值的产出。有的学者根据土地生产潜力下降程度，提出了如下的标准：

（1）轻度荒漠化。在一定的人为影响或气候波动（干旱等）状态下，土地生产力丧失 25% 以下，不影响目前土地利用方式，土地有自我恢复的可能性。

（2）中度荒漠化。在较强的人为影响下，土地生产力下降 25%～50%，对目前的土地利用方式有一定程度的影响，必需改善经营管理方式和采取一些措施，才可恢复土地的生产力。

（3）严重荒漠化。土地生产力下降 50%～75%，严重不适应目前的土地利用方式，必须停止利用，封禁保护，需较长时间才有可能恢复使用能力。

（4）极严重荒漠化。土地生产力下降 75% 以上，几乎无生产利用价值，恢复其生产力从经济上是不可能的。

第二节 荒漠化程度评价

荒漠化程度反映的是土地退化程度及恢复其生产力和生态系统功能的难易程度。所以荒漠化评价的基线（也称为基点），在荒漠化过程评价中，是非常重要的问题，没有基线就无法进行比较，也就难以进行评价。理论上的基线是存在的，从生态学的角度可定义为：在一定的气候条件下，特定区域土地生态系统所能达到的最稳定状态，或者说系统生产力所能达到的最大潜在状态，也就是未退化状态。在这种状态下，任何一种生物或非生物因子的表现值，也都是该因子的基线，植被就是群落学中潜在的天然植被或早期的气候顶极的意义。对一定的地域来说，其古地理环境和历史地理中的记录材料，代表了过去在较少的人为干扰下自然所处的状态，就是该地区的基线，但是实际应用中，基线很难确定，因为目前很难发现一个未被人类活动影响的干旱生态系统，而且历史资料中又缺少这方面的详细记载，影响了荒漠化的比较评价。对于如何解决这一问题，国内外的有关学者曾提出一些方法，有人建议把过去某一时间的有关土地（或荒漠化）普查或清查结果作为相对基线；有人则试图通过建立区域土地潜在生产力评价模型的方法来确定；也有人建议以各地目前保存最完好的土地单元作为基线，包括采取人为措施封育数年的地块和稳定的人工林、草地。

为荒漠化评价与制图的需要，1984 年联合国粮农组织和联合国环境规划署在《荒漠化评价与制图方案》中从植被退化、风蚀、水蚀、盐碱化等方面，提出了荒漠化现状、发展速率、内在危险性评价的具体定量指标，把荒漠化按其发展程度的不同，分为弱、中、强和极强 4 个等级，如表 8-1、表 8-2 所示。

表 8 - 1　　　　　　　　　　　　荒漠化监测评分分级表

评价方面	指标		分级			
			轻度	中度	重度	极重度
荒漠化现状	沙丘占地百分率（%）		<5	5~15	15~30	>30
	土壤表层土损失率（%）	原生土壤厚度小于1.0m	<25	25~50	50~75	>75
		原生土壤厚度大于1.0m	<30	30~60	60~90	>90
	现实生产力占潜在生产力比率（%）		>85	65~85	25~65	<25
	土壤厚度（cm）		>90	90~50	50~10	<10
	地表岩砾覆盖率（%）		<15	15~30	30~50	>50
荒漠化速率	面积年扩大率（%）		<1	1~2	2~5	>5
	土壤损失［Mt/（hm²·年）］		<2.0	2.0~3.5	3.5~5.0	>5.0
	生物生产力年下降率（%）		<1.5	1.5~3.5	3.5~7.5	>7.5
	1m线年输沙量（m³）		<5	5~10	10~20	>20
内在危险性	2m高处年风速（m/s）		<2	2.0~3.5	3.5~4.5	>4.5
	起沙风（6m/s）频率（%）		<5	5~20	20~33	>33
	沙粒运动潜在能力		<5	5~15	15~25	>25
人畜压力	人口超载率（%）		<-34	-34~0	0~100	>100
	牲畜超载率（%）		-80~-34	-34~0	0~100	>100

注　摘自董玉洋等，国外沙漠化监测评价指标与分级标准，1992

表 8 - 2　　　　　　　　　　　　荒漠化监测评价数据来源

评价方面	指标	比例尺			备注
		1：1万~1：5万	1：10万~1：25万	1：10万~1：250万	
荒漠化现状	沙丘占地百分率	F，LP	SP	SI	A—分析数据 Am—气候数据 M—数学方法 N—现有数据 F—野外监测 LP—大比例尺航片 SP—小比例尺航片 SI—卫片
	土壤表层土损失率	F，LP	N	N	
	现实生产力占潜在生产力比率	F	N	N	
	土壤厚度	F，LP	SP，N	N	
	地表砾覆盖率	F，LP	SP，N	N	
荒漠化速率	面积年扩大率	F，LP	SP	SI	
	土壤损失	F	N	N	
	生物生产力年下降率	F	N	N	
	1m线年输沙量	F，LP	SP，N	SI，N	
内在危险性	土壤结构	F，LP，A	SP，N	SI，N	
	2m高处年风速	Am	Am	Am	
	起沙风频率	Am，M	Am，M	Am，M	
	沙粒运动潜在能力	M	M	M	

一、耕地型荒漠化现地调查的评价指标及评分标准

根据《全国荒漠化监测主要技术规定》和其补充规定，土地利用类型为耕地的风蚀、水蚀和盐碱化土地，采用现地调查方法确定荒漠化程度。

（一）风蚀荒漠化程度评价

1. 风蚀耕地

风蚀耕地评价指标见表 8-3。

表 8-3　　　　　　　　　　风蚀耕地评价指标及级距

作物产量下降率（%）	评分	土壤质地或砾石含量（%）	评分	土层厚度（cm）	评分
<5	4	粘土 <1	2	≥70	2
5~14	10	壤土 1~9	9	69~40	6
15~34	20	砂壤土 10~19	17.5	39~25	12.5
35~74	30	壤砂土 20~29	26	24~10	19
≥75	40	砂土≥30	35	<10	25

作物产量下降率指作物现实产量与该地区当年非荒漠化耕地产量相比下降的百分数；在土壤质地和砾石含量中取评分值高者一项；有效土层厚度指耕作土壤剖面层次的表土和心土层厚度之和。荒漠化程度等级划分：各指标评分之和小于 15（非荒漠化耕地），16~35（轻度），36~60（中度），61~84（重度），大于等于 85（极重度）。

2. 风蚀草地及其他

风蚀草地评价指标见表 8-4。

表 8-4　　　　　　　　　　风蚀草地评价指标及级距

植被盖度（%）		土壤质地	砾石含量（%）	覆沙厚度（cm）	沙丘高度（m）
亚湿润干旱区	半干旱和干旱区				
<10 （40分）	<10 （40分）	粘土 （1分）	<1 （1分）	≥100 （15分）	<2 （6分）
10~29 （30分）	10~24 （30分）	壤土 （5分）	1~14 （5分）	50~99 （11分）	2.1~5 （12.5分）
30~49 （20分）	25~39 （20分）	砂壤土 （10分）	15~29 （10分）	20~49 （7.5分）	5.1~10 （19分）
50~69 （10分）	40~59 （10分）	壤砂土 （15分）	30~49 （15分）	5~19 （4分）	>10 （25分）
≥70 （4分）	≥60 （4分）	砂土 （20分）	≥50 （20分）	<5 （1分）	

等级划分：各指标评分之和小于 18（非荒漠化土地），19~37（轻度），38~61（中度），62~84（重度），大于等于 85（极重度）。

（二）水蚀荒漠化

1. 水蚀耕地

(1) 作物产量下降率小于 5％ (1 分)，5％～14％ (10 分)，15％～34％ (20 分)，35％～74％ (35 分)，大于等于 75％ (50 分)。

(2) 坡度小于 3 度 (1 分)，3～5 度 (5 分)，6～8 度 (10 分)，9～14 度 (15 分)，大于等于 15 度 (20 分)。

(3) 工程措施：反坡梯田 (1 分)，水平梯田 (5 分)，坡式梯田或隔坡梯田 (10 分)，简易梯田 (20 分)，无工程措施 (30 分)。

等级划分：各指标评分之和小于等于 24 (非荒漠化耕地)，25～40 (轻度)，41～60 (中度)，61～84 (重度)，大于等于 85 (极重度)。

2. 水蚀草地及其他

(1) 植被盖度小于 10％ (60 分)，10％～29％ (45 分)，30％～49％ (30 分)，50％～69％ (15 分)，大于等于 70％ (1 分)。

(2) 坡度小于 3 度 (2 分)，3～5 度 (5 分)，6～8 度 (10 分)，9～14 度 (15 分)，大于等于 15 度 (20 分)。

(3) 侵蚀沟面积比例小于等于 5％ (2 分)，6％～10％ (5 分)，11％～15％ (10 分)，16％～20％ (15 分)，大于 20％ (20 分)。

等级划分：各指标评分之和小于等于 24 (非荒漠化土地)，25～40 (轻度)，41～60 (中度)，61～84 (重度)，大于等于 85 (极重度)。

(三) 盐渍荒漠化

1. 盐渍化耕地

(1) 轻度：土壤含盐量 0.1％～0.3％ (东部) 或 0.5％～1.0％ (西部)，盐碱斑占地面积小于 15％，一般只危害作物苗期，缺苗 10％～20％，大豆、绿豆、小麦、玉米等轻度耐盐作物能生长，产量有所下降 (15％)，改良较容易。

(2) 中度：土壤含盐量 0.3％～0.7％ (东部) 或 1.0％～1.5％ (西部)，盐碱斑占地面积 16％～30％，较耐盐作物如向日葵、田菜、水稻、苜蓿等尚能生长，缺苗 21％～30％，产量下降较大 (16％～35％)，需要水利改良措施。

(3) 重度：盐碱斑占地面积 31％以上，作物难于生长，一般不作为耕地使用。

(4) 极重度：不适合于作物生长。

2. 盐渍化草地及其他

(1) 轻度。土壤含盐量 0.1％～0.3％ (东部) 或 0.5％～1.0％ (西部)，地面可见少量盐碱斑 (≤20％)，有耐盐碱植物出现，植被盖度大于等于 36％。

(2) 中度。土壤含盐量 0.3％～0.7％ (东部) 或 1.0％～1.5％ (西部)，地面出现较多的盐碱斑 (21％～40％)，耐盐碱植物大量出现，一些乔木不能生长，植被盖度 21％～35％。

(3) 重度。土壤含盐量 0.7％～1.0％ (东部) 或 1.5％～2.0％ (西部)，41％～60％的地表为盐碱斑，大部分为强耐盐碱植物，多数乔木不能生长，只能生长柽柳等，植被盖度 10％～20％，难于开发利用。

(4) 极重度。土壤含盐量大于 1.0％ (东部) 或大于 2.0％ (西部)；大于等于 61％

的地表为盐碱斑，几乎无植被（<10%），极难开发利用。

二、非耕地型荒漠化现地调查的评价指标及评分标准

根据《全国荒漠化监测主要技术规定》和其补充规定，土地利用类型为耕地以外的风蚀、水蚀和盐碱化土地，采用现地调查方法确定荒漠化程度。

（一）风蚀

1. 植被盖度

亚湿润干旱地区小于10%，评分40；10%～29%，评分30；20%～49%，评分20；50%～69%，评分10；大于等于70%，评分4。

半干旱和干旱地区小于10%，评分40；10%～24%，评分30；25%～39%，评分20；40%～50%，评分10；大于50%，评分4。

2. 土壤质地

粘土或砾石含量小于1%，评分1；壤土或砾石含量1%～14%，评分5；砂壤土或砾石含量15%～29%，评分10；壤砂土或砾石含量30%～49%，评分15；砂土或砾石含量大于等于50%，评分20。

3. 覆沙厚度

大于等于100cm，评分15；50～99cm，评分11；20～49cm，评分7.5；5～19cm，评分4；小于5cm，评分1。

4. 地表形态

地表平坦或沙丘高小于等于2m，评分6；沙丘高2.1～5m，评分12.51；沙丘高5.1～10m，评分19；裸土地或沙丘高度大于10m，评分25。

荒漠化等级划分：各指标评分之和小于等于18（非荒漠化土地），19～37（轻度），38～61（中度），62～84（重度），大于等于85（极重度）

（二）水蚀

1. 植被盖度

大于等于70%，评分1；69%～50%，评分15；49%～30%，评分30；29%～10%，评分45；小于10%，评分60。

2. 坡度

小于3度，评分2；3～5度，评分5；6～8度，评分10；9～14度，评分15；大于等于15度，评分20。

3. 侵蚀沟线段长度占区划线段百分比（%）（侵蚀沟面积占图斑面积比）

小于等于5，评分2；6～10，评分5；11～15，评分10；16～20，评分15；大于20，评分20。

荒漠化程度的划分：各指标评分之和小于等于18（非荒漠化土地），19～35（轻度），36～60（中度），61～84（重度），大于等于85（极重度）。

（三）盐渍化

1. 轻度

土壤含盐量0.5%～1.0%，地面可见少量盐碱斑（≤20%）；有耐盐碱植物出现，植被盖度大于等于36%。

2. 中度

土壤含盐量 1.0％～1.5％，地面出现较多的盐碱斑（21％～40％），耐盐碱植物大量出现，一些乔木不能生长，植被盖度 21％～35％。

3. 重度

土壤含盐量 1.5％～2.0％，41％～60％的地表为盐碱斑，大部分为强耐碱植物，多数乔木不能生长，只能生长柽柳等。植被盖度 10％～20％，难于开发利用。

4. 极重度

土壤含盐量大于 2.0％，小于等于 61％的地表为盐碱斑，几乎无植被（＜10％），极难开发利用。

三、沙质荒漠化土地监测评价指标体系

我国历来十分关注干旱、半干旱和亚湿润区域土地退化、沙化动态。国家为实现宏观管理，制定防治沙化战略，统筹规划，需要掌握沙化现状、沙化严重程度、沙化潜在危害、沙化过程等；也需要从国情出发制定一套具有科学性和实用性的监测评价指标体系；而这个指标体系又必须适用于遥感和计算机技术进行分类评估。与此同时，考虑到荒漠化关系到全世界各国环境保护，还须依靠国家之间、地区之间、组织之间合作，因此，期待这方面的研究在国际交流中，不断完善。

（一）野外调查

缺少实地研究是以往国内外制定沙漠化评价指标体系的一大弊端，因而缺乏实用性。中国林业科学研究院在 1995～1997 年实地调研基础之上，按干旱、半干旱和受干旱影响的亚湿润区域，分别选取甘肃的民勤和武威，宁夏的陶乐、平罗、中卫、灵武和盐池，内蒙古的科左中旗、奈曼旗和阿拉善右旗作为研究地点。采用随机抽样线路调查法设置样地，样地为正方形，面积是 1km²，每个调查类型均有多次重复，共计调查 159 块样地。调查因子包括：重点调查植被盖度、裸沙占地百分比、土壤质地、附设调查植被分布均匀度、沙质荒漠化程度、海拔高度、地貌类型、坡度、地下水位、沙化成因、盐碱程度、裸沙覆盖前地类、土地利用现状、群落类型、优势种、植物平均高度、沙丘形态、砾石含量、主风方向等。

样地的地理坐标采用全球定位系统 GPS 确定样地的中心位置，通过地形图确定到 TM 影像上。遥感资料采用 1∶10 万 TM 影像及相应地区的 1∶10 万地形图，TM 时相为 1994 年 7 月 21 日、8 月 29 日和 9 月 14 日，谱段组合 4，5，3。TM 数据磁带影像时相为 1996 年 9 月 4 日。

（二）沙质荒漠化程度的量化判别

本研究采用"多因子指标分级数量化法"将各指征因子进行综合，以此判别土地的沙质荒漠化程度。量化步骤是：①给指标因子权重，以表达其重要性。②划分因子等级值，并将因子指标等级数量化。③建立沙质荒漠化程度得分公式。④根据得分值，在不同区域的数量化表中得出对土地沙质荒漠化程度的评价。

（三）遥感图像解译与地面实况信息合成技术，提供沙质荒漠化现状分布图

1. 应用陆地卫星 TM 图像目视解译制做沙质荒漠化现状图

（1）TM 影像解译标志的编制：遥感数据是沙质荒漠化监测的主要信息源。从遥感数

据中提取沙质荒漠化评价的 3 个指标，即裸沙地占地百分比、植被盖度及土壤质地，关键步骤是建立遥感影像与上述指标之间的数量关系。通过野外样地调查与 TM 卫星图像的核对，分析各指标在不同状态时的影像特征，建立沙质荒漠化 TM 卫片影像目视定性定量解译标志体系。

（2）沙质荒漠化评价指标 TM 图像判读：根据图斑在 TM 影像上的特征差异，将 TM 图像按图斑转绘成草图。以解译标志为依据，并参考相应地区的地形图、土壤图等，判读出各图斑的沙质荒漠化评价指标值及各非沙质荒漠化土地图斑的土地利用类型。

（3）沙质荒漠化图斑程度计算及计算机制图：计算各沙质荒漠化图斑的程度指数，并按其程度划分标准，将各沙质荒漠化图斑分级，并与非沙质荒漠化图斑的不同地类统一编号，对图斑草图进行清绘，然后转绘成作者原图。使用林业部中南规划院研制的扫描仪及其有关部件，对作者原图进行扫描，对栅格图像进行矢量化，编辑成图。将矢量化图形输入 WINGIS 系统，并进行图形编码、图形数据和属性数据的连接等编辑处理。然后分层对各种不同类型的图形单元（图斑）进行着色、注记，即可成图。

（4）计算各类型面积：利用 GENAMAP 软件系统，在计算机上求得各类图斑的面积。

2. 数字影像解译技术制作沙质荒漠化现状图

使用 SPOT 卫星影像磁带，输入计算机后，利用野外调查资料，在计算机屏幕上采用人机结合的方法，用制图软件按像元水平解译遥感图像，并依据解译标志在计算机上进行勾绘、加注成图。经处理后扫描成影像底片，再放大至所需的沙质荒漠化现状影像图件。

（四）沙质荒漠化现状评价的原则及评价指标的选择

沙质荒漠化现状是沙质荒漠化过程最直接的反映。衡量沙质荒漠化扩展程度和变化态势，主要依据地表形态和生态状况的变化。评价指标既要有代表性，又要能够反映沙质荒漠化程度，既要考虑我国技术水平与国际水平接轨，又要考虑易于地面观测和适于应用遥感和计算机技术进行监测。重要的是要便于全国沙漠化动态变化的宏观管理。这是制定本指标体系的基本原则。

为了更准确的确定评价指标，建立了由 10 个省（区）20 多个科研院校及生产单位的近百名治沙专家组成的评价系统。各专家根据自身在沙区多年科研与实践经验，对沙质荒漠化现状评价指标（包括裸沙地占地百分比、植被盖度、土壤质地）和对沙质荒漠化危害程度评价指标（包括裸沙地占地百分比、草地产草量、旱田粮食单产、牲畜超载率、大风日数、降水量、沙尘暴频率、一年沙尘暴时数、沙质荒漠化土地年均增长率、沙质荒漠化土地年扩大面积占地率）按各指标重要程度打分。咨询专家对沙质荒漠化现状评价指标评议结果：完全认同占 88%，部分认同占 9%。采用特尔裴法（Delphi）确定其权重，经评定后，通过线性回归方法筛选出裸沙地占地百分比、植被盖度、土壤质地三项评价指标。

（五）建立 TM 影像目视解译标志

1. 植被覆盖度的提取

采用 TM 影像对于植被，特别是灌木和草本植物盖度，可以半定量目视解译出小于 10%、10%～20%、21%～30%、31%～40%、41%～50%、51%～60% 和 61% 以上几个植被盖度等级。大致区分出白茨、苦豆子、沙蒿、猫头刺等几个植被类型。

2. 裸沙占地百分比的提取

集中连片、有一定高度的沙丘是容易判读的。由于 TM 片几何分辨率的限制及处理效果等原因，高度较小散状分布的小型沙丘，在遥感影像上较难判读，需要根据影像色调、纹理、空间结构特征以及环境因素等综合判定。裸沙地占地百分比，在 TM 影像上按 10％的分级区间判定。

3. 土壤质地的提取

依自然景观特征采用遥感方法间接确定，对于严重的土壤板结在 TM 影像上可识别。具体沙质荒漠化土地 TM 卫片影像解译标志见表 8－5。

表 8－5　　　　　　　　　沙质荒漠化土地 TM 卫片影像解译标志

类　型	影像特征（TM4、TM5、TM3 假彩色合成图像）
高密度草地	红色、浅红色或棕红色，或者几种颜色混杂，边界明显，形状不规则
植被盖度大于 40％的沙地	淡红色、灰黄或深灰色，色调浓，呈不规则的片块状，边界不明显
植被盖度 40％～21％的沙地	黄红、淡黄或灰色，色调较浓，形状不规则
植被盖度 20％～11％的沙地	淡黄、灰色，并加有灰白色斑点，色调不均，边界清晰
植被盖度不大于 10％的沙地	灰白或浅灰色，色调不均，常呈灰白相间的条纹分布，或呈均匀的灰白色，边界清晰
裸沙地	灰白色，呈网纹或条纹或波状或蜂窝状等
沙质地表特征	灰白色底色，色调较亮、明晰
砾质地表特征	墨绿色或深灰与墨绿色条状相同，呈明显的冲积扇形
土质地表特征	浅灰白或白灰色底色，或是灰白色上嵌有浅棕色斑
石质地表特征	青灰色中有明显的沟状，立体感强，色调不均，形状不规则
盐碱地	碱地为白色与紫色相间，盐地为紫红色，两者一般均与湖塘比邻，边界清晰
水田	暗红色，色调均匀，规则块状，边界清晰
水浇地	鲜红、紫红或青灰色，条块状或网格状，边界清晰
旱地	多为浅红或青灰色斑块，色调不均，形状不规则
乔木林地	红色或灰褐色，色调较均匀，形状不规则或规则（人工林）
灌木林地	红褐色或青灰色，色调不均，形状不规则
城镇及特用地	深灰或黑灰色，形状规则，边界清晰
煤矿	黑色，斑块状，边界清晰
交通用地	灰褐或紫褐色，曲线或直线条，色调及宽度均匀
湖塘及水库	深蓝色，椭圆或三角或扇形，边界清晰
河渠	浅蓝或蓝紫色，流线长条状，边界清晰

（六）沙质荒漠化现状监测评价指标体系

结合遥感影像的目视解译标志提出了一个综合评价模型：沙质荒漠化现状（SH）由植被盖度（G）、裸沙占地百分数（S）和土壤质地（T）反映，表示如下

$$SH = G + S + T$$

沙质荒漠化现状综合评价模型

$$SH = \sum_{i=1}^{m} W_i F_i$$

式中：m 为评价因子数，$m=3$；W_i 为第 i 个评价因子的权重；F_i 为第 i 个评价因子等级值。

将植被盖度和裸沙地占地百分比指标划分为 7 个等级，便于采用全国沙漠化普查数据，实现遥感卫片判读；土壤质地分为四种类型。对各因子等级范围有规律地赋以 1.0～4.5 不同等级值。依据以往调查及专家评判和实验结果，经过多种因子权重组合方案的计算，划分出沙质荒漠化程度总得分值范围，按国际惯例将沙质荒漠化程度分为轻度、中度、强度、极强度四级。按上式算得各样地沙质荒漠化总得分值后，以实地判定的沙地荒漠化程度为对照，筛选出最佳权重组合：裸沙占地百分比为 3.8，植被盖度为 3.6，土壤质地为 2.6。由此，初步建立起一个科学实用的沙质荒漠化现状监测评价指标体系，具体见表 8-6。

表 8-6　　　　　　　　　　　沙质荒漠化现状监测评价指标体系

评价指标	权重	等级值	1.0	1.5	2.0	2.5	3.0	3.5	4.5
裸沙地占地百分比	3.8	范围（%）	<10	10～20	21～30	31～40	41～50	51～70	>71
		得分值	3.6	5.7	7.6	9.5	11.4	13.3	15.2
植被覆盖度	3.6	范围（%）	>60	60～51	50～41	40～31	30～21	20～10	<10
		得分值	3.6	5.4	7.2	9.0	10.8	12.6	14.4
土壤质地	2.6	范围	沙壤土		粉沙土		沙砾		沙质土
		得分值	2.6		5.2		7.8		10.4
沙质荒漠化程度			轻度		中度		强度		极强
总得分值范围			10.0～20.0		20.1～27.0		27.1～34.0		34.1～40.0

《国家荒漠化监测评价技术规程》认为，风蚀荒漠化遥感评价指标及级距或状态、评分如下：

1. 植被盖度

亚湿润干旱地区：小于 10%，评分 60；10%～29%，评分 45；30%～49%，评分 30；50%～64%，评分 15；大于等于 65%，评分 5。

半干旱和干旱地区：小于 10%，评分 60；10%～24%，评分 45；25%～39%，评分 30；40～54%，评分 5；大于等于 55%，评分 1。

2. 地表形态

影像上分辨不出沙丘，评分 10；影像上可分辨出沙丘，基本无阴影和纹理，评分 20；沙丘在影像上清晰可见，纹理明显，沙丘阴影面积小于 50%，评分 30；地类为裸土地或沙丘阴影面积大于 50%，纹理明显，评分 40。

风蚀荒漠化程度等级划分：小于等于 20（非荒漠化土地）、21～35（轻度）、36～60（中度）、61～85（重度）、大于等于 86（极重度）。

四、其他类型荒漠化类型程度评价指标体系

1. 在 SD238—87《水土保持技术规范》中，将水蚀荒漠化规定为 6 级，见表 8-7。

表 8-7　　　　　　　　　　水蚀荒漠化程度分级指标

程度	侵蚀模数（t/km² · 年）	年平均流失厚度（mm/年）
微度	>200	<0.15
轻度	200~2500	0.15~1.9
中度	2500~5000	2.0~3.7
强度	5000~8000	3.8~5.9
极强度	8000~15000	6.0~11.1
剧烈	>15000	>11.1

2. 水蚀荒漠化遥感评价指标及级距或状态、评分

《国家荒漠化监测评价技术规程》认为，水蚀荒漠化遥感评价指标及级距或状态、评分如下：

（1）植被盖度：大于等于 70%，评分 1；69%~50%，评分 15；49%~30%，评分 30；29%~10%，评分 45；小于 10%，评分 60。

（2）坡度：小于 3 度，评分 2；3~5 度，评分 5；6~8 度，评分 10；9~14 度，评分 15；大于 14 度，评分 20。

（3）侵蚀沟线段长度占区划线段百分比：小于 5%，评分 2；6%~10%，评分 5；11%~15%，评分 10；16%~20%，评分 15；大于 20%，评分 20。

水蚀荒漠化等级划分：小于等于 24（非荒漠化土地）、25~40（轻度）、41~60（中度）、61~84（重度）、大于等于 85（极重度）。

3. 盐碱化程度评价

轻度：地面可见少量盐碱斑（≤20%），植被盖度大于等于 36%。

中度：盐碱斑占地面积 21%~40%，植被盖度 21%~35%。

重度：41%~60% 的地表为盐碱斑，植被盖度 11%~20%。

极重度：不小于 61% 地表为盐碱斑，几乎无植被（<10%）。

主 要 参 考 文 献

1　高尚武，王葆芳，朱灵益，王君厚. 中国沙质荒漠化土地监测评价指标体系. 林业科学. 1998. 34（2）：1~10

2　张玉贵，F. R. Beernaert. TM 影像的计算机屏幕解译和荒漠化监测. 林业科学研究. 1998. 11（6）：599~605

3　林进，周卫东. 中国荒漠化监测技术综述. 世界林业研究. 1998. (5)：63~68

4　王葆芳，国内外沙漠化监测评价指标体系概述. 林业科技通讯. 1997 (7)：4~8

5　刘淑珍，范建容，刘刚才. 金沙江干热河谷土地荒漠化评价指标体系研究. 中国沙漠. 2002. 22（1）：47~51

6　李壁成. 小流域水土流失与综合治理遥感监测. 北京：科学出版社，1995

第九章

土地承载力与荒漠化

土地在人类社会生产与生活中，既是重要的生产资料和劳动的对象，也是人类赖以生存的活动领域和其他自然资源的载体。土地作为一种综合的资源，在人类生态系统中发挥着十分重要的作用。随着整个人类社会的生产发展和人口的迅速增长，土地资源与人类社会的关系成为整个人类生存与发展环境空间的全球性大问题。在水土流失与荒漠化地区，土地资源的质量较差，生产潜力低下，土地资源与人类社会的矛盾与问题更加突出，要回答解决这些问题与矛盾，就必须对土地资源的人口承载能力进行深入研究，而其中对土地质量的评价与生产潜力的估算是研究的基础和关键。

第一节　土地承载压力与荒漠化

土地资源与人口协调的关系问题，其实质是指土地资源与人口在数量上的相对平衡问题，即二者在数量上保持一定的比例关系。这种平衡主要体现在土地能够为人类提供足够的物质资料，土地能够为人类提供足够的生存空间，为农业劳动者提供足够的劳动资源。

一、土地与人类生活资料

人类的生活资料来自土地，但最主要的还是人类从土地上获得足够的食物产品，因而一定要处理好农业用地的数量、质量与人口之间的平衡问题。要提高人均食物产品占有量，就要控制人口总量、增加土地总面积、提高单位面积产量。

农用土地总面积，在某些地区和一定时期内，增加其数量是可能的。但从长远来看，随着工业发展和城镇建设的需要，必然造成农业用地总面积不断减少。这几年，全国平均每年减少耕地 35.3 万 hm^2。因此，人们既要努力控制农用土地面积的过度减少，又要提高单位面积产量，控制人口的增长率，才能保持良好的平衡。

二、土地与人类的生活空间

人类的物质生活和文化生活需要一定数量和质量的土地，其中包括一定的水面、绿地、清洁的环境、赏心悦目的景观、宜人的气候等，这些都属于足够的生存空间。足够的生存空间，在城市和农村居民点中，至少要保证每个人有起码的居住面积、道路面积、生活用水量、绿地面积等，这几个指标也是人口生存空间的重要指标。这些指标愈高，则人们的生活空间愈宽裕，从生活空间的角度来衡量，则人们的生活质量也愈高。

目前，随着经济多样化、社会城市化的发展，荒漠化地区的城市土地与人口之间的平衡问题日益突出。这一问题表现在两个方面：一是一个国家人口城市化和土地的相应城市化必须协调一致，这样，既可保持城市居民的生活质量，又不至于浪费土地，不削弱土地产品的生产量；另一方面是在城市化过程中，既要防止中小城市的盲目发展，人均占地标准过高，造成土地资源的浪费，又要防止大城市人口和产业过于集中，土地相应不足，造成人口居住拥挤，交通不便，环境污染等，降低城市居民的生活质量。

三、农业用地与农业劳动人口

农业用地和农业劳动人口是农业生产中两项重要的生产资源，也是农业生产力中最重要的组成部分。两者之间保持适当的比例，使两者维持平衡，是组织农业生产中的重要问题，如果二者结合的好，就能产生较优的资源组合效益。所以对农业生产来说，最重要的是农用土地面积与农业劳动人口在量上的相互配比。在任何情况下，两者之间只有保持正确的比例，才能使土地资源和劳动力资源之间得到很好的结合，产生较好的效果。如果两者关系处理不好，则会造成劳动力资源相对过剩，这些劳动力就向非农业生产部门转移，否则就会造成劳动力资源的浪费；反之，如果劳动力资源不足，则会使农用土地无法进行正常的经营，使土地资源生产潜力不能充分发挥，造成土地资源生产潜力的浪费。

在土地资源与人口这对矛盾中，矛盾的主要方面是人口而不是土地。因为土地资源的数量有限，位置固定，而人口的数量、分布则是可变的。目前，有限的土地资源到底能供养多少人口，提高土地资源承载能力的可能性到底有多大，提高的途径如何，这已成为社会各界和各国政府普遍关注的问题。

20世纪60年代以来，随着世界人口的迅速增长，土地荒漠化的发展对土地资源的压力愈来愈大，人口—土地—粮食的矛盾日益突出，解决人口—土地—粮食之间的关系问题，唯一的出路是建设良性循环的人口—土地平衡系统，制定协调发展的人口—土地政策。这些政策的基本依据就是土地人口承载能力的研究，而首先主要是研究土地的生产潜力。

第二节 土地资源评价的基本理论与方法

一、土地资源评价概述

1. 土地资源评价的概念

土地资源评价就是通过对构成土地质量的自然因素（气候、土壤、地形、水文、植被等）和社会经济因素（人口、经济水平、位置、交通等）的评定，将土地按质量好坏划成若干相对等级，并阐明各类土地对人类利用的适宜程度、限制因素、改良措施和生产潜力。土地资源评价的实质是对土地质量进行综合评述与鉴定，评价的主要理论依据是土地生产力的高低。土地生产力可从质和量两方面来衡量，质的方面主要体现在土地对发展农林牧业生产及土地利用的适宜性和限制性上，如农用地适种作物的种类、组成和品质，林用地适种什么树、木材好坏，以及土地改造的难易程度与必要的技术措施等；量的方面主要体现在作物、饲草、树木、果品等单位面积产量和土地生产总量方面。

特殊用地（如交通、工矿、城镇用地等）须另行评价。

2. 土地资源评价的目的

（1）为土地利用规划服务。全世界公认的土地资源评价目的是为土地利用规划服务，就是从农、林、牧业生产对土地资源的需要出发，全面衡量土地资源的条件和特点，比较科学地评定各类土地资源对农、林、牧等业利用的适宜与否和适宜程度大小，以及利用过程需要采取的改造措施。土地的用途很广，如用于植树、放牧、栽培作物、旅游、工厂及房屋修建、道路的修筑及军事用途等等。所以，在一定地区内土地应该作为什么用途及其合理的土地利用结构才能获得较高的社会效益、环境效益和经济效益，要解决这些问题，需要知道一定地区或土地最适于什么用途的信息，然后才能作出土地用途的决策或利用规划的方案。土地评价能在土地具体多种用途时，给出土地最适于何种用途的信息，为土地利用规划服务。

（2）为土地税收服务。土地税收标准的确定需要知道土地的用途和土地对该用途的适宜等级，或土地在该用途条件下的生产力大小，因此，通过土地评价能科学地为制定土地税收标准提供基础资料。

（3）为调整承包土地和征地补偿费提供依据。自从我国在农村实行土地经营形式的改革以来，土地的经营权经常改变，为了鼓励承包者的投资积极性，避免对土地的掠夺式经营，就必须在土地的承包调整时，根据土地质量比原承包时的提高程度，付给原承包者投资补偿费。为使调整承包土地时投资补偿费的确定比较科学合理，就需要通过土地评价对土地承包前后的质量进行比较。

征地补偿费是为了克服征地的无偿使用，占好地与坏地无区别的现象和切实保护耕地为目的而提出的。征用耕地时，征地补偿费的科学确定是以耕地质量评价为基础的。

（4）为土地交易服务。随着经济的发展，土地市场的兴起，客观上要求对土地进行评价，因而也就产生了为土地交易提供土地价格基础资料的土地评价。评价的方法一般采用比较法，即先收集土地的买卖合同，填写地价图和地价卡，然后将要进入交易的土地与相邻有买卖合同的土地进行比较，根据比较的结果再参考土地的用途和经济发展的趋势确定土地的交易价格。

（5）为估计土地经营好坏服务。对于土地经营者，当前最直接的利益就是土地经营的经济效果如何。为了确定或评价土地经营的好坏，就要通过土地评价对土地经营活动中的投入和土地经营后的产出进行分析，如果在土地经营中，投入比产出的价值小，那么土地经营者当前的经济效益就高，土地的经营从经济的角度来讲其经济效益好。值得特别注意的是，开展此类土地评价时，不能忽视土地利用给环境和社会带来的影响。

（6）为环境保护服务。人们在土地使用过程中，由于片面地追求短期利益，造成了大量的环境退化与环境污染的现象，如三废污染、农药、化肥污染等。可以通过调查土地利用方式和一定的环境保护措施，来减少有害物质的排放，防止土地资源的退化与污染。

3. 土地评价的种类

（1）土地生产力评价、适宜性评价与经济评价。土地生产力评价就是通过对土地的自然属性和经济社会因素的综合鉴定，阐明土地属性所具有的生产潜力，以及它对农、林、牧、渔等各业生物生长的适宜性、限制性及其程度的差异。土地适宜性评价是指评定土地对一定用途的适宜与否和满足程度（适宜程度）。土地经济评价就是用经济的可比指标，对土地的投入—产出的经济效果的评定，土地经济评价一般在土地适宜性评价基础上进行，如果说适宜性评价是土地评价的第一阶段，那么土地经济评价则是土地评价的结论阶段。

（2）综合性土地评价和单项性土地评价。综合性土地评价亦可称之为多项土地评价，其中心含义是指在土地评价中，同时评价或估计土地评价地区的土地资源对多种用途的适宜性情况，从而找出该地区的哪一个区域对哪一种用途最为适宜。单项土地评价就是土地资源评价过程中，只考虑一种土地利用，如建设用地选择的土地评价、以种植某种果树选择基地的土地评价、为开辟旅游区服务的土地评价，以及军事用地的土地评价等，均是只考虑一种用途的单项土地评价。

（3）定性土地评价和定量土地评价。定性的土地评价就是用定性术语去表示土地对一定利用的适宜与否，其适宜性可分为 4～5 级，如最适宜、中等适宜、勉强适宜或边界适宜。定性的土地评价一般作为较小比例尺（1∶100000～1∶500000）土地评价。定量的土地评价就是用定量的指标去评定土地对一定用途的适宜与否。定量土地评价一般适于较大比例尺的土地评价，在开展定量的土地评价之前应做先行性的定性土地评价。

（4）当前土地评价和潜在土地评价。当前土地评价是指根据的是目前的土地特征，评定出土地对一定用途的适宜性或土地质量等级的高低，潜在土地评价是依据可预见的未来土地改良后的土地特性，是一种预测性土地评价。

二、土地资源评价的基本原理

（一）土地资源评价的原则

根据土地资源评价的目的，确定评价所遵循的原则，并在土地资源评价过程中加以具体的贯彻和应用，评价的原则主要有以下几条：

（1）生产性原则。土地资源既然是农业生产的基本资料和劳动对象，在进行土地资源评价时，必须要考虑农、林、牧业土地利用的实际，要有利于农业生产的发展，从现状生产水平出发着眼于可能挖掘的土地生产力，达到合理而充分利用土地资源的目的。因此，所谓生产性原则，就是从生产需要出发，按照特定的用途和目的，全面衡量土地资源本身的条件和特性，确定其对农、林、牧业生产的适宜性及其适宜程度。

（2）综合性原则。土地资源从其形成过程来看，是地质、地貌、土壤、生物、气候、水文等因素相互作用的统一体，从其利用过程来看，又受到一定社会条件下的生产技术，经济活动方式和国家政策的制约和影响。因此，土地资源的属性特征就是这些复杂因素长期相互作用的结果。为了能够弄清土地资源的属性特征，在评价时，就要全面而综合地分析各个要素及其相互作用的综合表现，比较土地资源的功能，衡量土地资源生产力的高低。当然在综合分析的基础上，也要考虑主导因素对土地生产力的限制作用，特别要重视对土地生产力长期起作用，而暂时又不易改造的，稳定性大的限制因素的研究。

（3）比较的原则。所谓比较的含意有 3 点：①就是在一定的区域内，把所有初步评价分等的各种土地资源进行相互比较，均衡其彼此之间的等级关系，以避免单纯的就指标衡量的结果可能造成的偏向，甚至有失真现象。只有通过比较，平衡并调整其质量之间的相互关系，才能做到从实际出发，对土地资源评价不至于陷入偏高或偏低的倾向。②是要在几种不同土地资源用途之间进行比较，选择并提出不同土地资源类型的最佳利用方式，以达到充分利用土地资源的目的。③是对投入产出的比较，投资包括人力和物力，投资的多少直接影响到土地资源创造财富价值的大小，衡量其经济效益，力求以较少的投入获得较高的产出。

（4）地域性原则。由于构成土地质量的自然属性和经济条件存在着地域差别。所以，土地评价必须充分考虑地域分异规律对土地质量及其自然属性和社会经济条件的影响，因地制宜地确定评价项目和评级标准，选取不同的评价依据和评价指标。此外，要针对特定用途进行土地适宜性评价和等级划分。

（二）土地资源评价的依据

土地资源评价主要是评定土地资源对人类开发利用的适宜性和限制性程度，并反映其土地资源的生产潜力。所以它是以土地资源所提供的生产性能——即表现出的生产力高低为依据的。由于土地生产力测定比较困难，目前条件又不具备。因此，土地资源评价常采用土地适宜性和限制性作为主要依据，适宜性和限制性是表现在土地资源这个客体上的两大特性，处于相互矛盾之中，一般的表现规律是：土地资源的适宜性程度越大，则土地资源的限制性越小；反之，如土地资源的适宜性越小，则限制性越大。目前，我国所进行的土地资源评价是为农业生产服务的综合性土地资源评价，评价的依据是土地资源对发展农业生产的适宜性和限制性。

1. 适宜性

所谓土地资源的适宜性就是在一定条件下土地资源对发展农、林、牧业生产所提供的生态环境的适宜程度。适宜程度的大小与某种农作物、树木、牧草等生长适应性之间的关系是直接决定农作物、树种和草质的特点以及作物产量、木材蓄积量、产草量的主要条件。一些土地资源具有多宜性，即同时适宜于农、林、牧业生产的多种用途；一些土地资源具有双宜性，即只适宜于农林、林牧或农牧两种用途；一些土地资源具有单宜性，即适宜于农、林、牧某一种用途；甚至有些土地资源，在目前生产技术水平条件下还不具备有任何的用途，即不适宜性。

2. 限制性

土地资源的限制性也叫局限性，它是限制土地资源在生产过程中发挥潜力的障碍因素，它限制了土地资源的潜力发挥或某些用途，或影响了某些用途的适宜程度。限制性因素有不容易改变的，即稳定性的限制因素和容易改变的，即不稳定性限制因素。土地资源评价时应着重这两种限制因素的分析，特别是抓住主要限制性因素，因为它直接影响到目前土地资源生产能力的提高，也影响到对农、林、牧各业的适宜性程度。

（三）土地资源评价的项目指标

确定土地资源评价项目，选取评价指标，是土地资源评价的核心，也是土地资源评价依据在定性基础上的量化过程，关系着土地资源评价质量的高低。

1. 评价项目

评价项目是指影响土地质量和利用的一系列限制性因素，评价项目的确定与评价目的和要求有关，一般来说，综合性评价的项目要比单一性评价的项目要多些，例如，我国1980年拟定的土地资源评价的项目就有12项，即地面坡度、水侵蚀、风蚀、有效土层、障碍层、土壤质地、土壤肥力、土壤酸碱度、盐碱化程度、地表积水、沼泽化程度和水源保证率。内蒙古自然区草场资源评价仅提出 6 个评价项目，即草场草群的利用价值、草场水源、草场坡度条件、草场利用时间的长短、草场基质（土质）条件及草场地表形态（即地形）。

2. 评价指标

确定评价项目之后，就要选取评价指标，指标是划分土地资源质量高低的标准，也是刻划土地资源所提供利用条件的优劣或限制性程度的量度，需要逐步建立起一套指标体系（评价项目、指标、分级标准等）。

确定评价项目，选取评价标准是一项很细致的工作，在实际工作中要注意以下几点：

（1）要确定那些较长时间影响土地生产潜力和土地质量的不易改变的稳定因素作为评价项目，例如地面坡度、土壤侵蚀、土壤质地、有效土层、盐碱化与改良条件、水文与排水条件等均属于比较稳定的因素。

（2）由于土地资源的限制因素和指标是随地区不同而存在差异。因此在土地资源评价时，必须从各地区的实际情况出发，确定一套符合当地情况的评价项目并选取相应的一些评价指标。

（3）限制性因素划分的数量要能满足划分适宜性和限制性等级的需要，使限制因素强度与适宜性程度二者相互吻合。因此要使各临界指标严格与农、林、牧临界用地相对应，如坡度 25℃可作为临界用地的上限。

（4）各限制因素所划分的数量级在土地的限制程度上应相互保持一致。如平原地区的地面水埋深，与渍（洪）涝灾害与土壤潜育层的深度，乃至土壤质地等有联系的限制因素在各数量级的程度上均应保持一致。又如山地丘陵区的地表坡度，侵蚀强度，应与有效土层厚度等紧密关联的限制因素大体一致，不能相互矛盾。

（四）土地资源评价单元

土地资源评价之前应先确定土地评价单元，土地评价单元是土地评价的基本单位。从国内外的土地评价来看，有三种确定土地评价单元的方法。

1. 以土壤图为基础确定土地评价单元

以土壤图为基础确定土地评价单元的情况最早源于美国的土地生产潜力评价，其主要优点是能充分反映土壤在土地综合性质中的主要矛盾，同时也能充分利用土壤调查中的资料，只要将土地评价地区的土壤图连同土壤调查报告收集起来，就可以确定土地评价单元的数量及其位置。一般，大比例尺土地评价采用土种、变种作为土地评价单元，小比例尺采用土类、亚类作为评价单元，中比例尺采用土属作为评价单元。这种确定土地评价单元的主要问题是土地评价单元在地面上往往缺乏明显界线，在许多情况下往往和地面的地块界和行政界不一致。

2. 以土地利用现状为基础确定土地评价单元

直接用土地利用现状图中各土地利用类型的图斑作为土地评价单元的最大优点，就是土地评价单元的界线在地面上与田地块的分布完全一致。这样的土地评价单元作为土地对现有利用的适宜性评定是最佳选择，便于各种土地利用结构的调整和基层生产单位应用。由于一个土地利用类型可能是由多个土地类型构成的，土地的性质只能在一个土地类型单元内才相对均一。当一个土地利用类型含有多个土地类型时，且该土地利用类型作为土地评价单元时，土地评价单元的土地性质选取就很困难。这样，土地评价工作就很难进行，或者是土地评价结果不准确。

3. 以土地类型图为基础确定土地评价单元

由于土地类型反映了土地的全部自然特征，也考虑了人类活动对土地的影响，因而它不仅能表现土壤和土地利用的差异性的自然条件，而且还表现了全部自然要素及人类活动结果的相对均一性和差异性。因此，土地评价单元的确定应该以土地类型图为基础。在我国，以土地类型作为土地评价单元存在的主要问题是各级土地类型的划分不够细，许多地方现有的土地类型图仍不能满足土地评价的要求，特别是某些土地类型图对土壤的性质考虑得太少，只有在土地类型的研究及其制图工作深入发展的基础上，土地评价的工作才便于开展，其成果的精度也就提高了。

除了上述的三种土地评价单元的确定方法之外，还有一种土地评价单元确定的方法，就是先以土地类型为基础，然后参考土壤图及土地利用类型图的图斑而综合地确定土地评价的单元。这种方法是集各家之长，但问题是工作量较大，需要大量时间，如果利用地理信息系统的叠加分析功能可大大提高工作效率。

三、土地资源评价的工作程序

不同种类的土地资源评价，其工作程序有一定的差异，这里以土地自然适宜性评价为例说明其工作程序。图 9 - 1 列出了土地自然适宜性评价的大概过程，按照土地评价时间的先后，可以将土地评价分为 3 个阶段。

1. 准备阶段

准备阶段的主要内容包括商讨土地评价目的，制定土地评价的工作计划，组织土地评价队伍和确定土地评价所需的资料。一般来讲，土地适宜性评价所需的资料，社会经济方面主要包括社会（人口、人的生活习惯、文化教育水平、先进技术的接受情况、劳动力多少等），经济（经济收入水平、工业、商业，交通的情况等），政治（社会制度、土地所有制等）条件；自然方面的资料主要包括气候、土壤、水文；地质、地貌、地形等的文字报告及图件，介于社会经济与自然之间的材料有土地利用现状等。

2. 土地评价的中间阶段

该阶段是土地评价的主要阶段，具体的工作目标是要做出评价地区的土地适宜性分类。这一阶段的内容较多，根据工作的程序又可将土地评价的主要阶段分为两个单元。

（1）第一单元。从图 9 - 1 的左列可见，这一阶段的工作主要包括：了解土地评价地区的范围大小，所属关系；提出可供选择的土地用途；各种土地用途对土地条件的要求。从图 9 - 1 的右列看，主要的工作内容首先是对土地评价地区与对土地评价有关的土地自然属性资料的收集；其次是根据所收集的资料确定土地评价单元及其性质；第三是根据土地评价单元的性质进行合并归类得出与土地用途所要求的土地条件相应的土地质量。

（2）第二单元。主要内容是土地利用的土地用途要求与土地评价单元的土地质量进行比较。以得出土地对该用途适宜与否以及适宜程度的结论。如果不适宜，还可以做两方面的工作，一是对土地利用的调整，如在旱作农业的土地评价中，当土地评价

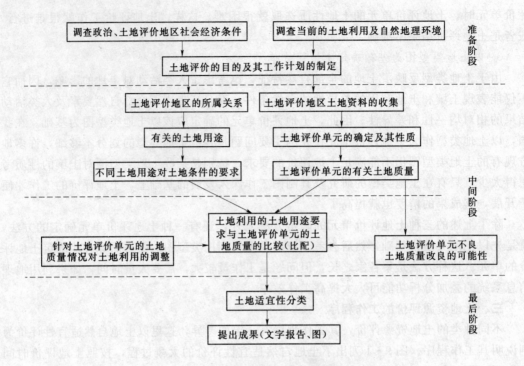

图 9-1 土地评价程序流程图

(修改于 J. I. Bennema, 1981, Introduction to Land Evaluation)

单元的土地质量之一——水分条件不能满足所考虑的作物品种所要求的水分条件时，就可以调节作物的品种（也可以改变作物种类）；二是针对土地利用方式对土地条件的要求，去改良土地评价单元相对应的不良土地质量，使之在改良后能达到土地利用对土地条件的要求。

3. 土地评价的最后阶段

这一阶段土地评价对前两个阶段工作所获得的全部资料进行全面分析、比较和综合，提出评价结果，主要内容有：

（1）区域土地特点和社会经济条件分析，说明土地的形成及其自然、经济属性或背景；

（2）列出土地质量的评价或鉴定的指标体系；

（3）进行土地评价；

（4）土地评价图的整饰和清绘、面积量算；

（5）评价结果的解释，包括说明评价区域内各种不同等级土地资源的特性，阐明土地资源的优势和劣势，土地资源开发利用现状及其存在问题，指出可能的土地用途和可行的土地利用管理措施，提出保护和改造的途径与措施。

四、土地资源定量评价方法

土地资源定量评价方法是将土地评价过程定量化、自动化，即将评价单元的划分、评价指标的选择及权重的确定、评价因素指标分值的确定、综合分值的计算及分类都利用数学模型、统计模型方式表达和运算。

（一）评价因素的选择

评价因素也称参评因素，是指参加土地评价的各种因素，它是一种可度量或可测定的土地属性，如坡度、土层厚度、土壤质地、土壤有机质含量等（见表9-1）。

选取的评价因素是否合适，直接关系到评价成果的科学性和实用性。因此，选择评价因素要对当地自然特点和社会经济因素进行大量的分析研究，在此基础上选取评价因素。在实际中确定评价因素的方法大致有两类：一是专家经验法，即根据领域专家知识与生产实践经验，按照特定土地用途的要求，选择与该用途有重要关系的因素作为评价因素；二是应用数理统计的方法（见表9-2），根据各种自然因素与植物产量关系的密切程度来决定取舍评价因素。应用数理统计方法在一定程度上可以减少主观因素影响，但这种方法的应用通常与经验法结合起来应用，否则就可能脱离实际，造成更大的偏差。

表9-1　　　　　　　　　　土地质量基本参评因素表

土地要素	土地质量参评因素
气候	太阳辐射、日照时间、降水量、干燥度、年平均温度、≥10℃积温、灾害性天气
地貌	地貌类型、母岩类型、海拔高度、地形坡位、坡度、侵蚀强度、地表形态特征
土壤	土壤类型、土壤质地、土体构型、土层厚度、障碍土层、有机质、酸碱度、盐基饱和度
植被	植被组成或类型、覆盖度、产草量、草质等
水文	水源保证率、地下水埋深、排水能力、沼泽化程度、洪涝灾害
其他	污染程度、农田设施、土地区位与距市场的距离、投入产出水平

表9-2　　　　　　　　　　土地评价模型统计表

土地评价过程	应用的模型与方法
选择土地评价因素	主成分分析、逐步回归分析、层次分析法、多元回归分析、灰色关联度分析、相关系数检验
确定各因素的权重	层次分析法、多元回归分析、主成分分析、逐步回归分析、灰色关联度分析
单因素评价和综合评价	分级赋分法、模糊综合评判、聚类分析

（二）评价指标权重的确定

由于影响土地评价的因素繁多，且不同指标对土地利用的影响强度不同，这就需要确定评价指标的权重。权重确定方法主要有以下几种。

1. 经验法

该方法是根据调查资料，广泛吸收有经验的专家、技术人员参加，按土地资源评价因素对土地利用或土地生产力影响的大小，将评价因素排序，确定其经验权重。

2. 回归分析法

对于农业土地资源评价而言，采用回归分析法确定土地资源评价因素的权重是先将土地资源评价因素与土地生产力的关系近似地描述为线性相关关系，并建立数学模型，如：

$$y = b_0 + b_1 x_1 + b_2 x_2 + \cdots + b_n x_n \qquad (9-1)$$

式中：y 为土地生产力；b_0 为常数项；b_1、b_2、$\cdots$、b_n 为回归系数；x_1、x_2、$\cdots$、x_n 为单元的评价因素指标值。

数学模型的建立：以土地资源评价单元的评价因素指标值 x_1、$x_2 \cdots$、x_n 为自变量，用最小二乘法原理求出回归常数项 b_0 与回归系数 b_1、b_2、$\cdots$、b_n，建立回归方程；然后对回归方程进行总体检验和各自变量重要性检验；最后根据土地资源评价单元的各评价因素对土地生产力影响的回归系数 b_1、b_2、$\cdots$、b_n 值大小，确定土地资源评价各因素的权重或土地资源评价各因素占对土地生产力的影响比例。

3. 主因子分析法

主因子分析是把一些具有错综复杂的因子，归结为较少的几个综合因子的一种多元统计方法，关键是要消除土地评价因素量纲的不同所带来的误差，如农业土地资源评价中，有关的评价因素有有机质含量、土层厚度等，它们的量纲是不同的，因而要先对它们进行标准化处理，然后计算每个土地资源评价因素的特征值及特征向量。特征值的大小，反映了主因子包含数据信息量的多少。一般情况下，包含数据信息 80% 以上的因子，即可确定为主因子，主因子的权重根据特征值的贡献率确定。

（三）评价指标分值的确定

土地评价指标分值是指根据某项评价因素的级别确定的对于土地质量而言的分数，评价指标分值的大小反映土地在该方面的质量好坏。评价指标的量化方法有两种。

1. 经验赋值法

广泛地征求有经验的专家和分析调查资料，还应吸收有经验的农民参与。如以土壤全氮作为农业土地资源评价的因素时，它的等级分值的确定可按表 9-3 规定的赋值标准进行。

表 9-3　　　　　　　　　　农业土地资源评价全氮指标等级及分值

土壤全氮等级	土壤全氮含量（g/kg）	等级分值
1	>2	5
2	1.5～1.9	4
3	1.0～1.4	3
4	0.5～0.9	2
5	<0.5	1

2. 模型法

模型法就是利用评价指标的临界值与分段函数来对评价指标进行分值的量化方法，该方法是一种动态的指标量化方法，克服了人为赋值方法的机械性和指标值的突变性。土地评价中常见的量化模型有：

（1）土壤质地模型。

$$F(x_i) = \begin{cases} 1 & \text{某土地利用方式最适宜的土壤质地类型} \\ 0.6 & \text{某土地利用方式临界适宜的土壤质地类型} \\ 0 & \text{某土地利用方式不适宜的土壤质地类型} \end{cases}$$

（2）有机质含量模型。土壤养分含量属于此模型。

$$F(x_i) = \begin{cases} \dfrac{x_i}{T_{\min}} & x_i < T_{\min} \\ 1 & x_i > T_{\min} \end{cases}$$

式中：$T_{\min}$ 为该利用方式最适宜土壤有机质临界值。

（3）坡度指标模型。土层厚度与含盐量也属于此种模型。

$$F(x_i) = \begin{cases} 0 & x_i > T_{\max} \\ \dfrac{T_{\max} - x_i}{T_{\max} - T_{\min}} & x_i \in (T_{\min}, T_{\max}) \\ 1 & x_i < T_{\min} \end{cases}$$

式中：x_i 为评价单元坡度值；$T_{\max}$ 为该利用方式坡度最大临界值；$T_{\min}$ 为该利用方式坡度最适宜临界值。

（四）综合分值计算与分级

在土地资源的定量化评价中，一般常采用经验指数和法、经验指数乘积开方法、模糊聚类法以及动态模拟方法计算综合分值，进行分级。

1. 经验指数和法

将影响土地质量的自然因素，按其影响强度进行统计分级，然后用各因子之和的相应数值来表示其土地评价质量。土地资源评价各因素的指数，即各因素对土地生产力影响的程度分值（等级分值）与它影响土地生产力的比例（权重）之积求出之后，就可将各因素的指数相加，得出各土地资源评价单元的评价因素指数和。

$$P_i = \sum_{j=1}^{n} a_j X_{ij} \qquad (9-2)$$

式中：P_i 为第 i 个评价单元的指数和；a_j 为第 j 个评价指标的权重；X_{ij} 为第 i 个评价单元、第 j 个评价因素的指标值。

土地资源评价地区每一个土地资源评价单元在所考虑的土地利用条件下，各土地资源评价因素的指数和求出之后。就可以在该土地资源评价地区内，根据各土地资源评价单元的指数和大小区分出该地区内的土地资源等级。

2. 经验指数乘积开方法

经验指数乘积开方法与指数和法的根本区别在于土地资源评价要素的总指数不是各因素的指数相加，而是各因素的指数乘积的开方值。采用指数乘积开方法，更能反映土地资源质量等级的实际情况。如用指数乘积法，当某一评价因素的指数较低时，将会对土地资源评价单元的总指数产生的影响比指数和法显著，从而降低土地资源的质量等级。

3. 模糊聚类法

聚类分析是数理统计中将性质相近的事物进行归类的一种方法，由于土地资源的组成比较复杂，土地资源在一定利用条件下的质量等级界限有时是难以区分的，也就难以用普通的集合论加以描述，所以，模糊聚类分析法就广泛地应用于土地资源评价之中，即以某一隶属度的土地资源属于一类，而另一隶属度的土地资源属于另一类。

模糊聚类分析的方法和步骤：①选择评价因子；②确定各评价因子的参数与分值；

③建立模糊相似矩阵；④求模糊等价关系矩阵；⑤为模糊聚类。

用模糊聚类分析对土地质量进行评价，不仅给出了不同评价分级结果，也给出了整个评价归并过程。我们可以根据实际问题中给出的客观条件和研究目的，对每种分级评价给予一定值，从而选择所需的评价结果。例如对适宜性因素、限制性因素的选择和指标的确定，可以随研究目的和区域地理特点的差异而灵活掌握。

当然在实际应用中，还可先用回归分析或主成分分析来筛选出主导因子，然后进行聚类分析，可使结果更客观些。

4. 动态模拟方法

前述的土地资源评价方法中，对土地资源评价因素的处理，非常重要的一个特点是把土地资源评价因素作为静止不变看待的。而实际上组成土地资源的各因素或土地资源评价因素中，许多因素是随时间或在土地利用过程中是不断变化的，某土地资源评价因素在 A 时间对土地生产力的影响较小或指数较大，而在 B 时间则对土地生产力有严重的影响或指数较低。对农业土地评价而言，水分、养分等因素对土地生产力的影响或对土地利用的影响，在不同时间的影响就不一样。不仅如此，在土地利用过程中，不同时段制约土地生产力较大的土地资源评价因素种类也在变化。如在农业土地利用中，农作物苗期生长最敏感的环境因素（土地资源评价因素）与收获期最敏感的环境因素是不同的。为了找到能描述土地评价因素在土地利用的不同时间影响土地生产力的强度以及不同土地利用阶段的主要环境因素（土地资源评价因素），就得利用动态模拟的方法解决这一问题。动态指数和法模拟方法的核心，就是通过结合土地利用类型，从土地资源评价因素的种类及其影响土地生产力的强度，在土地利用过程中的变化模拟，对土地资源的质量等级进行区分。

第三节 土地资源评价系统

一、土地生产潜力评价

土地潜力（Land Capability）也称为土地利用潜力，是指土地在用于农林牧业生产或其他利用方面的潜在能力。土地潜力评价主要根据土地的自然性质（土壤、气候和地形等）及其对于土地的某种持久利用的限制程度，就土地在该种利用方面的潜在能力对其作出等级划分。土地资源生产潜力的评价以美国开展最早，评价系统以美国为代表，是系统揭示土地资源生产潜力的评价方法，在世界上有很大影响。

美国农业部土壤保持局关于土地资源生产潜力的评价与划分，主要是根据美国出版的 1∶2 万或 1∶1.584 万比例尺的土壤调查成果。在这一土地资源生产潜力的评价与划分中，主要是对各种各样的土壤制图单元，按其对一般的农作物生产、林木和牧草植物生长的情况进行归类合并，划分在一个生产潜力单元土地资源的所有土壤制图单元，均有可比的潜在生产力。该系统分潜力级，潜力亚级和潜力单元三级。

1. 土地潜力级（Land Capability Class）

按照土地的限制性种类、强度和需要特殊改良管理措施等情况，以及根据长期作为某种利用方式不会导致土地退化为依据而进行分类，共分 8 个潜力级，从Ⅰ级到Ⅷ级。土地在利用时受到的限制与破坏是逐级增强的，其中Ⅰ到Ⅳ级在良好的管理措施下，可生产适宜的作物，包括农作物、饲料作物、牧草及林木；Ⅴ级到Ⅶ级，适宜牧草及林业；Ⅷ级只适宜有条件地放牧或发展林业；Ⅷ级对农、林、牧都不宜，都是得不偿失。详细介绍如下：

（1）Ⅰ级土地：本级土地没有或只有很少限制，它们属于极好的土地，采用通常栽培耕作方法是安全的。土壤深厚，持水性好，易耕，高产。

（2）Ⅱ级土地：本级土地用于农业受到中等的限制性，它们存在中等程度的破坏和风险，栽培作物时要采用一定的耕作技术。这些土地要求专门的技术措施，例如水土保持的轮作制度，灌溉排水系统或特殊的耕作法。它们需要综合治理。

（3）Ⅲ级土地：本类土地作为农地受到严格限制，利用后还会有严重的破坏和风险，属于中等的好地。

（4）Ⅳ级土地：用于栽培农作物存在极严重的限制和危险。如果能以极大的关心加以保护，有时尚可用于栽培农作物。但能适宜本级土地的农作物种类很少，其年产量很低。它们作为农用的适宜性有很大限制，多宜用于作割草场或放牧场。

（5）Ⅴ级土地：本级土地应该保持永久的植被，如用作草场或林地没有或很少有永久性限制，作为农用则不利。

（6）Ⅵ级土地：用作放牧地、林地，存在中等的危险，具有难以改良的限制性因素。某些Ⅵ级土地在高水平管理下，可适于发展特种果树，如覆盖草皮的果园。

（7）Ⅶ级土地：有严重的不可克服的限制性因素，作为牧地、林地都很差，但它们可作野生动物放养地，分水岭水源涵养林，风景游乐地、休养地等。

（8）Ⅷ级土地：皆为劣地、岩石、裸山、沙滩河流冲积物，矿尾或近乎不毛之地，加强保护和设法增加覆盖是极重要的。

2. 土地潜力亚级（Land Capability Subclass）

在土地潜力级之下，按照土地利用的限制性因素的种类或危害，续分为亚级，同亚级的土地，其土壤与气候等对农业起支配作用的限制性因素是相同的。共分4个亚级：

（1）e（侵蚀限制因子）——土壤侵蚀和堆积危害。

（2）w（过湿限制因子）——土壤排水不良，地下水位高，洪水泛滥危害。

（3）s（根系限制因子）——植物根系受限制的危害，包括土层薄、干旱、硬盘层、石质、持水量低、肥力低、盐化、碱化等。

（4）c（气候限制因子）——影响植物正常生长的气候因素危害，如过冷、干旱、霜雹等。Ⅰ级地不分亚级。

如果限制因子在2个或2个以上，将主要限制因子排在前面依次类推排列。例如，评价单元土地质量主要受土壤侵蚀影响，同时，土层较薄，限制根系生长，亚级表示为 es。

3. 土地潜力单元（Land Capability Unit）

潜力亚级可续分为潜力单元，一个潜力单元，实际是指一组土地对于植物的适宜性和经营管理技术都很近似，它们的土地制图单位上范围较小，性质更为均一，具有相似土地利用潜力和管理措施需要的土地组合。同一个潜力单元中，所有的土地在下列性质方面应该一致。

（1）在相同经营管理条件下，有相同的利用方式。

（2）在相同种类的植被条件下，要求相同的水土保护措施和管理方法。

（3）相近的生产潜力在相似经营管理条件下，同一潜力单元内，产量的变化不超过25％。

以上这种潜力分级结构可参考表9-4。

表9-4　　　　　　　　　　　　　美国土地资源生产潜力分级结构

	级	亚级	单元	土壤图
耕地	Ⅰ Ⅱ → Ⅲ Ⅳ	e（侵蚀） w（过湿） s（根系） c（气候） →	Ⅱe1 Ⅱe2 Ⅱe3 → ⋮	土系1 土系2 土系3 ⋮
非耕地	Ⅴ Ⅵ Ⅶ Ⅷ	es（侵蚀，土壤厚度） ⋮		

二、中国土地资源生产潜力评价体系

在编制中国1：100万资源图过程中，曾试编了多种评价分类系统，在此仅介绍一些有关评价分类工作方案（草案）要点。

（一）分级系统

该系统先按区域土地生产力将全国划分为若干区，区内再进行类、等、型三级划分。

1. 土地区

为分类系统的零级单位，它的划分以气候和水热条件为依据，反映区域间生产力的对比，在同一区内，具有大体相近的土地生产能力。全国划分为9或11个土地区。

2. 土地适宜类

是在土地区的范围内依据土地对农、林、牧业生产的适宜性划分。适宜类的划分大体如下：宜耕地类、宜农宜林宜牧土地类、宜农宜牧土地类、宜农林土地类、宜林宜牧土地类、宜林土地类、宜牧土地类、不宜农林牧土地类等类。

3. 土地资源等

在适宜类范围内，反映土地的适宜程度和生产潜力的高低，是评价的核心。宜农土地：分为1～3等；宜林土地：分为1～3等；宜牧土地：分为1～3等。

4. 土地型

是在等的范围内，按其限制因素及强度划分，在同一土地型内，具有相同的主要限制因素和相同的主要改造措施。在同一等内，型之间只反映限制因素的不同，改造对象和改造措施不同，没有质的差别。

（二）土地限制因素

土地限制因素主要考虑那些较长期影响土地生产力和土地质量的较稳定因素，具体选择的限制因子和分级标准如表9-5所示。

表 9 - 5　　　　　　　　土地资源限制因素评级表

评级	0	1	2	3	4	5
地形坡度	<3°	3°～5°（7°）	5°～15°	15°～25°	25°～35°	>35°
水侵蚀	不明显	轻度面蚀有少量纹沟	中度面蚀，有少量浅沟	强度面蚀，有少量切沟	强度面蚀，切沟较密，植被覆盖度10%～30%	极强度面蚀，有大量切沟，植被覆盖度<10%
风蚀	不明显	轻度风蚀，有沙纹	中度风蚀，植物根出露	强度风蚀，出现沙垄	极强度风蚀，出现砾垄	
有效土层	>50cm	>50cm	30～50cm	10～30cm	<10cm	
障碍层次	无	50cm 以下	50～40cm	40～30cm	30～20cm	距地表<20cm
土壤质地	壤质	壤质	偏粘或偏沙	粘土、沙土或含砾量高	粘土、沙土或含砾量较高	砾质、裸露基岩20%以上
土壤肥力	高	较高	中等	较低	低	
土壤酸碱度	pH6.0	pH6.0～7.5	pH4.5～6.0	pH7.5～8.5	pH>8.5 或<4.5	
盐碱化	无	轻度，30cm土层平均含盐量小于3g/kg	中度，30cm土层平均含盐量为3～5g/kg	强度，30cm土层平均含盐量5～10g/kg	盐碱滩，30cm土层平均含盐量大于10g/kg	盐碱滩，30cm土层平均含盐量大于10g/kg
沼泽化程度	潜育层距地面大于60cm	轻度，40～60cm	中度，20～40cm	强度，小于20cm		
水源保证率	有稳定保证	有一般保证	水源不足，低保证率	水源严重不足		

三、土地资源适宜性评价

土地资源适宜性评价亦可称之为土地适宜性评价，土地适宜性评价的对象不是单纯地根据土地的综合质量对土地进行质量高低或好坏的划分，而是评定土地在一定的用途条件下，土地对该用途的适宜性及适宜的程度。从一定意义上说，土地适宜性评价是土地潜力评价的进一步发展，其针对性较强，评价成果的实用性较大，正得到日益广泛的应用。

根据联合国粮农组织的土地评价纲要（1976），土地适宜性评价分类采用的是四级分类体系（见表 9 - 6），即土地适宜性纲（Orders）、土地适宜性级（Classes）、土地适宜性亚级（Subclasses）和土地适宜性单元（Units）。

1. 土地适宜性纲

根据土地评价单元的土地质量对一定利用土地用途要求的满足情况将土地适宜性纲划分为两个，即适宜纲（S）和不适宜纲（N）。对于土地自然适宜性评价而言，适宜的基本含义是土地评价单元的土地质量能够满足土地利用的土地用途要求，且无破坏土地资源的危险，使土地能持续地利用，而对于土地经济适宜性来讲，其适宜的含义还需在前者的基础上，增加经济的含义，即通过土地的利用，其产出要能够补偿投入。

表 9 - 6   土地适宜性分类的结构

纲	级	亚级	单元
表示适宜性种类	表示在纲内的适宜程度	表示级内的限制性因素的差异	表示级（亚级）内限制性因素的微小差异
S：适宜	S_1：高度适宜 S_2：中等适宜 S_3：勉强适宜	S_{2m}表示水的限制 S_{2o}表示通气性差 S_{2n}表示养分状况差 S_{2e}表示抗侵蚀差 S_{2w}表示土壤耕性差 S_{2v}表示扎根条件差	以 S_{2e}亚级为例，S_{2e} 可分为 S_{2e-1}、S_{2e-2} 两种抗蚀性能不同的单元
N：不适宜	N_1：暂时不适宜 N_2：永久不适宜	N_{1m} N_{1me}等	

2. 土地适宜性级

土地适宜性级是根据纲内限制性因素的强弱而划分的。级是按纲内适宜性程度递减的顺序用连续的阿拉伯数字表示，级的数目不作规定，一般在适宜性纲内级的数目分为三级。

S_1 级：高度适宜，土地对一定用途及持续利用无限制性或只有轻微的限制；

S_2 级：中等适宜，土地对一定用途及持续利用有中等程度的限制性；

S_3 级：勉强适宜，土地对一定用途及持续利用有严重限制。

不适宜纲：一般分暂时不适宜（N_1）和永久不适宜（N_2），暂时不适宜是指土地由于限制性因素的严重程度，使得在现实的技术水平下，土地不适于所考虑的土地利用。但是限制性是暂时的，土地的限制性因素可以通过土地改良的方法加以克服。而永久不适宜，则是指土地的限制性因素在既定的技术条件下也不能克服，因而其限制性是永久性的。

3. 土地适宜性亚级

是根据级限制性因素的种类划分的，它是由具有帮助记忆意义的小写字母作为下标来表示的，如 S_{2m}、S_{3me}，m 表示水分的限制性，e 表示侵蚀的危害性。

4. 土地适宜性单元

它是亚级续分单元，表示的是亚级内限制性因素的空间变异性，亚级内所有的单元均有相同的适宜性程度和亚级水平的相同限制性因素种类。适宜性单元的表示是在亚级符号的下标后面用连字符加一阿拉伯数字表示，如 S_{2e-1}、S_{2e-2} 等，在一个亚级内划分单元的数目视实际情况而定。

四、土地经济评价

（一）土地经济评价的概念

土地经济评价就是从社会的和经济的角度来研究土地自然评价结果的经济可行性，也称之为经济适宜性评价。土地经济评价可以分成两种水平或两种类型：①广泛的社会经济分析过程，即分析一个地区内各种土地利用类型在各种土地类型上的社会经济可行性。这些社会经济条件包括市场、劳动力、交通、人口及社会的接受能力。②在以上分析的基础上或单独进行的更细致的分析过程，类似于经济上的工程可行性分析，主要是对某一土地利用方式进行可行性的经济分析，即主要为投入与产出关系方面的分析。

土地经济评价可以告诉土地使用者不同土地利用类型在不同土地类型上的投入、产出、边际效益以及当地的社会条件能否满足这种土地利用类型的要求。根据土地自然评价结果及以上这些分析，土地使用者或政策制定者可以选择最佳的土地利用类型。

土地经济评价可以用经济指标，如单位面积的投入、产出、边际产量（或收入），也可以表示为土地适宜级别等。例如表9-7以毛利的形式计算三个土地评价单元（土地评价单元 A、B、C）与两种用途（玉米、烟草）组合的6种土地利用的投入与产出分析。

表 9-7   **土地经济适宜性评价的毛利分析法（示意）**

土地评价单元	A		B		C	
土地利用	玉米	烟草	玉米	烟草	玉米	烟草
产品价值（元/hm²）	1000	1500	900	1500	410	300
生产费和管理费（元/hm²）	200	350	320	420	200	350
毛利（元/hm²）	800	1150	580	1080	210	−50

如果将毛利额与一定的经济适宜性分级指标相对应（表9-8），则可对土地评价单元进行经济适宜性分级（表9-9）。

表 9-8   **示意性土地经济适宜性分类指标**

适宜性	指标
高度适宜（S₁）	毛利大于1000元/hm²
中等适宜（S₂）	毛利500～1000元/hm²
勉强适宜（S₃）	毛利200～500元/hm²
不适宜（N）	毛利小于200元/hm²

表 9-9   **示意性土地经济适宜性分类**

土地用途		玉米	烟草
土地评价单元	A	S_2	S_1
	B	S_2	S_2
	C	S_3	N

土地经济评价具有以下3种特性：

（1）土地经济评价结果要考虑随时间而变。因生产消耗及价格均将随时间而变化。由于价格的短期变化而引起的改变可以利用平均价格而避免，但长期的价格波动所产生的影响很难预测。

（2）经济分析不是土地适宜性的简单的和唯一的指标。边际产量可以用每人或单位面积土地产出来表示。这种边际产量随土地利用大类而不同。

（3）土地经济评价不是简单的固定数值的计算，而是考虑很多假设，如我们要计算某一土地利用类型的边际效益，这时，我们对各种投入物质和产品的价格以及"工程"的寿命都要做一定的假设。所以这种经济评价又是随着这些假设条件而发生变化。

（二）土地经济评价的方法

1. 土地自然评价同土地经济评价

联合国粮农组织在1976年制定的土地评价纲要中制定了两个评价系列：即平行法和两阶段法。平行法即土地的自然评价同土地的经济评价同时进行。所谓的两步法是土地经济评价紧接于土地自然评价后而进行。这两种方法都有一定的不足，平行法中最主要的不足为在没有完成自然评价之前进行土地经济评价似乎有点无的放矢，而在两步法中时间会拖得很长。

为了节约时间和保证整个土地评价的质量，可将野外土地构成因素的调查与社会经济条件的调查同时进行，在调查的基础上依次进行土地自然评价、土地经济评价。

2. 经济分析

（1）投入产出比较。土地经济适宜性的确定需要比较投入和产出。投入包括物质投入，如农业土地利用中的化肥、种子、药物及机械用油或电等，非物质投入包括劳力及技术等。产出则包括各种产品，如粮食、棉花依作物而定。对于不同土地在不同方式下的差别可以用该土地在相同管理方式（投入）下的产量差别，或用达到相同产量时投入的差别来表示。

（2）边际效益分析。分析一种土地对几种不同的土地利用方式的效益差别或者是不同土地对一指定土地利用方式的效益差别。通常可以用单位土地面积的效益差别表示。主要分析步骤如下：

1）从土地自然评价结果中，选择少量最适宜的土地利用类型，对其不同土地利用类型的不同适宜程度的效益进行分析，这种分析是建立在一定的假设投入水平上的。

2）对以上各种土地利用类型及适宜性等级的组合，估计经常性的输入，包括物质输入、劳力以及在采取特殊管理方式下的投入。

3）依据各种土地利用类型，确定不同适宜程度的产量或输出。

4）各种固定资产的折旧费用、服务费用及税收等。国家为了对各种土地进行控制，往往对不同的土地利用类型采用不同的税收，如为了保证充分的食粮供应，种植特种经济作物需要补交特产税。所以对不同的利用类型来说，这一点有时也很重要。

以上各种土地类型在各种土地利用类型下的总投入和总产出之差就是各种土地类型在各种土地利用类型下的边际效益，即单位面积的年收入。

3. 土地经济评价结果

在土地改良工程不大的土地利用类型可以选择毛边际效益（没有考虑折旧、服务费用及税收）作为土地经济评价的标准。由于各种土地利用类型的产品有不同的税收及需要不同的管理措施（包括土地改良工程）。更精确的土地评价可以按照边际效益为标准，将土地经济适宜级的界限置于边际效益的某个数值处。通常将 N_1 同 S_3 定为接近零。以下面例子来说明（表 9-10）。

表 9-10　　　　　　　　土地经济适宜级的边际效益标准

土地适宜级	农场毛边际效应（货币单位）	土地适宜级	农场毛边际效应（货币单位）
S_1	＞200	N_1	＜25 *
S_2	100～200	N_2	
S_3	25～100		

* 假设固定消耗为 25 货币单位。

如果选用边际效益，而不是上面的毛边际效益，则 N_1 同 S_3 的边界线应为 0 而非 25。这里的土地经济适宜级的数字界限是随着投入和产出物质的价格而变动的，不要将之视为固定的界限。这种界限也会随着地区的变化而变化。它仅能大体地说明在某一土地类型上某一经济活动（如种植制度或土地利用类型）的可行性及可能的经济收益。

第四节　土地的生产潜力估算

土地生产潜力是一个特定区域环境资源特别是其中的光、热、水等自然资源所允许的生物最大生产量。它反映了在一定社会发展阶段，人们对资源的最大利用水平。对农业生产而言，土地的生产潜力就是指作物的最大生产量。

一、生产潜力估算原理

土地生产力简单地说，就是作物将太阳能转化为化学潜能的能力。光合作用是作物生产的基础，某种作物转化太阳能形成生物量的多少，决定于单位面积上、单位时间内吸收光能转化 CO_2 成为碳水化合物的量（称为净光合速率）、总光合叶面积与作物总的光合时间。净光合速率决定于作物的碳同化途径和环境因素的状况，叶面积的形成、光合时间的长短除决定于作物的品种外，在很大程度上也依赖于环境，特别是气候环境。

1. 总光合时间——生长期

生长期是指一地区气候决定的某作物能生长的时期的长短，而某一作物的生长期是作物由出苗至成熟所需时间的长短，一个地区生长期的长短主要决定于温度与水分。一般以日平均温度通过 $0℃$ 时作为生长期的开始；通常以土壤中的有效储水量与降水量之和超过可能蒸散量的一半作为确定水分生长期的标准。温度和水分保证的生长期的重合部分即是作物在一个地区的实际生长期。

2. 总光合叶面积——叶面积系数

叶面积系数（LAI）指植株叶面积单片的总合与其所覆盖的土地面积之比。叶面积系数一般与作物的种类、品种及其生育期有关。

3. 光合速率

作物光合速率是一定环境条件下不同作物产量差异的重要决定因素，按同化 CO_2 过程的不同，可将所有作物分三类：C_3 作物、C_4 作物和 CAM 作物。C_3 作物仅以卡尔文循环同化 CO_2，最初光合产物是三碳化合物，是温凉或湿润环境中的主要作物类型，有光呼吸。C_4 作物除具有卡尔文循环外，还有一条固定 CO_2 形成 4C 有机酸的途径，没有光呼吸，光饱和点高，在热带和半干旱地区中占大多数。CAM 作物大多生长在干旱地区，白天气孔关闭，减少水分蒸腾，晚上气孔开启，作物利用前一个晚上固定的 CO_2 进行光合作用。再按这三类作物对气候条件的反应和光合速率的不同，把它们分为 5 组（表9-11）。

表 9-11　　　　　　　　作物的气候生态适应性分组

作物分组	Ⅰ	Ⅱ	Ⅲ	Ⅳ	Ⅴ
光合途径	C_3	C_3	C_4	C_4	CAM
光合适温（℃）	15~20	25~30	30~35	20~30	25~35
光合温度区间（℃）	5~30	10~35	15~45	10~35	10~45
光饱和点 [J/（cm^2·min）]	0.8~2.5	1.3~3.3	4.2~5.9	4.2~5.9	2.5~5.9
最大叶光合速率 [mg/（d m^2·h）]	20~30	40~50	70~100	70~100	20~50
最大作物生长率 [g/（m^2·d）]	20~30	30~40	30~60	40~60	20~30
水分利用率（gH_2O/gCO_2）	400~800	300~700	150~300	150~300	50~200
代表作物	大豆、棉花、西红柿、可可	小麦、大麦、甜菜、白菜、土豆	甘薯、高粱、玉米、水稻、甘蔗、粟	高粱、玉米	剑麻、菠萝

4. 土地生产潜力估算的原理

土地生产潜力的形成是在"作物—气候—土壤"这一开放系统内进行的，生产潜力的高低，一方面决定于作物遗传特性及其对环境条件的适应性，另一方面取决于环境资源的数量、质量及对作物的适宜程度。在环境资源中，气候因子（包括光、热、水、CO_2 等）与作物生产潜力关系最为密切，土壤因子则是限制作物生产潜力的瓶颈因子。由于各环境因子对作物生产潜力的降解，作物生产潜力由光合潜力、光温潜力、光温水潜力、光温水土潜力逐级衰减，它们共同构成作物生产潜力系统。因此土地生产潜力公式可用函数表示为：

$$Y = f(R、T、W、S)$$

式中：Y 为土地生产潜力；R 为太阳辐射因子；T 为温度因子；W 为水分因子；S 为土壤因子。

二、气候生产潜力

（一）光合生产潜力

光合作用是作物产量形成的基础，太阳辐射是光合作用得以进行的唯一能量来源，它是决定农业生产潜力的首要因子。光合生产潜力是指各种环境因素均处于最适条件时，单位面积土地上作物群体光合作用所能产生的产量。

光合生产潜力的计算方法很多，通用公式如下：

$$Y(Q) = \sum KEQ_i$$

式中：$Y(Q)$ 为光合潜力，kg/hm^2；K 为物能转换系数（消耗 1J 能量能形成的干物质量）；E 为光能利用率，%；Q_i 为作物某一时段单位面积有效辐射，J/cm^2。

公式中 K 的确定：

$$E = (M/\mu)\,\beta/\alpha Q$$

则

$$M = \alpha Q\mu E/\beta$$

令

$$K = \alpha Q\mu/\beta$$

则

$$M = KE$$

$$K = M/E$$

式中：M 为经济产量；μ 为经济系数；β 为干物质燃烧值，J/g；α 为光合有效辐射占总辐射比例系数；Q 为太阳总辐射，J/cm^2；E 为光能利用率。

光能利用率的确定目前有两种方法：①参照作物田间观测试验资料和高产纪录推算或假定求得；②从能量角度出发，考虑作物群体截获太阳光能的各项因素求得。即：

$$E = f(1-p)(1-\beta)(1-r)(1-\delta)(1-\omega)\,\varphi\,(1-s)^{-1}$$

式中：f 为光合有效辐射系数；p 为光合有效辐射反射率；β 为植物叶面漏射率；r 为光饱和点（C_4 植物为零）；δ 为非光合器官的无效吸收率；ω 为呼吸消耗率。φ 为光能转化的量子效率；s 为作物体无机养分占总生物量比率。

在作物生长的过程中，作物群体的吸收率随叶面积增长而增长，光能利用率呈动态变化，这种变化用叶面积系数进行订正，方法是：

$$L_i = L_i/L_p$$

式中：L_i 为作物在某阶段的叶面积系数；L_p 为作物最适叶面积系数。

当 $L_i \geqslant L_p$ 时，$L_i = 1$

$$(1-p)(1-\beta) = \alpha = 0.83 L_i / L_p$$

（二）光温生产潜力

光合生产潜力并没有考虑光合作用时的生化反应速度，实际上温度影响光合作用时生化反应过程的快慢、植物呼吸速率和其他生理过程的速度，即温度是制约光合作用的限制因子。光温生产潜力是指作物在水、肥保持最适宜状态时，由光和温度两个因子共同决定的产量，它是高投入、优管理水平下的特定作物在一地区可能达到的极限产量。光温生产潜力的估算方法基本有 2 类：在光合生产潜力基础上的温度订正和光温生产力综合模式。

1. 光合生产力基础上的温度订正

光合生产潜力只是估算某一地区由太阳辐射所形成的生物量，因此为了反映光、温资源对作物生产的影响，则采用温度订正的方法估算作物的光温生产力。基本思路为：在计算出光合生产力的基础上，根据不同类型的作物，确定不同温度阶段的订正系数，用系数乘以光合生产力，得出光温生产力。即

$$Y(Q、T) - Y(Q) \cdot f(T) = \sum y(Q)_i \cdot f_i(T)$$

式中：$y(Q)_i$ 为光合生产潜力；$Y(Q、T)$ 为光温生产潜力；$f_i(T)$ 为温度订正系数，由下式确定：

$$f_i(T) = \begin{cases} 0 & t_i < T_1 \text{ 或 } t_i > T_2; \\ t/T_0 & T_1 \leqslant t \leqslant T_0 \\ T_0 - (t-T_0)/T_0 & T_0 < t \leqslant T_2 \end{cases}$$

式中：t 为某一时段的平均温度；T_0 为光合作用的最适温度；T_1 为光合作用的下限温度；T_2 为光合作用的上限温度。

例如方光迪（1985）提出的温度订正系数为

C$_4$ 作物 $f_i(T) = \begin{cases} 0.04t - 0.20 & 10℃ \leqslant t \leqslant 30℃ \\ 1.00 & t = 30 \sim 35℃ \\ 2.045 - 0.07t & 35℃ \leqslant t \leqslant 40℃ \end{cases}$ 如：玉米、高粱

C$_3$ 喜凉作物 $f_i(T) = \begin{cases} 0.063t - 0.006 & 0℃ < t < 16℃ \\ 1.00 & t = 16 \sim 18℃ \\ 1.495 - 0.027t & 18℃ \leqslant t \leqslant 40℃ \end{cases}$ 如：小麦、大麦、土豆

C$_3$ 喜温作物 $f_i(T) = \begin{cases} 0.045t - 0.08 & 10℃ \leqslant t \leqslant 24℃ \\ 1.00 & t = 24 \sim 30℃ \\ 2.026 - 0.0324t & 30℃ \leqslant t \leqslant 40℃ \end{cases}$ 如：大豆、水稻、棉花、西红柿

邓概（1980）提出

$$f_i(T) = \begin{cases} 0 & t \leqslant 0℃ \\ t/30 & 0℃ < t < 30℃ \\ 1 & t \geqslant 30℃ \end{cases}$$

侯光良（1985）提出

喜凉作物

$$f(T) = e^a [(t - T_0{}^2)/2]^2$$

其中
$$a = \begin{cases} -1 & t \leqslant T_0 \\ -2 & t > T_0 \end{cases}$$

式中：t 为实际温度；T_0 为最适温度。

喜温作物

$$f(T) = \begin{cases} 0.027t - 0.162 & 6℃ \leqslant t < 21℃ \\ 0.086t - 1.410 & 21℃ \leqslant t < 28℃ \\ 1.00 & 28℃ \leqslant t < 32℃ \\ -0.083t + 3.67 & 32℃ \leqslant t < 44℃ \\ 0 & t < 6℃ \ 或 \ t \geqslant 44℃ \end{cases}$$

于泸宁（1982）提出

$$f(T) = 0.04301t - 0.0005771t^2$$

式中 t 为白天温度。

这类模式所需资料一般只有作物的生长期、温度和辐射，极易得到，且计算容易。但它们的机理性不强，光温对作物生长期起着共同作用，二者是不可分割的整体。因此，这种在光合生产潜力基础上的温度订正方法求算光温生产力，难以真实反映一地的光温资源对作物生产力的影响。

2. 光温生产力的综合模式

光温生产力的综合模式综合考虑了作物的品种特性和作物生长发育及产量形成的动态过程，以及作物光合、呼吸与光温之间的关系，这类模式主要有 Wageningen 法和农业生态区域法，在此主要介绍后者。

农业生态区域法是由 Kassam 为联合国粮农组织农业生态区域项目研制的模式，是根据荷兰学者 Dewit 的概念而建立起来的，计算公式如下：

$$Ym = 0.5bgmCLCNCHN$$

式中：Ym 为作物的光温生产力，kg/hm^2；CL 为叶面积生长校正系数，见表 9-12；CN 为作物在生长期内日平均温度下呼吸消耗的净干物质产量校正系数，寒冷地区平均温度<20℃，$CN=0.6$，温暖地区平均温度大于 20℃，$CN=0.5$；CH 为收获指数，见表 9-13；N 为生育期天数；0.5 为假定全生育期的平均作物生长率为最大作物生长率的一半的订正系数，有时将此系数并入叶面积的生长校正系数 CL，使 CL 减半；bgm 为作物生育期平均白天温度条件下，作物达到光饱和时以最大光合速率（P_m）在最大作物生长率出现时，且叶面积指数为 5 时，能达到的最大总生物生长率，$kg/(hm^2 \cdot h)$。

当 $P_m \geqslant 20kg/(hm^2 \cdot h)$ 时
$$bgm = F(0.8 + 0.01P_m)b_0 + (1 - F)(0.5 + 0.025P_m)b_c$$

当 $P_m < 20kg/(hm^2 \cdot h)$ 时
$$bgm = F(0.5 + 0.025P_m)b_0 + (1 - F)(0.05P_m)b_c$$

不同作物种类在白天温度下的干物质生产率见表 9-14。

表 9-12　　　　　　　作物生长和叶面积校正系数

LAI$_{max}$	0	1	2	3	4	≥5
CL	0	0.32	0.58	0.78	0.91	1

表 9-13　　　　　高产品种在灌溉条件下的收获指数 (CH)

作物	生产	CH	作物	生产	CH
苜蓿	干草	0.4~0.5（第1年）	马铃薯	块茎	0.55~0.65
苜蓿	干草	0.8~0.9（第2年）	稻谷	谷物	0.4~0.5
豆	籽实	0.25~0.35	高粱	谷物	0.3~0.4
甘蓝	头	0.6~0.7	大豆	籽实	0.3~0.4
棉花	皮棉	0.08~0.12	甘蔗	糖	0.2~0.3
花生	果食	0.25~0.35	甜菜	糖	0.35~0.45
玉米	谷物	0.35~0.45	向日葵	种子	0.2~0.3
洋葱	茎	0.7~0.8	烟草	叶	0.5~0.6
豌豆	籽实	0.3~0.4	番茄	水果	0.25~0.35
椒类	果	0.2~0.3	小麦	谷物	0.35-0.45
菠萝	水果	0.5~0.6			

表 9-14　　　不同作物种类在白天温度下的干物质生产率 (P_m)　　单位：kg/ (hm^2·d)

作物类型	生物期间白天温度								
	5℃	10℃	15℃	20℃	25℃	30℃	35℃	40℃	45℃
第Ⅰ类耐寒作物	0	15	20	20	15	5	0	0	0
第Ⅱ类耐寒作物	0	5	45	65	65	65	45	5	0
第Ⅰ类喜温作物	0	0	15	32.5	35	35	32.5	5	0
第Ⅱ类喜温作物	0	0	5	45	45	65	65	65	0

注　Ⅰ类耐寒作物：苜蓿、甘蓝、豌豆、马铃薯、甜菜、麦类。
　　Ⅱ类耐寒作物：某些玉米和高粱品种。
　　Ⅰ类喜温作物：水稻、大豆、花生、棉花、烟草。
　　Ⅱ类喜温作物：玉米、高粱、甘蔗。

农业生态区域法比较全面地考虑了影响作物生长发育的气候因素，所用的气候指标都是常规气象观测的数据，并且所有的参数可以根据作物的特点进行调整，用于大面积的作物生产力计算比较容易实现。

（三）气候生产力

水在作物生长过程中具有非常重要的作用，水是光合作用的原料，养分传输的介质，生理生化反应的条件，而且也是构成植物体的主体，并可调节植株温度。但水在环境中又是最不稳定的因素，所以水分常是农业生产潜力最重要的胁迫因素之一。因此，在生产潜力估算时必须充分考虑水分条件对光温生产潜力的制约作用（降解作用）。

作物的气候生产力也称作物的光温水生产力，是指作物在无养分、病虫等危害影响的条件下，由光、温、水三个因素共同决定的生物产量。也是指一个地区在自然降水优化管理条件下作物产量能达到的上限，即旱地农业或雨养农业地区的生产潜力。

产量与水分的关系虽然研究较多，但理论上的定量方法不多见，多采用根据试验资料确定的经验方法。在众多的经验方法中，Doorenbos 等所提出的关系式较适合于估算水分对作物产量的影响。该模式是联合国粮农组织（FAO）所推荐的用于灌溉计划的一种方法，也是计算作物气候生产力时考虑水分订正的一种方式。当作物需水不能满足时，缺水量达到一定值就会对作物生长及其产量带来影响。作物缺水的程度可用 ETa/ETm 表示，即实际蒸散量 ETa 与最大蒸散量 ETm 之比。由此造成的产量损失可以用实际水分条件下生产力（Ycp）与光温生产力（Ymp）之比表示，公式为：

$$(1 - Ycp/Ymp) = Ky(1 - ETa/ETm)$$

式中：Ky 为产量反映系数，由于不同作物及作物不同生育阶段对水分反映不同，Ky 随不同作物及其不同生育期而定。

1. 最大蒸散能量（ETm）

指水分供应充足时，健壮生长的作物单位时间内消耗的水量，其值由最大可能蒸散量（PET）和作物需水系数（Kc）来决定，即：

$$ETm = KcPET$$

作物需水系数反映了作物某时期的最大蒸散量和潜在蒸散量的偏离程度，Kc 值随不同作物及其不同生育期而定。

2. 实际蒸散量（ETa）

它的计算基于土壤水分平衡公式，限于目前的资料及研究水平，还无法对平衡方程的各个分量进行精确定量，只能使公式简化：

$$S_{02} = S_{01} + P - ETa$$

式中：S_{01} 为前期剩余的土壤水分；S_{02} 为该时段结束时剩余的土壤水分；P 为生育期内的降水量。

若 $S_{02} \geqslant 0$，则该生育期时段内的 ETa 等于本时段内的 ETm，并且 S_{02} 为下一生育时段开始的土壤水分；若 $S_{02} < 0$，则 $ETa = S_{01} + P$，且 $S_{02} = 0$。

3. 气候参数修正

不同作物及其不同生育期，由于气候因素产生的对生产力的影响，包括产量反应系数（Ky），需水系数（Kc）及过湿系数（Km）等，它们的关系见表 9-15。

表 9-15　　　　　　　　　几种主要农作物不同生育期的气候反映参数

作物	营养生长期			开花期			产品形成期			成熟期		
	Kc	Ky	Km	Kc	Ky	Km	Kc	Ky	Km	Kc	Ky	Km
冬小麦	0.6	0.2	0.2	1.05	0.6	0.6	1.05	0.6	0.6	0.9	0.4	0.4
玉米	0.6	0.4		1.1	1.5		0.9	0.8		0.9	0.8	
大豆	0.6	0.2	0.1	0.95	0.2	0.15	0.95	0.2	0.15	1.0	1.0	0.1
棉花	0.2	0.2	0.1	0.5	0.5	0.6				085	0.5	0.5
水稻	1.10	1.17		1.20	1.40		1.20	1.40		0.95	2.00	

注　冬小麦、玉米的 Ky、Km 相同；大豆、棉花的 Ky、Km 各异；水稻无 Km。

三、土地的生产潜力

（一）土地的农业生产潜力

在一个地区，除气候条件之外，土壤的理化性质、肥力状况和地形条件对作物的生长发育也有一定的影响，因此，作物产量很难达到气候生产潜力。所谓土地农业生产潜力，即指由气候和土壤条件共同决定的作物产量，此产量是在优管条件下，实际生产年度可能达到的作物产量，比较接近现实产量。

土壤对作物影响的因子有土体构型、各肥力因子、理化性状，如 OM、N、P、K、坡度、质地、土层厚度、pH、盐分、排水、洪涝等。由于土壤影响作物的因子众多，从生产到产量都会造成一定影响，各因子之间关系也很复杂，所以目前还没有成熟的估计其对产量限制大小的方法。一般是在气候潜力或光温潜力基础上用土壤（土地）肥力订正而来。

旱作农田 $\qquad Ys = YpKs$

灌溉农田 $\qquad Ys = YmpKs$

式中：Ys 为土壤生产潜力，kg/hm^2；Yp 为气候生产潜力，kg/hm^2；Ymp 为光温生产潜力，kg/hm^2；Ks 为土壤肥力订正系数。

土壤肥力订正系数 Ks 目前尚没有统一的计算公式，各地根据实际和试验结果决定。

（二）投入水平与土地生产力

以上研究是单纯从土地生产力的自然因素方面来考虑的，这仅是一个基础性的方面，还有一个社会经济投入方面，即土地生产潜力的发挥与一定的经济投入是成正比的。投入包括物质投入和技术投入两部分。物质投入一是改善土地状况的基础性投入，另一个是具体生产过程中的常规生产性投入。前者主要是农田基本建设，如丘陵地修筑梯田、平原地区的土地平整和排水等；后者主要是肥料（包括有机肥）、农药、良种、农机等。

关于投入对土地生产潜力的影响，可以在农田基本建设（即相当于 FAO 分级标准的"资本投入"）与常规生产性投入方面同时考虑，分为低投入、中投入与高投入三级，其中基本建设与生产性投入每升一级，则在适宜性方面也将相应升高一级。如原为 S_3，在基本建设与生产性投入同时增加一级时则可改为 S_2，同时增加两级时变为 S_1。在两者中以农田基本建设为主，一般常规的生产性投入只有在单独增加两级时可以考虑升一级。

（三）草地生产潜力

草地畜牧业是以牧草为第一性生产，家畜为第二性生产的能量转化过程，第一性生产是第二性生产的基础。对第一性生产力的测算，目前主要有 3 种：①迈阿密模型，是由 H·lieth 于 1971 年在美国迈阿密举行的生物学术会上首先提出的，该模型以某地区年降水量和平均温度作为估测生产力的基本参数；②称蒙特利尔模型，是由 H·lieth 和 E·Box 于 1972 年提出来的，该模型利用实际蒸散量预估第一生产力；③回归模型，该模型主要运用生长期与生产力的相关方程来估算生产力（F·Gessner，1959）。3 种模型中，只有第一模型考虑了与陆地植物生长及其分布关系较大的生态因子——温度和水分，而且这两种因子较易获得，实用性强，在国际上得到普遍使用。

迈阿密模型是 H·lieth 根据 53 个站点的有关生物生产力的实测资料和气象资料，首先用最小二乘法推导下列两个经验公式：

$$Y_t = 3000/(1 + e^{1.315-0.119t})$$

$$Y_p = 3000/(1 - e^{-0.000664p})$$

式中：Y_t 为根据年均温估算的热量生产力，$g/(m^2·年)$；t 为年均温度，$℃$；Y_p 为根据年降水量估算的水分生产力，$g/(m^2·年)$；P 为年降水量，mm。

然后根据李比希最小因子定律选择两个数值中较低值作为计算地点的第一性生产力

值，此值即为牧草的自然生产力，然后进行可食鲜草潜在产量估算。公式如下：

$$可食鲜草潜在产量(kg/hm^2) = 牧草自然生产力(kg/hm^2) \times 经济系数(\%)$$
$$\times 可食率(\%) \times 全年利用率(\%)$$

式中：经济系数指天然牧草地上部分占总生物量的百分数；可食率指可食鲜草占天然牧草地上部分生物量的百分比；全年利用率指天然草地适度利用下的放牧强度，即可供利用的草地可食鲜草占草地可食鲜草最高产量的百分比。水热条件好、牧草再生力强、耐牧性强、土壤基质条件好的草地，全年利用率高。经济系数、可食率、全年利用率在不同草地类型和不同地域均有所不同，应根据实地考察确定。

单位面积天然草地潜在载畜量用绵羊单位所需草地有效面积表示。

$$绵羊单位所需草地有效面积(hm^2/绵羊单位) =$$
$$\frac{绵羊单位日食量[kg(绵羊单位 \cdot d)] \times 365(d)}{可食鲜草潜在产量(kg/hm^2)}$$

$$总潜在载畜量(绵羊单位) =$$
$$草地有效面积(hm^2)/绵羊单位所需草地有效面积(hm^2/绵羊单位)$$

另外我国的畜牧业有很大比重在农区和半农半牧区，特别是半农半牧区，除使用一部分草地外，部分作物秸秆也作为饲料，其计算方法可参考表 9-16。

（四）区域土地总生产潜力

在分析土地各种生产潜力的基础上，我们就可以根据各类土地的面积、土地质量，估算出区域土地总生产潜力值，计算公式为：

$$Y = \sum \sum Y_{ij} A_{ij}$$

式中：i 为某种作物品种 $i = 1、2、3、\cdots、n$；j 为土地利用类型 $j = 1、2、3、\cdots、n$；A 为土地面积。

表 9-16　　　　　　半农半牧区草地生产力及其载畜量（甘肃定西）

时期	饲草类型	面积 ($10^4 hm^2$)	单产 (kg/hm^2)	利用率 (%)	可利用量 ($10^4 kg$)	年食量 (kg)	规模 (万羊单位)
现状	天然草地	10.35	750	70			
	人工草地	2.56	3750	80		600	53.27
	作物秸秆	12.34		35	31915		
	耕地种草	2.66	3750	85		750	42.62
近期	天然草地	6.32	1125	70			
	人工草地	7.89	4619	80		600	95.75
	作物秸秆	11.70		35	57447		
	耕地种草	2.00	4619	80		750	76.60
中期	人工草地	14.00	6602	80		600	179.22
	作物秸秆	11.30		35	107532		
	耕地种草	2.00	6602	85		750	143.38
远期	人工草地	14.00	10050	80			
	作物秸秆	11.50		35	203190	600	338.65
	耕地种草	1.80	10050	85		750	270.92

第五节　土地资源人口承载力分析

土地承载力研究立足于土地资源数量和质量的鉴定及其适宜性评价，进而在资源平衡的基础上，通过资源结构与生产结构以及资源结构与投入结构的合理匹配，以土地的生产潜力为研究核心，根据与区域经济发展和社会化准则相符的物质生活水准，求得未来不同时期区域土地资源能够持续供养的人口数量。并以此为根据，就相应时期人口增长、资源开发对环境的影响等进行深入研究，以揭示区域人口、资源、环境与经济发展的相互作用机制及其演变规律，为合理调节、控制人地系统的结构与功能，协调人地关系，寻求人口、资源、环境对策以及区际协调对策提供依据。

一、土地人口承载力的概念与研究原则

土地人口承载力也称土地承载力或资源承载力。由于土地资源是综合的资源，是人类最基本的生产资料和最主要的劳动对象，可以认为土地承载力实质上就是资源承载力。目前，土地资源的人口承载力一般定义为：一定的行政区域内，土地资源在其自然生产潜力及其不同投入水平（物质、技术）条件下所生产的食品，能养活一定生活水平的人口数量。

根据土地承载力研究的任务与目的，土地承载力研究应遵循如下原则：

（1）整体性原则。土地承载力系统是人口、资源、环境与发展按一定方式组成的多层次、复杂、统一的整体，因此，土地承载力研究一定要致力于从整体上把握土地承载力系统的结构（组合方式）、功能（承载能力）及其作用机理与发展变化规律，并据此对各要素（或子系统）采取必要的调控措施，以管理、规范其行为，建立和谐、稳定的（PRED：人口资源环境发展）关系，求得系统整体性能的最优化。这是进行土地承载力研究的出发点和归宿，也是贯穿整个研究过程的主体。因为整体性能不等于各要素之和，而是具有新质，这是系统思想的基本灵魂，离开土地承载力系统的整体性，就无从认识系统的实质，更谈不上合理调控并实现系统功能整体最大的目标。

（2）综合性原则。土地承载力的高低是各种自然要素与环境要素协同作用的产物，这些要素不仅因其时空不同各自在不断变化，而且相互联系，彼此制约，综合地发生作用，共同赋予土地承载力系统的整体性能，从而产生千差万别的人地关系形态。因此分析和研究系统各个要素的性能，尤其是主导要素的性质，然后综合分析各个要素之间相互联系与彼此作用的机理，才能更有效地把握认识系统的整体性能，并根据系统本身固有的规律性和一定的物质条件，有目的、有计划地调整、改造系统结构，实现系统优化的目的。

（3）超前性原则。土地承载力研究是一项超前研究的战略性课题，它着眼于未来，因此，承载力研究必然在区域土地资源及其人地关系历史与现状分析的基础上，根据资源开发前景与人口增长机制，正确预测其未来发展趋势及其各地段人地关系的可能状况。在此基础上，根据人类自身需求与资源供给水平及经济支持能力，确定土地资源承载能力的发展目标以及为实现该目标所必须采取的对策。

（4）区域性原则。决定和影响土地承载力高低的要素非常广泛，这些要素又各自遵循着特定的地域分异规律，同时它们又彼此制约，相互联系，从而在地域空间上导致了千差万别的人地关系类型。因此只有分区进行土地承载力研究，才能深入揭示人地关系的地域结构及其演变规律，为合理调整农业生产结构与布局及人口分布提供科学依据。

（5）生产性原则。土地承载力研究要有利于挖掘土地资源的生产潜力，研究寻找进一步提高土地生产力水平和承载更多人口的切实有效的途径和措施。

（6）持续性原则。可持续发展是当今世界发展的趋势，今日的生态环境即是明日的生产力基础，破坏了今日的生态环境，等于剥夺了后代赖以安身立命的支持系统。因此，对土地承载力的估算一定要建立在自然生态系统合理运转，资源为人类持续利用这一基础上。

二、土地人口承载力研究的内容与方法

土地承载力的研究涉及生态、经济、技术与社会等多个方面，既着眼于现状，又要考虑未来与发展，是一项综合性很强的的工作，其研究内容与步骤归纳见图9-2。

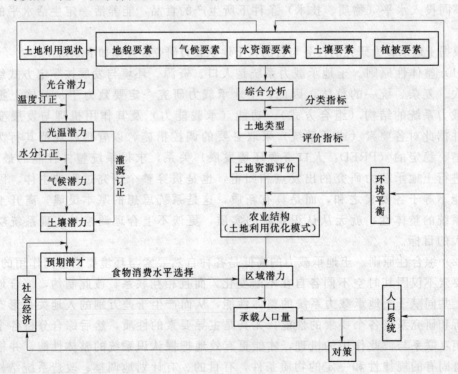

图9-2 土地承载力研究内容及其过程

从研究步骤可看出：①综合分析区域自然条件及土地利用现状，从有利于挖掘土地生产力着眼，进行土地类型划分，在此基础上进行土地评价，以明确区域土地资源的数量、质量状况。②根据土地资源特性（适宜性与限制性）以及环境平衡要求，进行土地优化利用分析。③以区域气候、水文、土壤等各种自然地理要素以及社会经济条件为依据，进行土地生产潜力研究。④根据区域土地生产潜力研究结果以及人均消费标准，估算区域人口

承载量。⑤比较区域人口承载量与区域实际可能人口，为人地关系的协调发展寻求对策（即调控对策研究）。

1. 土地资源评价是土地人口承载力研究的基础

土地的数量与质量是土地承载力估算的基础。土地质量越高，其生产潜力就越大，面积数量越大，总产越高，可养活的人口数量就越多。通过土地资源评价，不仅可揭示土地资源的数量、质量及未来开发前景，而且能够为合理利用土地、制定土地利用总体规划提供科学依据。因此，土地资源评价是土地承载力研究的基础。

2. 土地生产潜力是土地承载力研究的核心

一定区域范围内的土地究竟能承载多少人口，主要取决于该区域土地能生产多少可供人类食用的物质，即土地生产潜力的高低。因此，土地生产潜力研究是土地承载力研究的核心。对于一定利用方式下的土地资源而言，其未来不同时段的生产能力取决于各种生产性因素（如水肥条件）投入的多少。土地生产潜力的估算一定要对其产生的物质基础与技术手段进行深入的论证与阐述，使决策者对此有明确的认识，并实施相应的生产措施，从而保证土地承载力研究结果的实用性。

3. 保护生态环境是土地人口承载力的前提

合理利用资源、保护良好生态环境和控制人口增长，是发展生产的三大前提，也是具有深远意义的重大战略决策。土地资源开发利用所考虑的原则之一就是生态系统的平衡，绝不能以牺牲生态环境为代价而片面提高土地的承载能力。因而，在研究土地承载力的过程中，一定要注意与环境之间的关系。①土地开发利用必须考虑对生态环境的影响，土地开发利用布局合理会使土地永续利用，生产潜力逐步提高，人口承载量加大。②增加土地投入，建立低耗、高效、和谐的土地生态系统，增加土地人口承载力。③处理好经济效益和生态效益的关系，要将坚持改善生态环境，提高土地利用的经济效益与合理的人口承载量相结合，避免只顾眼前利益和经济利益，盲目扩大土地的人口承载量。

三、土地资源人口承载潜力的计算

在掌握一定区域土地生产潜力的基础上，便可根据生活水准的要求算出土地的人口承载能力，可用下式表示：

$$P = Y/L$$

式中：P 为一定区域内的土地可承载人口数量；Y 为土地生产潜力；L 为人均生活水准。

1. 计算方式

具体的计算方式基本上可分为两种：一种方式是按每年人均多少千克粮食计算，不考虑人的年龄、职业等，也不考虑粮食品种，实际上是一种概算（贫困温饱型）。另一种方式是按每人每天需多少卡的热和蛋白质，并将按不同年龄、不同劳动强度与不同性别的人折合成一个"平均人"，并将不同作物产品分别折合成热量与蛋白质，再折算成相应区域内的单位面积上的生产量，两者相除即得单位面积土地所能承载的人口潜力。

一般作物的热量转换系数与蛋白质含量和人均营养水平需要可参考表 9 - 17、表 9 - 18。

表 9-17   主要粮食作物热量/蛋白质转换系数

作物	kJ/kg	g/kg
水稻（单季稻与双季稻）	14.518	73
玉米（春玉米与夏玉米）	15.146	85
小麦（春麦与冬麦）	14.811	99
大豆（春大豆与夏大豆）	17.238	363
高粱	15.230	77
谷子	10.962	97
甘薯	5.314	18

表 9-18   各种营养物质的日消耗量

类别		热量（J）	蛋白质（g）
成年男子 （65kg）	轻体力劳动	10878	75
	中体力劳动	12552	80
	重体力劳动	15062	90
成年妇女 （55kg）	轻体力劳动	10042	70
	中体力劳动	11715	75
	重体力劳动	14226	85
少年 （13~16岁）	男	10878	80
	女	10460	75
儿童	7~10岁	8363	60
	3~5岁	5858	45

2. 计算标准

计算标准也就是生活水平的标志，如果生活水平定得较高，则土地承载人口的能力即下降，反之则升高。如果仅以人均粮食消耗量计算，每月 20 kg，年均 250 kg 就足够了，但是还有副食消耗，种子、饲料以及工业用粮等。目前我国人均粮食为 380 kg/年，但并不富裕，目前一些发达国家，人均粮食为 500~550 kg/年。

表 9-18 是各种营养物质的日消耗量。如果以热量和蛋白质消耗量计算人均营养水平，则以热量 10878J/（日·人），蛋白质 75g/（日·人）计算。这是男子在轻体力劳动所消耗的热量和蛋白质为标准统计出来的，为了降低该标准，联合国粮农组织将其乘以系数 0.73，因为其中有老人、小孩与妇女等消耗量低于此平均值。

四、人口承载力的区域分析

人口承载潜力的研究不仅是向国家提供一个不同行政区的人口承载力的一览表，更重要的是对影响土地生产力的因素进行区域分析，找出一些地区土地生产潜力的限制因素及解决途径，以提高区域土地生产潜力来提高土地人口承载力。在这方面可做以下工作，其中包括各种专业图件的绘制。

（1）耕地现实生产力分析。将各行政区范围内各农业生态小区的耕地以现在实际最高产量进行统计分级，这就很容易看出不同小区单产的分布规律与土地自然条件和人为投入等级之间的关系，反映土地的现实农业产量。

（2）耕地增产潜力，即各行政区内各生态小区的生产潜力减去其现实最高产量，其差值即为增产潜力。将这种差值进行分级，然后进行分区制图，从这当中即可看出最大的增产潜力区，在此基础上分析其目前没有达到最大潜力的原因，克服这些因素的难易程度与投入条件，进而可以决定国家和地区的投资方向。

（3）对各行政区今后不同时期内最高人口承载能力与现实人口数进行比较可以看出目前及其不同时期内的人口承载能力，也可看出不同地区粮食余缺的程度，从而也为国家商品粮基地建设，人口计划生育等作为宏观或地区决策的参考。

（4）通过对土地生产潜力的全面比较和宏观分析，为国家和地区的土地资源开发以及开发措施提供建议。例如，对我国承载能力的初步分析认为，黄淮海平原具有较大的生产力，黄土高原次之，青藏高原潜力较小等等。这就为国家的重点开发提供依据，而且还要根据农业生态区分析的资料，提出解决限制因子的措施。

主 要 参 考 文 献

1　陈白明. 土地资源学概论. 北京：中国环境科学出版社，1999

2　高俊杰. 实用土地管理. 北京：中国科学技术出版社，1992

3　龚子同. 中国名优农产品的土宜. 长春：吉林出版社，1989

4　郭焕成，陈佑启. 我国土地资源合理利用研究. 中国土地科学. 1994. 8（4）

5　国家土地管理局科技宣教司. 土地利用规划. 北京：改革出版社，1993

6　国家土地管理局土地利用规划司. 全国土地利用总体规划研究. 北京：科学出版社，1995

7　郝晋岷. 土地规划. 北京：北京大学出版社，1996

8　林培主. 土地资源学. 北京：北京农业大学出版社，1991

9　刘黎明. 土地资源调查与评价. 北京：科学技术文献出版社，1994

10　倪绍祥. 土地类型与土地评价. 北京：高等教育出版社，1992

11　潘树荣，伍光和，陈传康等. 自然地理学. 第2版. 北京：高等教育出版社，1985

12　王万茂，韩桐魁. 土地利用规划学. 北京：中国农业出版社，2002

13　吴传钧，郭焕成. 中国土地利用. 北京：科学出版社，1994

14　谢俊奇. 可持续土地利用的社会、资源环境和经济影响评价的研究. 中国土地科学. 1998，12（3）

15　张凤荣. 持续土地利用管理的理论与实践. 北京：北京大学出版社，1996

16　张凤荣. 中国土地资源及其可持续利用. 北京：中国农业大学出版社，1999

17　章祖同，刘起. 中国重点牧区草地资源及其开发利用. 北京：中国科学技术出版社，1992

18　Townshend，J. R. G. Terrain Analysis and Remote Sensing. London：Allenand Unwin，1981

19　FAO. Report on the Agro - Ecological Zone Project，Methodology and Results for Africa World Soil Resources Report 48. 1982. 1

20　FAO. A. Framework For Land Evaluation. Soil Bulletin. 1976（32）

21　J. Dumaski，Sustainable Land Management，Proceeding of the International Workshop on SLM for the 21st Century，University of Lethbridge，Canada，June 1993

第十章

建设项目的水土环境影响评价

第一节 环境影响评价

一、环境影响及环境影响评价的概念

1. 环境影响

环境影响是指人类活动（经济活动、政治活动和社会活动）导致的环境变化以及由此引起的对人类社会的效应。环境影响概念包括人类活动对环境的作用和环境对人类的反作用两个层次。

环境影响更进一步指人们的生产活动或开发行为引起的环境系统内容结构发生的物理和化学变化，使环境系统原有的内容和平衡关系被打破，原来环境条件发生改变以及新环境条件的形成过程。

人类社会的发展过程是人类与自然相互作用的过程，也是人类不断适应、改造自然环境的过程。人类祖先茹毛饮血、渔猎为主的生存，对当时环境的影响和动物没有什么大的区别，主要是利用环境，利用资源。随着人类社会的发展，科学技术的进步，人类改造自然环境的能力不断加强，对自然的索取愈演愈烈，产生了严重的环境问题，例如，大面积的森林采伐不仅破坏了珍稀物种的栖息地，而且引起了严重的水土流失，旱涝灾害和沙漠化。大规模的工业发展，由于没有采取相应的、切实有效的预防措施，不仅造成严重的大气污染和水体污染，而且引起了大面积的森林死亡。因此可以说，人为的各种生产活动和开发行为都对自然环境在不同程度上产生影响，但是只要人类把自己的行为强度和规模控制在一定的范围内，就可以使人类社会发展与环境发展达到协调。

由于人类的开发行为无论是单项工程建设还是区域社会经济开发都包括了各种各样的生产活动过程，它们对环境的影响是多方面的，而且非常复杂，因此在进行环境影响评价分析时，通常把一个复杂的环境影响分解成许多单一的环境影响，并分别进行剖析研究。

2. 环境影响评价

环境影响评价是环境质量评价的一种类型，但它和环境质量评价有着本质的区别。环境影响评价是对一个拟议开发行为可能对环境带来的影响作出评价。具体地说，环境影响评价是人们在采取对环境有影响的活动之前，在充分调查、分析、研究的基础上，识别、预测和评价这种活动可能对环境带来的影响。按照社会经济发展与环境保护相协调的原则事先制定出消除或减轻环境污染和破坏的对策和方针，供开发决策和生产部门参考。

对环境有影响的开发行动所包含的内容相当广泛，它不仅包括对环境有影响的立法议案，政府拟议的方针和政策，社会经济发展规律，而且包括工业建设项目，新技术与新工

艺的应用，新产品的开发等。

环境影响评价的过程包括一系列的步骤，环境影响评价是一个循环和补充的过程，这是因为在各个步骤之间存在着相互作用和反馈机制。在实际工作中，环境影响评价的工作过程可以不同，而且各步骤的顺序也可变化。

一种理想的环境影响评价过程，应该能够满足以下条件：

（1）基本上适应于所有可能对环境造成显著影响的项目，并能够对所有可能的显著影响作出识别和评估。

（2）对各种替代方案、管理技术、减缓措施进行比较。

（3）生成清楚的环境影响报告书（EIS）。

（4）包括广泛的公众参与和严格的行政审查程序。

（5）及时、清晰的结论，以便为决策提供信息。

另外，环境影响评价过程还应延伸至所评价活动开始及结束以后一定时段内的监测和信息反馈程序。

一般来说，环境影响评价工作要生成环境影响报告书。我国《建设项目环境保护管理条例》规定："建设项目对环境可能造成重大影响的，应当编制环境影响报告书，对建设项目产生的污染和对环境的影响进行全面、详细的评价。"

二、环境影响评价原则

（1）环境影响评价必须能够使经济、环境、社会三者协调统一。环境影响评价是在经济、环境、社会三者之间进行平衡决策的手段，因此，评价的目标不应该追求短期的经济高速增长和考虑那些直接约束经济增长的技术、经济条件，而应该追求人类生活条件逐渐地不断改善。这种改善不仅包括由于经济增长带来的消费改善，而且包括人类生活环境（自然环境和社会环境）的不断改善，它是一个把人类眼前利益和长远利益结合起来的目标，在这一目标下决策时，不仅需要考虑技术经济条件的约束，而且必须考虑保护环境资源的约束。

（2）环境影响评价必须客观、实事求是地对开发行为造成的环境影响及其对策进行预测。环境影响评价是为开发行为决策提供依据的，因此，在评价时，不仅要善于收集和利用各种已有的如地质、气象、水文、生物、经济、社会等资料，分析掌握环境整体和各种有关环境要素，而且要善于对开发行为进行深入分析，掌握开发行为可能对环境造成有害影响的各种因素。如工程地址、工程排放的污染物的种类、数量、方式以及采取的防治措施的可行性等因素。只有这样才能获得满意的、切合实际的评价结果。

（3）环境影响评价必须以系统概念为基础。由于环境影响评价所要研究、评价的对象是由人类各种开发行为和所在环境要素组成的大系统，这个大系统包括了若干个子系统，每个子系统又包含着若干个组成要素，每个要素又是由若干个因子所组成，系统结构非常复杂。因此在环境影响评价时，应把所有的要素包括在研究范围之内。这就须运用系统分析和系统工程方法来完成。

（4）环境影响评价不仅要注意开发行为对单一自然、文化和社会环境要素和过程的影响，而且要注意开发行为对各要素和过程间相互联系和作用的影响。由于环境是一个结构相当复杂的系统整体，各个环境要素之间存在着密切关系和相互作用。因此，在环境影响评价时，必须对此加以考虑和分析。特别在采取环境决策时，不但要考虑开发行为对单个要素的影响，而且要考虑开发行为在各要素间相互作用的影响，否则，就会导致决策失败。西欧各国采用高烟囱排放 SO_2 造成瑞典等国酸雨和由此引起的大面积森林死亡和严重生态系统破坏，美国田纳西州铜山冶炼厂排放的 SO_2 废气造成大面积荒漠，就是两个典型的例子。

（5）环境影响评价必须要有多学科的专家参与。由于环境影响评价所研究的环境是由大气、水、土壤和生物等要素构成的，它是一个综合的概念，没有一个人和哪一门学科能够单独解决这种综合复杂的环境问题。因此，在环境影响评价时，必须需要多学科的协同工作。

（6）环境影响评价必须按开发决策的要求来确定评价的内容、范围和深度，必须做到经济节约。在环境影响评价时，应对选择的主要环境要素进行重点研究分析，正确划定评价的内容、范围和深度，这样不仅可以节省时间，而且可以节约经费。要做到这一点，就必须需要评价参与者具有丰富的知识和经验。

（7）环境影响评价要求拟议开发行动具有多个比较方案。环境影响评价不仅提供了可供选择的诸开发方案进行比较的机会，而且提供了在拟开发行动审查阶段减少对环境造成不利影响的机会。因此，评价时要有多个开发方案进行比较，通过比较可以使所采取的环境影响防治措施更加完善，合理有效。

三、环境影响评价的基本环节

环境影响评价的实质就是对开发行动进行分析，在了解开发行动所在区域内的环境质量现状的基础上，对该受影响的区域未来环境质量的预测和评价，其目的就是选择一种对环境影响最小，社会经济效益最好的开发行动方案。若存在无法接受的环境影响时，提出治理的防治措施，尽可能将环境影响降到最低限度，实现社会、经济、环境协调持续发展。

环境影响评价主要包括以下几个基本环节：

（1）环境影响识别。环境影响识别就是解答开发行动的哪些活动，或建设工程项目的哪些子项目，会对环境要素中哪些环境因子产生影响以及影响的程度和特征。

环境影响识别包括三方面的内容：

1）认真进行开发活动或建设工程项目分析，其目的是识别开发行动各个子活动可能对环境产生的影响以及这些活动的特征。因此，要认真细致，全面具体地进行工程分析，弄清工程概况，并正确、客观地进行评价，这是环境影响评价的基础。

2）详细了解开发行动所在区域内的环境质量现状，其目的是掌握开发行动前环境质量状况，以便对不同拟开发行动方案的环境影响程度进行比较。在了解环境质量现状时，应尽量具体全面，把与开发行动有关的环境要素都尽可能地考虑进来。

3）识别被开发行动或建设项目所改变的环境因子。确定拟开发行为的各项活动对环境因子产生的影响，应尽量考虑周到、全面，并分项进行调查研究。

（2）环境影响预测。环境影响预测的任务主要是事先估计由拟开发行为或建设项目而产生的环境因子变化的量和空间范围，以及环境因子变化在不同时间段发生的可能性。

环境影响预测的重点是已识别的重大环境影响。近十几年来已发展了各种各样的预测手段和模型，其中大气质量和水质预测模型的定量性能也比较成熟；而预测土壤和生物环境影响的定量性较差。文化和景观环境影响主要是采用专家经验判断的方法。大部分社会经济方面的预测主要是依据专家的经验和历史趋势推断。风险分析方法能较好预测和评价风险性大的环境影响发生的可能性及其后果。

（3）环境影响评价。在影响识别、预测基础上对环境影响进行评价，通过评价比较出各个备选方案的优劣，从而提出优选方案推荐给决策部门。

环境影响评价通常包含以下主要环节：

1）将影响预测的结果与环境现状进行比较，确定发生显著影响的时间和期限、影响的范围、时间跨度，还要区分影响是可逆的还是不可逆的，然后分别判断这些影响是否能被接受。对于大气质量，水体质量和噪声等影响可依据环境标准基准进行判断，而对于土地利用方式变化及其对动、植物影响后果则较困难。

2）把单项环境要素影响评价的结果综合起来进行总的评价。综合分析涉及到要用共同的单位来表现不同性质的影响，另外还要确定各个影响的权重。对于一般工业建设项目，其影响的环境要素相对较少，将单项要素的评价结果分别列出就可以说明问题，而对于诸如大型水利工程、港口建设和矿山开发则涉及环境要素很多，这时综合评价是必须的。

3）对于拟议开发行为或建设项目产生的环境影响如果不能被接受，则可以否定该行动或项目，也可以提出消除或减轻环境影响的措施，把环境影响控制在允许的范围内，或者采取其他替代方案。怎样做更合理，应该通过环境经济分析，以社会、经济和环境总体效益最好作为依据。所以在环境影响评价工作中环境经济和社会效益评价是基本的组成部分。

（4）提出拟议行动环境保护对策和建议。

第二节　建设项目对土壤环境影响的评价

一、土壤环境影响判别

土壤环境影响按不同依据，可划分为不同类型。

1. 按影响结果划分

（1）土壤污染型。指建设项目在开发建设和投产使用过程，或项目服务期满后排出或残留有毒害物，对土壤环境产生化学性、物理性或生物性污染危害。一般工业建设项目，大部分均属这种类型。

（2）土壤退化、破坏型。指建设项目对土壤环境施加的主要影响不是污染，而是项目本身固有特性和对条件的改变，如地质、地貌、水文、气候和生物影响，引发土壤的退化、破坏。一般水利工程、交通工程、森林开采、矿产资源开发多属这种类型。

2. 按影响时段划分

（1）建设阶段影响。指建设项目在施工期间对土壤产生的影响，主要包括厂房、道路交通施工、建筑材料和生产设备的运输、装卸、贮存等对土壤的占压、开挖、土地利用的地形改变和植被破坏可能引起的土壤侵蚀。

（2）运行阶段影响。指建设项目投产运行和使用期间产生的影响，主要包括项目生产过程排放的废气、废水和固体废弃物对土壤的污染及部分水利、交通、矿山使用生产过程引起的土壤退化和破坏。

（3）服务期满后的影响。指建设项目使用寿命期结束后仍继续对土壤环境产生的影响。主要包括地质、地貌、气候、水文、生物等土壤条件，随着土地利用类型改变而带来的土壤影响，如矿山生产终了以后，留下矿坑、采矿场、排土场、尾矿场，继续对土壤的退化、破坏影响；残留重金属的土壤污染影响；城市中心土地转换中，工厂搬迁后遗留的有机、无机污染物对土壤环境的影响等。

一般项目建设阶段的影响为短期影响，建设完成即可逐渐消除。如施工引发的土壤侵蚀。而项目运行期和服务期满后的土壤影响，往往是长期、缓慢影响。一般包括整个运行期和服务期满后延续到土地复垦或土地利用类型改变之后的时间。

3. 按影响方式划分

（1）直接影响。指影响因子直接作用于被影响的对象，并直接显示出因果关系，如以土壤环境作为影响对象，土壤侵蚀、土壤沙化、土壤因施入固体废弃物或污水灌溉造成的污染等，均属于直接影响。

（2）间接影响。指影响因子产生后需要通过中间转化过程才能作用于被影响的对象。以土壤环境作为影响对象，土壤沼泽化、盐渍化，一般需经过地下水或地表水的浸泡作用和矿物盐类的浸渍作用才能分别发生，应属间接影响；干、湿沉降物引起的土壤酸化，也属间接影响；而以人群作为影响对象，土壤作为介质，则绝大部分土壤污染物，是被作物、动物吸收后，通过食物链进入人体而危害人群健康，也为间接影响，在环境污染中，这是土壤污染的显著特征。

4. 按影响性质划分

（1）可逆影响。指施加影响的活动停止后，土壤可迅速或逐渐恢复到原来的状态，如土壤退化、土壤有机物污染，属于可逆影响。在土壤上植被恢复，地下水位下降，土壤经生物化学作用对有机毒物降解之后，土壤可逐步消除沙化、沼泽化、盐渍化和有机污染，并恢复到原来的正常状态。

（2）不可逆影响。指施加影响的活动一旦发生，土壤就不可能或很难恢复到原来的状态。如土壤侵蚀，主要指严重的土壤侵蚀，就很难恢复原来的土层和土壤剖面，如一些疏松土层流失殆尽，露出裸岩的地区，一般来说就不可能恢复到原来的土壤层，属于不可逆影响。对一些重金属污染，由于重金属在土壤中不能被土壤微生物降解，又易为土壤有机、无机胶体吸附，难以淋溶、迁移，使污染的土壤难以恢复，也属不可逆影响。

（3）积累影响。指排放到土壤中的某些污染物，对土壤产生的影响需要经过长期作用，直到积累超过一定的临界值以后才会体现出来。如某些重金属在土壤中对作物的污染积累作用而致死，即为积累影响。

（4）协同影响。指两种以上的污染物同时作用于土壤时所产生的影响大于每一种污染物单独影响的总和时的影响。如重金属污染的红壤中交换性 K 减少，可溶性 K 增加，说明重金属污染降低了红壤吸附 K 的能力，促进了 K 的解吸和土壤对 K 的释放，从而加剧红壤中 K 肥的流失。试验证明，重金属中 Cd 对 K 的吸附几乎无影响，而 Pb 和 Cd 相互作用，增加了 K 的解吸，一定程度上阻碍了 K 的吸附。而 Cu、Pb、Zn、Cd 协同作用则显著地降低了对 K 的吸附。

二、土壤污染现状评价

（一）土壤环境质量现状调查

土壤环境质量现状调查内容包括布点、采样、确定监测项目。

土壤环境质量现状调查布点要考虑调查区内土壤类型及其分布，土地利用及地形地貌条件。要使各种土壤类型、土地利用及地形地貌条件均有一定数量的采样点，还要注意设置对照点。最后，要使土壤采集点布设在空间分布均匀并有一定的密度，以保证土壤环境质量调查的代表性和精度。

土壤样品的采集一般采用对角线、梅花形、S形等采样方法。多点采样，均匀混合，最后得到代表采样地点的土壤样品。采样数量一般在1kg左右。进行土壤环境质量调查一般只采集15cm左右耕层土壤和耕层以下15~30cm土样，但为了解土壤污染的纵向变化，要选择部分点从表层到基岩分层取样。采样方法是由下向上逐层采集，各层内分别用小土铲切取一片土壤，然后集中起来混合均匀。

土壤监测项目的确定主要考虑土壤污染物和成土因素，一般把主要污染物，由成土因素决定的异常元素都列为监测项目。

（二）评价因子的选择

土壤环境质量评价因子的选择一是根据土壤污染物的类型，二是根据评价目的和要求。一般选择的评价因子如下：

（1）重金属及其他有毒物质：汞、镉、铅、锌、铜、铬、镍、砷、硒、氟、氯等。

（2）有机毒物：酚、石油、苯并（a）芘、DOT、六六六、二氯乙醛、多氯联苯等。

（3）其他：酸度、全氯、全磷等。

此外，对土壤污染物积累、迁移和转化影响较大的土壤理化性质指标也应该选取，作为附加参数，以便分析研究土壤污染物的运动规律，但不一定参加评价。附加参数主要包括有机质质地、碳酸反应、氧化还原电位等。

（三）评价标准的选择

土壤不像大气和水体那样，污染物质可以直接进入人体危害健康。土壤污染物须通过食物链，主要是通过作物才能进入人体，且土壤和人体之间的物质平衡关系比较复杂，故确定土壤污染物的卫生标准难度较大。另外，土壤有其固有的地域成因，均一性差，这也是难以确定统一的土壤污染物卫生标准的原因之一。鉴于此，一般选用如下标准：

（1）以区域土壤背景值为评价标准。区域土壤背景值是指一定区域内，远离工矿、城镇和道路（公路和铁路），未曾受到或相对未受到污染的土壤有毒物质的平均含量。由于背景值不仅包括区域内污染物的平均含量，同时还包括污染物含量的范围，故多以平均值加减标准差表示。

$$S = \sqrt{\frac{\sum (x_i - \overline{x})^2}{N-1}} \qquad (10-1)$$

式中：x 为区域土壤中某污染物的背景值；$\overline{x}$ 为区域土壤中某污染物的平均值；x_i 为土壤样品中该污染物的实测含量；S 为标准差；N 为统计样品数。

（2）以土壤本底值为评价标准。土壤本底值是指未受人为污染的土壤中污染物质的平均含量。

（3）以区域性土壤自然含量为评价标准。区域性土壤自然含量是指在清水灌区内选用与污水灌区的自然条件、耕作栽培措施大致相同、土壤类型相近的土壤中污染物的平均含量。以区域土壤中某污染物的平均值加减2倍标准差表示。

$$x = \overline{x} \pm 2S \qquad (10-2)$$

式中符号意义同式10-1。

（4）以土壤对照点含量为评价标准。土壤对照点含量是指与污染区的自然条件，土壤类型和利用方式大致相同的、相对未受污染或少受污染的土壤中污染物质的含量，往往以一个对照点或几个对照点的平均值作为对照点含量。

（5）以土壤和作物中污染物质积累的相关数量作为评价标准。把作物体内积累污染物的数量相对应的土壤污染物含量作为评价标准。一般说来，区域土壤背景值和区域土壤自然含量均代表了自然和社会环境发展到一定的历史阶段，在一定的科学技术活动水平影响下，土壤中有毒物质的平均含量，它允许土壤受到一定程度的人为干扰，代表了土壤中某一物质现代含量的一般水平。同时，区域土壤背景值和区域性土壤自然含量代表范围较小，具有显著区域特点，它适宜于环境污染的土壤质量评价。而土壤本底值，对于自然保护区，风景区的土壤质量评价要求不高，时间短、任务急的情况下，用作土壤评价标准也能获得较好的效果。至于以土壤和作物体内污染物积累的相关数量作为评价标准，往往需要一定时期的试验和资料积累，它更多地用作土壤质量分级的依据。

（四）评价模式

1. 单因子评价

土壤质量单因子评价，一般以污染指数表示。污染指数的计算方法如下：

（1）以土壤污染物实测值和评价标准相比计算土壤污染的污染指数。

$$P_i = \frac{C_i}{S_i} \tag{10-3}$$

式中：P_i 为土壤中污染物 i 的污染指数；C_i 为土壤中污染物 i 的实测浓度；S_i 为污染物 i 的评价标准。

（2）根据土壤和作物中污染物积累的相关数量计算污染指数。确定几个土壤与作物中污染物积累的相关数值：①土壤污染显著积累起始值。指土壤中污染物超过评价标准的数值，以 x_a 表示。②土壤轻度污染起始值。指土壤中污染物超过一定限度，使作物体内污染物相应增加，以致作物开始遭受污染（即作物体内污染物的含量超过其背景值），此时土壤中污染物的含量，即轻度污染起始值，以 x_c 表示。③土壤重度污染起始值。指土壤污染物继续积累，作物受害加深，以致作物体内污染物含量超过食品卫生标准，此时土壤中污染的含量即重度污染起始值，以 x_p 表示。

根据上述 x_a、x_c、x_p，确定污染等级和污染指数范围。

非污染：土壤中污染物实测值等于或小于 x_a，且 $P_i < 1$；

轻度污染：土壤中污染物实测值大于 x_a，但小于 x_c；且 $1 \leqslant P_i < 2$；

中度污染：土壤中污染物实测值大于 x_c，但小于 x_p；且 $2 \leqslant P_i < 3$；

重度污染：土壤中污染物实测值等于或大于 x_p，且 $P_i \geqslant 3$。

按上述污染指数范围，再求具体的污染指数，这样可消除在 $P_i = \frac{C_i}{S_i}$ 计算中，由于各污染物的评价标准不同，P_i 可能相关极大的现象，具体计算如下：

C_i（实测值）$\leqslant x_a$ 时 $\qquad P_i = \dfrac{C_i}{x_a}$ $\tag{10-4}$

$x_a < C_i \leqslant x_c$ 时 $\qquad P_i = 1 + \dfrac{C_i x_a}{x_c - x_a}$ $\tag{10-5}$

$x_c < C_i \leqslant x_p$ 时 $\qquad P_i = 2 + \dfrac{C_i - x_c}{x_a - x_c}$ $\qquad$ (10-6)

$C_i \geqslant 3$ 时 $\qquad P_i = 3 + \dfrac{C_i - x_a}{x_a - x_c}$ $\qquad$ (10-7)

2. 多因子评价

多因子评价一般以污染综合指数表示。

（1）将土壤各污染物的污染指数叠加，作为土壤污染综合指数，计算式为

$$P = \sum_{i=1}^{n} P_i = \sum_{i=1}^{n} \frac{C_i}{S_i} \qquad (10-8)$$

式中：n 为污染物的种类数；其余符号意义同前。

（2）按照内梅罗污染指数计算土壤污染综合指数。

$$P = \sqrt{\frac{\overline{\left(\dfrac{C_i}{S_i}\right)}^2 + \left(\dfrac{C_i}{S_i}\right)_{\max}^2}{2}} \qquad (10-9)$$

式中符号意义同前。

（3）以均方根的方法求综合指数。

$$P = \sqrt{\frac{1}{n} \sum_{i=1}^{n} P_i^2} \qquad (10-10)$$

（4）对土壤中各污染物的污染指数进行加权求和求取土壤综合污染指数。

$$P = \sum_{i=1}^{n} P_i W_i \qquad (10-11)$$

式中：W_i 为 i 污染物的权重；其余符号同前。

（五）质量分级

用评价模式对土壤质量进行评价的结果是一些定量的综合质量指数。为了使这些定量的数字具有环境质量状况的实际含义，就必须进行土壤环境质量的分级，一般采用如下几种分级法：

（1）根据综合质量指数 P 值划分质量等级。一般 $P \leqslant 1$，为未污染；$P > 1$ 为已污染；P 值越大，土壤污染越严重。可根据 $\overline{P}$ 值变幅，结合作物受害程度和污染物累积状况，再划分轻度污染、中度污染和重度污染等级。

（2）据土壤和作物中污染物累积的相关数量划分质量等级。已如前述这种分级只能表示土壤中各个污染物的不同污染程度，不能表示土壤总的质量状况。

（3）根据系统分级法划分质量等级。首先对土壤中各污染物的浓度进行分级，这样分级是根据土壤污染物含量和作物生长的相关关系以及作物体内污染物的累积与超标情况划分的。然后将土壤污染物浓度转换为污染指数，将各污染指数加权综合为土壤质量指数，据此也就得到了土壤环境质量的级别。

三、土壤退化现状评价

（一）土壤沙化现状调查与评价

土壤沙化包括草原土壤的风蚀过程和风沙堆积过程。因草原植被破坏，草原过度放牧，或开垦为农田，土壤中水分减少，土壤颗粒缺乏凝聚力，分散而被风吹蚀，细颗粒量

逐步降低呈现沙化。而在风力减弱的地段，风沙颗粒逐渐堆积在土壤表层而使土壤出现沙化。从中可见，建设项目开发虽然可能促进土壤沙化的发展，但必须有一定的外在条件。因此对土壤沙化的现状评价，必须进行与土壤沙化相关的环境条件调查。

1. 土壤沙化现状调查

土壤水一般发生在干旱荒漠及半干旱和半湿润地区，半湿润地区主要发生在河流沿岸地带，调查内容主要包括：

(1) 沙漠特征。沙漠面积、分布和流动状况；

(2) 气候。降雨量、蒸发量、风向、风速等；

(3) 河流水文。河流含沙量、泥沙沉积特点等；

(4) 植被。植被类型、覆盖度等；

(5) 农、牧业生产情况。人均耕地、草地、粮食和牲畜产量等。

2. 土壤沙化评价

(1) 评价因子筛选。一般选取植被覆盖度、流沙占耕地面积比例、土壤质地，以及能反映沙化的景观特征等。

(2) 评价标准。可根据评价区的有关调查研究，或咨询有关专家、技术人员的意见拟定。

(3) 评价指标计算。一般采用分级评分法，如：潜在沙化评价为 1、轻度沙化为 0.75、中度沙化为 0.50、强度沙化为 0.25，指数值越大，沙化程度越轻。也可采用百分制或 10 分制，如拟对多种土壤退化趋势进行综合评价，评分制必须统一。

(二) 土壤盐渍现状调查与评价

土壤盐渍化是指可溶性盐分主要在土壤表层积累的现象或过程，引起土壤盐渍化的环境条件及盐渍化的程度，是调查和评价的主要内容。

1. 土壤盐渍化现状调查

土壤盐渍化一般发生在干旱、半干旱和半湿润地区以及部分滨海地带。主要调查内容为：

(1) 灌溉状况。灌水方式、灌水量、水源及其盐分含量等。

(2) 地下水情况。地下水位（包括季节、年际变化趋势及常年平均水位），地下水水质（包括矿化度及 CO_3^{2-}、HCO_3^-、SO_4^{2-}、Cl^-、Ca^{2+}、Mg^{2+}、K^+、Na^+ 的含量及其季节、年际变化）。

(3) 土壤含盐量。包括全盐量及 CO_3^{2-}、HCO_3^-、SO_4^{2-}、Cl^-、Ca^{2+}、Mg^{2+}、K^+、Na^+ 的含量。

(4) 农业生产情况。主要调查一般土壤和盐渍化土壤上作物产量的差异、土壤盐渍化程度与作物产量之间的变化关系。

2. 土壤盐渍化评价

(1) 评价因子筛选。一般选取表层土壤全盐量或 CO_3^{2-}、HCO_3^-、SO_4^{2-}、Cl^-、Ca^{2+}、Mg^{2+}、K^+、Na^+ 等可溶性盐的主要离子含量。

(2) 评价标准。一般根据土壤全盐量，或者各离子组成的总量拟定标准，在以氯化物为主的滨海地区，也可以 Cl^- 含量拟定标准。如以全盐量为依据，其标准如表 10 - 1。

表 10-1 土 壤 盐 渍 化 标 准

土壤盐渍化程度	非盐渍化	轻盐渍化	中盐渍化	重盐渍化
土壤盐渍化标准 （土壤含盐量）	<2.0%	2%～5%	5%～10%	>10%

（3）评价指数计算。采用分级评分法，与土壤沙化评价指数计算相同。

（三）土壤沼泽化现状调查与评价

土壤沼泽化是指土壤长期处于地下水浸泡下，土壤剖面中下部某些层次发生 Fe、Mn 还原而生成青灰色斑纹层或青泥层（也称潜育层）、或有机质层转化为腐泥层或泥炭层的现象或过程。

1. 土壤沼泽化现状调查

土壤沼泽化一般发生在地势低洼、排水不畅、地下水位较高地区，主要调查内容：

（1）地形。包括平原、盆地、山间洼地等地貌类型及其特征；

（2）地下水。地下水位及其季节、年度变化、常年平均水位；

（3）排水系统。排水渠道、抽水站网；

（4）土地利用。水稻及其他水生作物田块特点及面积和作物产量、旱地面积和作物产量。

2. 土壤沼泽化评价

（1）评价因子。一般选取土壤剖面中潜育层出现的高度；

（2）评价标准。根据土壤潜育化程度拟定（表 10-2）。

表 10-2 土 壤 沼 泽 化 标 准

土壤沼泽化程度	非沼泽化	轻沼泽化	中沼泽化	重沼泽化
土壤沼泽化标准 （土壤潜育层距地面高度）	<60cm	60～40cm	40～30cm	<30cm

（3）评价指数计算：采用分级评分法，与土壤沙化评价指数计算相同。

（四）土壤侵蚀现状调查与评价

土壤侵蚀是指地表土壤颗粒在水力、风力及重力等作用下而搬运的过程。

1. 土壤侵蚀现状调查

土壤侵蚀在我国发生范围较大，从南到北，从东到西均有发生，严重发生在我国黄河中上游黄土高原地区、长江中上游丘陵地区和东北平原的漫岗丘陵区。主要调查内容：

（1）地形。地貌类型、地势起伏特征（包括坡度、坡形等）；

（2）地质。岩性及其特点；

（3）气候。降雨量、季节分配特点、降雨强度、降雨类型；

（4）植被。植被类型、覆盖度；

（5）耕作方式。包括筑埂作垄、修壕挖沟等，或顺坡种植、密植或稀植、间种套作等。

2. 土壤侵蚀评价

（1）评价因子。一般选取土壤侵蚀量，或与未侵蚀土壤为对照，选取已侵蚀土壤剖面的发生层次、厚度等。

（2）评价标准。根据黄土地区，按被侵蚀的土壤剖面保留的发生层厚度拟定评价标准（见表 10 - 3）。

表 10 - 3　　　　　　　　　　　　土 壤 侵 蚀 标 准

土壤侵蚀程度	无明显侵蚀	轻度侵蚀	中度侵蚀	强度侵蚀
土壤侵蚀标准 （土壤发生层保留厚度）	土壤剖面 保存完整	A 层保存 厚度 50%	A 层全部流失或 保存厚度＜50%	B 层全部流失或 保存厚度＜50%

（3）评价指数计算：采用分级评分法，与土壤沙化评价指数计算相同。

四、土壤破坏现状调查与评价

土壤破坏是指土壤资源被非农、林、牧业长期占用，或土壤极端退化而失去土壤肥力的现象。

1. 土壤破坏现状调查

土壤破坏现状调查内容除自然灾害因素之外，还涉及土地利用问题，因此调查主要包括区域各种土地利用类型现状、变化趋势、各类型面积消长的关系，以及人均占有量等。

（1）耕地、林地、园地和草地当前的面积，各种利用类型过去总面积和多年平均减少的面积，自然灾害破坏的土壤面积以及变化趋势。

（2）城镇工矿和交通建设占用的土地面积，近年增加的面积以及变化趋势。

（3）人口、职业，以及各种土地利用类型人均占有面积。

2. 土壤破坏评价

（1）评价因子。可选取区域耕地、林地、园地和草地在一定时段（1～5 年或多年平均）内被建设项目占用或被自然灾害破坏的土壤面积或平均破坏率。

（2）评价标准。按评价区内耕地、林地、园地和草地损失的土壤面积拟定。具体数据应根据当地具体情况，咨询有关部门、专家确定。

（3）评价土壤损失面积指数计算。采用分级评分表，与土壤沙化评价指数计算相同。

五、土壤退化趋势预测

土壤退化预测主要预测建设项目开发引起土壤沙化、土壤盐渍化、土壤沼泽化、土壤侵蚀等土壤退化现象的发生和程度、发展速率及其危害，预测方法一般用类比分析或建立预测模型估算。以土壤侵蚀为例，主要介绍土壤侵蚀模型。

目前，国内外提出的土壤侵蚀模型很多，其中由 Wischmeier 和 Smith 根据美国 8000 多个试验小区土壤侵蚀资料分析，于 1957 年提出的通用土壤侵蚀方程（简称为 USLE）（其形式及发展见第十二章）应用最为广泛，它是建立在土壤侵蚀理论和大量实地观测数据统计分析基础上的一个经验模型，在我国也得到广泛应用，并根据我国国情提出了相应的参数取值表，其表达式为：

$$A = RKLSCP \qquad\qquad (10 - 12)$$

式中：A 为土壤侵蚀量，t/（km² · 年）；R 为降雨侵蚀力；K 为土壤可蚀性因子；L 为坡长因子；S 为坡度因子；C 为耕种管理因子；P 为水土保持因子。

1. 土壤侵蚀量（A）

土壤侵蚀量，也称为土壤流失量，一般用侵蚀模数来表示，单位为 t/（km² · 年）。

目前我国普遍采用的侵蚀模数分级标准见表 10-4。

表 10-4　　　　　水利部制定的全国普遍采用的水土流失侵蚀模数

级　别	年平均侵蚀模数 [t/（km² · 年）]
微度侵蚀	＜2500
中度侵蚀	2500～5000
重度侵蚀	5000～8000
极重度侵蚀	8000～15000
剧烈侵蚀	＞15000

2. 降雨侵蚀力（R）

降雨侵蚀力等于在预测期内全部侵蚀降雨的总和。

（1）对于一次暴雨来说，其计算公式为

$$R = \sum [(2.2 + 1.15 \lg E_i)/x_i] I_{30} \tag{10-13}$$

式中：i 为降雨历时，h；x_i 为在历时 i 的降雨量，mm；I_{30} 为该场暴雨中强度最大的 30min 的降雨强度，mm/h；E_i 为降雨强度，mm/h。

（2）对于一年的降雨来说，可采用 Wischmeier 的经验公式计算：

$$R = \sum_{i=1}^{12} 1.735 \times 10^{1.51 g \left(\frac{P_i^2}{P} - 0.8188 \right)} \tag{10-14}$$

式中：P 为年降雨量，mm；P_i 为各月平均降雨量，mm。

3. 土壤可蚀性因子（K）

土壤可蚀性因子也称土壤抗蚀度，其定义是一块长 22.13m，坡度 9％，经过多年连续种植过的休耕地上单位降雨侵蚀力下的侵蚀率。不同的土壤有不同的 K 值，它反映了土壤对侵蚀的敏感性，取决于土壤结构、粘粒含量、有机质含量等。也根据通用土壤侵蚀方程来反求。表 10-5 是一般土壤 K 的平均值。

表 10-5　　　　　　　土壤可侵蚀性系数参考值

土壤类型	有　机　物　含　量		
	＜0.5％	2％	4％
砂	0.05	0.03	0.02
细砂	0.16	0.14	0.10
特细砂土	0.42	0.25	0.28
壤性砂土	0.12	0.10	0.08
壤性细砂土	0.24	0.20	0.16
壤性特细砂土	0.44	0.38	0.30
砂壤土	0.27	0.24	0.19
细砂壤土	0.35	0.30	0.24
很细砂壤土	0.47	0.41	0.33
壤土	0.38	0.34	0.29
粉砂壤土	0.48	0.42	0.38

土壤类型	有 机 物 含 量		
	<0.5%	2%	4%
粉砂	0.60	0.52	0.43
砂性粘壤土	0.27	0.25	0.21
粘壤土	0.28	0.25	0.21
粉砂粘壤土	0.37	0.32	0.26
砂性粘土	0.14	0.13	0.12
粉砂粘土	0.25	0.23	0.19
粘土	0.13～0.29		

4. 坡长因子（L）和坡度因子（S）

一般将 L 和 S 的乘积称为地形因子，推荐的计算公式为：

$$LS = \left(\frac{L}{221}\right)^{M}(65\sin^2\alpha + 4.56\sin\alpha + 0.065) \qquad (10-15)$$

$$\sin\alpha > 5\% \text{ 时}, M = 0.5$$
$$\sin\alpha = 5\% \text{ 时}, M = 0.4$$
$$\sin\alpha = 3.5\% \text{ 时}, M = 0.3$$
$$\sin\alpha < 1.0\% \text{ 时}, M = 0.1$$

式中：L 为开始发生径流的一点到坡度下降至泥沙开始沉积或径流进入水道，其间的长度；M 为坡长指数；α 为坡角。

在许多公式中，L、S 的值是直接代入计算的，应注意公式中各符号意义。

5. 耕种管理因子（C）

耕种管理因子也称植被覆盖因子或作物种植因子，说明地表覆盖情况，如植被类型、作物和种植类型等对土壤侵蚀的影响。不同植被类型的 C 值可参照表 10-6。

表 10-6　　　　　　地面不同植被的 C 值参考值

植　被	地面覆盖率（%）					
	0	20	40	60	80	100
草地	0.45	0.24	0.15	0.09	0.043	0.011
灌木	0.40	0.22	0.14	0.085	0.040	0.011
乔灌混合	0.39	0.20	0.11	0.06	0.027	0.007
茂密森林	0.10	0.08	0.08	0.02	0.004	0.001

6. 水土保持因子（P）

该因子表明不同的土地管理技术或水土保持措施，如构筑梯田、平整、夯实土地对土壤侵蚀的影响。不同地域、不同土壤的 P 值是不同的，应根据实验确定。

土壤通用侵蚀方程适用于坡面面蚀（或片蚀）和细沟侵蚀量的推算，但不适于预测流域土壤侵蚀量、切沟侵蚀、河岸侵蚀与农耕地侵蚀。

此公式可用于影响评价中推算侵蚀速率的差别，例如，对于给定区域和土壤，R、K

为常数，L、S 一般也为常数，随着工程的进展，预测两年后侵蚀速率的变化：

$$A_1 = A_0 \frac{C_1 P_1}{C_0 P_0}$$

式中：A_0 为工程前侵蚀速率；A_1 为工程后侵蚀速率；C_0、C_1 分别为工程前后的耕种管理因子；P_0、P_1 分别为工程前后的水土保持措施因子。

另外，对土壤侵蚀的预测，不但需要预测建设项目开发引起土壤侵蚀的总量，还应由此预测对该区域土壤环境质量和环境承载力下降的影响（如土层变薄、肥力下降、净化能力下降等），以及对沉积地区土壤的影响。

六、土壤资源破坏和损失预测

土壤资源破坏和损失是指随着开发建设项目的实施，不可避免地要占据（工程建筑、住房、交通用地）、破坏（挖掘、堆积）、淹没（水库）一部分土地，以及在一些生态脆弱的地区，建设项目引起的极度的土壤侵蚀会造成一些土地（如耕地、草地等）因表层土壤过度流失丧失原有的功能而被废弃；极为严重的污染（如 Hg、Cd 等重金属污染）也会使土壤丧失生产功能，被迫转为他用，使土壤总量也随之减少。

土壤资源破坏和损失往往是和土地利用类型变化联系在一起的。土地比土壤的概念更加广泛，它包括土壤、地质、地貌、气候、水义、植被等自然要素。因为土地利用现状能全面反映土壤环境质量，所以在土壤环境影响评价中，常把土地利用类型变化作为预测的重要内容，并以此来推算土壤资源的破坏和损失。土壤资源破坏和损失的预测，一般以类比调查为主，共分两步：

1. 对土地利用类型进行现状调查

调查项目按全国土地利用类型划分规定，包括以下部分：

（1）耕地面积：即种植农作物的土地面积。

（2）园地面积：包括专门种植茶、果、桑树以及菜用植物的土地面积。

（3）林地面积：即营造林木的土地，包括天然、人工森林和再生林地面积。

（4）草地面积：即生长草本植物的土地面积。

（5）城镇用地面积：包括工矿建筑用地。

（6）交通用地面积：包括铁路、公路、机场等建设用地。

（7）水域面积：包括河流、湖泊、水库、渠道等。

（8）未利用的土地面积：包括难利用的土地、裸岩、砂砾地等。

调查结果应绘成土地利用类型图。

2. 建设项目造成的土壤破坏、损失预测

土壤破坏、损失预测包括：占用、淹没、破坏土地资源的面积，包括项目基建占用、配套设施（如公路、铁路）占地、水库淹没、移民搬迁占地等；因表层土壤过度侵蚀造成的土地废弃面积；地貌改变而损失和破坏的面积，包括地表塌陷、沟谷堆填、坡度变化等；因严重污染而废弃或改变他用的耕地面积。

土壤资源破坏和损失预测以大型水利工程项目为例说明土地类型变化及土壤资源损失预测的内容。大型水利工程项目的影响预测重点是水库和库区周围，以及下游因河流水文特征变化、库区移民、周围生态环境改变而引起的土地利用类型变化和土壤资源损失。这主要与水库的类型（如峡谷型、湖泊型等）、坝高、库容、面积、地理位置等有关。主要预测内容有：水库淹没、浸渍的土地面积；水库四周塌岸损失的土地面积；修建大坝工程建筑、交通设施占用的土地面积；新兴或搬迁城镇、居民点建设占用的土地面积。

第三节　建设项目对地表水环境影响评价

一、评价等级及评价标准

根据拟建项目排放的废水量、废水成分复杂程度、废水中污染物迁移、转化和衰减变化特点以及受纳水体规模和类别，依（HJ/T2.3—93）《环境影响评价技术导则——地面水环境》，将地表水环境影响评价分为三级。不同级别的评价工作要求不同，一级评价项目要求最高，二级次之，三级较低。

河流、湖泊等地表水环境影响评价的主要依据是国家有关法规和标准。

（1）GHZB1—1999《地面水环境质量标准》。是为贯彻《中华人民共和国环境保护法》和《水污染防治法》控制水污染、保护水资源制定的。本标准适用于中国华人民共和国领域内江、河、湖泊、水库等。它将水域功能按使用目的和保护目标划分为五类：

Ⅰ类：主要适用于源头水、国家自然保护区；

Ⅱ类：主要适用于集中式生活饮水水源地、一级保护区、珍贵鱼类保护区、鱼虾产卵场等；

Ⅲ类：主要适用于集中式生活用水水源地、二级保护区、一般鱼类保护区及游泳区；

Ⅳ类：主要适用于一般工业用水区及人体非直接接触的娱乐用水区；

Ⅴ类：主要适用于农业用水区及一般景观要求水域。

同一水域兼有多种功能的，依最高功能划分类别。有季节性功能，可分季划分类别。

（2）TJ36—79《工业企业设计卫生标准》。对于 GHZB1—1999 中未规定的污染物（参数），应按 TJ36—79《工业企业设计卫生标准》中"地面水中有害物质最高允许浓度"的要求执行。如果该标准也没有，则经过论证后可采用 ISO 国际标准化组织颁布的标准或外国标准。

（3）GB8978—1996《污水综合排放标准》。在进行项目的工程分析时，也常用到 GB8978—1996《污水综合排放标准》。它是为控制水污染，保护江河、湖泊、运河、渠道水库和海洋等地表水以及地下水水质的良好状态，保障人体健康、维护生态平衡，促进国民经济和城乡建设的发展而制定的。本标准适用于现有单位水污染物排放管理，以及建设项目的环境影响评价、建设项目环境保护设施设计、竣工验收及其投产后的排放管理。

二、地表水环境调查与水质现状评价

（一）工程影响识别

向水体排放污染物的建设项目可按一般的要求和做法进行工程分析；必要时需作类比项目调查。由于划分水环境影响评价等级的判据较复杂，一般要做一定深度的工程分析工作后才能确定判据。在工作分析中除了要识别出对水环境造成污染的因子外，还要识别对水体水量和底部沉积物以及水生生物有影响的因子。当然，污染因子（参数）也会对水生生物和沉积物产生影响。

1. 项目特征与地表水的关系

（1）项目的类型与其影响有直接联系：这可以从项目的建设期和运行期的作业情况进行分析。分析的重点应放在水的利用、废水回用与处理及其引起周围水体水量与水质改变的情况。应特别注意是否可通过清洁生产审计减少耗水量和降低水的污染程度。

（2）项目所在位置与水体所受影响的联系：包括项目建设所需时间以及建设期的工程活动引起的影响。

（3）识别位于特殊地点的拟建项目的要求：例如与洪水控制，该区域后续的工业开发、经济发展和许多其他主要关联的影响。

（4）考虑拟建项目各项因素：包括选址、生产工艺、施工过程都应是多方案备选的，故应对每个方案进行具体的工程分析，识别其影响，以进一步通过每个方案的预测并作出评价。

2. 评价因子的筛选

一种评价因子对应一种水质参数或一种污染物，它反映拟建项目对水体的一种影响。筛选水体影响评价因子是工程分析和环境影响识别的成果。评价因子的筛选，应根据评价项目的特点和当地水环境污染特点而定。一般主要是依据拟建项目性质考虑：

（1）城市和各工业部门通常排放的水污染物；

（2）按等标排放量 P_i 值大小排序，选择排位在前的因子，但对那些毒害性大、持久性的污染物，如重金属、苯并 $[\alpha]$ 芘等应慎重研究再决定取舍；

（3）在受项目影响的水体中已造成严重污染的污染物或已无负荷容量的污染物；

（4）经环境调查已经超标或接近超标的污染物；

（5）地方环保部门要求预测的敏感污染物。

（二）评价水域的污染调查和评价

受纳或受到拟建项目影响的水体可能已受到其他污染源的污染，在开展拟建项目评价前应掌握评价水域受已有污染源排放的污染物种类及数量，作为估计拟建项目对水域的分担率以及评价工作依据。其他污染源包括各种点源和非点源，可通过收集资料和实际监测、调查取得其排放量。

（三）地表水水质监测调查

水质监测的目的是掌握拟建项目周围地表水水体的水质现状，获取水质的基线条件，也即获取评价因子（水质参数）的基线值。应该尽量收集和利用地方监测部门历史上积累的关于被测水体的数据和信息，因这些信息能反映水质变化的某种规律性。

在水质监测的同时，还应了解水体的水文参数及水体开发利用现状（城市、工业、农业、渔业等各类用水的时间和地点等）以及各类废水（包括点源、非点源）排放情况，并且掌握水体或水域的现状功能和规划功能。

确定河流与湖、库水质影响评价的监测范围应考虑以下因素。

（1）必须包括建设项目对地面水环境影响比较明显的区域，在一般情况下应考虑到污染物排入水体后可能超标的范围。调查结果就应能全面反映与地表水有关的基本环境状况，并能充分满足环境影响预测的要求。

（2）各类水域的环境监测范围，可根据污水排放量与水域规模，参考水环境影响评价的规定确定。

（3）如下游河段附近有敏感区（如水库、水源地、旅游区等），则监测范围应延长到敏感区上游边界，以满足全面预测地表水环境影响的需要。

监测点位监测时期及采样次数按水质监测规范的要求并参考 HJ/T2.3—93 确定。

一般建设项目影响预测所需的水文参数观测数据是从地方水文站取得，对于重大的建设项目，必要时应进行水文与水质同步监测。河流水文观测的参数包括观测断面的几何形状、水位、流速等。湖泊水文观测包括湖泊廓线测量、监测垂线水深及坐标位置、湖泊（水库）分层情况及湖流等。

（四）水质现状评价

在水质现状监测基础上对地表水水质进行评价。

HJ/T2.3—93《环境影响评价技术导则》推荐以下方法：

1. 评价标准

地面水的评价标准应采用 GHZB1—1999 或相应地方标准；国内尚无标准规定的水质参数，可参考国外标准或采用经主管部门批准的临时标准。评价区内不同功能的水域应采用不同类别的水质标准。

2. 水质参数的取值

用于评价的水质参数应是经过统计检验、剔除了离群值后，k 个监测数据平均值（必要时应考虑方差）。即 $\rho_i = \rho_{ik}$。但在实际工作中，往往监测数据样本量较小，难以利用统计检验剔除离群值，这时，如果数据集的数值变化幅度甚大，应考虑高值的影响，宜取平均值与最大值的均方根作评价参数值，即

$$\rho_i = \frac{(\rho_{i\max}^2 + \rho_{ik}^2)^{1/2}}{2} \tag{10-16}$$

式中：ρ_i 为 i 参数的评价浓度值；ρ_{ik} 为 i 参数监测数据（共 k 个）的平均值；$\rho_{i\max}$ 为 i 参数监测数据集中的最大值。

3. 单项水质参数评价

采用标准型指数单元：

$$I_i = \rho_i / S_i \tag{10-17}$$

溶解氧和 pH 与其他水质参数的性质不同需采用不同的指数单元。

（1）溶解氧的标准型指数单元。

$$I_{DO_j} = \frac{|\rho_{DO_s} - \rho_{DO_j}|}{\rho_{DO_f} - \rho_{DO_s}} \qquad \rho_{DO_j} \geqslant \rho_{DO_s} \tag{10-18}$$

$$I_{DO_j} = 10 - 9\frac{\rho_{DO_j}}{\rho_{DO_s}} \qquad \rho_{DO_j} < \rho_{DO_s} \tag{10-19}$$

式中：I_{DO_j} 为 j 点的溶解氧浓度标准型指数单元；ρ_{DO_f} 为饱和溶解氧的浓度；T 为水温，℃；ρ_{DO_j} 为 j 点的溶解氧浓度；ρ_{DO_s} 为溶解氧的评价标准。

（2）pH 的标准型指数单元。

$$I_{pH,j} = \frac{7.0 - pH_j}{7.0 - pH_{sd}} \qquad pH \leqslant 7.0 \tag{10-20}$$

$$I_{pH,j} = \frac{pH_j - 7.0}{pH_{su} - 7.0} \qquad pH > 7.0 \tag{10-21}$$

式中：$I_{pH,j}$ 为 j 点的 pH 标准指数单元；pH_j 为 j 点的 pH 监测值；pH_{sd} 为评价标准中规定的 pH 下限；pH_{su} 为评价标准中规定的 pH 上限。

水质参数的标准型指数单元大于 1，表明该水质参数超过了规定的水质标准，已经不能满足使用功能的要求。

4. 多项水质参数综合评价法

为了使监测得到的各种水质参数数据能综合反映水体的水质，可以根据水体水质数据的统计特点选用以下指数。

（1）幂指数法。

$$I_j = \prod_{i=1}^{m} I_{ij}^{\omega_i} \qquad 0 < I_{ij} \leqslant 1 \qquad (10-22)$$

$$\sum_{i=1}^{m} \omega_i = 1$$

首先，依据各类功能水体水质标准绘制 I_i—C_i 关系曲线，然后由监测求得的 C_{ij} 值，在曲线上找到相应的 I_{ij} 值。

（2）加权平均法。

$$I_j = \sum_{i=1}^{m} W_i I_{ij} \qquad \sum_{i=1}^{m} \omega_i = 1 \qquad (10-23)$$

（3）向量模法。

$$I_j = \left[\frac{1}{m} \sum_{i=1}^{m} I_{ij}^2 \right]^{1/2} \qquad (10-24)$$

（4）算术平均法。

$$I_j = \frac{1}{m} \sum_{i=1}^{m} I_{ij} \qquad (10-25)$$

式中：I_j 为 j 点的综合评价指数；W_i 为水质参数 i 的权值；I_i 为水质参数 i 的指数单元；m 为水质参数的个数；I_{ij} 为污染物（水质参数）i 在 j 点的水质指数。

以上各种指数中，幂指数法适于各水质参数标准指数单元相差较大的场合；加权平均法一般用在水质参数的标准指数单元相差不大的情况；向量模法用于突出污染最重的水质参数的影响。

三、地表水环境影响预测

（一）预测条件的确定

1. 预测点的确定

为了全面反映拟建项目对该范围内地表水环境影响，一般选以下地点为预测点。

（1）已确定的敏感点；

（2）环境现状监测点，以利于进行对照；

（3）水文条件和水质突变处的上下游，水源地，重要水工建筑物及水文站附近；

（4）在河流混合过程段选择几个代表性断面；

（5）排污口下游可能出现超标的点位附近。

2. 预测时期

地表水预测时期分丰水期、平水期和枯水期三个时期。一般说，枯水期河流自净能力最小，平水期居中，丰水期自净能力最大。但个别水域因非点源污染严重可能导致丰水期的稀释能力变小，水质不如枯、平水期。冰封期是北方河流特有的情况，此时期的河流自净能力最小。因此，对一、二级评价项目应预测自净能力最小和一般的两个时期环境影响。对于冰封期较长的水域，当其功能为生活饮用水、食品工业用水水源或渔业用水时，还应预测冰封期的环境影响。三级评价或评价时间较短的二级评价可用于预测自净能力最小时期的环境影响。

3. 预测阶段

预测阶段一般分建设过程、生产运行和服务期满后三个阶段。所有拟建项目均应预测生产运行阶段对地表水体的影响，并按正常排污和不正常排污（包括事故）两种情况进行预测。对于建设过程超过一年的大型建设项目，如产生流失物较多、且受纳水体要求水质级别较高（在Ⅲ类以上）时，应进行建设阶段环境影响预测。个别建设项目还应根据其性质、评价等级、水环境特点以及当地的环保要求预测服务期满后对水体的环境影响（如矿山开发、垃圾填埋场等）。

（二）预测方法的选择

预测建设项目对水环境的影响，应尽量利用成熟、简便并能满足评价精度和深度要求的方法。

1. 定性分析法

定性分析法有专业判断法和类比调查法两种：

（1）专业判断法是根据专家经验推断建设项目对水环境的影响。

（2）类比调查法是参照现有相似工程对水体的影响，来推测拟建项目对水环境的影响。本法要求拟建项目和现有工程的污染物来源、性质和受纳水体情况相似，并在数量上大体有比例关系。但实际的工程条件和水环境条件往往与拟建项目有较大差异，因此，类比调查法给出的是拟建项目影响大小的估值范围。

定性分析法具有省时、省力、耗资少等优点，并且在某种情况下也可给出明确的结论。例如，分析判断建设项目对受纳水体的影响是否在功能和水质要求允许范围之内，或者肯定产生不可接受的影响等。定性分析主要用于三级和部分二级的评价项目和对水体影响较小的水质参数，解决目前尚无定量预测方法的问题（如感官性状，pH 沿程恢复过程和有毒物质在底泥中的释放、积累等），或是由于无法取得必需的数据开展数学模型预测等情况。

2. 定量预测法

定量预测法指应用物理模型和数学模型预测。应用水质数学模型进行预测是最常用的。

（三）污染源和水体的简化

为了用模型预测常需对污染源和水体作适当简化。

1. 污染源的简化

拟建项目排放废水的形式、排污口数量和排放规律是复杂多样的，在应用水质模型进行预测前常对污染源作如下简化（概化）。

（1）排放形式的简化：排放形式分点源和非点源两种，但以下情况可简化均布的非点源。

1) 无组织排放和均布排放源（如垃圾填埋场及农田）；

2) 排放口很多且间距较近，最近两排污口间距小于预测河段或湖（库）岸长度的 1/5 时。

（2）排入河流或小型湖（库）的两排放口间距较近时，可简化为一个，其位置假设在两者之间，其排放量为两者之和。两排放口间距较远时，可分别考虑。

（3）当两个或多个排放口间距或面源范围小于沿方向差分网格的步长时，可简化为一个，否则应分别考虑。

以上的排放口远近判别：两排污口距离小于或等于预测河段长度 1/20 为近；两排污口距离大于预测距离的 1/5 为远。

2. 地表水环境简化

自然界的水体形态和水文、水力要素变化复杂，而不同等级的评价，各有不同的精度要求，为了减少预测的难度，可在满足精度要求的基础上，对水体边界形状进行规则化，对水文、水力要素做适当的简化，以便用比较简单的方法达到预测的目的。

（1）河流的简化：为使河流断面和岸边形状规则化，可将河流简化为矩形平直河流，矩形弯曲河流和非矩形河流三类。

设河流水面宽为 B，平均水深为 H，断面积 A，流量 q，则 $q > 15\text{m}^3/\text{s}$ 的大、中型河流，$B/H < 20$ 且水流变化较大（如变断面、变水深或变坡降），一级评价应按非矩形、非平直河流计算，即

$$A = \int_0^B H(B)\mathrm{d}B \qquad (10-26)$$

除此均可简化为矩形平直河流，即 $A = B\overline{H}$。河网应分段进行预测：在分段时要根据河网特点和评价等级，突出主干支流，略去小支流，对河网作简化处理。

（2）湖泊（水库）的简化：湖泊（水库）可分大湖（库）、小湖（库）和分层湖（库）三类。小湖（库）可采用沃兰伟德模型或卡拉乌舍夫模型。水深超过 15m，存在斜温层的湖（库）按分层湖（库）对待。停留时间较短的狭长湖，可简化为河流，并按河流的简化方法对其形状及水文要素进行简化。

（四）预测工作的一般原则

（1）在利用数学模型预测河流水质时，充分混合段可以采用一维模型或零维模型预测断面平均水质。大、中河流，且排放口下游 3~5km 内有集中取水点或其他特别重要的环保目标时，均应采用二维模型或其他模型预测混合过程段水质。其他情况可根据工程、环境特点、评价工作等级及当地环保要求，决定是否采用二维模型。

（2）河流水温可以采用一维模型预测断面平均值或其他预测方法。pH 视具体情况可以只采用零维模型预测。

（3）小湖（库）可以采用零维数学模型预测其平衡时的平均水质，大湖（库）应预测排放口附近各点的水质。

（4）各种解析模型适用于恒定水域中点源连续恒定排放，其中二维解析模型只适用于矩形河流或水深变化不大的湖泊、水库；稳态数值模型适用于非矩形河流、水深变化较大的浅水湖泊、水库形成的恒定水域内的连续恒定排放；动态数值模型适用于各类恒定水域

中的非连续恒定排放或非恒定水域中的各类排放。

四、地表水环境影响的评价

水环境影响评价是在工程分析和影响预测基础上，以法规、标准为依据解释拟建项目引起水环境变化的重大性，同时辨识敏感对象对污染物排放的反应；对拟建项目的生产工艺、水污染防治与废水排放方案等提出意见；提出避免、消除和减少水体影响的措施和对策建议；最后提出评价结论。

（一）评价重点和依据的基本资料

（1）所有预测点和所有预测的水质参数均应进行建设、运行生产和服务期满三阶段不同情况的环境影响重大性评价，但应抓住重点。空间方面，水文要素和水质急剧变化处、水域功能改变处、取水口附近等应作为重点；水质方面，影响较大的水质参数应作为重点。

多项水质参数综合评价的评价方法和评价的水质参数应与环境现状综合评价相同。

（2）进行评价的水质参数浓度 ρ_i 应是其预测的浓度 ρ_{ipre} 与基线浓度 ρ_{ib} 之和，即

$$\rho_i = \rho_{ipre} + \rho_{ib}$$

（3）了解水域的功能，包括现状功能和规划功能。

（4）评价建设项目的地面水环境影响所采用的水质标准应与环境现状评价相同。河道断流时应由环保部门规定功能，并据以选择标准，进行评价。

（5）向已超标的水体排污时，应结合环境规划酌情处理或由环保部门事先规定排污要求。

（二）判断影响重大性的方法

（1）规划中有几个建设项目在一定时期（如 5 年）内兴建并且向同一地表水环境排污的情况可以采用自净利用指数法进行单项评价。

位于地表水环境中 j 点的污染物 i 来说，其自净利用指数 P_{ij}，见式 10 - 27。

$$P_{i,j} = \frac{\rho_{i,j} - \rho_{hi,j}}{\lambda(\rho_{si} - \rho_{hi,j})} \tag{10-27}$$

式中：$\rho_{i,j}$、$\rho_{hi,j}$、ρ_{si} 分别为 j 点污染物 i 的浓度，j 点上游 i 的浓度和 i 的水质标准。

自净能力允许利用率 λ 应根据当地水环境自净能力的大小、现在和将来的排污状况以及建设项目的重要性等因素决定，并应征得主管部门和有关单位同意。

溶解氧的自净利用指数为：

$$P_{DO,j} = \frac{\rho_{DO_{hi}} - \rho_{DO_j}}{\lambda(\rho_{DO_{hj}} - \rho_{DOs})} \tag{10-28}$$

式中：$\rho_{DO_{hi}}$、ρ_{DO_j}、ρ_{DOs} 分别为 j 点上游和 j 点的溶解氧值，以及溶解氧的标准。

当 $P_{i,j}$ 小于等于 1 时说明污染物 i 和 j 点利用的自净能力没有超过允许的比例；否则说明超过允许利用的比例，这时的 $P_{i,j}$ 值即为超过允许利用的倍数，表明影响是重大的。

（2）当水环境现状已经超标，可以采用指数单元法或综合指数法进行评价。其方法是将有拟建项目时预测数据计算得到的指数单元或综合评价指数值与现状值（基线值）求得的指数单元或综合指数值进行比较。根据比值大小，采用专家咨询法或征求公众与管理部门意见确定影响的重大性。

（三）对拟建项目选址、生产工艺和废水排放方案的评价

项目选址、采用的生产工艺和废水排放方案对水环境影响有重要的作用，有时甚至是关键作用。当拟建项目有多个选址、生产工艺和废水排放方案，应分别给出各种方案的预测结果，再结合环境、经济、社会等多重因素，从水环境保护角度推荐优选方案。这类多方案比较常可利用专家咨询和数学规划方法探求优化方案。

生产工艺主要是通过工程分析发现问题。如有条件，应采用清洁生产审计进行评价。如有多种工艺方案，应分别预测其影响，然后推荐优选方案。

（四）消除和减轻负面影响的对策

1. 一般原则

对环保措施的建议一般包括污染消减措施和环境管理措施两部分。

（1）消减措施的建议应尽量做到具体、可行，以便对建设项目的环境工程设计起指导作用。对消减措施应主要评述其环境效益（应说明排放物的达标情况），也可以做些简单的技术经济分析。

（2）环境管理措施建议中包括环境监测（含监测点、监测项目和监测次数）的建议、水土保持措施的建议、防止泄漏等事故发生的措施建议、环境管理机构设置的建议等。

2. 常用消减措施

（1）对拟建项目实施清洁生产、预防污染和生态破坏是最根本的措施；其次是就项目内部和受纳水体的污染控制方案的改进提出有效的建议。

（2）推行节约用水和废水再利用，减少新鲜水用量；结合项目特点，对排放的废水采用适宜的处理措施。

（3）在项目建设期因清理场地和基坑开挖、堆土造成的裸土层应建雨水拦蓄池和种植速生植被，减少沉积物进入地表水体。

（4）施用农用化学品的项目，可通过安排好化学品施用时间、施用率、施用范围和流失到水体的途径等方面想办法，将土壤侵蚀和进入水体的化学品减至最少。

（5）应采取生物、化学、管理、文化和机械手段一体的综合方法。

（6）在有条件的地区可以利用人工湿地控制非点源污染（包括营养物、农药和沉积物污染等）。人工湿地必须精心设计，污染负荷与处理能力应匹配。

（7）在地表水污染负荷总量控制的流域，通过排污交易保持排污总量不增长。

3. 提出拟建项目建设和投入运行后的环境监测的规划方案与管理措施

（五）提出评价结论

在环境影响识别、水环境影响预测和采取对策措施的基础上，得出拟建项目对地表水环境的影响是否能够承受的结论。

第四节　水土环境影响报告书的编写

一、环境影响报告书（EIS）

环境影响报告书，简单地说，就是环境影响评价工作的书面总结。它提供了评价工作中的有关信息和评价结论。评价工作每一步骤的方法、过程和结论都清楚、详细地包含在

环境影响报告书中。

我国《建设项目环境保护管理条例》(1998 年 11 月 29 日颁布)规定,"建设项目环境影响报告书,应当包括下列内容:①建设项目概况;②建设项目周围环境状况;③建设项目对环境可能造成影响的分析和预测;④环境保护措施及其经济、技术论证;⑤环境影响经济损益分析;⑥对建设项目实施环境监测的建议;⑦环境影响评价结论。涉及水土保持的建设项目,还必须有经水行政主管部门审查同意的水土保持方案。"

理论上,环境影响报告书对于开发决策有很重要的价值,在行政决策中占有重要地位。例如,一份揭示了诸多不利影响的环境影响报告书,可使有关部门对拟议的开发活动或政策进行很大修改甚至取消。科学、严格的环境影响评价过程是生成良好的环境影响报告书的前提。

环境影响报告书与环境初评估报告是不同的。环境初评估报告是指对拟议的开发活动及其对环境可能造成的影响进行初步分析后,所做的书面总结。其内容比较策略,属概述性质。环境初评估报告是筛选过程的结果,报告中提出是否需要进行全面的环境影响评价。

二、环境影响报告书的编写原则

环境影响报告书是环境影响评价程序和内容的书面表现形式之一,是环境影响评价项目的重要技术文件。在编写时应遵循下述原则:

(1)环境影响报告书应该全面、客观、公正,概括地反映环境影响评价的全部工作,评价内容较多的报告书,其重点评价项目另编分项报告书,主要的技术问题另编专题报告书。

(2)文字应简洁、准确,图表要清晰,论点要明确。大(复杂)项目应有总报告和分报告(或附件),总报告应简明扼要,分报告要把专题报告、计算依据列入。环境影响报告书应根据环境和工程特点及评价工作等级进行编制。

三、环境影响报告书编制的基本要求

环境影响报告书的编写要满足以下基本要求:

(1)环境影响报告书总体编排结论:应符合《建设项目环境保护管理条例》的要求,内容全面,重点突出,实用性强。

(2)基础数据可靠:基础数据是评价的基础。基础数据有错误,特别是污染源排放量有错误,不管选用的计算模式多正确,计算得多么精确,其计算结果都是错误的。因此,基础数据必须可靠,对不同来源的同一参数数据出现不同时应进行核实。

(3)预测模式及参数选择合理:环境影响评价预测模式都有一定的适用条件,参数也因污染物和环境条件的不同而不同。因此,预测模式和参数选择应因地制宜。应选择模式推导(总结)条件和评价环境条件要相近(相同)的模式。选择总结参数时的环境条件和评价环境条件相近(相同)的参数。

(4)结论观点明确、客观可信。结论中必须对建设项目的可行性、选择的合理性作出明确回答,不能模棱两可。结论必须以报告书中客观的论证为依据,不能带感情色彩。

(5)语句通顺、条理清楚、文字简练、篇幅不宜过长:凡带有综合性、结论性的图表应放到报告书的正文中，对有参考价值的图表应放到报告书的附件中，以减少篇幅。

（6）环境影响报告书中应有评价资格证书：资格证书应有报告书的署名，报告书编制人员按行政总负责人、技术总负责人、技术审核人、项目总负责人，依次署名盖章，报告编写人署名。

四、环境影响报告书的编制要点

建设项目的类型不同，对环境的影响差别很大，环境影响报告书的编制内容也就不同。虽然如此，但其基本格式、基本内容相差不大。环境影响报告书的编写提纲，在《建设项目环境保护管理条例》中已有规定，以下是典型的报告书编排格式：

1. 总论

（1）环境影响评价项目的由来；

（2）编制环境影响报告书的目的；

（3）编制依据；

（4）评价标准；

（5）评价范围；

（6）控制及保护目标。

2. 建设项目概况

应介绍建设项目规模、生产工艺水平、产品方案、原料、燃料及用水量、污染物排放量、环境措施，并进行工程影响因素分析等。

（1）建设规模；

（2）生产工艺简介；

（3）原料、燃料及用水量；

（4）污染物的排放量清单；

（5）建设项目采取的环保措施；

（6）工程影响环境因素分析。

3. 环境现状（背景）调查

（1）自然环境调查；

（2）社会环境调查；

（3）评价区大气环境质量现状（背景）调查；

（4）地面水环境质量现状调查；

（5）地下水质现状（背景）调查；

（6）土壤及农作物现状调查；

（7）环境噪声现状（背景）调查；

（8）评价区内人体健康及地方病调查；

（9）其他社会、经济活动污染，破坏环境现状调查。

4. 污染源调查与评价

污染源向环境中排放污染物是造成环境污染的根本原因。污染源排放污染物的种类、数量、方式、途径及污染源的类型和位置，直接关系到它危害的对象、范围和程度。因此，污染源调查与评价是环境影响评价的基础工作。

（1）建设项目污染源预估；

（2）评价区污染源调查与评价。

5．环境影响预测与评价

（1）大气环境影响预测与评价；

（2）水环境影响预测与评价；

（3）噪声环境影响预测及评价；

（4）土壤及农作物环境影响分析；

（5）对人群健康影响分析；

（6）振动及电磁波的环境影响分析；

（7）对周围地区的地质、水文、气象可能产生的影响。

6．环境措施的可行性分析及建设

（1）大气污染防治措施的可行性分析及建议；

（2）废水治理措施的可行性分析与建议；

（3）对废渣处理及处置的可行性分析；

（4）对噪声、振动等其他污染控制措施的可行性分析；

（5）对绿化措施的评价及建议。

7．环境影响经济损益简要分析

环境影响经济损益简要分析是从社会效益、经济效益、环境效益统一的角度论述建设项目的可行性。由于这三个效益的估算难度很大，特别是环境效益中的环境代价估算难度更大，目前还没有较好的方法。因此，环境影响经济损益简要分析还处于探索阶段，有待今后的研究和开发。目前，主要从以下几方面进行：

（1）建设项目的经济效益；

（2）建设项目的环境效益；

（3）建设项目的社会效益。

8．结论及建议

要简要、明确、客观地阐述评价工作的主要结论，包括下述内容：

（1）评价区的环境质量现状；

（2）污染源评价的主要结论，主要污染源及主要污染物；

（3）建设项目对评价区环境的影响；

（4）环境措施可行性分析的主要结论及建设；

（5）从三个效益统一的角度，综合提出建设项目的选址、规模、布局等是否可行。建议应包括各环节中的主要建议。

9．附件、附图及参考文献

（1）附件主要有建设项目建议书及其批复，评价大纲及其批复；

（2）在图、表特别多的报告书中可编附图分册，一般情况下不另编附图分册，若没有该图对理解报告书内容有较大困难时，该图应编入报告书中，不入附图；

（3）参考文献应给出作者、文献名称、出版单位、版次、出版日期等。

五、环境影响报告书结论的验证

一项拟议活动付诸实施或一个建设项目投产后，应按规定进行定期监测和调查，以验证原来的预测和评价结论是否正确、可靠，其目的在于：

（1）若实际情况与原来预测评价结论有明显出入，并造成重大后果的应按有关规定、条例对有关单位进行制裁，及时采取补救措施。

（2）总结经验，为提高环境影响预测与评价水平，充实和完善环境影响评价制度积累资料。

主 要 参 考 文 献

1 中华人民共和国环境保护法. 北京：中国环境科学出版社，1989

2 中华人民共和国环境影响评价法. 北京：中国环境科学出版社，2002

3 国家环保局开发监督司. 环境影响评价的原则与技术. 北京：中国环境科学出版社，1990

4 国家环境保护总局环境工程评估中心. 环境影响评价相关法律法规. 北京：中国环境科学出版社，2005

5 国家环境保护总局环境工程评估中心. 环境影响评价技术方法. 北京：中国环境科学出版社，2005

6 国家环境保护总局环境工程评估中心. 环境影响评价技术导则与标准. 北京：中国环境科学出版社，2005

7 国家环境保护总局环境工程评估中心. 环境影响评价案例分析. 北京：中国环境科学出版社，2005

8 陆雍森. 环境评价. 上海：同济大学出版社，1990

9 (JTJ/T 006—98) 公路环境保护设计规范. 北京：人民交通出版社，1998

10 刘书套. 高速公路环境保护与绿化. 高速公路丛书编委会. 北京：人民交通出版社，2001

11 陆书玉. 环境影响评价. 北京：高等教育出版社，2001

12 牛文元. 持续发展导论. 北京：科学出版社，1994

13 钱易，唐孝炎. 环境保护与可持续发展. 北京：高等教育出版社，2000

14 叶文虎. 环境管理学. 北京：高等教育出版社，2000

15 郭怀成. 环境规划学. 北京：高等教育出版社，2001

16 USEPA (1988)：Guidelines For Health Assessment of Systemic Toxicants. Fed Regist

17 USEPA (1988)：Proposed Guidelines For Assessing Male Reproductive Risk，Fed Regist

18 USEPA (1992)：Framework For Eeological Risk Assessment

19 包存宽. 战略环境影响评价与项目环境影响评价. 环境导报. 2000 (6)

20 彭应登，王华东. 战略环境影响评价与项目环境影响评价. 中国环境科学. 1995. 15 (6)

21 李巍，王华东，王淑华. 战略环境影响评价研究. 环境科学进展. 1995. 3 (3)

22 杨晓清. 高等级公路建设对湿地资源的影响及对策. 公路. 1999 (2)

23 毛文永. 生态环境影响评价概论. 北京：中国环境出版社，1998

24 高速公路丛书编委会. 高速公路环境保护与绿化. 北京：人民交通出版社，2001

25 田卫军. 公路建设项目水土保持方案编制有关问题思考. 水土保持通报. 2000 (3)

26 刘良梧，龚子同. 全球土壤退化评价. 自然资源. 1995 (1)

27 M. J. 柯克比，R. P. C 摩根，王礼先，吴斌，洪惜英. 土壤侵蚀. 北京：水利电力出版社，1987

水土流失与荒漠化监测
管理信息系统

地理信息系统（Geographical Information System，GIS）是伴随计算机科学、信息科学和地球科学发展起来的一门高新技术的交叉学科，是现代空间信息科学的核心与主要支撑技术，被广泛地应用于资源调查、环境评估、区域发展规划、公共设施管理和交通安全等领域，成为资源环境、地球科学、测绘勘探与农林水利部门开展工作的重要技术方法和辅助决策手段。基于GIS技术建立监测管理信息系统是实现水土流失和荒漠化监测与评价自动化、数字化和信息化的核心，GIS已经在区域水土资源环境管理、土壤侵蚀与荒漠化定量模型、水土保持与荒漠化防治规划与效益评价、水土流失和荒漠化动态监测与预警管理方面得到成功的应用。

第一节 地理信息系统概述

一、地理信息系统基本概念

地理信息系统（GIS）是以计算机为核心，以遥感技术、数据库技术、信息传输、图像处理技术为手段，以航天遥感、航空遥感、地形图、专题地图、监测网信息、统计信息、实况调查信息以及其他联网信息为信息源，运用系统工程和信息科学的理论，按统一地理坐标和统一分类编码，对地理信息进行数据收集、存储、处理、运算、综合分析、显示和应用，为规划、管理、决策和研究提供所需信息的技术系统。概括地说，GIS就是采集、存储、管理、处理和综合分析地理信息，并输出数据和提供图形服务。

1. 地理信息系统的类型

地理信息系统（GIS）类型繁多，通常概括成以下3种不同的类型：

（1）工具型地理信息系统。一组具有数据采集、存储管理、查询检索分析运算和多种输出显示等地理信息系统基本功能的软件包，这些软件用来作为地理信息系统的支撑软件，以建立专题型或区域性的实用地理信息系统。目前，国际上代表性的工具型地理信息系统软件主要有 ARC/INFO、MAPINFO、GRASS、MGE、MICRSTATION 和 MAP-TITUDE 等，国内的工具型地理信息系统软件主要有 GeoStar、MapGIS、SuperMap 等。

（2）区域型地理信息系统。以区域综合研究和全面信息服务为目标建立的信息系统。可以有不同规模，如世界级、国家级、省级、市级和县级等不同级别的行政区信息系统，也可以按自然分区或流域为单位的区域信息系统，如中国基础地理信息系统、北京市综合信息系统、黄河流域信息系统、延安市信息系统等。

（3）专题型地理信息系统。以某一专业、任务或现象为主要内容建立起来的 GIS，具有目标有限和专业特点。如森林资源监测管理信息系统、农作物估产信息系统、水土流失信息系统、土地管理信息系统等。

许多实际的信息系统是结合二者的区域性专题信息系统，如中国土地管理信息系统、黄河流域水土保持信息系统、山东省冬小麦遥感估产系统、深圳市交通管理信息系统和安塞县水土流失综合治理信息系统等。

2. 地理信息系统的特征

地理信息系统（GIS）是计算机科学、制图学、地理科学等多学科交叉的产物。GIS 是以地理空间数据库为基础，采用地理模型分析的方法，适时提供多种空间和动态的地理信息，为地学研究和与地学有关的决策服务的技术系统，它具有以下特征：

（1）具有采集、管理、分析和输出多种地理空间信息的能力，具有空间性和动态性。

（2）以地理研究和地理决策为目的，以地理模型方法为手段，具有流域空间分析、多要素综合分析和动态预测能力，可产生高层次的地理信息。

（3）由计算机系统支持进行空间地理数据管理，并由计算机程序模拟常规的或专门的地理分析方法，作用于空间数据，产生有用信息，完成人类难以完成的任务。计算机系统的支持是 GIS 的重要特征，使 GIS 得以快速、精确、综合地对复杂的地理系统进行空间定位和过程动态分析。

二、地理信息系统的构成

一个典型的地理信息系统由 4 部分构成，即硬件系统、软件系统、地理空间数据和系统管理操作人员。

（一）硬件系统

计算机硬件是计算机系统中实际物理装置的总称，是 GIS 的物理外壳，系统的规模、精度、速度、功能、形式、使用方法甚至软件都与硬件有极大的关系，受硬件指标的支持或制约。GIS 硬件配置一般包括 4 个部分。

（1）计算机主机。工作站、微机、便携式计算机；

（2）数据输入设备。数字化仪、图像扫描仪、手写笔、光笔、键盘、通讯端口等；

（3）数据存储设备。光盘刻录机、磁带机、光盘、移动硬盘、磁盘阵列等；

（4）数据输出设备。图形终端、绘图仪、打印机和硬拷贝机等。

（二）软件系统

软件系统是指 GIS 运行所必需的各种程序，通常包括 3 个层次的软件。

1. 计算机系统软件

由计算机厂家提供的、为用户开发和使用计算机提供方便的程序系统，有操作系统、汇编程序、编译程序、诊断程序、库程序以及各种维护使用手册、程序说明等，是 GIS 日常工作所必需的。

2. 地理信息系统软件和其他支撑软件

由通用 GIS 软件和数据库管理软件、计算机图形软件包、CAD、图像处理软件等组

成。其通用 GIS 软件有 5 个主要功能模块:

(1) 数据输入模块。将系统外部的原始数据(多种来源、多种形式的信息)传输给系统内部,并将这些数据从外部格式转换为便于系统处理的内部格式的过程。如将各种已存在的地图、遥感图像数字化,或者通过通讯或读磁盘、磁带的方式录入遥感数据和其他系统已存在的数据,还包括以适当的方式录入各种统计数据、野外调查数据和仪器记录的数据。

(2) 数据存储与管理模块。数据存储和数据库管理涉及地理元素(表示地表物体的点、线、面)的位置、连接关系及属性数据如何构造和组织等。空间数据库的操作包括数据格式的选择和转换,数据的连接、查询、提取等。

(3) 数据分析与处理模块。指对图件及其属性数据进行分析运算和指标量测,在这种操作中,输入的是图件,分析计算后生成的也是图件,在空间定位上仍与输入的图件一致,故称为函数转换。空间函数转换分为基于点或像元的空间函数,如算术运算、逻辑运算或聚类分析等;基于区域、图斑或图例单位的空间函数,如叠加分类、区域形状量测等;基于邻域的空间函数,如像元连通性、扩散、最短路径搜索等。量测包括对面积、长度、体积、空间方位、空间变化等指标的计算。函数转换还包括错误改正、格式变换和预处理。

(4) 数据输出与显示模块。输出与显示是指将系统内的原始数据或经过系统分析、转换、重新组织的数据提交给用户,如以地图、表格、数字或曲线的形式表示于某种介质上,或采用CRT (Cathode Ray Tube) 显示器、胶片拷贝、点阵打印机、笔式绘图仪等输出,也可以将结果数据记录于磁存储介质设备或通过通讯线路传输到用户的其他计算机系统中。

(5) 用户接口模块。用于接收用户的指令、程序或数据,是用户和系统交互的工具,主要包括用户界面、程序接口与数据接口。系统通过菜单方式或解释命令方式接收用户的输入。它通过菜单技术、用户询问语言的设置及采用人工智能的自然语言处理技术与图形界面等技术,提供多窗口和鼠标选择菜单等控制功能,为用户发出操作指令提供方便;并随时向用户提供系统运行和操作帮助信息,使地理信息系统成为人机交互的开放式系统。

3. 应用分析程序

应用分析程序是系统开发人员或用户根据地理专题或区域分析模型编制的用于某种特定应用任务的程序,是系统功能的扩充与延伸。应用程序作用于地理专题数据或区域数据,构成 GIS 的具体内容和核心,是真正用于地理分析的部分,也是从空间数据中提取地理信息的关键。用户进行系统开发的大部分工作是开发应用程序,而应用程序的水平在很大程度上决定系统的实用性、优劣和成败。

(三) 地理空间数据

地理空间数据是指以地球表面空间位置为参照系的自然、社会和人文景观数据,可以是图形、图像、文字、表格和数字等,由系统的建立者通过数字化仪、扫描仪、键盘、磁带机或其他通讯系统输入 GIS。它是系统程序作用的对象,是 GIS 所表达的现实世界经过模型抽象的实质性内容。不同用途的 GIS 其地理空间数据的种类、精度都是不同的,但基本上都包括 3 种互相联系的特征。

1. 一定的几何形态与空间位置

空间实体在地球表面以 3 种基本的几何形态存在:点状,如城镇中心位置;线状,如河流中心线、交通线;面状,如森林类型分布、土壤类型分布等由界线包围的区域。无论是点状、线状或面状形态都在某个已知坐标系中有其空间位置，可以由经纬度、平面直角坐标、极坐标，也可以由矩阵的行、列数等坐标来确定。

实体间具有空间相关性，即拓扑关系，表示点、线、面实体之间的空间联系，如网络结点与网络线之间的枢纽关系，边界线与面实体之间的构成关系等。空间拓扑关系对于地理空间数据的编码、录入、格式转换、存储管理、查询检索和模型分析都有重要意义，是地理信息系统的特色之一。

2. 概念属性

属性是与地理实体相联系的地理变量或地理意义，用以确定空间实体在本质上的差异。分为定性和定量两种，前者包括名称、类型、特性等，后者包括数量和等级。定性描述的属性如岩石类型、土壤种类、土地利用类型、行政区划等，定量的属性如面积、长度、土地等级、人口数量、降雨量、河流长度、水土流失量等。非几何属性一般是经过抽象的概念，通过分类、命名、量算、统计得到。任何地理实体至少有一个属性，而地理信息系统的分析、检索和表示主要是通过属性的操作运算实现的。因此，属性的分类系统、量算指标对系统的功能有较大的影响。

3. 动态变化

地球表面的空间实体都处于时间序列中。所收集和存储的有关它们的某一记录都只是某一瞬时或时间范围内的特征。不同时间的记录可以反映出它们的变化趋势，但是不同属性的事物演变的速率是不同的。在信息处理中，人们仅对感兴趣的事物或现象记录其不同时间的特征。因此，可以把时间因素作为空间实体的一个特殊的属性来处理。

这 3 方面的特征可以互相独立地变化。如属性变化时仍保持原来的空间位置，或属性不变，空间位置发生了变化等。

地理信息系统特殊的空间数据决定了地理信息系统特殊的空间数据结构和特殊的数据编码，也决定了地理信息系统具有特色的空间数据管理方法和系统空间数据分析功能，成为地理学研究和资源管理的重要工具。

（四）系统开发、管理与使用人员

人是 GIS 中的重要构成因素。地理信息系统从其设计、建立、运行到维护的整个生命周期，处处都离不开人的作用。仅有系统软硬件和数据还不能构成完整的地理信息系统，还需要人进行系统组织、管理、维护和数据更新，系统扩充完善，应用程序开发，并灵活采用地理分析模型提取多种信息，为研究和决策服务。

三、地理信息系统的功能与应用

（一）地理信息系统功能

地理信息系统（GIS）的基本结构与功能如图 11-1 所示，与传统的管理信息系统（MIS）相比，具有较多的优势。例如，它能够把空间信息与属性信息相结合，不仅使用户知道一个物体是什么，而且知道在哪里；具有把时间和空间的信息结合起来的能力，可以对不同时间序列中的空间信息作出直观的描述，并可以把查询与分析结果以声、图、文一体化的方式展现出来。从技术角度看，地理信息系统具有以下基本功能：

1. 地理数据采集功能

将地球表层目标地物的分布位置与属性通过输入设备输入计算机，成为地理信息系统

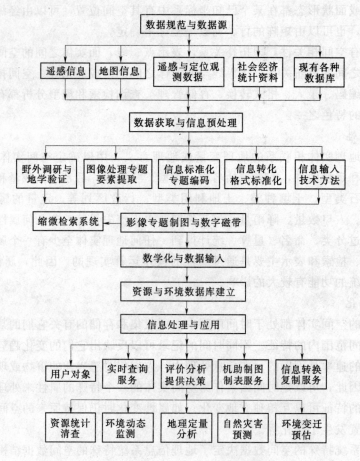

图 11-1　地理信息系统结构与功能

能够操作与分析的数据，这个过程称为数据采集。常用的数据采集方法包括：

（1）计算机键盘数据采集。计算机键盘作为一种属性数据采集设备，目前被广泛用来录入属性数据。录入员按照 GIS 数据库在显示屏上提供的表格，可以快速方便地录入属性数据。

（2）手扶跟踪数字化方法。手扶跟踪数字化是从地图上采集数据的方法之一。数字化工作通过由计算机、数字化仪和数字化软件组成的数字化系统来完成。操作员在数字化仪上采用手工跟踪方法完成地图的数字化。

（3）地图扫描数字化。利用扫描仪将地图进行数字化处理。地图扫描数字化获得的数据文件是栅格数据，它在许多情况下需要进一步处理，转化为矢量数据。地图扫描数字化可以大大减轻地图数字化人员输入地图的劳动强度，提高地图输入的精度，节约时间。

（4）实测地图数据的输入。利用全站仪和便携机（即电子平板）相结合，在野外采集数据，无需编码，测量数据直接进入电子平板绘图，现场修改编辑显示。其特点是电子平板在测站代替常规测图板，直观，便于修改。采用实测地图数据输入，可以得到高精度、大比例尺的数字地图。

2. 地理数据管理功能

主要包括地理属性数据管理与地理空间数据管理。

（1）地理属性数据管理。在地理属性数据库中，地理数据的组织一般分为4级：数据项、记录、文件和数据库。地理属性数据管理对象包括属性数据项、属性数据记录和属性文件。随着可视化技术的发展，属性数据文件经常采用表格形式出现。

（2）空间数据的管理。空间数据的管理包括空间数据的编辑修改和检索查询。空间数据的编辑修改包括两个层次：①数字图层中点、线、面特征（地图制图单元）的编辑修改；②数字图层的编辑操作，它包括数字地图裁剪、数字地图拼接等内容。

（3）空间数据与属性数据之间的双向查询检索是地理数据管理最重要的功能之一。空间数据与属性数据之间的查询，是通过属性记录和空间记录中的关键字，把空间数据与属性数据联结在一起，从而实现数据库中空间数据和属性数据的连接、检索和查询。例如，根据地址或者街道名称在地图上找到街道位置并在数字地图上突出显示。又如，在电子地图上，用光标点击一个地点查询它的地理位置或者属性。

3. 空间分析功能

分析功能是地理信息系统的核心，分析功能主要依赖于地理信息模型来实现。模型是对地表客观事物和现象的概括与抽象，按照作用对象的不同，地理信息模型分为两种类型：

（1）空间数据分析模型。空间数据分析模型是地理信息系统区别于普通管理信息系统的主要标志，它操作的对象为空间数据。经常使用的空间数据分析模型包括拓扑叠加（Overlay）模型、定距离空间搜索（Buffer，又称缓冲区分析）模型、地理网线分析（Network，又称网络）模型和数字地面模型（Digital Terrain Models）等。

（2）属性数据分析模型。属性数据分析模型主要对地理属性数据进行分析与处理，常用的属性数据分析模型有：统计模型、相关分析模型、分类模型、评价模型、预测与动态模拟模型、规划模型。

4. 地理信息的可视化表现

地理信息的可视化表现依赖于可视化技术的发展。通常涉及两个方面的内容，①软件开发阶段的可视化，即可视化编程；②利用计算机图形图像技术和方法，以图形图像形式将大量数据形象而直观地显示出来。GIS提供了地理信息可视化表现的多种功能。

（1）数字地图的显示。在计算机荧屏上显示地图，既方便经济，又便于观察与分析。

（2）数字地图整饰功能。以人机交互方式在计算机荧屏上对地图进行整饰，如改变地图的构图，调换符号、线型、颜色、字体、间距、输出比例尺等。

（3）数字地图的可视化输出。将数字地图直观而形象地表现在纸张、胶片等介质上，用户可以直接阅读、观察和研究。可视化输出设备包括打印机、绘图仪等，其中彩色激光打印机或彩色喷墨绘图仪等设备可以输出高质量、色彩鲜艳的图像。

此外，GIS与Internet技术结合，可以构成网络地理信息系统WebGIS，利用Web-GIS提供的可视化表现功能，可以在互联网上发布地理信息，为因特网用户提供电子地图服务。WebGIS使用者也可以利用WebGIS在Internet上检索、查询各种地理信息，共享Internet上提供的地理信息资源。

（二）地理信息系统的应用

地理信息系统的优势，使它成为国家宏观决策和区域多目标开发的重要技术工具，以下简要介绍地理信息系统的一些主要应用方面。

1. 测绘与地图制图

地理信息系统技术源于机助制图。地理信息系统（GIS）与遥感（RS）、全球定位系统（GPS）在测绘界的广泛应用，为测绘与地图制图带来了革命性的变化。集中体现在：地图数据获取与成图的技术流程发生根本的改变；地图的成图周期大大缩短，地图成图精度大幅度提高；地图的品种大大丰富，数字地图、网络地图、电子地图等一批崭新的地图形式为广大用户带来了巨大的应用便利。测绘与地图制图进入了一个崭新的时代。

2. 资源管理

资源管理是地理信息系统最基本的功能，主要任务是将各种来源的数据汇集在一起，并通过系统的统计和覆盖分析功能，按多种边界和属性条件，提供区域多种条件组合形式的资源统计和进行原始数据的快速再现。以土地利用类型为例，可以输出不同土地利用类型的分布和面积，按不同高程带划分的土地利用类型，不同坡度区内的土地利用现状，以及不同时期的土地利用变化等，为资源的合理利用、开发和科学管理提供依据。

3. 城乡规划

城市与区域规划中要处理许多不同性质和不同特点的问题，它涉及资源、环境、人口、交通、经济、教育、文化和金融等多个地理变量和大量数据。地理信息系统的数据库管理有利于将这些数据信息归并到统一系统中，最后进行城市与区域多目标的开发和规划，包括城镇总体规划、城市建设用地适宜性评价、环境质量评价、道路交通规划、公共设施配置，以及城市环境的动态监测等。这些规划功能的实现，是以地理信息系统的空间搜索方法、多种信息叠加处理和一系列分析软件（回归分析、投入产出计算、模糊加权评价、0—1规划模型、系统动力学模型等）加以保证的。例如：北京某测绘部门以北京市大比例尺地形图为基础图形数据，在此基础上综合叠加地下及地面的八大类管线（包括上水、污水、电力、通讯、燃气等管线）以及测量控制网，规划道路等基础测绘信息，形成一个基于测绘数据的城市地下管线信息系统。从而实现了对地下管线的现代化管理，为城市规划设计、市政工程设计、城市交通与道路建设部门等提供地下管线及其他测绘信息的查询服务。

4. 灾害监测

利用地理信息系统，借助遥感遥测的数据，可以有效地进行森林火灾的预测预报、洪水灾情监测和洪水淹没损失的估算，为救灾抢险和防洪决策提供及时准确的信息。1994年的美国洛杉矶大地震，就是利用 ARC/INFO 进行灾后应急响应决策支持，成为大都市利用 GIS 技术建立防震减灾系统的成功范例。据我国大兴安岭地区的研究，通过普查森林火灾实况，统计分析十几万个气象数据，从中筛选出气温、风速、降水、湿度等气象要素，以及春秋两季植被生长情况和积雪盖度等 14 个因子，用模糊数学方法建立微机信息系统的多因子的综合指标森林火险预报模型，对预报火险等级的准确率可达 73％以上。

5. 环境保护

利用 GIS 技术建立城市环境监测、分析及预报信息系统，为实现环境监测与管理的科学化、自动化提供最基本的条件。在区域环境质量现状评价过程中，利用 GIS 技术的辅助，实现对整个区域的环境质量进行客观地、全面地评价，以反映出区域中受污染的程度以及空间分布状态。在野生动植物保护中，世界野生动物基金会采用 GIS 空间分析功能，帮助世界最大的猫科动物，改变它目前濒于灭种的境地，取得了很好的应用效果。

6. 宏观决策支持

信息系统利用拥有的数据库，通过一系列决策模型的构建和比较分析，为国家宏观决策提供依据。例如系统支持下的土地承载力的研究，可以解决土地资源与人口容量的规划问题；我国在三峡地区研究中，通过利用地理信息系统和机助制图的方法，建立环境监测系统，为三峡宏观决策提供了建库前后环境变化的数量、速度和演变趋势等方面的数据。

总之，地理信息系统正越来越成为国民经济各有关领域必不可少的应用工具，它的不断成熟与完善将为社会的进步和发展做出更大贡献。

第二节　空间数据采集与管理

一、数据来源及其采集方法

（一）数据来源及其采集原则

地理信息系统的数据采集，是指从数据源中进行专题信息提取，并将其数字化转换为 GIS 所能接受的形式的过程。

地理信息系统的数据包括：观测站网数据、分析测定数据、图形数据、统计调查数据和遥感数据。这些数据在形式上可分为模拟量和数字量两类。模拟量数据包括各种图形、图像、记录曲线等；数字量数据包括用各种编码、代码表示的数据。

为了使各种数据源提供的数据能满足数据库对数据精度、格式和编码方式的要求，数据采集应遵守以下原则：

（1）一般只存储基本的原始数据，不存储派生数据，根据应用的频率，实现最小的冗余度。例如存储地形高程，不存储派生的坡向、高差、粗糙度等地形因子。

（2）分类、分级应采用和参照主管权威部门制定的专业分类、分级标准。如土地类型分类采用全国农业区划办公室的分类标准等。各级主管部门制定的分类、分级标准必须是多层次的。遇到分类、分级标准不能统一时应以国家标准或部颁标准为根据。但无论何种分类、分级标准，在作为国家级地理信息系统标准时，必须向国家信息管理委员会申报，经批准后方可采用。

（3）根据项目的地理分布特点，分别按不同等级格网记载数据。

（4）输入数据库的数据，以主管部门经过实测、验证的可靠数据为主。例如国家测绘局的高程数据，林业部门的森林面积数据。非主管部门提供的同类数据则列为参考数据。

（5）数据的观测仪器与计算方法有所差别时，在磁带头部标题部分应予以说明。例如雨量筒、蒸发皿的大小，载畜量的标准头数计算方法等。

（二）源数据的预处理

为了提高数据采集精度、速度，减少图形数字化过程中、属性数据输入过程中的错漏，需要对原始图件和数据进行核查和处理，使其符合系统软件对数据录入的要求。需要处理的问题如下：

1. 检核图形几何位置

原图中图斑几何图形不闭合处加辅助线闭合。标出图上不太明显的两条线的交点。标明两条线状地物之间没有结点，但宽度不同的地方，以便图形数字化时，作为两条弧段输入。两条线状地物并列，标明以哪条线为地类边界，并加辅助线闭合图斑。

2. 检核属性数据错误

原图中存在的遗漏、错码问题需进行相应的处理。例如，给没有图斑号的图斑增加图斑号；若在一个行政单元内，存在地类号不同，而图斑号相同的图斑，修改其中一个图斑的图斑号。标明行政单元编码，特别是特殊地的行政单元编码。例如，飞地的所在行政单元和所属行政单元是不一样的。标明每段线状地物宽度。如果使用扫描仪数字化方式，也要对原始材料进行预处理。例如，将地图中的各种色彩不同的地类先分色，复制在透明聚酯薄膜上，然后再进行扫描。

（三）数据采集的方式和设备

信息系统的数据库可以由模拟数据库和数字数据库组成，数据采集则有相应的数字化和模拟存储等设备。模拟数据库是作为数字数据库的辅助数据库的缩微存储系统，它采用缩微摄影机将图像、图形和表格等资料存储在胶片等介质上，可供快速缩微检索使用。其特点是简便易行、节省费用，但缺乏综合分析的功能。在地理信息系统中，数字化数据是数据库的主体，它们的采集方式与系统构成和数据采集设备密切相关。

1. 空间数据的数字化

源数据获取并得到预处理后，即可进行图件数字化。数字化通常有两种方式：一是矢量数据的矢量跟踪；二是使用扫描数字化方式。同一幅图采用线段跟踪数字化，数据量小但工作量大；采用扫描数字化，扫描过程可自动进行，但数据量大，需要的存储单元也多，还要进行预处理。因此图形数字化的方式，直接和数据采集的速度和处理方式有关。

手扶跟踪式数字化方式是最常用的一种方式，它是用数字化仪跟踪地图上的各种地理特征，以获取 x、y 坐标。扫描数字化是使用扫描仪将整幅地图扫描成图像以后，再进行矢量转换的方法。在进行数据数字化之前，需要考虑：①建立数字化数据输入的方法和步骤，进行人员的培训，使录入人员的数据输入方法一致；②建立和实施数据质量控制的原则标准；③建立一个实施进度和预算评估的跟踪系统；④设立合理的容差值，容差对数据库的精度有很大影响。

我国目前对数字化的精度没有统一的标准，对空间数据数字化的基本要求是：

（1）控制点精度控制：输入图幅 4 个控制点的经纬度，通过坐标变换（高斯—克吕格投影变换），将经纬度坐标转换成大地实际坐标，控制点采点误差 $RMS \leqslant 0.2m$（实地距离）。

（2）正确定义地物特征的属性：有些地物特征的属性为一对多的关系，例如，土地详查中某条线状地物既是农村道路，又是地类边界和村界。数字化前，正确定义线状地物要素属性后，只数字化一次，每个属性放在各个图层中，不会出现"双眼皮"的现象。

（3）采点精度控制：图面采点的精度要求要符合各种标准的规定。例如，土地详查中规定，线状要素位移误差小于 $\pm 0.2mm$，点状要素位移误差小于 $\pm 0.1mm$。

（4）接边：相邻图幅接边拟合值要符合各种标准的规定。土地详查中规定，图幅接边的中误差小于 0.75mm。对于没有拟合的线段，在误差范围内对照原图进行手工的线段弥合。

2. 属性数据的录入

属性数据的输入方法通常有 4 种：①键盘键入法，在空间数据输入完成后，进行属性数据的输入；②使用计算机智能化扫描字符识别技术；③在空间数据数字化或矢量化的过程中赋值；④人工编辑，使用一些分析方法进行赋值。

系统数据采集与数据库的建立过程如图 11 - 2 所示。

二、空间数据的编辑与处理

1. 误差或错误的检查与编辑

通过矢量数字化或扫描数字化所获取的原始空间数据，都不可避免地存在着错误或误差；属性数据在建库输入时，也难免会存在错误，所以，对图形数据和属性数据要进行一定的检查、编辑，以减少误差。

图形数据和属性数据的误差主要包括以下几个方面：① 空间数据的不完整或重复，主要包括空间点、线、面数据的丢失或重复、区域中心点的遗漏、栅格数据矢量化时引起的断线等；② 空间数据位置的不准确，主要包括空间点位的不准确、线段过长或过短、线段的断裂、相邻多边形结点的不重合等；③空间数据的比例尺不准确；④空间数据的变形；⑤空间属性和数据连接有误；⑥属性数据不完整。

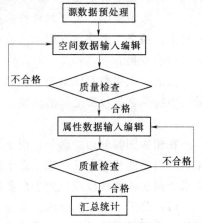

图 11 - 2　数据采集与数据库建立示意图

误差或错误的检查方法见"数据质量及其控制"。

对于空间数据的不完整或位置的误差，主要是利用 GIS 的图形编辑功能，如删除（目标、属性、坐标），修改（平移、拷贝、连接、分裂、合并、整饰），插入等进行处理。对空间数据比例尺的不准确和变形，可以通过比例变换和纠正来处理。

2. 数据格式的转换

数据格式的转换一般分为两大类：①不同数据介质之间的转换，即将各种不同的源材料信息如地图、照片、各种文字及表格转为计算机可以兼容的格式，主要采用数字化、扫描、键盘输入等方式。②数据结构之间的转换，而数据结构之间的转换又包括同一数据结构不同组织形式间的转换和不同数据结构之间的转换。

同一数据结构不同组织不同组织形式间的转换包括不同栅格记录形式之间的转换（如四叉树和游程编码之间的转换）和不同矢量结构之间的转换（如索引式和 DIME 之间的转换）。这两种转换方法要视具体的转换内容根据矢量和栅格数据编码的原理和方法来进行。不同数据结构间的转换主要包括矢量和栅格数据的转换和栅格到矢量数据的转换两种。

3. 投影转换

当系统使用的数据取自不同地图投影的图幅时，需要将一种投影的数字化数据转换为所需要投影的坐标数据。投影转换的方法可以采用：

（1）正解变换。通过建立一种投影变换为另一种投影的解析关系式，直接由一种投影的数字化坐标 (x, y) 变换到另一种投影的直角坐标 (X, Y)。

（2）反解变换。即由一种投影的坐标反解出地理坐标 (x, y) — (B, L)，再将地理坐标代入另一种投影的坐标公式中 (B, L) — (X, Y)，从而实现由一种投影的坐标到另一种投影坐标的变换 (x, y) — (X, Y)。

（3）数值变换。根据两种投影在变换区内的若干同名数字化点，可采用插值法、有限差分法、最小二乘法、有限元法或待定系数法等，从而实现由一种投影的坐标到另一种投影坐标的变换。

目前，大多数 GIS 软件是采用正解变换法来完成不同投影之间的转换，并直接在 GIS 软件中提供常见投影之间的转换。

4. 图幅拼接

在相邻图幅的边缘部分，由于原图本身的数字化误差，使得同一实体的线段或弧段的坐标数据不能相互衔接；或是由于编码方式等不统一，需进行图幅数据边缘匹配处理，即要求相同实体的线段或弧的坐标数据相互衔接，同一实体的属性码相同。

（1）逻辑一致性的处理。由于人工操作的失误，两个相邻图幅的空间数据库在接合处可能出现逻辑裂隙，如一个多边形在一幅图层中具有属性 A，而在另一幅图层中属性为 B。此时，必须使用交互编辑的方法，使两相邻图斑的属性相同，取得逻辑一致性。

（2）相邻图幅边界点坐标数据的匹配。相邻图幅边界点坐标数据的匹配采用追踪拼接法。只要符合下列条件，两条线段或弧段即可匹配衔接：①相邻图幅边界两条线段或弧段的左右码各自相同或相反；②相邻图幅同名边界点坐标在某一允许值范围内（如 ±0.5mm）。匹配衔接时是以一条弧或线段作为处理单元，因此，当边界点位于两个结点之间时，须分别取出相关的两个结点，然后按照结点之间线段方向一致性的原则进行数据的记录和存储。

（3）相同属性多边形公共边界的删除。当图幅内图形数据完成拼接后，相邻图斑会有相同属性。此时，应将相同属性的两个或多个相邻图斑组合成一个图斑，即消除公共边界，并对共同属性进行合并。多边形公共界线的删除，可以通过构成每一面域的线段坐标链，删去其中共同的线段，然后重新建立合并多边形的线段链表。对于多边形的属性表，除多边形的面积和周长需重新计算外，其余属性保留其中之一图斑的属性即可。

三、数据质量及其控制

（一）数据质量衡量准则

通常衡量地理信息系统数据库的数据质量主要是检测其空间数据的准确性、属性数据的正确性，以及空间与属性数据的完整性、一致性和现势性。

（1）准确性。即测量值与真值之间的接近程度，可用误差来衡量。对于空间坐标数据，即在规定的精度范围内，数据库必须能够正确表示点、线、面所在位置的坐标。

（2）正确性。对于属性数据，指无遗漏又无重复地正确表示出各类属性编码。

（3）完整性。指具有同一准确度和精度的数据在类型上和特定空间范围内完整的程度。例如，土地详查数据库中用编码完整地表达出每个地块以及线状地物的用地类型（即8 大类，46 小类）、行政权属、所有制形式（即集体或国有）等，具备准确测算其面积的全部信息数据。如果土地详查数据库还将土地评价、基本农田规划保护列为数据库管理工作目标，库中还应容纳土地的农学属性信息数据（如土壤类型、土壤肥力状况等）。

（4）一致性。是指对同一现象或同类现象的表达的一致程度。例如土地详查数据库中，对于图件中的所有点、线、图斑地块，数据库必须能够正确完整地表达出各种必要的数据关联，包括拓扑关联与属性关联。

（5）现势性。指数据所反映客观现象目前状况的时间跨度。例如，图件中土地变更的图斑、线状地物、零星地物的空间位置和属性数据与当前状况的时间差。

（二）数据误差来源分析

数据的误差大小通常是一个累积的量。数据从最初采集，经加工到最后存档及使用，每一步都可能产生误差。如果了解不同处理阶段数据误差的特点，在每步数据处理过程中都能做质量检查和控制，则可以将误差降低至最小的程度，保证数据的质量。误差分为系统误差和偶然误差两种，系统误差一经发现易于纠正，而偶然误差则一般只能逐一纠正，或采取不同处理手段以降低偶然误差产生的概率。数据误差的主要来源见表11-1。

表 11-1　　　　　　　　　　数据的主要误差来源

数据处理过程	误　差　来　源
数据收集	野外测量误差：仪器误差、记录误差
	遥感数据误差：辐射和几何纠正误差、信息提取误差
	地图数据误差：原始数据误差、坐标转换、制图综合及印刷等误差
数据输入	数字化误差：仪器误差、操作误差
	不同系统格式转换误差：矢量—栅格互换、三角网—等值线互换
数据存储	存储数据精度不够
	空间精度不够：网格或图像太大、地图最小制图单元太大
数据处理	分类间隔不合理
	多层数据叠合引起的误差传播：插值误差、多源数据综合分析误差
	比例尺太小引起的误差
数据输出	输出设备不精确引起的误差
	输出的媒介不稳定造成的误差
数据使用	对数据所包含的信息的误解
	对数据信息使用不当

（三）数据质量控制技术

1. 数据质量前期控制方法

数据库数据质量控制包含前期的误差控制和后期的误差处理。数据采集的前期控制是指在整个空间数据和属性数据采集过程中，进行过程分解，针对每个具体操作制定数据质量控制措施，这些措施具有预防和处理误差的双重功效。前期控制可采用以下方法：

（1）制定数据采集技术规范。对图形数字化和属性数据输入制定较详细的操作指令，可确保所有数字化人员遵循完全相同的操作过程。

（2）进行工作进程的记录。开发人员和操作人员记录每天的工作进程。图形数字化时，对已输过的点、线、图斑的空间、属性数据作标记，大大减少了数据采集中遗漏的可能性。对在数据采集过程出现的问题及时记录下来，可随时查阅记录表来查找对该问题可能的解释，以便于问题的解决。

（3）内嵌在系统软件中的自动输入程序。这种程序可减少属性数据键入工作量，大大减少偶然错误的产生。例如，土地利用类型中的河流、铁路、公路的权属性质为国有，通过编制小程序，计算机可自动赋给河流、铁路、公路以国有权属性质编码，从而可防止手工键入的错误。

（4）质量检查。由于每一个工作阶段的数据质量对下一个阶段的数据质量会产生影响，因此，每一个工作阶段进行多次质量检查后，再进入下一个工作阶段。

2. 数据质量后期控制方法

数据质量控制的后期处理主要是对空间数据的采点偶然误差和属性数据的输入错误进行检查，针对不同的情况，采用不同的方法：

（1）拓扑生成法。对空间数据运行拓扑生成程序，检核出不闭合的图斑，并将图斑面积小于某值（如 $1mm^2$）的图斑检查出来，确定是否为错误的细小图斑。此法对于检查空间数据的拓扑完整性有效。

（2）蒙透法。计算机绘图仪在软件驱动下，将输入系统空间数据库中的数字图件按相同比例尺再绘制成样图，并标出图斑标注，与原聚酯薄膜图件叠置，检查原图要素和样图要素的一致性。

（3）人工检核法。将输入系统的属性数据分类逐项打印出来，与原始的汇总表如碎部面积量算表、扣除线状地物表册，人工逐一核对，将错误汇集一起，统一修改。此方法检错效率低，但是比较可靠。

（4）编码有效字位检核法。使用系统程序对数据库各编码数据逐个检查空码、重码，将空码、重码打印出来，交付录入人员修改。

（5）面积汇总检核法。计算图斑净面积，即图斑净面积＝图斑毛面积－线状地物扣除面积－零星地类面积。打印出图斑净面积小于 0 的图斑编码以及与其相关的线状地物、零星地物编码，检查出原因所在，并加以改正。由于系统中对图形数据进行分层管理，系统支持对图件分层次进行面积汇总。这种方法可以检核数据拓扑关联、权属关联的一致性。

（6）专项检核法。在系统软件的支持下，对重点地区、重点地类、面积在一定阈值以内的空间、属性数据进行提取，或以图形绘制方式，或以报表方式输出，与原始数据专项核对。这种检核方法可作为粗检之后进一步细检的方式。

以上几种检核数据的方法在建库后数据质量检核改错工作中都是必要的、互补的。实践工作中往往几种方法联合使用，进行多次检查校核。

四、空间数据结构

数据结构即指数据组织的形式，是适合于计算机存储、管理和处理的数据逻辑结构；空间数据结构则是地理实体的空间排列方式和相互关系的抽象描述。根据对地理实体的数据表达方法，空间数据结构主要分为栅格结构和矢量结构两类。

（一）栅格结构

栅格结构是最简单最直观的空间数据结构，又称为网格结构（Raster 或 Grid Cell）

或像元结构（Pixel），是指将地球表面划分为大小均匀紧密相邻的网格阵列，每个网格作为一个像元或像素，由行、列号定义，并包含一个代码，表示该像元的属性类型或量值，或仅仅包含指向其属性记录的指针。因此，栅格结构是以规则的阵列来表示空间地物或现象分布的数据组织，组织中的每个数据表示地物或现象的非几何属性特征。如图 11-3 所示，在栅格结构中，点用一个栅格单元表示；线状地物则用沿线走向的一组相邻栅格单元表示；每个栅格单元最多只有两个相邻单元在线上；面或区域用记有区域属性的相邻栅格单元的集合表示，每个栅格单元可有多于两个的相邻单元同属一个区域。任何以面状分布的对象（土地利用、土壤类型、地势起伏、环境污染等），都可以用栅格数据逼近。例如前述的卫星遥感影像就属于典型的栅格结构，每个像元的数字表示影像的灰度等级。

栅格结构的显著特点是：属性明显，位置隐含，即数据直接记录属性的指针或属性本身，而所在位置则根据行列号转换为相应的坐标给出，也就是说定位是根据数据在数据库中的位置得到的。由于栅格结构是按一定的规则排列的，所表示的实体位置很容易隐含在网格文件的存储结构中，每个存储单元的行列位置可以方便地根据其在文件中的记录位置得到，且行列坐标可以很容易地转换为其他坐标系下的坐标。

栅格结构表示的地表是不连续的，是量化和近似离散的数据。在栅格结构中，地表被分成相互邻接、规则排列的矩形方块，每个地块与一个栅格单元相对应。由于栅格结构对地表的量化，在计算面积、长度、距离、形状等空间指标时，若栅格尺寸较大，则会造成较大的误差；同时由于在一个栅格的地表范围内，可能存在多于一种的地物，而表示在相应的栅格结构中常常只能是一个代码。因而，这种误差不仅有形态上的畸变，还可能包括属性方面的偏差（图 11-3）。

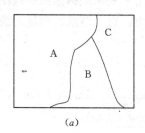 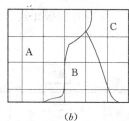 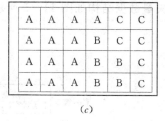

图 11-3　栅格结构记录属性

(a) 原始地图；(b) 格网化；(c) 格网编码地图

为使栅格结构精确表达空间实体，栅格的尺寸必须尽量小，这样数据量一定很大。因此对栅格结构的数据储存管理一般采取压缩编码方式，GIS 中常用的压缩编码技术有游程编码、链式编码、四叉树编码和分块压缩编码。下面介绍四叉树编码方法，该方法建立在逐级划分一确定的图像平面空间的基础上。每次把图像划分为 4 个子块，故又称 4 分树表示（见图 11-4）。

图像相应于一个由 $2^n \times 2^n$ 像元组成的数组。像元取值有两种方式：①1 或 0，称之为二元表示；②不同灰阶，取值范围为 $0 \sim (2^k-1)$。通常在空间数据的 4 分树表示中采用二元取值，即把所要表示的目标在图像中的应用范围用 1 表示，目标的背景用 0 表示。

如果图像不是整个地由取值 1 或 0 的像元组成，则把图像划分为 4 个相等大小的子

0	0	0	0	0	0	0	0					10	11
0	0	0	0	0	0	0	0		0				
0	0	0	0	1	1	0	0					12	13
0	0	0	0	1	1	0	0						
0	1	1	1	1	1	1	1	200 201	21	30	31		
1	1	1	1	1	1	1	1	202 203					
0	0	1	1	0	1	0	0	22	230 231	32	330 331		
0	0	0	1	0	0	0	0		232 233		332 333		

图 11-4 四权树的编码

块。如果该子块不是整个地由 1 或 0 组成，则逐级地继续划分为 4 个相等的子块（NW，NE，SW 和 SE 子块），直到子块整个地由 1 或 0 组成为止，也就是直到每一子块完全包含在所要表示的目标范围内或完全在目标范围外。

树形结构由不同层次的节点组成，根结点相应于整个图像，叶节点相应于具有单一属性的子块，以至单个像元。

4 分树有两个特点：层次结构和逐级划分的空间分辨率是可变的。4 分树结构主要应用于面状和点状空间实体的表示。它可以在较大程度上压缩数据存储量，并可通过记录的节点之间的空间关系有效地进行数据检索及其他应用操作处理。

（二）矢量结构

矢量数据结构是指通过记录坐标的方式精确地表示地理实体的空间位置和形状，坐标空间设为连续，允许任意位置、长度和面积的精确定义。用于表示线画地图中地图元素数字化的矢量数据结构如图 11-5 所示，基本的数据元素分为：点、结点、向量、线段和多边形。

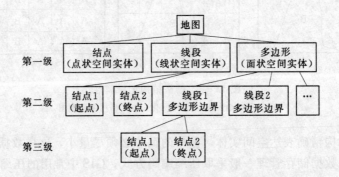

图 11-5 地图数据元素的矢量结构

点为最基本的数据元素，由一对坐标 (x, y) 来确定其在平面中的位置，无属性意义。

结点为特殊的点，它有两种情况：①特征点，表示点状空间实体，具有属性意义，如城市中心点、矿点等；②表示线性特征的两个端点，无属性意义。

向量由联结两点而构成，无属性意义，其方向取决于线段数字化的方向。

线段由两结点及两结点间的一组有序点组成，可包含一个或若干个连接的向量。有两种情况：①表示线性特征，有属性意义；②两面状空间实体的公共边界线，无属性意义。

多边形表示面状空间实体的平面分布，系由一条或若干条线段组合的闭合范围，有属性意义。

空间数据的矢量结构编码方式有两种：坐标编码和拓扑编码。

坐标编码是由一组有序点（x，y）的坐标对来确定线段的平面位置，再由构成多边形的一条或若干条线段确定整个多边形的边界位置（见图 11-6）。

	多边形号	线段号	平面位置
		1	$x_{11}y_{11}$, $x_{12}y_{12}$, $\cdots$, $x_{1n}y_{1n}$
	I	2	$x_{21}y_{21}$, $x_{22}y_{22}$, $\cdots$, $x_{2n}y_{2n}$
		3	$x_{31}y_{31}$, $x_{32}y_{32}$, $\cdots$, $x_{3n}y_{3n}$
	II	2	$x_{21}y_{21}$, $x_{22}y_{22}$, $\cdots$, $x_{21}y_{2n}$
		4	$x_{41}y_{41}$, $x_{42}y_{42}$, $\cdots$, $x_{4n}y_{4n}$

图 11-6　多边形的坐标编码

拓扑编码用来表达多边形、线段和节点在空间上的相互关系及其在属性上的联系。拓扑编码是对坐标编码的补充，用来完整地描述存储在数据库中的空间实体之间的拓扑关系。在 GIS 中，拓扑关系就是指实体之间的邻接关系、关联关系和包含关系。拓扑关系在地图上是通过图形来识别和解释的，而在计算机中，则必须按照拓扑结构加以定义。拓扑数据结构由弧段坐标文件、节点文件、弧段文件和多边形文件等一系列含拓扑关系的数据文件组成。弧段坐标文件存储组成弧段的点的坐标；节点文件由节点记录组成，存储每个节点的节点号、节点坐标及与该节点连接的弧段等；弧段文件由弧记录组成，存储弧段的起止节点和左右多边形号；多边形文件由多边形记录组成，存储多边形号、组成多边形的弧段号以及多边形的周长、面积和中心点的坐标。

（三）矢量结构与格网结构的变换

矢量结构与格网结构对于空间数据的管理各有特点。一个比较完善的地理信息系统应当具备这两种数据结构之间的转换功能。例如，对于以矢量结构为基础的地理信息系统，建立矢量结构与格网结构的转换功能，可以在数据检索后，变换为格网结构数据形式再进行数据的分析处理。这种处理方式，既可保留矢量结构占存储空间较少的特点，又具备了格网结构分析算法较易实现的优点。其次，这种数据结构变换功能为利用遥感数据更新数据库奠定了技术基础，从而大大增强了信息系统的灵活性。多边形数据向格网结构的变换程序可以分两步实现。

1.Y 方向格网化

在 Y 方向按确定的格网大小把工作图幅分割为 N 行。设对于某行 i（$1 \leqslant i \leqslant N$），各多边形边界线段与此行中轴线 $y = y_i$ 有 n_i 个交点，x_{i1}，x_{i2}，$\cdots$，x_{in}，且 $x_{i1} < x_{i2} < \cdots < x_{in}$。这样图幅内每行（除没有多边形线段通过的行以外）都可得到一数组，其中，K_{i1}，K_{i2}，$\cdots$，K_{in} 为各多边形边界线段在 $y = y_i$ 各交点 x_{i1}，x_{i2}，$\cdots$，x_{in} 右侧的多边形属性码。K_{i0} 为 $y = y_i$ 上第一个多边形边界线段交点处 x_{i1} 左侧的多边形属性码。

2.X 方向格网化

在 X 方向按已定格网大小把工作图幅分割为 M 列。对于第 i 行，可利用数组 Y_i 中的

x_i 和 K_i 记录逐点分析。根据 x_i 落入某列的位置及四舍五入的原则，对各列进行属性编码。对各行进行相同方法的处理，可得到整个工作图幅的格网结构数据文件。

$$Y_i = \begin{vmatrix} 0 & K_{i0} \\ x_{i1} & K_{i1} \\ x_{i2} & K_{i2} \\ \vdots & \vdots \\ x_{in} & K_{in} \end{vmatrix} \qquad (11-1)$$

五、空间实体的关系表达与数据模型

(一) 空间实体的关系表达

空间实体可分为图形实体和概念实体两类。图形实体为数据库存储，处理的图形元素，包括多边形、线段、点等。概念实体为数据库存储、处理的概念类型，如城市、河流、道路、森林分布类型等。采用实体关系图可以直观地表达这种实体的概念模型，如多边形与线段之间可建立关系，多边形之边界线段。

实体关系模型的建立是进行数据库系统逻辑设计的前提。它需在充分调查分析用户需求的基础上确立系统的概念模式，选择与系统使用任务、职能有关的实体集合、关系集合和属性集合。

1. 图形实体的关系表达

(1) 实体特征。例如，多边形（多边形编号，属性码，中心点 x，中心点 y，最大 x，最大 y，最小 x，最小 y，面积）；线段（多边形边界）（线段编号，左侧多边形属性码，右侧多边形属性码，最大 x，最大 y，最小 x，最小 y）；线段（线形特征）（线段编号，属性码，最大 x，最大 y，最小 x，最小 y）；结点（结点编号，属性码，x，y）。

(2) 实体关系。例如，多边形之边界线段（多边形编号，线段编号），为 $m:n$ 关系；线段包含结点（线段编号，起始结点编号，终点结点编号），为 $1:1$ 关系；结点联结线段（结点编号，线段编号）为 $m:n$ 关系。

2. 概念实体的关系表达

(1) 实体特征。例如，城市（城市名，中心位置 x，中心位置 y，人口等）；道路（道路名，类型，宽度，建造日期等）。

(2) 实体关系。例如，省市管理（省名，城市名），为 $1:n$ 关系；道路连接城市（道路名，城市名），为 $m:n$ 关系。

(二) 空间数据库

空间数据库与普通数据库系统一样，由三个部分所组成：数据库、数据库管理系统（Data Base Management System，DBMS）和数据库应用系统，其中空间数据库是指地理信息系统在计算机物理存储介质上存储的与应用相关的地理空间数据的总和，一般是以一系列特定结构的文件形式组织在存储介质之上；空间数据库管理系统则是指能够对存储的地理空间数据进行语义和逻辑上的定义，提供必需的空间数据查询检索和存取功能，以及能够对空间数据进行有效地维护和更新的一套软件系统；空间数据库管理系统的实现是建立在常规的数据库管理系统之上的，它除了需要完成常规数据库管理系统所必备的功能之外，还需要提供特定的针对空间数据的管理功能。由地理信息系统的空间分析模型和应用

模型所组成的软件可以看作是空间数据库系统的数据库应用系统，通过它不但可以全面地管理空间数据，还可以运用空间数据进行分析与决策。

（三）数据模型

数据模型是数据库中根据一定的方案建立的数据逻辑组织方式。目前，数据库采用的数据模型有层次模型、网状模型和关系模型，其中应用最广泛的是关系模型。

1. 层次模型

层次模型是一个有根的定向有序树结构，结构中结点代表数据记录，连线描述位于不同点数据间的从属关系。它必须满足下列两个条件：①有且仅有一个结点，没有双亲，这个结点称为根结点；②其他结点有且仅有一个双亲。在层次模型中，同一个双亲的结点称为兄弟。从根结点开始，按双亲—子女的关系依次连接的结点序列称为层次路径。

层次模型结构形式有 3 种：①为 1—1 联系，即只有一个根片段和一个叶片段；②为 1—n 联系，即有一个根片段和 n 个叶片段；③为 n—m 联系，即有 n 个根片段和 m 个叶片段。在此以地理信息系统中矢量多边形数据的组织为例，一个多边形记录（polygons）关联着若干个组成它的弧段记录（arcs），则这些弧段就是属于这个多边形结点的子女结点，多边形结点是双亲结点。同样，一个弧段可以有两个分别作为开始和结束的端点记录（Nodes）作为其子女结点。由于层次模型具有只允许有一个双亲的限制，由此就可以得出一个重要的推论：那些拥有多于一个双亲的客体必然在数据库中重复出现多次。比如弧段 arc1 是两个多边形叫 polygon1 和 polygon2 所共有的一条边界弧段，因而弧段 arc1 就必须在数据库中出现两次。基于这一种原因，对于像 $m:n$ 这样多对多性质的客体间的联系，用层次数据模型描述就会出现一些问题，因为这时数据库中需要重复存储这些数据，造成冗余。

2. 网状模型

网状模型的基本特征是结点数据间没有明确的从属关系，一个结点可以与其他多个结点建立联系。该模型反映了现实世界中常见的多对多关系。在网状数据结构中，数据集的连接仍采用链，但对链的限制没有像分层结构那么严格。它的条件是：可以有一个以上的结点，没有双亲；至少有一个结点，有多于一个的双亲。可见，在网状模型中，结点间的联系是任意的，所以需要采用"系"来描述结点之间的联系。

3. 关系模型

关系模型是把数据的逻辑结构用具有一定关系的二维表格表示。它是利用数学理论处理数据库组织的方法。

关系数据结构的特点：①具有简明的数据模型和灵活的用户视图，简化了建数据库模型的方法；②数据语言简单易学，用户易于掌握；③有较高的数据独立性；④有严谨的数据理论基础；⑤要求时间和空间的开销大，效率较低。

第三节　地理信息系统设计与建设

一、系统设计建设指导思想

1. 系统设计概述

地理信息系统的开发建设是一项系统工程，涉及到系统的设计、控制运行、管理，以及人力、财力、物力资源的合理投入、配置和组织等诸多复杂问题。需要运用系统工程、软件工程等的原理和方法，结合空间信息系统的特点实施建设。在建立 GIS 过程中确定应用目标是什么，选用哪些数据源，什么数据入库，以及数据的质量、精度如何等一系列重大问题是至关重要的，这直接关系到系统的有效性和实用性。GIS 工程的成败及效益，取决于 GIS 工程的总体规划和设计、技术力量的组织、工程的建设实施和数据源的组织。

地理信息系统的开发研究分为四个阶段：系统分析、系统设计、系统实施、系统评价及维护。系统分析阶段的需求功能分析、数据结构分析和数据流分析是系统设计的依据。系统分析阶段的工作是要解决"做什么"的问题，它的核心是对地理信息系统进行逻辑分析，解决需求功能的逻辑关系及数据支持系统的结构，以及数据与需求功能之间的关系等问题。系统设计阶段的核心工作是要解决"怎么做"的问题，研究系统由逻辑设计向物理设计的过渡，为系统实施奠定基础。地理信息系统设计要满足三个基本要求，即加强系统实用性、降低系统开发和应用的成本、提高系统的生命周期。

2. 设计基本思想

地理信息系统的设计采用结构化分析和设计的方法，就是利用一般系统工程分析法和有关结构的概念，把它们应用于地理信息系统的设计，采用自上而下、划分模块、逐步求精的一种分析方法。结构化分析和设计的基本思想包括如下要点：

(1) 在研制地理信息系统的各个阶段都要贯穿系统的观点。首先从总体出发，考虑全局的问题，在保证总体方案正确、接口问题解决的条件下，按照自上向下，一层层地完成系统的研制，这是结构化思想的核心。

(2) 地理信息系统的开发是一个连续有序、循环往复、不断提高的过程，每一个循环就是一个生命周期，要严格划分工作阶段，保证阶段任务的完成。这是系统设计的基本原则。

(3) 用结构化的方法构筑地理信息系统的逻辑模型和物理模型，包括在系统的逻辑设计中，分析信息流程，绘制数据流程图；根据数据的规范，编制数据字典；根据概念结构的设计，确定数据文件的逻辑结构；选择系统执行的结构化语言，以及采用控制结构作为地理信息系统设计工具。这种用结构化方法构筑的地理信息系统，其组成清晰，层次分明，便于分工协作，而且容易调试和修改，是系统研制较为理想的工具。

(4) 结构化分析和设计的其他一些思想还包括：系统结构上的变化和功能的改变，以及面向用户的观点等，是衡量系统优劣的重要标准之一。

3. 系统建设的指导思想

地理信息系统是集地理、资源与环境科学研究、计算机技术、地理信息系统、数据库、遥感、网络等高新技术于一体的技术含量高，投资力度大，建设难度大的系统工程。因此在地理信息系统建设时，不仅要考虑系统建设的技术环境（例如，计算机硬件和软件），计算机实现信息化的方法，还要考虑具有不同学科知识的工作人员在系统建设各个阶段的组织管理，数据质量的控制问题，以及系统建设的经济利益等等。

地理信息系统建设并不是某种个体劳动，而是一种组织良好，管理严密，各类人员协同配合，共同完成的工程项目。因此就要用系统工程的思想去指导地理信息系统建设，在系统建设中有目的地进行设计、开发、管理与控制，既要有技术措施，又要有必要的组织管理措施。

二、系统设计与建立过程

地理信息系统建立的过程（图 11-7）大致可以分成以下几个主要步骤。

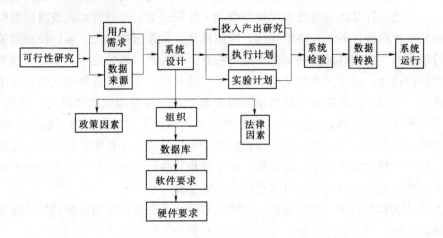

图 11-7 地理信息系统建立过程

1. 可行性研究

可行性研究主要是进行大量的调查，在调查的基础上论证 GIS 的自动化程度、涉及的技术范围、投资数量以及可能收到的效益等。经过论证后确定系统的目的、任务及 GIS 的起始点，从这个起始点出发，逐步向未来的目标发展。这一阶段的工作主要包括：

（1）用户需求调查。是指调查本部门或其他有关部门对相应 GIS 系统的信息需求情况，在目前和将来发展业务上需要些什么信息，完成本部门专业活动所需要的数据和所采用的处理手段，以及为改善本部门工作进行了哪些实践活动等。

（2）确定系统目的和任务。一般来讲，地理信息系统应具有 4 个方面的任务：①空间信息管理与制图；②空间指标量算；③空间分析与综合评价；④空间过程模拟。

（3）数据源调查和评估。调查了解用户需求的信息后，有关专家和技术人员应进一步掌握数据情况。分析研究什么样的数据能变换成所需要的信息，这些数据中哪些已经收集齐全，哪些不全，然后对现有数据形式、精度、流通程度等作进一步分析，并确定它们的可用性和所缺数据的收集方法等。

（4）评价地理信息系统的年处理工作量、数据库结构和大小、GIS 的服务范围、输出形式和质量等。

（5）系统的支持状况。部门管理者、工作人员对建立 GIS 的支持情况，有多少人力可用于 GIS 系统，其中有多少人员需培训等；组织部门所能给予的当前的投资额及将来维护 GIS 的逐年投资额等。根据上述调查结果确定 GIS 的可行性及 GIS 的结构形式和规模，估算建立 GIS 所需投资和人员编制等。可行性分析就是根据社会、经济和技术条件，确定系统开发的必要性和可能性，主要进行效益分析、经费估算、进度预测、技术水平的支持能力、有关部门的支持程度等分析。

2. 系统设计

系统设计的任务是将系统分析阶段提出的逻辑模型转化为相应的物理模型。其设计的内容随系统的目标、数据的性质和系统的不同而有很大的差异。一般而言，首先应根据系统研制的目标，确定系统必须具备的空间操作功能，称为功能设计；其次是数据分类和编码，完成空间数据的存储和管理，称为数据设计；最后是系统的建模和产品的输出，称为应用设计。系统设计是地理信息系统整个研制工作的核心。不但要完成逻辑模型所规定的任务，而且要使所设计的系统达到优化。所谓优化，就是选择最优方案，使地理信息系统具有运行效率高、控制性能好和可变性强等特点。要提高系统的运行效率，一般要尽量避免中间文件的建立，减少文件扫描的遍数，并尽量采用优化的数据处理算法。为增强系统的控制能力，要拟定对数字和字符出错时的校验方法。在使用数据文件时，要设置口令，防止数据泄密和被非法修改，保证只能通过特定的通道存取数据。为了提高系统的可变性，最有效的是采用模块化的方法，即先将整个系统看成一个模块，然后按功能逐步分解为若干个第一层模块、第二层模块等等。一个模块只执行一种功能，一个功能只用一个模块来实现，这样设计出来的系统可变性好，具有生命力。

功能设计又称为系统的总体设计，它的主要任务是根据系统研制的目标来规划系统的规模和确定系统的各个组成部分，并说明它们在整个系统中的作用与相互关系，以及确定系统的硬件配置，规定系统采用的合适技术规范，以保证系统总体目标的实现。因此系统设计包括：①数据库设计；②硬件配置与选购；③软件设计。

3. 建立系统的实施计划

系统设计完成后，把所估算的硬件和软件的总投资、人员培训投资及数据采集投资等作为建立 GIS 的投资额，同时估计若干年后能收到的经济效益，这是投入产出估算。如果估算的结果令人满意，则进行后继工作。

建立 GIS 的执行计划，包括硬、软件的测试、购置、安装和调试等，其中主要工作是测试。测试工作一般按标准测试工作模式，进行较详细的测试。该模式的主要特点是：硬件提供者要回答一系列问题，例如，要完成某操作或运算可能否，需要多少时间，有无某功能等，同时用图件或数据证实硬、软件能完成用户提出的操作任务，或者直接在计算机上演示。测试工作可详可简，当用户已掌握某些必须满足的系统标准时，可以集中测试作为评判标准的各项指标能否达到要求，否则需逐项测试工作过程的各个部分。测试工作完成后，确定购置硬件的类型，经安装调试后，编制实验计划，进行试验。

4. 系统实验

结合用户要求完成的任务，选择小块实验区（或者用模拟数据）对系统的各个部分、各种功能进行全面试验。实验阶段不仅要进一步测试各部分的工作性能，同时还要测试各部分之间数据传送性能、处理速度和精度，保证所建立的系统正常工作，各部分运行状况良好。如果发现不正常状况，应查清问题的原因，通知硬件或软件提供者进行适当处理。

5. 系统运行

当地理信息系统对用户的决策过程不断提供支持的时候，已经建立的系统会不断膨胀，并不断地被更新和增加。几年以后，系统的周期将又从头开始，这时的新系统将提供更新的、增强的或附加的能力。经验告诉我们，许多地理信息系统是随着用户发现它们能做什么而被扩充的。新技术与新方法的引入、不断地进行教育与培训等是整个系统生命周期中必不可少的组成部分。

三、用户需求分析

地理信息系统的用户需求分析，包括用户类型和用户要求、系统应用范围、技术选择、财力和人力状况、设备和人员的费用分析等内容。

（一）用户类型和用户需求

地理信息系统的用户有其特定的目的，对 GIS 有不同的要求，应用情况也各异。

1. 具有明确而固定任务的用户

这类用户是一些典型的测量调查和制图部门，希望用 GIS 来实现现有工作业务的现代化，改善数据采集、分析、表示方法及过程，对工作领域的前景进行评估，以及对现有技术方法更新改造等。这类用户对 GIS 软件公司有很大吸引力，形成了特殊的用户集团。

2. 部分任务明确而固定的用户

这类用户主要是行政或生产管理部门，也包括进行系列专题调查的单位，部分工作任务明确、固定，且有大量业务有待开拓与发展，因而需要建立 GIS 来开拓他们的工作。这些单位或部门是 GIS 的潜在用户，因为他们很想把空间数据组织在一起，形成统一的系统供各职能机构使用。其中一些用户的基本要求是建立大型地理信息系统，该系统除供本部门使用外还能供其他用户使用。但数据标准问题、数据结构和精度等却很难解决，各部门的数据形式和业务处理流程不同，对系统功能的要求也各异。可行的办法是应用部门聘用自己的软件人员或与 GIS 开发者合作，对通用的 GIS 进行二次开发与改造。

3. 工作任务完全不固定的用户

这类用户主要包括研究和技术开发部门，他们想用 GIS 作为科学研究工具，或者开发新的 GIS 系统。因此他们所需的 GIS 差别很大，有的希望有功能全面的 GIS 来从事各种科研工作，有的则希望在功能一般的 GIS 基础上开发，发展成多功能的地理信息系统。

（二）应用范围

地理信息系统类型的选择，很大程度上取决于使用部门的工作性质、工作领域及该领域内的应用范围和应用期限。只用于短期项目的系统，应具有数据采集、数据分析处理及信息输出迅速的特点和能力，但不要求包括大型而复杂的数据库管理与维护方面的功能。用于长期项目的系统，一般包括大型数据库，要求 GIS 能按一定的精度方便地处理整个调查区域内的各类数据。全国性地理信息系统还需致力于陈旧数据的更新、严格控制数据采集的格式和精度，以及数据处理标准化等。当长期使用项目的系统用于特殊项目时，不应改变长期使用目标，而应在此基础上按特殊项目的要求发展专用软件。应着重强调的是开发新的应用软件对任何一个 GIS 来说都是必不可少的。

全国性的地理信息系统有两种不同的情况，一种是国土面积不大的国家在建立全国性系统时，可按区域性要求甚至按各行业部门的要求，建立国家级系统，该系统处理全国的业务。另一种是国土面积较大的国家，按基本相同的系统组织和结构及绝对一致的数据格式和精度，建立多个系统分片处理相同的业务；或者是以分级结构的形式建立系统，从中央系统到各级地方系统，数据的详细程度不断增加，都处理各种业务。

四、地理信息系统的软件设计

软件设计是将所要编制的程序表达为一种书面形式。这种形式既可简单明了地描绘软件系统的全貌，又可以逐步精化，便于程序编制的高效正确；同时又是一个程序修改完善、移植交流的工具。软件设计必须根据建立 GIS 的目的、任务和今后的研究方向进行，使通用的 GIS 软件工具系统具有适应性强，易掌握，便于推广和应用开发、汉化等特点。

（一）软件设计方法

1. 结构化的设计方法

结构化的程序设计方法是软件发展早期形成的，设计工作侧重于软件结构本身，力图通过以下三种准则，清晰地描述软件系统，并用于程序编制，其过程形式是：①分清任务的执行顺序；②明确任务执行条件和分支，即"如果……则……否则"结构；③重复执行某项任务直到定义的条件满足为止。

结构化程序设计中最重要也是最流行的方法是自顶向下逐步精化的顺序设计方法，也称为 HPIPO（Hierarchy Plus Input Processing Output）法。它将系统描述分为若干层次，最高层次描述系统的总功能，其他层次则一层比一层更加精细，更加具体地描述系统的功能，直到分解为程序设计语言的语句。HPIPO 图可分为 3 个基本层次：①直观目录：用尽可能扼要的方式，说明问题的所有功能和主要联系，是解释系统的索引；②概要图：简要地表示主要功能的输入、输出和分析处理内容，用符号和文字表示每个功能中处理活动之间的关系；③详细图：详细地用接近编制程序的结构描述每个功能，使用必要的图表和文字说明，再向下则可进入程序框图。

结构化软件设计的特点是软件结构描述比较清晰，便于掌握系统全貌，也可逐步细化为程序语句，是十分有效的系统设计方法。

2. 面向对象的软件设计方法

面向对象的设计方法是近年来发展起来的一种新的程序设计技术。其基本思想是将软件系统所面对的问题，按其自然属性进行分割，按人们通常的思维方式进行描述，建立每个对象的模型和联系，设计尽可能直接、自然地表现问题求解的软件，整个软件系统只由对象组成，对象间联系通过消息进行。用类和继承描述对象，并建立求解模型，描述软件系统。对象是事物的抽象单位，具有内部状态、性质、知识和处理能力，通过消息传递与其他对象相联系，是构成系统的元素。消息是请求对象执行某一处理或回答某些信息的指令流，用以统一数据层和控制层为不同层次，这种层次结构具有继承性。

面向对象的设计方法，更接近于面向问题而不是对程序的描述，软件设计带有智能化的性质，更便于程序设计人员与应用人员的交流，尤其是在地理信息系统的智能化和专家系统技术不断提高的形势下，面向对象的程序设计是更有效的途径。

3. 原型化的设计方法

原型化设计方法的特点是不需要一开始即清晰地描述一切，而是在明确任务后，在软件的实现过程中逐步对系统进行定义和改造，直至系统完成。这种方法尽管带有一定的盲目性，但对于非专业人员和小规模系统设计来说更为实用，而且有些探索性的系统，并不可能一开始就取得完整的认识，许多专门化的系统，也不一定需要十分复杂的设计。这种设计方法，一开始就针对具体目标开始工作，一边工作一边完成系统的定义，并通过一定的总结和调整补偿系统设计的不足，是一种动态的设计技术。

原型化设计方法的步骤是：①识别基本要求，做出基本设想；②开发工作模型，提出宏观控制模型；③程序编制和模型修正：通过软件编制，不断发现技术上的扩大点，并通过与用户的交流取得对系统要求和开发潜力的新的认识，调整系统方案；④原型设计完成，根据一定标准判断用户需求是否已被体现，从而决定系统是继续改进还是终止。

软件设计的方法很多，各有特点，在具体工作中需灵活地选择或结合各种方法作出最有效、最佳方案的设计。

（二）程序编制

软件设计完成后，进入程序编制阶段，主要任务是设计具体算法和编程。地理信息系统所采用的算法多来自计算机图形学、计算机图像处理、计算机辅助地图制图等，需经改造使之适合于地理信息系统的数据结构。特别是必须具有属性和拓扑的意义，增加了算法的复杂性，因为不仅要求有图形意义上的运算，还要具有属性和图形要素之间的逻辑运算。另外，由于地学要素数量众多、极其复杂，地学任务要求较高，给算法构造带来一定的难度。特别是在微型计算机上研制的系统，算法设计更为关键。

五、用户界面设计

用户界面设计是一项重要而繁琐的工作，有时要占系统研制工作量的一半以上。用户界面的好坏，既影响到系统的形象和直观水平，又决定了是否可被用户接受，用户是否能够正确深入地使用系统功能，因此是十分重要的。主要的用户界面有三类。

1. 菜单式界面

菜单式界面将系统功能按层次全部列于屏幕上，由用户用键盘、鼠标器、光笔等选择其中某项功能执行。菜单界面的优点是易于学习掌握，使用简单，层次清晰，不需大量的记忆，特别是对于汉字系统，可将菜单内容用汉字列出，通过菜单选择，极为方便。缺点是比较死板，只能层层深入，且无法进行批处理作业。

2. 命令式界面

命令式界面是以几个有意义或无意义的字符调用功能模块的方式。其优点是灵活，可直接调用任何功能模块，又可组成复杂的调用，组织成批处理文件，进行批处理作业，不需用户在机前等待逐个调用系统功能。缺点是不易记，且不易全面掌握，特别是命令难以用汉字构成，而全用英文又会给不熟悉英文的用户带来更大的困难。

3. 表格式界面

表格式界面是将用户的选择和需回答的问题列于屏幕，由用户填表式回答，可与菜单式界面配合使用。

上述界面各有优缺点，好的系统应提供各种界面，并随时提供丰富的帮助信息。

六、地理信息系统评价与维护

（一）地理信息系统评价

所谓系统评价，是指从技术和经济两方面，对所设计的地理信息系统进行评定。评价方法是将运行着的系统与预期目标进行比较，考察是否达到了系统设计时所预定的效果。

1. 系统效率

地理信息系统的各种职能指标、技术指标和经济指标是系统效率的反映。例如系统能否及时地向用户提供有用信息，所提供信息的地理精度和几何精度如何，系统操作是否方便，系统出错率如何，以及资源的使用效率如何等。

2. 系统可靠性

系统可靠性是指系统在运行时的稳定性，要求少发生事故，即使发生事故也能很快修复。可靠性还包括系统有关的数据文件和程序能否妥善保存，系统是否有后备体系等。

3. 可扩展性

任何系统的开发都是从简单到复杂的不断求精和完善的过程，特别是地理信息系统常常是从清查和汇集空间数据开始，然后逐步演化到从管理到决策的高级阶段。因此，一个系统建成后，要使在现行系统上不做大改动或不影响整个系统结构，就可在现行系统上增加功能模块，这就必须在系统设计时留有接口；否则，当数据量增加或功能增加时，系统就要推倒重来，这就是一个没有生命力的系统。

4. 可移植性

可移植性是评价地理信息系统的一项重要指标。一个有价值的地理信息系统的软件和数据库，不仅在于它自身结构的合理，而且在于它对环境的适应能力，即它不仅能在一台机器上使用，而且能在其他型号设备上使用。要做到这一点，系统必须按国家规范标准设计，包括数据表示、专业分类、编码标准、记录格式等，都要按照统一的规定，以保证软件和数据的匹配、交换和共享。

5. 系统的效益

系统的效益包括经济效益和社会效益。GIS 应用的经济效益主要来自于促进生产力与产值的提高，减少盲目投资，减轻灾害损失等方面。目前地理信息系统还处于发展阶段，由它产生的经济效益相对来说不太显著，可着重从社会效益上进行评价，例如信息共享，数据采集和处理的自动化水平，地学综合分析能力，系统智能化技术的发展，系统决策的定量化和科学化，系统应用的模型化，系统解决新课题的能力，以及劳动强度的减轻，工作时间的缩短，技术智能的提高等。总之，地理信息系统的经济效益是在长期的运行过程中逐渐体现出来的，随着新课题的不断解决，经济效益也就不断提高。

（二）系统维护

由于地理信息系统的复杂性，任何一个系统都不可避免地会出现各种故障，甚至有系统全面崩溃的可能性。系统局部不适于应用要求的现象总是存在的，因此，系统的维护对于发挥系统应有的功效是重要的。

1. 系统日常维护

为使系统正常运行，避免造成损失，系统的日常维护包括如下方面：①系统软件全部要拷贝备份，原始软盘只在特殊情况下使用；②系统使用的计算机不作它用；③系统操作要有工作日记，记录每日工作内容，特别是对于发生故障时的系统各种状况要详加记录，便于故障原因分析；④对于经常发生的故障，即使是属于操作不当的故障，也要考虑在系统软件平台上加以改进；⑤系统故障发生后要报请主管人员，共同商讨排除措施，防止一错再错，甚至导致系统不可恢复和数据丢失。

2. 系统软硬件维护

系统软硬件维护是指软件已经交付使用之后，为了改正错误或满足新的需要而修改软件的过程。通常包括 4 项活动：

（1）改正性维护。在系统使用期间，使用人员会发现部分程序错误，并且把遇到的问题报告给维护人员。这种诊断和改正错误的过程称为改正性维护。

（2）适应性维护。适应性维护就是为了和变化了的环境适当地配合，而进行的修改软件的活动。

（3）完善性维护。在系统使用过程中，专业人员往往提出增加新功能或修改已有功能的建议。为了满足这类要求，需要进行完善性维护。

（4）预防性维护。为了给信息系统软件未来的改进奠定更好的基础而修改软件，称为预防性维护。

据国外的统计数字表明，完善性维护占全部维护活动的 50％～66％；改正性维护占 17％～21％；适应性维护占 18％～25％，其他维护活动只占 4％左右。

3. 系统故障分析

系统出现故障原因大致有以下类型：①系统操作不当，未按操作说明书要求操作；②系统设计有缺陷，存在故障隐患，在特殊条件爆发导致故障；③操作系统因计算机病毒感染遭致破坏；④系统现有环境与原系统设计要求环境有差异，发生不兼容问题。

以上仅列出几条，系统故障原因还有许多方面。系统一旦出现故障，就要依据出现故障的原因进行处理。

4. 系统再开发

系统的再开发与系统建设一样，同样遵循系统分析、开发和维护的相同步骤。若二次开发工作量小，目标单一可以简化手续，经审核批准后执行。再开发要注意对原系统软件与运行环境的保护。

第四节　水土流失监测管理信息系统

一、系统总体功能设计

水土流失和荒漠化监测管理信息系统的总体功能包括区域基础信息管理、土地资源与水土流失分析评价、区域土地利用与水土保持规划、治理效益评价、动态监测与管理、综合信息服务等功能。系统在总体功能设计时，考虑了各功能模块与水土保持的过程相一

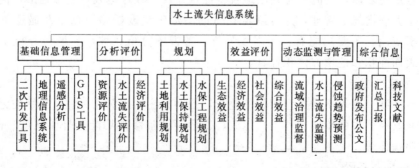

图 11-8　水土流失和荒漠化监测管理信息系统总体功能与结构

致，以满足区域治理决策的要求。水土流失信息系统总体功能设计见图 11－8。

二、基础信息管理子系统

基础信息管理子系统主要是对区域资源环境、社会经济、人文历史方面的基本信息进行管理，为其他子系统提供基础数据。该子系统一般包括 GIS、RS、GPS、用户二次开发工具 4 个功能模块。其中 GIS 模块包括图形图像管理、数据库管理、数字地形模型、图形输出 4 个方面，它直接与其他子系统和专业模块相连。因此，该模块性能的好坏，直接影响到数据量的大小、计算机资源的利用率、运算速度的快慢、工作效率的高低和可操作性的强弱。RS 模块包括图像变换、分类、预处理、分析模型等，目的是直接处理卫星遥感数据或航片数字化资料，为决策系统提供基础资源数据。GPS 模块包括信息接收、采点、轨迹等，它可配合 GIS、RS 共同完成数据的采集与管理。用户二次开发工具提供了用户界面开发、模块嵌挂、数据管理等功能。下面就各模块的功能作简要说明。

（一）基础地理信息管理

1. 图形图像管理

地理信息系统的核心是一个地理数据库，主要包括以下功能：①文件管理；②数据获取；③图形编辑；④建立拓扑关系；⑤属性数据输入与编辑；⑥地图修饰；⑦图形几何计算；⑧图形查询与空间分析；⑨图形接边处理。

2. 属性数据管理

属性数据管理功能是为属性数据的采集与编辑服务的，它是属性数据存储、分析、统计、属性制图等核心工具，也是整个系统的重要组成部分，需具备对数据库结构操作、属性数据内容操作、数据的逻辑运算、属性数据的检索、从属性数据到图形的查询、属性数据报表输出等功能。

属性数据库管理主要用来完成对属性数据、资源数据、多媒体数据、各项评价与决策的指标数据进行管理。它不但具备数据库的基本功能，还提供属性数据和图形图像的接口。

3. 数字地形模型

空间起伏连续变化的数字表示称数字高程模型（DEM），有 3 种主要形式，包括格网（DEM）、不规则三角网（TIN）以及由两者混合组成的 DEM。DEM 数据简单，便于管理，但其内插过程将损失高程精度，仅适合于中小流域 DEM 的构建。TIN 直接利用原始高程取样点重建表面，它能充分利用地貌特征点、线，较好地表达复杂地形，但其存储量大，不便于大规模规范管理，并难以与 GIS 的图形矢量或栅格数据以及遥感影像数据进行联合分析应用。主要功能有：等高线分析，透视图分析，坡度、坡向分析，断面图分析，地形表面面积和挖填方体积计算。

4. 图形输出功能

包括点、线、面等不同类型图层的叠合，图例标注，比例尺标注，文字注记，注记符号的制作及其在图中的旋转、移动、缩放、变形等图幅修饰功能；打印预览（模拟输出）功能；输出操作等。

（二）遥感与 GPS

遥感模块包括图像变换、分类、预处理、分析模型等功能，设计目标是对地面接收的数据直接进行处理。其中图像变换应包括 KL 变换、KT 变换、傅立叶变换、图像插值、滤波、边缘提取等功能；预处理进行图像校正与匹配；图像分类具备监督分类和非监督分类 2 种方法；分析模型是在分类的基础上进行，并对分析结果用不同的形式表达出来。

GPS 模块包括信息接收、采点、轨迹等。功能之一是与 GIS 结合，提供数据输入的手段；另一功能是与遥感结合，为影像校正提供定位点坐标。另外，以电子地图为基础建立监测、导航系统，为野外调查服务。

（三）二次开发工具

二次开发工具包括用户界面制作、应用模块嵌挂、数据管理等功能。它通过 OCX 控件、Windows 封装实现数据的可视化管理。通过用户包装，把图形数据、图像数据、文本数据、声音及录像数据等，组织在一个管理界面下；与 MS-office 结合，实现办公与管理自动化。

（四）基础信息库

通过上述各项功能操作，最终建立基础信息库，为流域评价、规划、效益分析、动态监测等提供基础数据。基础信息库内容主要包括区域自然资源、环境质量、社会经济、人口状况、生产和生活方面的指标与数据。

上述指标作为水土保持的基础数据。系统允许用户修改指标数据库的各项内容或增加新的指标，从而灵活地为规划提供参数，提高系统的实用性，满足不同用户的需要。

三、分析评价子系统

分析评价包括水土流失评价、资源评价和社会经济评价 3 个部分。在区域资源信息管理的基础上进行全面系统的分析，从而对区域有本质的认识，为区域治理规划奠定基础。分析评价包括确立指标体系、建立评价模型、评价结果输出等步骤，因此，评价子系统也按这种步骤设计其功能。

1. 针对评价对象，设计评价模型

资源评价子系统包括流域气候资源评价、水资源评价、土地资源评价、林草资源评价、作物资源评价、畜牧资源评价、野生动物资源评价、矿产资源评价、旅游资源评价、水产资源评价等功能；社会经济子系统评价包括流域人口及劳动力评价、流域产业结构评价、流域经济结构评价等功能模块；水土流失评价主要对水蚀、风蚀等进行评价。对于不同的评价目的和评价对象，系统都提供了几个可供选择的备选评价模型。

2. 建立评价指标体系

该功能的目标是针对不同的评价对象，系统能够灵活地选取评价指标。

（1）系统默认评价指标。利用已经建好的基础信息数据库的信息，把流域共性指标和对资源评价影响较大的指标设置为评价的系统默认指标。

（2）人为选定评价指标。由于不同区域的差异性，为提高系统的通用性和灵活性，可以人为地选择设置评价指标，从而使用户能够建立一套适合区域的评价指标体系。

3. 选择评价方法

不论评价的对象是什么，评价模型不外乎两类，量化评价与定量评价。其中量化评价最常用的模型是指数评价法，另外还有专家评价法、灰色关联分析模型、模糊评价法、层次分析模型等；定量评价是针对不同的评价对象利用行业标准直接计算其数值。

指数评价法是系统默认的评价方法，在默认状态下，系统直接读取设定的指标，利用指数评价模型作出评价结果。针对不同的区域和评价对象，系统设计若干评价模型，可供用户选择使用。用户也可以利用不同的评价方法进行同一对象的评价，然后分析不同评价方法得到的结果的优劣。

4. 评价结果生成

（1）生成评价结果图。包括两方面的图形生成功能：①是利用图形数据和属性数据的接口，把评价结果数据落实到相应的流域，微机自动生成评价专题图。②是统计类图形，包括直方图、饼状图、曲线图等。生成的评价图可以保存为图形文件，然后整饰输出。

（2）生成评价数据库。评价结果直接生成数据库文件或以文本文件进行保存。

5. 结果输出

把上述评价结果文件，利用"基础信息管理子系统"中的"输出"功能进行整饰，然后以图形或表格的形式输出到打印机或绘图仪上。

四、规划子系统

水土保持规划从内容来看主要包括土地利用规划、水土保持工程设计等。针对水土保持的生产实践采用多目标规划、专家规划以及二者相结合的规划方法等。

（一）多目标规划

多目标规划方法是规划中常用到的一种方法。

（1）解决的问题。就是根据资源条件、经济条件、发展目标等确定合理的土地利用比例，实现产值或产量等最大、环境持续发展的目标；同时，通过灵敏度分析，确定满足最优解的不同土地利用类型的允许范围。

（2）功能设计。多目标规划的步骤是选择决策变量、建立目标函数、建立约束方程、求解方程、影子价格计算和灵敏度分析等，系统根据这一步骤设计相应的模型功能，并把规划结果选择的变量返回到土地现状图上，自动生成规划图。

（二）专家规划

专家决策模型以地块为单元，以土地类型、土地适宜性、生产管理可操作性等为主要依据，通过专家分析确定土地的利用方式。专家决策过程可用图 11-9 表示。

1. 专家决策模型的构造

专家决策模型的核心是专家知识规则，通过专家对土地利用情况按地块逐个判别分析，确定土地未来的使用方案，最后合并同类图斑，统计规划后各类土地的面积。其中，专家知识以规则文件来存放。

2. 专家规则表达方式

专家规则是专家决策模型中知识的表达形式，知识表达方法借鉴了专家系统中产生式规则（Production Rule）的形式，即：if…then…的形式。

该模型利用关系运算符、逻辑运算符把参与运算的指标体系联结为规则。一条规则由规则号、前提、结论、规则结束符等组成，一个规则文件可由若干条规则组成。每条规则按优先级顺序存放，在规则与事实匹配时可以减少运算时间。为了增强系统的可操作性，适合我国文字特点，规则采用可读的汉字来描述。

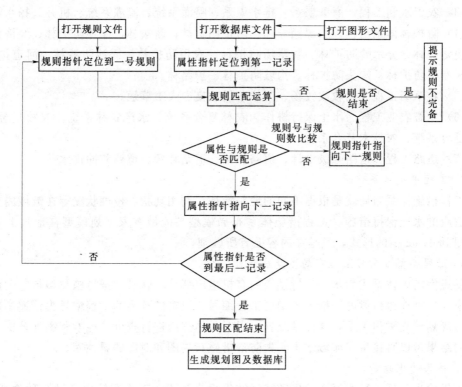

图 11-9　专家规划模型流程

3. 专家规则编辑

为使专家规则能够按一定格式存放，需要设置规则编辑器。它编辑包括规则文件的建立、规则修改、规则存储、规则保密等功能。其中，为使系统适用于不同流域，用户可以针对特定流域修改系统规则。

4. 流域规划图生成与输出

由于规划是在最小图斑图上进行的，所以只要把规划结果按原图斑进行索引就生成了流域规划图；同时，把结果合并生成数据库。把上述规划结果文件，利用基础信息管理子系统中的输出功能进行整饰，然后以图形或表格的形式输出到打印机和绘图仪上。

（三）工程设计系统

这里所说的工程设计是一组相互关联的措施体系。对于某一单一的措施来讲，它必须和区域的土地类型、岩性、地形、地貌、气候等条件相适宜，制定科学的工程标准，选择合理的工程类型和位置，保证优良的工程质量。从整个措施体系来讲，水土保持工程措施设计要以流域为单元设计对象，各项措施有机地结合成一个综合防护体系，从坡面到沟道，从上游到下游，因地制宜，因害设防，同时还要注重发挥措施的综合经济效益。

1. 工程类型设计

工程设计系统按水土保持的生产实际初步确定如下工程类型：

（1）水土保持工程。小型水库、塘坝、谷坊、梯田、梯田、水平沟、水平阶、鱼鳞坑。

（2）荒漠化防治工程。草方格、挡风墙等。

（3）农田水利工程。灌溉渠系、排水渠系、喷灌系统、滴灌系统、机井、扬水站。

（4）防护林体系工程。水源涵养林、防护用材林、薪炭林、库坝防护林、经济林、梯田地埂防护林、分水岭防护林、牧草场防护林、农田防护林、固沙防沙林、河道护岸林、工矿区专项防护林、沟头防护林、沟坡防护林、护路林。

（5）牧草场工程。轮牧放牧场、天然草场改良、人工草地。

（6）生态农业工程。水土保持耕作、农林复合系统、水产农林系统、农牧复合系统、林木复合系统、农林木复合系统。

（7）道路工程。道路等级设计、道路桥梁、道路转弯、道路防冲排水。

2．工程措施体系布局

工程措施体系布局就是根据不同的地貌特征、利用现状、侵蚀状况等在流域内布设与之相适应的水土保持措施。工程措施体系布局模型与流域专家规划模型在形式上完全相同，即 if…then…的形式，只是在内容上有所区别。

3．工程类型索引与工程布局图生成功能

要想使措施体系成为水土保持系统的有机组成部分，就必须把措施类型与空间位置连接起来，这种连接桥梁就是措施类型的工程编号。以措施类型的工程编号为传递参数，使措施与规划建立索引关系，这样系统就可以对具体措施进行查询、检索和统计分析。这种设计的结果可以直接生成流域水土流失防治措施布局图和对应的属性库。

4．结果输出功能

结果输出包括工程布局图输出和统计结果报表输出。工程图输出通过 2 种途径实现，一是在工程规划模块中设计输出功能；另一途径是把图形结构转换，利用基础信息管理子系统的图形输出功能来完成。

五、效益评价子系统

区域水土保持的效益一般分为经济效益、生态效益和社会效益 3 个方面，实际上这种治理效益具有综合性、持续性、阶段性、随机性和区域性等特点，各项效益之间相互影响、相互作用、相互渗透。效益评价子系统要根据效益的特点进行设计和开发，考虑到效益评价内容和指标的复杂性。

1．数据流程

效益评价子系统利用基础信息管理子系统提供的数据，提取评价指标，经过效益评价模型运算得到评价的各项结果。

2．结构与功能

效益评价包括两部分功能，一是利用评价模型计算单项效益指标值；另一是根据单项指标对流域做综合效益评价，即综合效益指数计算。效益评价模块结构如图 11 - 10 所示。

3．结果生成与输出

效益评价的结果：①生成结果图，包括效益分布图、对比直方图，图形生成后以信息管理子系统默认的格式保存文件；②生成数据库，评价结果直接生成数据库文件或以文本文件进行保存。最后把上述评价结果文件，利用基础管理子系统中的输出功能进行整饰，然后以图形或表格的形式输出。

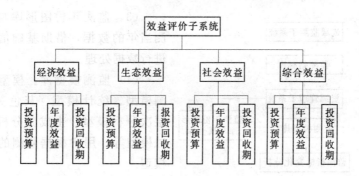

图 11－10　效益评价模块结构

六、水土流失监测子系统

1. 监测方法及其程序

监测系统是建立在一定的硬件设备和软件系统下的。系统建立包括以下几方面的技术指标：①监测范围，指地域范围和空间范围；②规程和法律；③监测指标的更新周期，一般以 1 年为 1 个周期，不同年份的监测数据存入不同的文件中，多年监测数据形成动态序列；④监测点网的布设，选择有代表性、均匀分布的地点作为野外监测点，同时考虑建站的地质、气候等条件及投资的可行性；⑤网络系统的建立，为使观测自动化、数据传输自动化、加快速度，应建立监测网络系统。

水土流失监测的基本方法包括：田间实验、室内分析、野外观测、图片解译、调查访问和查阅资料。监测的任务是记录、收集资料，并根据监测结果对某些因子的变化规律作定量预报，以描述该因子的发展趋势和可能结果。

2. 监测网络系统设计

监测网络系统包括硬件设备和处理软件，现代计算机网络为流域动态监测提供了自动化监测的可行方案。图 11－11 为流域监测系统的典型网络图。

3. 监测系统基本功能

监测是利用基础年份的数据与监测年份的数据进行对比，分析监测指标的变化情况。指标的获取通过基础信息管理子系统中的 RS、GPS 手段，变化规律明显的指标通过模型来计算。监测系统的结构如图 11－12 所示。

（1）监测指标库。根据监测的需要建立监测指标库，每项监测指标以关键字与基础信息库连接，当选定监测指标后，系统便打开与之相关的图形库与属性库。

（2）基础年份图形库与属性库。系统

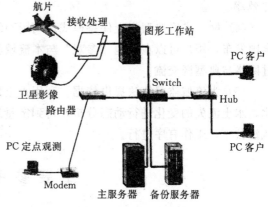

图 11－11　流域监测系统网络

默认状态下是指上一年度的基本资料。如果需要每年进行对比，则人为指定自系统始建年份以后的任何一年，如果只监测当年情况，则直接指向监测年数据。

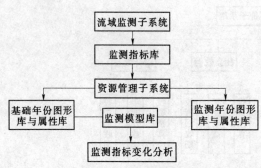

图 11-12　动态监测系统结构

（3）监测年份图形库与属性库。指监测当年的数据，借助基础信息管理子系统进行数据处理。

（4）监测模型库。模型库包括人口预测模型、统计模型、灰色关联分析模型、层次分析模型、主成分分析模型、土壤侵蚀模型等，用户根据监测的对象自由选择模型。

（5）监测指标变化分析。利用监测模型对比分析监测年份与基础年份各项监测指标的变化情况，通过多年分析得到各项指标的时间序列变化情况，这种变化可以通过曲线图、直方图等形式表示出来。

七、综合信息管理子系统

上述水土流失与荒漠化信息系统的各项功能，主要针对单个区域设计，现代水土保持需要开放性的信息交流，综合信息管理子系统就是为这一目的服务的。系统功能包括以下几方面：

（1）文献检索功能。系统提供与水土保持与荒漠化防治相关的最新科技文献目录及摘要，供水土保持部门检索使用，为水土保持提供快速的科技交流机会，为水土保持基础理论研究和应用技术研究提供各类信息数据和快捷方便的研究分析方法。文献信息可以通过网络查询，也可以通过随机光盘查询。

（2）统计报表功能。通过统一的信息系统建设，统一行业标准，各流域可以利用网络向上级政府主管部门或水土保持机构上报土壤侵蚀、流域治理情况等统计表，实现流域信息的有序管理、定量管理、标准化管理，实现办公自动化。

（3）网上发文功能。系统建立后，主管部门可以通过网络向下级发布法律、法规、技术标准、文件、通知等，也可以通过网上对上报材料进行批示，从而提高管理效率。

（4）网上推广典型水土保持模式。利用网络把水土保持的典型模式通过多媒体方式向全国发布，用户可以在当地"参观"与本流域类型相关的典型水土保持模式，同时可以通过网络与典型区交流。

（5）为流域监督执法提供依据。利用水土保持信息系统提供的数据，对水土资源的变化、水土流失的变化进行动态分析，得到定量结果，从而使水土保持监督执法有据可依，执法公平，工作有序进行。

主 要 参 考 文 献

1　陈百明．土地资源学概论．北京：中国环境科学出版社，1999
2　黄杏元．地理信息系统概论．北京：高等教育出版社，2001
3　倪绍祥．土地类型与土地评价．北京：高等教育出版社，2001
4　唐国安．地理信息系统．北京：科学出版社，2000

5　朱德海．土地管理信息系统．北京：中国农业大学出版社，2000
6　王礼先．流域管理学．北京：中国林业出版社，1999
7　林培．土地资源学．北京：中国农业大学出版社，1996
8　朱德海．土地管理信息系统．北京：中国农业大学出版社，2000
9　龚健雅．地理信息系统基础．北京：科学出版社，2001

第十二章

土壤侵蚀预测预报

第一节　概　　述

在制定水土保持规划、确定方略、布设水土保持措施时，经常需要回答两个问题：①什么地方产生了土壤侵蚀，强度如何？②布设水土保持措施后，效益如何？要解决这些问题，就必须进行土壤侵蚀的预测预报。《中华人民共和国水土保持法》明确提出，对水土流失动态进行监测。通过监测土壤侵蚀，研究土地经营与土地退化的关系、土壤侵蚀与生态环境的关系，为科学利用水土资源奠定理论基础，从而减少生产经营的盲目性，避免出现掠夺式的生产经营方式，实现水土资源的可持续利用。

一、监测预报的原则及分类

1. 监测预报的原则

土壤侵蚀监测预报应为工农业生产、土地经营服务，同时也为科学研究服务，应遵从以下原则：

（1）科学性原则。土壤侵蚀监测预报既要考虑侵蚀发生的成因，又要重视侵蚀发育阶段和其形成特点的联系，使内因与外因相结合，宏观与微观相结合，抓住主要矛盾，把握土壤侵蚀总体规律，使监测预报尽可能准确、及时。

（2）实用性原则。监测预报的成果能够为土壤侵蚀防治、生产建设、科学研究等服务，为土地可持续利用提供科学依据。

（3）主导因子与次要因子相结合原则。在宏观上抓住影响土壤侵蚀的主导因子，同时在微观上要注重影响土壤侵蚀的次要因子，既突出重点又综合考虑，从而使监测结果能够满足不同层次的生产与土壤侵蚀防治要求。

（4）可操作性原则。监测指标容易获得，模型运算灵活方便，分级分类指标清晰直观、符合逻辑，监测结果便于应用。

2. 监测预报分类

土壤侵蚀监测预报，按不同的分类标准可分为以下几种类型。按监测方法可分为人工监测预报、遥感监测预报、计算机监测预报系统；按监测范围可分为典型监测预报、全面监测预报；按监测途径可分为直接监测预报、间接监测预报；按监测内容可分为土壤侵蚀类型监测预报、土壤侵蚀程度监测预报、土壤侵蚀强度监测预报、土壤侵蚀模数监测预报等；按监测性质可分为定性监测预报、定量监测预报、混合监测预报。

二、监测预报的指标体系

土壤侵蚀监测预报目的是为水土保持措施的配置和效益的评估提供科学依据。因此土壤侵蚀监测预报的主要内容包括土壤侵蚀模数、土壤侵蚀类型分区、土壤侵蚀程度分级、土壤侵蚀强度分级、允许土壤流失量、典型水土保持措施的减水、减沙效益等。监测往往不能直接得到这些数据，需要通过预报模型间接获取结果。因此应有相应的指标才能够进行监测预报。由于侵蚀类型的不同、监测预报方法的不同，需要的监测指标也会有差异。但从侵蚀的产生原因来看，影响土壤侵蚀的主要因子是地形地貌、地面组成物质、植被、气候和人为活动等。

1. 监测预报指标

土壤侵蚀监测预报指标大致有气象、地质、地形地貌、土壤、植被、土壤利用现状、社会经济状况七大类。每个类别中具体有若干个监测因子。

气象指标中有降水量与降水强度，降水因子是土壤侵蚀的外营力之一，主要表现在一次性降雨量、降雨强度两个方面，前期降雨也影响着土壤侵蚀的发生、发展，一般情况下为方便计算，采用平均降雨量作为降水指标。风是风蚀的重要指标，其中最主要表现在风速的大小。另外，还有年积温、最冷月平均气温、最热月平均气温、年最低温度、年最高温度等。

地质指标中包括岩石种类、岩石分布等，地质条件的差异在很大程度上决定着土壤的质地和土壤厚度，进而影响到土壤侵蚀的发生、发展过程。

地形地貌指标主要包括山地、丘陵、平原面积以及小地形的变化。地貌决定了整体地势和水文特点，可用于说明土壤侵蚀发生的历史及未来整体发展趋势。地形决定了降水量和外营力的再分配，影响地表物质的分离和搬运过程。坡长、坡度、坡形、坡位是重要的土壤水蚀因子，是常用土壤侵蚀预测预报模型的重要指标。流域面积、流域坡度分级、海拔高度、沟壑密度等流域特征影响着流域尺度土壤侵蚀的强弱。

土壤指标中包括土壤质地与土壤类型，地面组成物质是土壤侵蚀的对象，地表物质的疏松程度、孔隙度、渗透能力和结构状况等，直接影响到土壤的抗侵蚀能力。

植被指标中主要有植被结构和植被盖度，植被对土壤侵蚀的影响主要体现在植被对降雨的改变、对洪峰的调节以及增加地表糙率和根系固结土壤等方面。不同的植被结构、植被覆盖度，防止土壤侵蚀的作用过程不同。研究表明，当植被覆盖度大于70％时，土壤侵蚀强度可减少至允许土壤侵蚀量以下。

土地利用现状指标中包括不同利用现状的土地面积及其所占比例，土地利用现状是人类经营活动的结果，不同利用现状的土地对土地侵蚀的影响不同。

社会经济指标主要包括人口密度、人均土地、人均耕地、人均粮食、人均纯收入、人口平均增长率等。

以流域为单元进行综合治理是我国水土保持的一项成功经验。现将流域内单个土壤侵蚀单元临测指标和流域范围社会经济综合监测指标归纳总结为表 12-1，表 12-2。

表 12 - 1　　　　　　　　　　　　流域内单个土壤侵蚀单元监测指标

Ⅰ. 几何特征	Ⅱ. 位置特征	Ⅲ. 地形特征	Ⅳ. 土壤特征	Ⅴ. 土地利用	Ⅵ. 土壤侵蚀
单元长度 单元宽度	距固定监测点距离 距固定监测点高差	平均海拔 距分水岭高差 距沟缘线高差 距沟底线高差 田面坡度 地面坡度 坡　长 坡　向 坡　形 坡　位	土壤母质 土层厚度 土壤类型 土壤质地 土壤分散能力 土壤肥力 土壤水分	利用类型 作物植被种类 复种指数 覆盖度 郁闭度 限制因子 粮食产量	侵蚀动力 侵蚀类型 侵蚀强度 水保措施 减沙效益 减水效益

表 12 - 2　　　　　　　　　　　　流域监测指标项目

地理位置	气候水文	地形地貌	植被土壤	土地利用	土壤侵蚀与治理	主要灾害	社会经济
自然地理区域 土壤侵蚀 类型区域 地表区域 经纬度范围	年降雨量 季降雨量 月平均风速 大风日数 年径流量 洪峰径流 输沙量 洪峰输沙量	中等地貌类型 流域面积 海拔范围 流域平均坡度 坡度分级比例	植被区域 土壤区域	土地利用比例 治理投资强度 林草覆盖度 主要作物产量 草地产草量 草地载畜量	营力类型区 输沙模数 治理措施 治理面积 减水减沙效益	干旱指数 洪涝 沙尘暴	人口 人口密度 人均土地 人均耕地 人均粮食 人均纯收入 人口平均增长率

　　2. 指标编码

　　在上述监测指标中，数据来源有 3 种：①数据是直接可以用数字表示的直接数据，如面积、坡长坡度、高程、产量等；②是可以间接用数据表示的间接数据，如治理投资强度等；③是非数值型数据，如坡向、坡形，侵蚀类型等。因此在建立数据库前必须对非数值型指标进行编码，其目的在于区分专题属性和分类数据内容。基于遥感与地理信息系统技术的系列专题制图与专题分析，如土地利用、土壤侵蚀类型、沟壑密度、土壤质地、DEM、坡度、高程带等专题层面，各专题制图内容均形成切实可行的分类体系和统一的编码方法，为 GIS 支持下的专题数据存储、管理与分析奠定了基础。

　　所有专题层面将依照统一坐标系统控制，依统一格式建立数据库，在 GIS 技术支持下开展空间分析和数量分析的定量表达。为此，除建立统一的大地坐标系外，所有专题层面均以不同表示方法进行系统性编码，以便后续分析。

　　专题内容编码应注意的两个问题：①由于层面众多，各层面均依据规定比例尺的标准地形图分幅为单位分别编码命名；②各层面内部的专题内容，均采用相对独立的编码体系，每一编码代表相应的分类结果，形成各自的分类体系。一个专题数据的分类与编码是数据属性的具体表示，专题数据的分类检索与分析应用也是依靠编码来实现的。

　　三、监测预报网络系统

　　土壤侵蚀监测预报网络系统，包括野外监测、室内技术分析两大部分组成。野外部分主要进行定点监测，为监测指标的获取、指标分类、数据纠正、模型建立、数据拟合、动态更新等提供典型数据，主要由实验站、观测站、GPS 定位分析点等组成。室内部分主要进行指标提取、指标分析、模型建立、监测预报成果生成、信息发布等工作，主要由以国家监测中心为核心的计算机网络系统与相应的监测预报系统构成。

网络系统建设，包括监测系统的软、硬件平台和运行环境的确定、硬件系统的构成、网络连接以及操作系统软件平台配置以及系统网络构成，以及应用软件平台的构成、空间数据结构设计、操作界面的设计、数据安全及系统稳定运行和应用设计等。

1. 监测预报网络系统的构成框架

土壤侵蚀监测预报系统是一个多成分、多层次、多功能的复杂系统，具备极强的专业性和动态性特点。这两大特点形成了对本运行服务系统的特殊要求，它要求系统中可以共享的主要专题数据库，如土地利用、沟壑密度、地表质地、坡度、气象等的专题数据信息将集中建立，存储于一个中央数据服务器，并要求系统具有及时更新数据的机制。同时，这些多部门、多用户共享的数据信息又可以通过网络提供给不同级别、不同层次的用户，以进行空间信息处理、分析、应用。因此，监测预报系统应采用数据集中式的网络信息系统组合方式，它是基于客户（服务器）体系结构的分布式信息系统，从而能够方便灵活的为水土保护规划、设计、土地可持续利用提供科学依据，为水土保护科学研究提供基础数据，也为国家其他部门生产决策提供相关信息，其构成模式如图 12-1 所示。

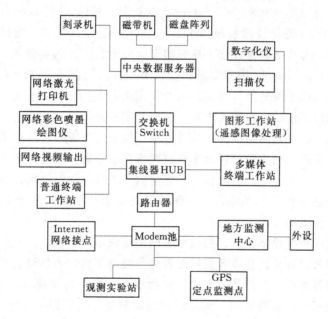

图 12-1 土壤侵蚀监测预报系统构成图

系统中专设服务器集中提供数据存储和管理服务，网络客户一般都自带一定功能的监测预报软件。数据集中式的组合方式克服了数据储存分散，难于查询和管理的缺点。同时，统一标准的数据定义减轻了系统的负担，并有助于为用户提供高质量的数据。在各种应用软件和系统软件日新月异的今天，各种应用软件，如 GIS 软件的升级或停止使用，对整个系统的兼容性几乎不存在影响。只要支持本系统的数据转换格式标准，就可以共享数据。

2. 监测预报网络系统平台与系统结构

数据集中、功能分布的特点，要求系统体系结构是基于 client/server 模式的网络体系结构，并要求硬件系统必须具有很好的数据处理能力、I/O 吞吐能力、网络通信能力、容错能力、安全性能和扩展能力。

鉴于层次性的中央与省级系统设计，并考虑到全国土壤侵蚀遥感调查所涉及的广泛区域、众多的专题数据，以及数据相互交换和信息服务的需要，中央数据服务器应该具有极强的数据处理能力及巨大的网络吞吐量和开放式的体系结构，以便满足数据管理、数据交换和多用户应用的服务需求。

为了保证网络系统安全稳定运行，需配备在线智能 UPS 电源。在外部断电的情况下，UPS 监视系统能通知系统 Server 置 UPS 到关机模式，UPS 则可以在指定的时间内关闭系统和 UPS 本身，不会导致系统数据丢失、系统瘫痪或 UPS 损坏，在供电恢复后，能自动启动服务器，保证服务器正常运行。

Windows NT Server 局域网络服务器操作系统，提供了一个功能强大、容易使用、高效率、集中管理、保密措施完善、自动修复、不断电系统、Internet 等理想的网络操作系统，可以从运行 MS - DOS、Windows 95、Wndows NT Workstation 和 Unix 等操作系统的微机、工作站上访问 Windows NT Server 上的资源。整体 C2 等级安全防护措施，具有容错能力的 RAID level 磁盘镜像和 RAID level5 带校验的带区设置。支持不断电系统，支持磁带备份等功能，为网络数据设置了良好的安全措施和先进的容错能力。Windows NT Server 易学易用，Windows 95 用户容易接受，可以作为监测预报系统的网络操作平台。另外 Novell 的 Netvell 操作平台与 Windows NT 具有相似的特点，也可以作操作平台。

系统中配置图形工作站、普通工作站及多媒体工作站，专门用于处理遥感图像、GIS 数据、多媒体数据，建立监测指标库，并通过预报模型运算得到监测结果。这类工作站由系统专业技术人员操作，完成的处理结果通过网络存放在服务器上。为了满足监测预报的需要，工作站一般要求配置较大的内存、大容量内置硬盘或外置硬盘、磁带机、刻录机等设备。软件系统配备具有 GIS 功能、遥感图像处理功能、预报模型分析功能的集成软件系统，以满足监测预报的需要。

输入设备主要有数据数字化仪、扫描仪等图形图像输入设备，输出设备主要有激光打印机、喷墨绘图仪等设备，这些设备最好配置为网络打印机，使外设能够更好地共享。中央系统每台计算机都拥有一个网络适配卡，使用专用电缆互相连接在交换机或集线器上，运行联网软件构成一个内部局域网。该局域网同时与地方监测网络互连、与 GPS 定位监测互连、与野外实验观测站互连，构成一个广域监测报网络系统。

四、监测预报技术标准与指标

1. 数据标准

数据标准数主要包括组织的方法、结构及存储以及数据文件的命名规则的方法。行政区划数据标准，主要在 GB2260—1995 的国家标准的基础上，对我国最新的行政区划进行补充，增加县名及拼音注记。遥感图像数据标准是监测系统使用遥感图像的标准，包括格式文件类型、投影及坐标参数等。

土地资源数据专题标准，包括分类系统及编码、数据基本属性表格式、数据派生表格形式以及相关各类数据项的标准。基础地理数据标准，主要包括河流、地名注记等标准。数据交换标准，主要包括数据类型、交换格式标准。

2. 主要技术指标

土壤侵蚀遥感调查作业比例尺，是按不同行政区别而确定的，一般县级使用 1：50000～1：100000，大中流域或省级使用 1：100000～1：500000，全国常使用为 1：2500000～1：4000000。

遥感影像深加工的几何精度中误差控制在 2 个像元内，即 1：100000 比例尺地图上的误差为 0.6mm 左右；判图精度的判对率大于 95％，定位偏差小于 0.5mm；制图精度最小图斑不小于 6×6 个像元，最小条状图斑的短边长度不小于 4 个像元。

3. 监测周期

土壤侵蚀范围及强度是一个动态变化过程，但各侵蚀因子的变化速度又不一致，要求在土壤侵蚀动态监测时，针对不同侵蚀因子选择不同监测周期。对于侵蚀因子几乎不变的，本底数据库长期有效。对于侵蚀因子渐变的，如沟壑密度，以 10 年为一监测周期（水蚀严重地区 5 年为一监测周期）。对于侵蚀因子变化快的，如土地利用、植被盖度等，以 5 年为一监测周期。

五、监测预报成果提供形式

目前土壤侵蚀监测预报已经发展到运用遥感、地理信息系统、全球定位系统相结合的技术手段进行全面监测、定点分析、动态预报。按这种技术路线，土壤侵蚀监测预报将会产生一系列成果。

1. 信息指标体系与专题数据库

土壤侵蚀监测需要的各类指标，根据土壤侵蚀监测国家标准，划分为不同等级、区间或精度的指标，通过 RS、GPS、GIS 等手段快速获取专题信息。

专题数据生成是在土壤侵蚀信息标志建立后，依靠人机交互方式进行信息识别、信息分析、信息分类、信息提取、信息编辑操作等，产生专题图件，形成新的专题数据库。这些专题数据库作为预报模型的变量，是最基础的信息。

2. 分析模型库的建立

不同的侵蚀类型，相应的土壤侵蚀程度和强度判别指标也不相同，依靠上述间接指标不同组合关系进行逻辑分析、数理分析或统计分析而产生土壤侵蚀程度和强度。也就是说，针对不同大小、不同类型、不同地区建立经验模型、统计模型、数理模型或逻辑模型，形成土壤侵蚀监测预报模型库。在模型的计算方法上，可采用有序数值阵列管理和 GIS 空间叠加分析技术支持下的土壤侵蚀强度栅格分析模型，在逐点分析结果基础上形成任意区域大小单元内的综合结果，也可以采用矢量层面叠加分析技术方法，得到不同尺度下的各级行政单元和不同流域侵蚀程度和强度状况。

3. 监测预报系统的建立

选择合适的软硬件作为监测预报信息系统建设的主要系统平台。针对全国、省、市（地区）、县的特点，制定数据库建设规范和标准。把已经建立的指标库、模型库有机组织起来，通过良好的人机界面，建立方便的输入输出机制。最终按行政区域建立全国土壤侵蚀监测预报网络系统。

4. 专题图件完成与信息发布

在地理信息系统软件支持下，完成分幅编辑、坐标转换和图幅拼接等过程。利用土壤侵蚀监测预报信息系统生成的土壤侵蚀图，与行政区域或流域叠加，能够建立不同区域或流域的侵蚀数据库，在此基础上按流域、地区统计土壤侵蚀类型、土壤侵蚀程度和强度数据。

土壤侵蚀分级与分区标准，包括土壤侵蚀程度分级、土壤侵蚀强度分级、土壤侵蚀模数、允许土壤流失量、土壤侵蚀类型分区等。利用上述软件系统，可以把这些图件进行图幅拼接、整理输出。

编写与土壤侵蚀监测预报内容相对应的总结报告，或者制作多媒体报告光盘，或者通过网络向其他网站发布监测信息。

第二节 监 测 预 报 操 作

一、监测预报基本原理

为了及时准确了解土壤侵蚀动态变化，可利用现实性强的遥感数据和地形、土壤、土地利用等图件及降雨资料，通过计算机实现数字化、矢栅双向转化和数字高程地形模型匹配，按侵蚀预报模型计算出以遥感图像为基础的土壤潜在侵蚀量和区域侵蚀强度，按照国家水利部门土壤侵蚀分级标准制出土壤侵蚀强度图，随后可制出水土保持治理规划图，完成水土保持信息系统。主要的技术流程如图 12-2 所示。

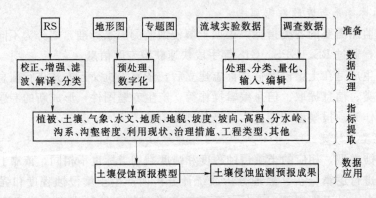

图 12-2 土壤侵蚀监测预报技术流程图

二、监测预报操作技术

（一）资料准备与野外作业

首先要准备的是 TM 影像，采用近期 TM 假彩色合成数字影像为宜。图形资料选择最新版本的 1∶50000～1∶100000 地形图，条件许可情况下向国家测绘部门直接购买电子版地形图，供解译判读、行政及流域界线划分、DEM 生成使用。为提高影像信息可解译性，广泛收集整理现有基础研究成果及地质图、地貌图、植被图、土壤图、沙漠化图、土壤侵蚀图、土地利用图、流域界线图等专业性图件。还要收集整理有关站点的水文、气象观测资料，包括水文站点的水文泥沙资料、实验站的土壤侵蚀观测资料、淤地坝的泥沙淤积资料等。

通过各流域不同土壤侵蚀区域进行的外业路线调查，建立土壤侵蚀类型、程度和强度分级遥感解译标志，拍摄野外实况照片，用于土壤侵蚀强度判读分析。

通过统计年鉴并进行典型调查，收集研究区域不同时段的社会经济资料。

（二）数据处理

数据处理包括对数字的专题分类、图形矢量化处理、图幅编制、其他有关声音及图片索引关系建立等。

1. 图形分层处理

把不同属性的图形分层处理时，应注意不同的系列专题图，各图层的图框和坐标系应该一致；各图层比例尺一致；每一层反映一个独立的专题信息；点、线、多边形等不同类的矢量形式不能放在一个图层上。

2. 图形分幅处理

大幅面的图形分幅后才能满足输入设备的要求。图形分幅有 2 种方法。

（1）规则图形分幅。把一幅大的图形以输入设备的幅面为基准，或以测绘部门提供的标准地图大小为标准，分成规则的几幅矩形图形。这种分幅方法要使图幅张数分的尽可能少，以减少拼接次数；分幅处的图线尽可能少，以减轻拼接时线段连接的工作量；同一条线或多边形分到不同图幅后，它们的属性应相同。

（2）流域为单位进行分幅。如为完成一个县的流域管理项目，可把一个乡或一个村作为一幅图进行单独管理。这样一幅图被分成若干个不规则的图形。这种分幅方式要以地理坐标为坐标系，同时要求不同图层分幅界线一致。

3. 图形清绘与专题图输入

根据技术规范对各项专题图用事先约定的点、线、符号、颜色等做进一步清理，使图形整体清晰、不同属性之间区别明显。

把图形和属性数据输入到计算机中，并把图形、属性库以及属性库的内容通过关键字连接起来，形成完整意义的空间数据库。对遥感影像进行精确纠正、合成、增强、滤波，根据野外调查建立判读标准等。

（三）专题指标提取

专题指标数据是一系列有组织和特定意义的指标要素的空间特征数据，也就是土壤侵蚀监测预报的指标，用于在土壤侵蚀类型的基础上，确定土壤侵蚀程度和其强度。

以卫星 TM 影像为信息源，结合历史资料，采用全数字人机交互作业方式或计算机自动监督分类方式确定土壤侵蚀类型。

土地利用是资源的社会属性和自然属性的全面体现，最能反映人类活动及其与自然环境要素之间的相互关系，是土壤侵蚀强度划分的重要参考指标。土地利用获取的最快办法是利用遥感影像进行计算机监督分类，矢量化以后作为一个数据层面。对于小区域的土壤侵蚀监测预报可以用近期的土地利用现状图，输入到计算机以后作为现状层面使用。土地利用现状的类型划分，可参照国土资源部制定的土地分类标准。

土壤质地反映了土壤的可蚀性，质地尽可能依靠已有成果资料，通过土壤图、地质图综合分析获得。土壤类型也反映了土壤的可蚀性，可利用现有的土壤图输入到计算机使用。

沟谷密度是单位面积上侵蚀沟的总长度，用于反映一定范围的地表区域内沟谷的数量特性，通常以每平方公里面积上的沟谷总长度（km）为度量单位。沟谷密度的发育和演化过程是地表土壤侵蚀过程的产物，因此沟谷密度是水力侵蚀强度分级的重要指标。在山丘区分析沟谷发育尤为重要，任何级别的沟谷所引起的土壤侵蚀都具有一定的环境意义，但这些细小沟谷在卫星影像及地形图上无法完全识别，限制了土壤侵蚀研究中的沟谷密度分析。因而，沟谷密度分析一般可依靠航片，也可以利用地形图通过 GIS 生成。利用航片分析沟谷密度的方法是，在航片上分析水系类型，并根据不同的密度等级以小流域为单元，选择样区作为确定沟谷密度的样片，在 GIS 软件的支持下，生成以"km/km^2"为单位的沟谷密度结果。利用地形图生成沟谷密度的方法是通过 DEM 计算出水系，然后计算沟系总长度。沟谷密度根据行业标准，分为小于 1km/km^2、1~2km/km^2、2~3km/km^2、3~5km/km^2、5~7km/km^2 和大于 7km/km^2 共 6 级。

数字高程模型（DEM）综合反映了地形的基本特征，如坡度、海拔高度、地貌类型等，这些都是土壤侵蚀程度和强度分析的关键要素。坡度主要用于水力侵蚀类型的面蚀分级，依据《水土保持行业标准》坡度分为小于 5°、5°~8°、8°~15°、15°~25°、25°~35° 和大于 35° 共 6 个等级。海拔反映了基本地势特征，不同的高程带具有不同的环境条件和集中了不同的人类活动，因而具有不同的土壤侵蚀状况，它是冻融侵蚀程度和强度分级的主要指标。地貌类型 DEM 分析划分为山地、丘陵、平原等。

根据地形图上的行政区划获得行政界线，利用遥感影像直接获取流域界线。降水指标是根据区域内布设的气象站观测数据建立等值线图，然后插值计算详细数据得到的。其他指标如泥沙、土壤水分、暴雨强度等用于详细计算土壤侵蚀模数的指标，可以通过气象站、水文站或现场观测、实验得到。根据水土保持试验研究站（所）代表的土壤侵蚀类型区取得的实测径流泥沙资料进行统计计算及分析，这类资料包括标准径流场的资料，但它只反映坡面上的溅蚀量及细沟侵蚀量，故其数值通常偏小。全坡面大型径流场资料能反映浅沟侵蚀，故比较接近实际。还需要收集各类实验小流域的径流、输沙资料。上述资料是建立坡面或流域产沙数学模型最宝贵的基础数据。

（四）模型建立与结果生成

当得到土壤侵蚀各项指标以后，利用土壤侵蚀分类系统，专家经验模型或数理模型等，分析计算土壤侵蚀程度和土壤侵蚀强度，生成土壤侵蚀数据库。

在完成土壤侵蚀类型、程度及强度分级判读后，利用 GIS 软件进行分幅编辑，坐标转换和图幅拼接等，然后在数据库中对其进行系统集成、面积汇总，生成坡度、高程、流域及省的土壤侵蚀类型、程度和强度图件及数据。

第三节 水蚀预报模型

土壤侵蚀预报模型是监测预报的核心工具，目前在微观领域内的模型较多而且较为实用，用于宏观研究的模型较少。从模型的种类来看，可分为经验模型、过程模型、随机模型、混合模型、专家打分模型、逻辑判别模型 6 类。下面针对不同的类型加以介绍。

一、经验模型

较早建立的土壤侵蚀和产沙模型大多数为经验模型，其试验分析研究的因子主要集中在降雨、植被、土壤和地形坡度等因子上。其基本点是依据实际观测资料，利用统计相关分析方法，建立侵蚀和产沙量与其主要影响因子之间的经验关系（曲线或方程式），而后根据选定因素的资料估算侵蚀产沙量。

（一）通用流失方程（USLE）及其修正模型（RUSLE）

1. 通用流失方程的发展

20 世纪 20～30 年代，由于环境问题的进一步突出，导致了土壤侵蚀研究的加强。在 1936 年，Cook 列出了影响土壤侵蚀的 3 个主要因子：土壤对侵蚀的敏感性、降水和径流的侵蚀能力和植被对土壤的保护作用。随着数据的积累，开始建立土壤侵蚀量和一些主要影响侵蚀的因子之间的经验关系。1940 年 Zingg 采用小区的试验资料，发现坡长、坡度与坡面土壤流失量之间有关系：

$$A = CS^m L^{n-1} \qquad (12-1)$$

式中：A 为单位面积平均土壤流失量；S 为坡度；L 为坡面水平长度；C 为常数；m 为坡度指数，一般取 1.4；n 为坡长指数，一般取 1.6。

常数 C 中综合了降水、土壤和经营管理的影响。Smith（1941 年）在 Zingg 方程基础上增加了农业经营管理因子，并得到了实验证实，这些结果被用于美国中西部地区的水土保持措施中。随着研究的进一步深入和数据的积累，Musgrave（1947 年）利用一些研究站点的资料，发现土壤流失量除与坡长、坡度间存在正比关系外，还与最大 30min 降雨量、植被覆盖因子和土壤类型密切相关，并提出了计算公式：

$$E = 0.00527 K C S^{1.35} L^{0.35} P_{30}^{1.75} \qquad (12-2)$$

式中：E 为土壤流失量，mm/年；K 为土壤可蚀性因子，指坡长 22m、坡度 10% 的坡面年土壤侵蚀的深度，mm/年；C 为植被覆盖因子；S 为以百分数表示的坡度；L 为坡长，m；P_{30} 为最大 30 分钟降水量，mm。

这些研究主要是一些区域站点的研究结果，存在着一些区域性共有的缺点。为了寻求适应面更大的土壤侵蚀预报模型，1957 年 Smith 和 Wischmeier 搜集了美国 8000 多块试验小区的土壤侵蚀资料，作了大量系统的土壤侵蚀影响因素分析工作，于 1958 年由 Wischmeier 等人提出了通用土壤流失方程（USLE）：

$$E = 0.224 RKLSCP \qquad (12-3)$$

式中：E 为土壤流失量，mm/年；R 为降雨侵蚀力因子；K 为土壤可蚀性因子；L 为坡长因子；S 为坡度因子；C 为作物经营管理因子；P 为土壤侵蚀控制措施因子。

一般情况下，将 LS 合并，统称为地形因子。USLE 综合考虑了土壤侵蚀的各种主要因素，但它作为一个概念性模型，还必须通过各地的具体研究，得到各地侵蚀因子，才能用于土壤侵蚀预报。

USLE 在世界各地得到广泛应用，取得了巨大成功，在我国也得到广泛应用（见第十章）。其一些主要因子被制成模方图以方便应用，在 1978 年被美国农业部以农业手册 537 号的形式颁布使用。随后的研究，对 USLE 进行了一些改进，如等侵蚀量图的改进，增加了由于作物生长导致水分变化而影响土壤可蚀性和冻融交替对可蚀性影响的内容，对地形因子进行修正等等，形成了 RUSLE（Renard 等，1997）。

2. 通用流失方程的应用

通用流失方程可应用于下面几个方面：

（1）预报在某一特定土地利用条件下，野外坡面的年平均侵蚀量。

（2）对特定在土壤类型和坡面，指导种植和管理经营体系、水土保持措施的选择。

（3）在某一特定的田面，预报评价耕作和水土保持措施的水土保持效益。

（二）国内土壤侵蚀预报经验模型

我国的经验模型主要针对 ULSE 中的某些主要因子，在实验数据分析的基础上提出各地的统计模型。贾志伟和江忠善等提出了降雨特征与土壤侵蚀的关系，得出一次降雨侵蚀模型数 M_s（t/km^2）与平均雨强 I（mm/h）及降雨量 P（mm）的关系为：

$$M_s = AP^a I^b \qquad (12-4)$$

一次降雨侵蚀模数 M_s 与最大 $30min$ 雨强 I_{30} 及降雨量的关系为：

$$M_s = AP^a I_{30}^b \qquad (12-5)$$

一次降雨侵蚀模数 M_s 与一次降雨动能 E（J/m^2）及最大 $30min$ 雨强的关系：

$$M_s = A(EI_{30})^a \qquad (12-6)$$

牟金泽和孟庆枚（1983）利用天水试验站的资料，根据 USLE 和我国的农业耕作和水保措施研究了黄土丘陵第三副区的土壤侵蚀情况，采用的 LS 为：

$$LS = 1.02 \left(\frac{1}{20}\right)^{0.2} \left(\frac{\theta}{5.07}\right)^{1.3} \qquad (12-7)$$

还有大量关于侵蚀预报过程中某一因素的经验方程，如各种降雨动能的计算方法和侵蚀力的计算方法。

经验模型有使用方便、针对性强的优点，但在揭示土壤侵蚀机理方面存在不足。随着研究的深入，对土壤侵蚀的过程有了新的认识，经验模型将会用机理过程模型所代替。

二、过程模型

经验模型将土壤侵蚀过程作为一个黑箱，根据输入输出进行侵蚀预报，并不了解土壤侵蚀的过程。过程模型从产沙、水流汇流及泥沙沉积的物理概念出发，把气象学、水文学、土壤学和泥沙运动力学的基本原理结合在一起，经过一定的简化，以数学形式表述土壤侵蚀过程与影响因子之间的关系，以模拟各种不同形式的侵蚀，预报土壤侵蚀在时间和空间上的变化，因此具较强的理论基础，外延精度也较高，对一次暴雨洪水的产沙模拟较准确。美国的水蚀预报模型（Water Erosion Prediction Project，WEPP）欧洲土壤侵蚀模型（European Soil Erosion Model，EUROSEM）是其中的代表。

（一）WEPP 模型

WEPP 模型包括坡面版本、流域版本和区域网格版本 3 个层次。坡面版本代替了 USLE 模型用于坡面径流所产生的片蚀、细沟侵蚀量，以及泥沙在坡面的沉积。流域版本既包括了坡面径流产生的片蚀、细沟侵蚀和沉积，又含有沟道集中水流所产生的侵蚀与沉积过程。网格版本是针对一个较大的区域或大流域，将区域网格化，计算每一网格内坡面径流和沟道集中径流所产生的侵蚀沉积状况，通过网格间的径流汇流和泥沙迁移预报出整个区域的侵蚀量。从模型构成来说，又包括侵蚀模块、水文模块、土壤模块、植被管理以及灌溉和融雪等模块。

1. 侵蚀模块

坡面侵蚀可区分为细沟侵蚀和沟间侵蚀，沟间侵蚀主要是降雨和径流对土壤的剥离和输移，细沟主要输移泥沙，但如果输沙量小于输移能力，也会产生细沟侵蚀。整个过程用稳态泥沙迁移方程描述泥沙在细沟的运动：

$$\frac{\mathrm{d}G}{Dx} = D_f + D_i \tag{12-8}$$

式中：G 为输沙率；x 为距离；D_f 为细沟泥沙输移率；D_i 为沟间泥沙分散率。细沟间泥沙分散率与 USLE 相似，可由下面公式计算：

$$D_i = K_i I^2 G_e C_e S_f \tag{12-9}$$

$$S_f = 1.05 - 0.85 \exp[-4\sin(s)] \tag{12-10}$$

式中：K_i 为细沟间可蚀性常数；I 为降雨强度；G_e 为地表覆盖因子；C_e 为灌层影响因子；S_f 为地表坡度因子；s 为坡度。

细沟泥沙输移率可表示为：

$$D_f = D_c\left(1 - \frac{G}{T_c}\right) \tag{12-11}$$

$$D_c = K_r(\tau - \tau_c) \tag{12-12}$$

$$\tau = \rho h J \tag{12-13}$$

式中：D_c 为细沟水流的剥离能力；T_c 为细沟的输移能力；K_r 为由于水力切应力所引起的细沟可蚀性；τ 为由于水流作用产生的切应力；τ_c 为临界切应力；ρ 为水的密度；h 为水力半径；J 为水力梯度，等于细沟沟床的坡度。

2. 水文模块

WEPP 模型是以天为单位模拟植物、土壤、地表残留对径流和侵蚀的影响，利用 CLIGEN 模型预测日降雨、气温、辐射和风的变化。它根据美国现有 1000 多个气象台站的资料，采用二阶的马尔可夫（Marlkov）链预测降雨是否发生，在每个月各日降雨量的高低用下述偏正态分布计算机随机生成：

$$x = \frac{6}{g}\left\{\frac{\frac{g}{2}\left(\frac{X-u}{s}\right)+1}{3} - 1\right\} + \frac{g}{6} \tag{12-14}$$

式中：x 为标准正态变量；X 为随机变量；u、s、g 分别为随机变量 X 的均值、方差和偏态系数。

对于每场暴雨的降雨历时和暴雨时段内的最大降雨强度分别为：

$$D = \frac{9.210}{-2\ln(1-r_l)} \tag{12-15}$$

$$r_p = -2P\ln(1-r_l) \tag{12-16}$$

式中：r_p 为暴雨峰值时的雨强；P 为一场暴雨的总降雨量；r_l 为一个无量纲的伽马分布参数。

对于土壤入渗，当参数 $C_u = R_i - V_i - \left(\frac{K_e\psi\theta_d}{r_{i-1}-K_e}\right)$ 大于零时，地表出现明水层，此时

所需的时间为

$$t_p = \left(\frac{K_E \psi \theta_d}{r_{i-1} - K_e} - R_{i-1} + V_{i-1} \right) \frac{1}{r_{i-1}} + t_{i-1} \tag{12-17}$$

用 Green – Ampt 入渗公式计算入渗量

$$K_e t_c = F_i - \psi \theta_d \ln \left(1 + \frac{F_i}{\psi \theta_d} \right) \tag{12-18}$$

式中：R_i 为某一时刻 i 的累积降雨深度；V_i 为某一时刻 i 的累积超渗透雨量；K_e 为有效饱和导水率；ψ 为水势；θ_d 为土壤水分亏缺量；r 为降雨强度；$i-1$ 为 i 时刻的上一时刻。

3. 土壤模块

土壤模块主要包括了水文模块和侵蚀模块所需要的一些参数，如地表糙率、饱和导水率，土壤容重、微地形的相对高差，细沟间的可蚀性以及细沟的可蚀性。由于受到耕作影响，因此在模拟时必须对这些参数进行调整。耕作后的糙率为：

$$RR_i = RR_0 T_{ds} + RR_{i-1} [1 - T_{ds}] \tag{12-19}$$

随着时间的延长，糙率逐渐发生变化。

$$RR_t = RR_i e^{-C_{br} \left(\frac{R_c}{b} \right)^{0.6}} \tag{12-20}$$

$$C_{br} = 1 - 0.5br \tag{12-21}$$

式中：RR_i 为耕作后的随机糙率；RR_0 为相应的耕作工作所产生的糙率，由耕作方式决定；RR_{i-1} 为耕作前的糙率；T_{ds} 为耕作扰动面积所占的比例；R_c 为耕作后的降雨量；b 为系数，由土壤的性质决定：

$$b = 63 + 62.7\ln(50 orgmat) + 1570 clay - 2500 clay^2 \tag{12-22}$$

式中：$orgmat$ 为有机质含量，%；$clay$ 为粘粒含量，%。

对于土壤入渗参数，主要为饱和导水率，可通过土壤的性质和组成查表求得。

4. 植被覆盖模块

在 WEPP 模型中，利用 EPIC 模型预报，利用气象因素预报作物的生长，残余覆盖面积可由下面方程描述

$$C_{rf} = 1 - e^{-c_f M_f} \tag{12-23}$$

式中：C_{rf} 为土壤表明被残余物质覆盖的比例；c_f 为对某一种作是个常数；M_f 为残余生物量。

（二）EUROSEM 模型

EUROSEM 模型是一个基于次降雨的过程模型，用于预报田间的小流域的土壤侵蚀量。EUROSEM 模型的整个框架如图 12-3 所示。

对于土壤侵蚀过程来说，雨滴剥离量主要有降雨对土壤的剥离和径流对土壤的剥离来计算。

$$D_{ET} = k(K_E) \exp(-bh) \tag{12-24}$$

式中：D_{ET} 为雨滴的剥离量；k 为土壤的可剥离指数，g/J；K_E 为一场降雨的总动能，J/m^2；h 为地表水层厚度，mm；b 为常数指数。

$$D_F = \beta w v_s (T_C - C) \tag{12-25}$$

式中：D_F 为径流的剥离量；v_s 为沉降速率；T_C 为径流搬运能力；C 为泥沙浓度；w 为径

流宽度；β 为径流剥离系数，可表示为：

$$\beta = 0.79e^{-0.85J} \qquad (12-26)$$

细沟的搬运能力为

$$T_C = C(\omega - \omega_{cr})^{\eta} \qquad (12-27)$$

$$\omega = us \qquad (12-28)$$

$$C = [(d_{50} + 5)/0.32]^{-0.6} \qquad (12-29)$$

$$\eta = [(d_{50} + 5)/300]^{0.25} \qquad (12-30)$$

式中：ω_{cr} 为临界水流动力，以 0.4cm/s 计算；u 为平均流速；s 为坡度，%。

细沟间搬运能力：

$$T_C = \frac{b}{\rho_s q}[(\Omega - \Omega_c)^{0.7/n} - 1]^n \qquad (12-31)$$

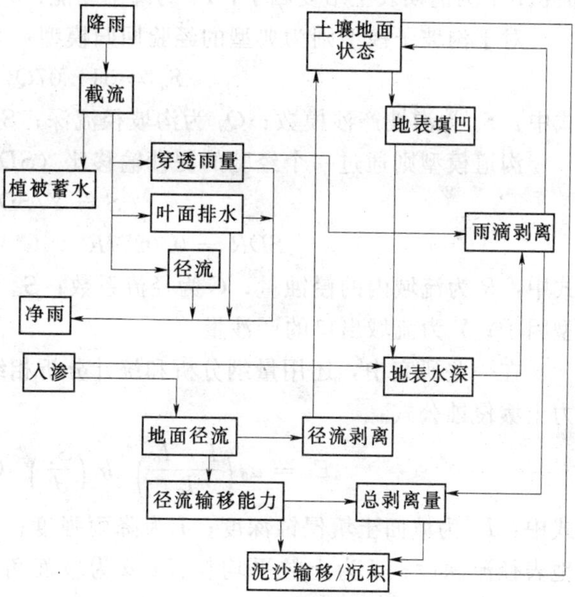

图 12-3　EUROSEM 模型框架图

$$\Omega = \omega^{1.5}/h^{2/3} \qquad (12-32)$$

$$b = (19 - d_{50}/30) \times 10^{-4} \qquad (12-33)$$

$$\Omega_{cr} = \frac{(0.5u_c^2 u)^{3/2}}{h^{2/3}} \qquad (12-34)$$

$$u_c = \sqrt{y_c(\rho_s - 1)gd_{50}} \qquad (12-35)$$

三、半经验半过程模型

过程模型虽有概念明确、物理过程清晰的优点，但由于过程模型中所需的一些参数难以获得，使模型的应用也受到一定的限制。半经验半过程模型是经验模型、过程模型的一种混合形式，一般在整体上采用过程模型，而对于某一具体的子模型，则采用经验模型。这种模型比经验模型物理意义清晰，外延程度高；比过程模型又具有简单、参数易获得的优点。

黄土丘陵沟壑区典型小流域侵蚀产沙模型就是一个典型的半经验半过程模型（蔡强国等，1996）。该模型由坡面子模型、沟坡子模型和沟道模型组成，坡面产沙模型作为沟坡模型的一个输入，沟坡模型为沟道模型的输入，将整个模型联系起来。对于坡面模型，由于研究相对充分，则以机理模型为主。坡面的径流侵蚀力为：

$$E_\omega = 0.001\rho gHA\sin\theta \qquad (12-36)$$

坡面溅蚀分散量为：

$$D_b = 0.015J(E_k/\lambda)e^{2.68\sin\theta - 0.48C_v} \qquad (12-37)$$

细沟初始发生的水流临界侵蚀力条件为：

$$(E_{ur}/T)(I_{30} - F)/(I - F) \geqslant 2.5 \qquad (12-38)$$

式中：H 为平均径流深；ρ 为径流密度；g 为重力加速度；F 为累积入渗量；A 为单宽汇流

面积；J 为前期表土结皮因子；E_k 为降雨动能；λ 为抗剪强度，$\lambda = ae^{-bMc}$；T 为降雨历时。

对于沟坡子模型则为典型的经验回归模型：

$$S_d = 511.07 Q_d^{0.865} S_c^{0.114} \qquad (12-39)$$

式中：S_d 为沟坡产沙模数；Q_d 为沟坡径流深；S_c 为坡面来沙量。

沟道模型则通过一个经验的泥沙输移比（SDR）计算出流域内的侵蚀量：

$$S = Y/SDR \qquad (12-40)$$

$$SDR = 0.0277 R^{-0.29} C^{0.19} S_m^{0.59} (E_a/E)^{0.44} \qquad (12-41)$$

式中：R 为流域内的侵蚀量；C 为径流系数；S_m 为最大水流含沙量；E_a/E 为无量纲的雨型因子；Y 为流域出口的产沙量。

在一些研究中，还用量纲分析和统计分析相结合的方法建模，分别得到坡面及沟谷水力土壤侵蚀公式：

$$E_s = a_0 \left(\frac{I - I_0}{I_0} \right)^{a_1} h_s \left(\frac{S_T}{d} \right)^{a_2} (\sin 2\alpha)^{a_3} \exp(-a_4 v) \qquad (12-42)$$

式中：E_s 为坡面土壤侵蚀深度；I 为降雨强度；I_0 为不足以产生侵蚀的降雨强度；h_s 为地表径流深度；d 为土粒平均粒径；α 为坡面角；v 为植被覆盖度；a_0、a_1、a_2、a_3、a_4 为地理系数。

$$E_R = b_0 h_R (DL)^{b_1} J^{b_2} \qquad (12-43)$$

式中：E_R 为沟谷水力侵蚀深度，mm；h_R 为沟槽径流深度，mm/a；D 为沟谷密度，km/km²；L 为沟道长度，km²；J 为沟槽底坡，%；b_0、b_1、b_2 为地理系数。

总侵蚀量为：

$$E = E_s + E_R \qquad (12-44)$$

四、随机模型

这类模型是利用以往的资料提供的信息，和降雨—径流—产沙过程的随机特性建立起来的，虽然由于缺乏长期观测资料使得这类模型的发展受到限制，但近来也有一些进展，如 Fogel 等（1976 年）从次洪产沙的 MULSE 模型出发，得到次洪水产沙量

$$z = a \left[\frac{y_1 x_1^4}{(x_1 + s)^2 (0.5 x_2 + y_2)} \right]^b KLSCP \qquad (12-45)$$

式中：x_1 为有效降雨；x_2 为暴雨历时；s 为流域下渗参数；y_1 为流域面积常数；y_2 为汇流时间指标；K、L、S、C、P 的意义同式 12-3。

s、y_1、y_2 在模拟时间假定为常数；x_1、x_2 是随机变量，可用伽玛概率密度函数来描述。

因此，随机变量 Z 可用二变量分布函数来计算，如已知每年暴雨次数的频率分布或各次暴雨的时间，则年产沙量的函数可生成暴雨产沙系列。1989 年 Julien 也提出了坡面产沙的随机模型。从一次暴雨土壤流失量公式出发，得到多次暴雨土壤流失方程：

$$M = \int_0^\infty \int_0^\infty m p(t_r) p(i) \mathrm{d}t_r \mathrm{d}i \qquad (12-46)$$

式中：m 为次暴雨流失量；$p(t_r)$ 为降雨历时密度函数；$p(i)$ 为雨强密度函数。

利用通用土壤流失方程式 USLE 关系可得面积为 Ae、长度为 L、坡度为 S 的坡面土

壤流失量：

$$M = AeaS^{\beta}L^{r-1}\Gamma(r+\delta+1)CP(t_r)i^{r+d} \tag{12-47}$$

式中：C、P 为作物管理和土地利用因子；$\Gamma(r+\delta+1)$ 为伽玛函数。

五、专家打分模型

土壤侵蚀专家打分模型是通过采用影响土壤侵蚀程度和强度的各个指标进行定量的表达，及在此基础上由各个因素权重参与的综合数学运算形成土壤侵蚀综合状况指数，并对这一指数实施分级方法来建立土壤侵蚀模型。也就是说，该模型需要研究指标、指标打分、确定指标权重等环节。

对影响土壤侵蚀的各个因素的空间特征，统一采用有序数值阵列方式进行定量化管理与分析，有助于利用地理信息系统中的空间叠加分析方法和专家知识的支持，在植被盖度、坡度、沟谷密度、高程带、植被结构、土壤质地等指标要素实现定量化表达的基础上，按照其对土壤侵蚀的相互关系及其重要性，确定每一个基本分析单元的综合量表达值，这些综合量值建立起一个新的覆盖层，即土壤侵蚀综合指数。它代表了各种土壤侵蚀类型不同程度和强度的综合结果。这些综合指数值是进一步实现土壤侵蚀程度和强度分级的基础。

确定了影响土壤侵蚀程度和强度的指标后，为采用数值分析方法研究土壤侵蚀程度和其强度，必须确定各指标权重的大小。指标权重的大小是反映该指标对土壤侵蚀所起作用的大小，权重大表明该指标影响作用就大。目前，确定各指标对土壤侵蚀的贡献程度还没有统一的数值处理方法，因而多数采用专家确定法，即由该领域的专家根据各影响指标对土壤侵蚀所起作用的大小进行确定。

在土壤侵蚀综合指数分析的基础上，通过土壤侵蚀数据（实验数据和观测数据等）和土壤侵蚀综合指数建立拟合关系，从而确定土壤侵蚀程度和强度等级，或者在土壤侵蚀综合指数分级基础上，通过土壤侵蚀模数进行验证，从而在空间上生成土壤侵蚀图。

六、逻辑判别模型

逻辑判别模型也是一种专家模型，与专家打分模型不同的是专家直接对影响土壤侵蚀的指标组合判别，确定土壤侵蚀程度和其强度。

逻辑判别模型需要确定影响土壤侵蚀的指标，根据专家经验判别在不同的土壤、降水、坡度、地貌、植被、土地利用现状等状况下，对土壤侵蚀程度和其强度的分级。我国土壤侵蚀国家标准中的土壤侵蚀强度分级系统，实际上就是典型的专家判别模型。

上述 6 类模型中，前 4 类基本上是定量的，可以计算出土壤侵蚀量，但每个模型的应用都有局限性。后两种只能分析土壤侵蚀，不能精确预测土壤侵蚀模数，但是通用性较强。

土壤侵蚀监测预报是非常复杂的工作，指标的获取、模型的建立、结果的生成需要借助计算机这一工具，3S 技术提供了先进监测方法和手段，使全国性的监测预报成为可能。但从目前看，监测预报的难点仍然是模型问题，有待于继续研究。

第四节　风蚀预报及防治

一、风蚀预报的发展

风蚀主要指松散的地表土壤物质被风吹起和搬运的过程。由于风蚀，土壤颗粒在空间上重新分布，对当地生态环境产生严重的影响，有时形成强烈的沙尘暴，影响距离可距风蚀源区数千公里。由于风蚀主要发生在缺少植被保护的自然条件下，因此我国每年的春季极容易发生沙尘暴。

人类对风蚀的认识已有上千年的历史，但直到 20 世纪 30 年代以后，美国西部大平原由于不合理的开发利用，产生席卷美国的严重沙尘暴以后，风蚀的危害才引起世界的注意，加速了风蚀研究的发展。土壤风蚀预报研究是随着风蚀机理研究的深入而逐渐发展起来的，现代流体力学的创立使风蚀的定量化研究成为可能。拜格诺（Bagnold）创造性应用了由冯·卡门（Von Karman）、普朗特（Prantl）及谢尔德（Shield）建立的现代流体力学理论，以丰富的野外观测和风洞模拟实验资料创立了"风沙物理学"，其代表作《风沙和荒漠沙丘物理学》（The Physics of Blown Sand and Desert Dunes）标志着土壤风蚀定量研究的开始。20 世纪 40～50 年代是土壤风蚀预报的准备阶段，切皮尔（Chepil）、米尔奈（Milne）等开始系统研究土壤风蚀，研究的内容涉及风速梯度、土壤颗粒在风力作用下运动的力学机制、土壤特性（如土壤表面结构稳定性、土壤水分、土壤结构、有机质、耕作制度和表土密度等）等因子对风蚀的影响，在 20 世纪 60 年代提出了风蚀预报方程。70 年代，由于对沙漠地区石油资源的开发和空间科学技术、计算机科学技术的飞速发展，形成了土壤风蚀研究的另一个高潮。90 年代以来，受全球变化研究的促进，土壤风蚀预报开始与全球变化预测相结合，希望回答全球气候变化对风蚀有何影响等问题，并在植被功能对风蚀的影响、植物残留物的分解、土壤可风蚀性与土壤特性的关系等应用基础研究方面取得新的进展。

二、主要风蚀预报模型

与水蚀预报相似，风蚀预报模型首先通过研究风蚀因子之间的关系，建立检验模型，然后随着认识的深入，逐渐向过程机理模型发展。

（一）经验模型

1. 风蚀方程

1965 年，由伍德拉夫（N. P. Woodruff）和西道威（F. H. Siddoway）提出了风蚀方程（Wind Erosion Equation，WEQ）并用于田间试验，它是美国农业部多年风蚀机理研究的产物，目的在于确定各种风蚀因子对土壤风蚀的影响作用，进而提出风蚀防治措施。风蚀方程的表达式为

$$E = f(I,K,C,L,V) \tag{12-48}$$

式中：E 为年土壤风蚀量，t/（hm²·年）；I 为土壤可蚀性因子，t/（hm²·年）；K 为土壤糙度因子；C 为气候因子；L 为地块长度因子；V 为植被覆盖因子。

与水蚀方程类似，风蚀方程考虑了主要因子对风蚀量的影响。由于风蚀方程中的单个因子是相互关联的，因此在方程的求解中，不是求出各因子值后连乘，而是需要利用各因

子间的相关关系式和编绘的图表分步计算，与水蚀方程解法不同。

（1）土壤可蚀性因子（I）是指在开阔、平坦、无防护的孤立地块上，地表裸露、无板结的情况下，单位面积上年土壤潜在流失量。I 值是根据风洞实验和野外观测求出的。用旋转式集沙器来测定田间的风蚀量，集沙器入口始终正对来风方向，以保证土壤风蚀量与抗蚀性团块百分比之间的真实性、可靠性。

在实践中为了预测值 I，需要知道土壤中大于 0.84mm 抗蚀性团块所占百分比，土壤可蚀性 I 值由表 12-3 查出；若地面为缓坡土丘（坡度大于 1.5%），土丘顶部风蚀强烈，需对其进行修正。图 12-4 所示土丘坡度对土壤流失量的影响。从图 12-4 中可查出某一坡度上土壤可蚀性相对于平坦地面的百分数 I_s。由于地表板结只是暂时的，很易被磨蚀作用所破坏，在实际风蚀预报中很少考虑。因此，方程中的可蚀性因子 I' 一般只考虑土壤可蚀性 I' 及土丘坡度影响 I_s。

$$E_1 = I'Is \tag{12-49}$$

表 12-3　　　　　　**土壤中抗蚀性团块百分比与对应的可蚀性值**　　　　单位：t/（hm²·年）

可蚀性值 \ 百分比(%) 百分比(%)	0	1	2	3	4	5	6	7	8	9
0		694	560	493	437	403	378	356	335	315
10	300	292	285	278	270	262	254	245	236	228
20	220	213	206	200	195	190	185	180	175	170
30	166	162	158	154	150	146	142	138	134	130
40	126	122	118	114	111	108	104	99	94	89
50	84	79	74	69	65	61	57	54	52	49
60	47	45	43	41	39	37	35	33	31	29
70	27	25	22	19	16	13	10	7	6	5
80	4									

（2）地面糙度因子（K）。地面粗糙度由三个方面组成：地面土块、植被覆盖以及由耕作措施形成的沟垄。前两个方面分别在土壤可蚀性和植被覆盖因子中考虑，后一项即为方程中的沟垄粗糙度因子 K_r。

田间沟垄粗糙度为垄高与其间隔之比，当比值为 1∶4 时，并由直径为 2~6.4mm 的砾石组成的标准沟垄，其减轻风蚀的效果与某各田间沟垄相同时，这个标准沟垄的高度即为该田间沟垄粗糙度。例如，高 10cm，间隔 40cm，与风向垂直的砾石垄脊与某种田间情况减弱风蚀的效果相同，则该田间沟垄粗糙度为 10cm。因此，方程中的沟垄粗糙度实际是标准垄脊的等效值。糙度因子 K_r 的计算需通过风洞实验进行。切皮尔推导出根据田间沟垄高度和间隔，并求出其比值，由下式计算 K_r 值：

$$K_r = \frac{沟垄高间比(1∶X)}{标准沟垄高间比(1∶4)} \times 田间沟垄高 \tag{12-50}$$

例如，田间的沟垄高为 15cm，垂直于风向的间隔为 75cm，则高间比为 1∶5，这时的沟垄粗糙度为：

$$K = \frac{1/5}{1/4} \times 15 = 12(cm)$$

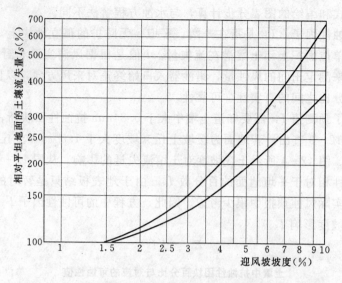

图 12-4　迎风坡不同坡度土壤风蚀量与平坦地面的比例

应该指出，计算的沟垄粗糙度值略大于风洞实验率定值，但这种方法快捷、简便，所以被广泛采用。再用图 12-5 将沟垄粗糙度值 K_r 转换为方程中的无量纲沟垄粗糙度因子 K。有了

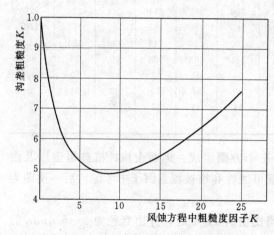

图 12-5　田间沟垄粗糙度 K_r 与风蚀
方程中粗糙度因子 K 之间的关系

K，就能求算不同粗糙地面上的风蚀量

$$E_2 = E_1 K \qquad (12-51)$$

（3）气候因子通过风速直接影响风蚀过程，并通过影响植物生长和地表土壤湿度而间接影响风蚀。风蚀量与风速的立方成正比。风蚀方程中风速是指距地面 9m 高处的平均风速。预报年风蚀量需要用年平均风速，预报某个时段的风蚀时，常用月平均风速或季节平均风速。

土壤湿度影响植物生长，反过来植物覆盖又影响近地层风速。土壤湿度同时也影响团聚体状况及土壤可蚀性，降雨越频繁，雨后地表湿润期越长，风蚀越难发生。

为了综合地反映气候因子对风蚀的影响，切皮尔等人提出了一个包括风速和土壤湿度在内的气候因子计算式：

$$C = \frac{V^3}{(P-E)^3} \qquad (12-52)$$

式中：$P-E$ 为桑斯威特降雨有效性指数，用来作为土壤湿度的替代值。$P-E$ 指数可通过下式计算：

$$P-E = 115 \sum \left[\frac{P}{T-10} \right]_i^{10/9} \qquad (12-53)$$

式中：P 为大于 0.5 英寸（13mm）的月降水量，英寸；E 为大于 28.4°F 的月平均温度，°F。

因风蚀方程中土壤可蚀因子 I 值是在加登城地区的气候条件下测算出来的，$C=2.9$。因此，当风蚀方程应用于其他地区时，需对风蚀气候因子进行折算：

$$C = \frac{V^3}{(P-E)^3} \times \frac{100}{2.9} \tag{12-54}$$

这样，又可求出在 C 影响下的风蚀量

$$E_3 = E_2 C \tag{12-55}$$

（4）地块长度因子 L。地块长度 D 是指在顺风方向上未受防护的地块长度。若期间风均来自一个方向，D 则是一个恒定值。若风向不同，D 值随之变化。侵蚀性风吹过地块的平均距离取决于盛行风向及其他各风向上的侵蚀性风力。斯克德莫和伍德拉夫提出估算地块当量长度 D_{50} 的方法。

1）先求出 16 个方位每方位上侵蚀性风力的和：

$$V_j = \sum_{i=1}^{n} \overline{V}_i^3 f_i \tag{12-56}$$

式中：V_j 为第 j 个方位上侵蚀性风力；V_i 为第 i 风速组的平均风速；f_i 为历时，以第 i 风速组内第 i 风向上的总观测值的百分数表示。

2）按下式求出盛行风向上侵蚀风力的优势度 R_m

$$R_m = \frac{\sum \text{平行于盛行风向的侵蚀风力}}{\sum \text{垂直于盛行风向的侵蚀风力}} \tag{12-57}$$

式中：R_m 为大于等于 1 的值。若 $R_m=1.0$，表明无盛行侵蚀风向；若 $R_m=2.0$，说明盛行风的侵蚀风力是其垂直方向上的 2 倍。

3）计算 D_{50}。当量长度 D_{50} 等于垂直于地块走向宽度乘以修正值 K_{50}。K_{50} 为侵蚀风吹过地块的中值修正值（即侵蚀风吹过地块的距离，大于和小于盛行风吹过地块的距离各占一半）。K_{50} 与盛行风向的优势 R_m 及其与地块走向垂线的夹角 A 有关，可由表 12-4 查得。例如，某地 4 月份盛行风向侵蚀力优势度 R_m 为 1.6，方向为 SE135°，地块为东西走向，则盛行风向与地块夹角 A 为 $180°-135°=45°$，由表可知 $K_{50}=1.86$。若地块南北方向的宽度为 300 米，则 4 月份该地块的当量地块长度为 $D_{50}=K_{50}\times$ 地块宽 $=1.86\times300=558$ 米。

表 12-4　中值修正值 K_{50} 与盛行风向优势度 R_m 及其地块走向垂线间的夹角 A 的关系

R_m	A (°)										
	0	5	10	15	20	25	30	35	40	45	50
1.0	1.90	1.90	1.90	1.90	1.90	1.90	1.90	1.90	1.90	1.90	1.90
1.1	1.69	1.71	1.74	1.76	1.79	1.81	1.84	1.85	1.87	1.89	1.92
1.2	1.55	1.58	1.62	1.65	1.69	1.73	1.77	1.80	1.84	1.88	1.93
1.3	1.46	1.49	1.53	1.57	1.62	1.66	1.70	1.76	1.83	1.88	1.94
1.4	1.39	1.43	1.47	1.51	1.55	11.59	1.64	1.71	1.79	1.87	1.95
1.5	1.33	1.37	1.42	1.46	1.50	1.55	1.60	1.68	1.77	1.86	1.96
1.6	1.29	1.34	1.39	1.43	1.46	1.51	1.56	1.65	1.75	1.86	1.97
1.7	1.25	1.30	1.36	1.39	1.43	1.47	1.52	1.62	1.73	1.86	1.99
1.8	1.22	1.28	1.33	1.37	1.40	1.44	1.49	1.60	1.71	1.86	2.01
1.9	1.20	1.25	1.31	1.34	1.37	1.41	1.46	1.57	1.69	1.86	2.03

R_m	A (°)										
	0	5	10	15	20	25	30	35	40	45	50
2.0	1.18	1.24	1.29	1.32	1.35	1.40	1.44	1.56	1.68	1.86	2.04
2.1	1.17	1.22	1.27	1.30	1.34	138	1.43	1.55	1.67	1.86	2.06
2.2	1.16	1.21	1.26	1.29	1.33	1.37	1.41	1.54	1.67	1.87	2.07
2.3	1.14	1.19	1.25	1.28	1.32	1.36	1.40	1.53	0.66	0.87	2.09
2.4	1.13	1.19	1.24	1.28	1.31	1.36	1.40	1.53	1.66	1.89	2.11
2.5	1.13	1.18	1.23	1.27	1.31	1.35	1.40	1.53	1.67	1.90	2.13
2.6	1.12	1.17	1.22	1.26	1.30	1.35	1.40	1.54	1.68	1.92	2.16
2.7	1.12	1.17	1.22	1.26	1.30	1.35	1.41	1.55	1.70	1.94	2.19
2.8	1.11	1.16	1.21	1.25	1.30	1.36	1.42	1.57	1.72	1.97	2.22
2.9	1.10	1.15	1.20	1.25	1.30	1.36	1.43	1.59	1.74	2.00	2.26
3.0	1.10	1.14	1.19	1.24	1.30	1.37	1.44	1.60	1.77	2.03	2.30
3.1	1.09	1.14	1.18	1.24	1.30	1.37	1.44	1.60	1.77	2.03	2.30
3.2	1.08	1.13	0.18	1.24	1.30	1.38	1.46	1.64	1.83	2.10	2.37
3.3	1.07	1.13	1.18	1.24	1.31	1.39	1.47	1.67	1.86	2.14	2.41
3.4	1.07	1.12	1.18	1.25	1.32	1.40	1.49	1.69	1.9	2.17	2.45

4）计算 L。无防护措施时，$D_{50}=L$；地块有防所措施时，防护的距离应从地块当量长度中减去。对于防护林带、风障等措施的防护距离按其高度 H 的 10 倍计算。因而，地块长度因子 L 的计算式为

$$L = D_{50} - 10H \tag{12-58}$$

有了 L 还不能直接计算出 E_4，因为地块长度对土壤风蚀的影响，还与风的携沙量有关，这需借助诺漠图（见图 12-6），使用时将活动标尺移至固定标尺。如 E_2 为 120，E_3 为 150，L 为 400，则将 E_2 刻度 120 与 E_3 刻度 150 对齐，沿 E_2 标尺上的 120 曲线找出与 L 为 400 时的交点（非整数用内插法求得），以此交点向左平移至活动标尺，则活动标尺的指示刻度即为 E_4 值，本例为 130。

5）植被子因子 V。植被对地面的保护作用与植物的干物质重、结构和存活状况、直立或倒伏以及直立的高度等有关。

由于方程中 V 是用平铺的麦秆作试验得出的，对于其他作物或作物残体，需将其干物质重量换算成等效的平铺麦秆重量，才能得到 V，这个转换需用图 12-7、图 12-8。图 12-7 可将小谷类作物的苗期抽穗期的地上部分重量 R，换算成等效平铺麦秆重量 V；图 12-8（a）（b）分别用来将谷类作物及高粱的地上部分或残体干物质重量 R 换算成等效植被因子 V。

植被因子 V 减少风蚀的作用还取决于无植被时的风蚀程度。图 12-9 为求算 V 值对风蚀量影响的诺漠图。将得到的 V 与 E_4 值在图上找出交点，再将交点平移至纵坐标，得到风蚀量 E。

风蚀方程是建立在大量野外观测研究基础上的经验预报模型，得到了广泛的应用。随着研究的深入，风蚀方程的局限性愈来愈多，表现在：①风蚀方程是建立在 Garden City，Kansas 的气候条件基础上的经验模型，当应用于气候条件差异较大的地区时，误差很大；②在计算中没有考虑各种风蚀因子之间的复杂关系，将各因子视为互相独立的，将风蚀的

整体效应用乘积表达，会夸大某些因子的作用；③野外风沙运移观测以及风蚀方程的实际评价表明，该模型的基本假定——雪崩原理不适用于数百米或更长田块上的风蚀过程；④风蚀方程是一个纯经验性的模型，注重了宏观上的实用性，与微观的风蚀机制脱节，得不到风蚀基本理论的支持。因此，对于风蚀方程在其他地区应用应持慎重态度。

2. 帕萨克（Pasak）模型

帕萨克（Pasak）于 1973 年提出了可预测单一风蚀事件的风蚀经验模型：

$$E = 22.02 - 0.72P + 1.69V - 2.64R_r \qquad (12-59)$$

式中：E 为风蚀量，kg/hm^2；P 为不可蚀颗粒所占的百分比；V 为风速，km/h；R_r 为相对土壤湿度。

由于该模型比较简单，使用极为方便，但缺少其他影响因子，如作物残留物及土壤表面粗糙度等；同时即使在某一单一风蚀事件中，土壤含水量及风速也非恒量，使得模型在实际应用中存在局限性。

3. 修正的风蚀方程（RWEQ）

风蚀方程虽然存在着种种不足，但仍然是应用相对广泛的预报模型。通过对 WEQ

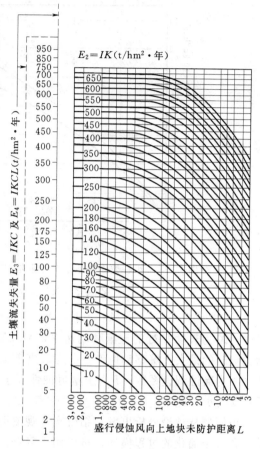

图 12-6　地块长度因子 L 对
地块土壤风蚀量关系诺谟图

进行修正，应用变量输入方式计算风蚀量，形成了修正的风蚀方程（RWEQ）。RWEQ 充分考虑了气象、土壤、植被、田块、耕作以及灌溉作用，用下列公式预测风蚀量

$$Q_x = Q_{max}\left[1 - e^{-\left(\frac{x}{s}\right)^2}\right] \qquad (12-60)$$

$$Q_{max} = 107.8(WF \times EF \times SCF \times K' \times COG) \qquad (12-61)$$

式中：Q_x 为在田块长度 x 处的风蚀量，kg/m；Q_{max} 为风力的最大输沙能力，kg/m；x 为地块长度，m；s 为正坡向负坡的转折点；WF 为气象因子；EF 为土壤可蚀性成分；SCF 为土壤结皮因子，K' 土壤粗糙度；COG 为植被因子，包括平铺、直立作物残留物及植被冠层。

RWEQ 现已形成了计算机软件，可直接应用，但仍然没有摆脱 WEQ 存在的缺陷。

（二）过程模型

1. 得克萨斯风蚀模型（TEAM）

Gregory 于 1988 年提出了 TEAM 模型，希望用计算机模拟风速廓线发育以及各种长度田块上的土壤运动。其基本方程为

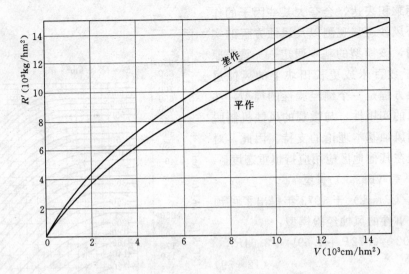

图 12-7 小谷类作物地上部分重是 R'，与等效平铺麦秆重量 V 的转换关系

$$X = C(SU^2 - U_t^2)U(1 - e^{-0.00169AIL}) \tag{12-62}$$

$$A = (1 - A_1)(1 - e^{-0.0072e^{0.00079IL}}) + A_1 \tag{12-63}$$

式中：X 为长度 L 处的土壤移动速率，$M.LT^{-1}$；$C(SU^2 - U_t^2)$ 为当地表为细的非胶聚物覆盖时的最大土壤移动速率；C 为取决于采样宽度及 U 单位的常量；L 为顺风向裸露地表；A 为磨蚀调速系数；I 为土壤可蚀性因子，包括剪切强度与剪切角；S 为地表覆盖因子；U 为剪切速率；U_t 为临界剪切速率；A_1 为磨蚀效应的下限，一般为 0.23。

该模型从理论分析出发，结合实际观测资料确定了若干系数，但由于其考虑的因子有限，是一个简化的过程模型，难以用于复杂的实际情况。

2. 风蚀评价模型（WEAM）

WEAM 模型注意到了土壤风蚀预报中宏观研究和微观研究相脱节的现状，试图通过微观与宏观研究的理论集成来建立基于物理过程的风蚀预报模型。该模型在 1996 年被提出（Yaping Shao，1996），它综合了目前有关风沙流及大气尘暴输移的实践与理论成果，主要用于估算农田风沙流及大气尘暴的输移量。模型包括了摩阻速率、土壤粒度分布特征、土壤水分含量及土壤表面覆盖等因子。主要组成部分包括 Owen 跃移通量方程，由观测和理论分析得到的跃移质与悬移质的比例，不可蚀因子对风蚀削弱作用的理论分析与实验结果，以及有关土壤水分对风蚀作用影响的最新实验结果。该模型仅有 4 个变量未能包括影响风蚀的主要因素，同时这些变量之间是非独立的、存在相互作用。如土壤颗粒分布特征会影响土壤水分对土壤风蚀的作用性质，而土壤风蚀又会影响摩阻启动风速。从这一点而言，模型未能充分考虑多因子间的相互作用。

（三）风蚀预报系统（WEPS）

针对风蚀方程的局限性，综合风蚀科学、数据库以及计算机推动风蚀预报技术，经过修正风蚀方程的过度，最终形成了风蚀预报系统取代风蚀方程（Hagen，1991）。WEPS 引入了子模型的概念，7 个子模型分别为侵蚀、气象、作物生长、分解、土壤、水文、耕作。作物生长、分解、土壤、水文、耕作子模型的功能在于决定土壤可蚀性的暂时性土壤

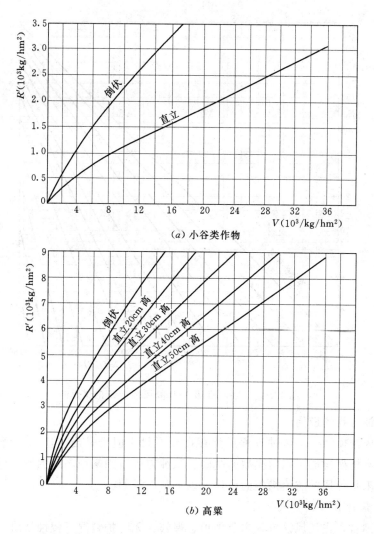

图 12-8 小谷类作物或高粱残茬重量 R'，与等效平铺麦秆重量 V 的转换关系

与植被特征及其对气象子模型输入的响应。最后当风速大于侵蚀临界时，用侵蚀模型计算风蚀量。

气象子模型包括产生作物生长、分解、水文、土壤以及侵蚀子模型所需的变量，如降水强度、降水量、降水持续时间、最高和最低气温、太阳辐射、露点、最大日风速等。作物生长与分解子模型包括各种作物的生长、叶—茎关系、分解和收获等方面的信息。土壤子模型包括预测暂时性土壤特性的固有土壤性质。水文子模型的功能是模拟土壤能量和水分平衡、冻融循环和冻解深度。耕作子模型评价耕作对暂时性土壤特性及地表形态的影响，进而评价其对水文、土壤、作物及分解子模型的影响。侵蚀子模型是计算所预报区域的临界摩阻风速和摩阻流速。

WEPS 是目前最完整的风蚀预报模型，但由于建模过程的复杂性，仍处于试验和完善阶段。

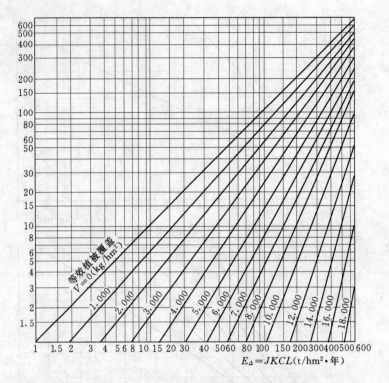

图 12-9 根据 E_4 及 V 计算风蚀量 E 的诺谟图

三、风蚀方程的应用

在现有风蚀模型中，风蚀方程虽然存在着不足，但仍是当前应用广泛的一种预报方法；且其基本框架构成了以后模型的基础。风蚀方程可用来预测风蚀量、评价风蚀危害程度，还可用来指导风蚀防治措施的设计。以下举例说明。

1. 利用风蚀方程预测风蚀量

预测风蚀量，先用风蚀方程求出平坦、裸露、无防护情况下侵蚀量值，然后将其他因子逐步代入，最后得出实际情况下的风蚀量值。

设某地有一南北长 800m 的地块，经筛分分析表层土壤（0～0.25cm）中有 25% 的不可蚀土块（＞0.84mm），种植高粱，行距 75cm，田间尚有 40cm 高粱残茬，重量为 1000kg/hm²，地面为缓丘，坡度 3%。缓丘上部土壤风蚀量可按以下步骤计算。

（1）求算地面裸露、平滑、无防护时的风蚀量。

$$E_1 = I'I_S$$

根据表 12-4 查出不可蚀土块含量为 25% 时的 I 值是 190t/（hm²·年），由图 12-4 可知坡度为 3% 的土丘上 I_S 为 148%，此时

$$E_1 = 190 \times 148\% = 28[\text{t}/(\text{hm}^2 \cdot \text{年})]$$

（2）计算沟垄粗糙度对风蚀量的影响。

$$E_2 = E_1 K$$

据观测计算，田间沟垄粗糙度 K_r 为 10cm，由图 12-5 查出粗糙度因子值 K 为 0.49，因而

$$E_2 = 281 \times 0.49 = 138[t/(hm^2 \cdot 年)]$$

（3）对气候因子 C 的影响进行订正。

$$E_3 = E_2 C$$

C 的计算方法如前所述，经计算该地区的风蚀性气候因子值为 $C = 80$，则

$$E_3 = 138 \times 80\% = 110[t/(hm^2 \cdot 年)]$$

（4）考虑地块长度因子 L 对风蚀量的影响，地块长度因子对风蚀的影响不是简单相乘关系，而须用图解法。

该地区盛行侵蚀风向为正北 $A = 0°$，经计算 $R_m = 2.4$，由表 12-5 查出 $K_{50} = 1.13$，则当量地块长度 $D_{50} = K_{50} \times W$（地块长度）$= 1.13 \times 800 = 904m$，田间无风障等防护物，故地块长度因子 $L = 904m$。用前述解法由图 12-6 查出 $E_2 = 138$，$E_3 = 110$，$L = 904m$ 时，$E_4 = 105$ [t/（hm² · 年）]

（5）计算植被覆盖下的风蚀量。由图 12-8（b）查出 40cm 直立高粱残茬，$R' = 1000kg/hm^2$ 时的植被因子值为 1700kg/hm²，再由图 12-9 查出 $E_4 = 105$，$V = 1700kg/hm^2$ 时的风蚀量为 $E = 60$ [t/（hm² · 年）]。

2. 风蚀防治措施的设计

假定上述地区的允许土壤风蚀量为 11t/（hm² · 年），计算出的 60t/（hm² · 年）远超过该值。减少风蚀量的途径之一就是缩短地块长度，在其他条件均相同的情况下，从图 12-9 可查出，若使 $E = 11t/（hm^2 \cdot 年）$，则对应的 E_4 为 23t/（hm² · 年）。再由图 12-6 可知 E_3 和 E_4 分别为 119t/（hm² · 年）和 23t/（hm² · 年）时，相应的 L 为 17m，将 L 值除以 K_{50} 值 1.13，得到地块长度为 15m，即在不改变其他条件时，要将风蚀量减少到 11t/（hm² · 年），则地块长度必须减小到 15m 以下。

地块长度在 15m 以下也许会对生产活动带来不便，若地块长度只能减小到 100m，此时，可设防护林带或增加地面覆盖来达到控制风蚀的目的。

若营造防护林带，则林带高度（假定防护距离是其高度的 10 倍）可通过下式计算：

$$H = \frac{D_{50} - L}{10} \tag{12-64}$$

地块长度为 100m 时，$K_{50} = 1.13 \times 100 = 113$，$L = 17$；代入上式得 $H = 9.8$。若增加地面覆盖，当 $E_2 = 138$，$E_3 = 110$，$E = 113$ 时，由图 12-7 可知 $E_4 = 68$，由图 12-9 可知，等效植被覆盖因子 V 为 4300kg/hm²，再由图 12-8 查出所需 40cm 高的直立高粱残茬重量为 2300kg/hm²。

从以上过程可看出，减小地块长度、增加地面覆盖都可以达到控制风蚀的目的。此外，改良土壤性质，提高土壤抗风蚀性也是控制风蚀的有效途径。

最后需要指出的是，上述风蚀方程虽较完善，但有区域性限制。因此，应用时要对方程中的各因子根据具体情况进行适当的修正。我国风蚀面积大，风蚀程度严重，但土壤风蚀的研究还很不够，必须在大量实验和观测的基础上，才能提出适合我国情况的风蚀预报方程。

四、土壤风蚀防治

风对土壤物质的分离与搬运，要有一定的环境条件，这就是影响风蚀的因素。影响风蚀的因素主要有五个方面，即土壤可蚀性、地表粗糙度（土垄）、气候（风速和湿度）、暴

露在风力作用下的地块长度以及植被覆盖状况。土壤风蚀的防治就是设法改变这些影响因素，造成不利于风对土壤物质分离和搬运的环境。

一般来说，一个地区的气候是难以改变的，只能通过改变其他因素来达到控制风蚀的目的。这些措施归纳起来有两个方面：①降低过地层风速至起动风速以下；②提高土壤的抗蚀性。它包括提高地面植被覆盖，降低近地层风速并防止风对土壤的直接吹蚀；增加农田作物残茬的存留量，使农田在风蚀严重季节不致完全裸露；对风蚀特别严重的农田应退耕还草，草场院应进行人工改良，限制放牧强度；建立防风林带与风障相结合的防护体系，实行草田轮作，不断培肥地力，进行适时耕作，提高土壤中抗蚀性团聚结构的比例，并在地面形成垄沟及增加地表粗糙度。

在实际生产中，要根据具体情况，综合应用这些措施，才能经济、有效地控制风蚀。

主 要 参 考 文 献

1　柯克比，摩根编著，王礼先等译．土壤侵蚀．北京：水利电力出版社，1987

2　张洪江主编．土壤侵蚀原理．北京：中国林业出版社，2000

3　刘秉正，吴发启编著．土壤侵蚀．西安：陕西人民出版社，1997

4　蔡强国，陆兆熊，王贵平．黄土丘陵沟壑区典型小流域侵蚀产沙过程模型．地理学报．1996.51（2）：108～117

5　姚文艺，汤立群．水力侵蚀产沙过程及模拟．郑州：黄河水利出版社，2001

6　山西省水土保持研究所等．晋西黄土高原土壤侵蚀规律实验研究文集．北京：水利电力出版社，1990

7　R. A. 拜格诺．风沙和荒漠沙丘物理学．钱宁等译．北京：科学出版社，1959

8　董治宝，高尚玉，董光荣．土壤风蚀预报研究评述．中国沙漠．1999.19（4）：312～317

9　戚隆溪，王柏懿．土壤侵蚀的流体力学机制（Ⅱ）——风蚀．力学进展．1996.26（1）：41～54

10　李锐，杨勤科主编．区域水土流失快速调查与管理信息系统研究．郑州：黄河水利出版社，2000

11　Singh V P 著．水文系统流域模拟．赵卫民等译．郑州：黄河水利出版社，2000

12　D. W. Fryear，J. D. Bilbro. RWEQ：改进后的风蚀预测模型（Ⅰ）．水土保持科技情报．2001，（2）：21～22

13　D. W. Fryear，J. D. Bilbro. RWEQ：改进后的风蚀预测模型（Ⅱ）．水土保持科技情报．2001（3）：22～24

14　Hagen L. J. A Wind Erosion Prediction System to Meet The Users Need. J. Soil & Water Conservation. 1991，46（2）：107～111

15　Woodruff N. P. Siddoway F. H. A Wind Erosion Equation. Soil Science Society of American Proceeding. 1965（29）：602～608

16　Renard K G，G. R. Foster，G. A. Weesies，D. K. McCool，D. C. Yoder. Predicting Soil Erosion by Water：A Guide to Conservation Planning With The Revised Universal Soil Loss Equation. Agriculture Research Service，USDA，Agriculture Handbook Number 703，1996

17　Wischmeier W. H.，D. D Smith. Predicting Rainfall Erosion Losses：A Guide to Conservatiob Planning. USDA，Agriculture Handbook Number 537，1978

18　Shao Y，Paupach M. R.，Leys J. F. A model for predicting aeolian sand drift and dust entrainment on scales from paddock to region. Australian Journal of Soil Research. 1996.34：309～342